航空飞行器研制项目管理

周德群　楚岩枫　编著

科学出版社
北　京

内 容 简 介

航空飞行器研制是一项复杂的系统工程,本书全面而系统地介绍了航空飞行器研制项目管理的知识体系以及主要内容。全书共分 10 章,第 1 章为航空飞行器研制项目管理概述,让读者对飞行器研制项目管理有一个大致了解,第 2 章为项目的立项与启动,介绍项目从立项论证到启动的决策过程,第 3 至 9 章按航空飞行器研制项目管理要素分别进行介绍,包括进度管理、费用管理、质量管理、风险管理、合同管理、供应链管理、组织管理,第 10 章介绍航空飞行器研制项目试飞、适航和收尾管理。

本书内容翔实明了,章节安排合理,既体现"两性一度"的要求,又具有较好的可读性,适用于高等院校航空航天类专业的课程教材,也适合作为航空航天领域专业技术人员和管理人员以及项目管理专业教师的参考资料,对于想了解航空飞行器研制项目管理知识的各类读者,本书也是一本较好的辅助读物。

图书在版编目(CIP)数据

航空飞行器研制项目管理 /周德群,楚岩枫编著. —北京:科学出版社,2024.7

ISBN 978-7-03-078536-7

Ⅰ.①航… Ⅱ.①周… ②楚… Ⅲ.①飞行器-研究 Ⅳ.①V47

中国国家版本馆 CIP 数据核字(2024)第 100132 号

责任编辑:王丹妮 / 责任校对:贾娜娜
责任印制:赵 博 / 封面设计:有道设计

科 学 出 版 社出版
北京东黄城根北街 16 号
邮政编码:100717
http://www.sciencep.com

三河市骏杰印刷有限公司印刷
科学出版社发行 各地新华书店经销
*

2024 年 7 月第 一 版　开本:787×1092　1/16
2025 年 2 月第二次印刷　印张:19
字数:451 000

定价:78.00 元
(如有印装质量问题,我社负责调换)

前　言

　　党的二十大提出要深入实施创新驱动发展战略，强化现代化建设人才支撑[①]。飞行器研制作为一项复杂的系统工程，在我国制造强国、质量强国、航天强国战略中具有举足轻重的作用，培养造就大批高素质复合型飞行器研制管理人才是服务我国国家战略的必然需求。为此，我们集成学科优势力量，在系统总结国内外先进经验的基础上，编写了此书。

　　航空飞行器研制是飞行器从立项到定型的整个研发过程，包括工程设计、分析计算、试验验证、工艺试制、试飞、生产定型和适航取证等工作。作为一项复杂的系统工程，航空飞行器研制涉及政治、经济、军事、技术等诸多领域，需要协调总体、分系统及子系统的不同承研单位。随着新技术的不断发展，对飞行器的各项性能要求也在不断提高，使得新型飞行器的研制难度大大增大，需要多专业技术人员协同攻关，从而对项目的管理提出了更高的要求。因此，加强航空飞行器研制项目管理意义重大。

　　现代项目管理起源于 20 世纪 30 年代至 50 年代初期，早期项目管理的概念主要源于建筑行业，这是由于在传统的实践中，建筑项目相对其他项目来说，其组织实施过程表现得更为复杂。随着社会进步和现代科技的发展，项目的复杂程度不断提高，项目管理的内涵不断丰富，项目管理的应用领域不断扩大。为了在快速变化和激烈竞争的市场中赢得优势，现代项目管理更加注重机制创新，更加注重系统管理，更加注重新技术的应用，项目管理理论、工具和方法随之也发生了很大变化，并在许多重大工程实践中发挥了重要作用。

　　近年来，我国航空航天事业突飞猛进，在大飞机、载人航天、深空探测、空间站建造等重大工程项目中实现了历史性突破，取得了一系列重大成就。飞行器研制项目管理的内容主要来自航空航天类项目管理的工程实践，随着项目管理知识在飞行器研制过程中的广泛应用，项目管理知识体系本身也在不断丰富和发展，并形成了具有中国特色的项目管理理论与实践。对航空航天领域的技术人员、管理人员和航空航天类专业的学生来说，目前还缺少系统介绍飞行器研制项目管理知识并能体现时代性的针对性教材，通过本书的出版我们希望能弥补这样的空白。

　　本书系统全面地介绍了航空飞行器研制项目管理的主要内容和知识体系。全书共分 10 章，第 1 章讲述航空飞行器研制项目管理的基本概念，第 2 章至第 10 章介绍航

---

① 《习近平：高举中国特色社会主义伟大旗帜　为全面建设社会主义现代化国家而团结奋斗——在中国共产党第二十次全国代表大会上的报告》，https://www.gov.cn/xinwen/2022-10/25/content_5721685.htm[2022-10-25]。

空飞行器研制项目管理的主要内容，包括项目的立项与启动、进度管理、费用管理、质量管理、风险管理、合同管理、供应链管理、组织管理以及试飞、适航和收尾管理等部分内容。

　　本书由南京航空航天大学经济与管理学院从事项目管理教学与研究的教师共同完成。周德群负责教材总体思路框架设计、统稿与审核工作，并负责第 1 章、参与第 6 章的编写；楚岩枫负责本书的编写素材收集整理以及统稿工作，并负责第 2 章、第 9 章、第 10 章的编写；刘文杰负责本书第 3 章初稿编写工作；赵湘莲负责第 4 章初稿编写工作；韩梅负责第 5 章初稿编写工作；张钦负责第 7 章和第 8 章初稿编写工作；硕士研究生乔良基参与资料收集整理、文字录入等工作。

　　飞行器研制项目管理是一项需要持续创新和探索实践的工作，新技术的快速发展为飞行器研制带来了许多新的变化，囿于篇幅限制，书中内容难免挂一漏万，恳请广大读者批评指正。

周德群

2024 年 6 月

目　录

第1章

航空飞行器研制项目管理概述 ·· 1

1.1 项目管理的发展 ·· 1
1.2 项目与项目管理的基本概念 ·· 3
1.3 航空飞行器研制项目特点及管理 ··· 10

第2章

航空飞行器研制项目立项与启动 ·· 25

2.1 需求识别与项目选择 ·· 25
2.2 项目论证 ·· 30
2.3 飞行器研制项目申报立项 ··· 41
2.4 飞行器研制项目的启动 ··· 45

第3章

航空飞行器研制项目进度管理 ·· 47

3.1 项目计划与控制的基本概念 ··· 47
3.2 项目进度计划的基本方法 ··· 54
3.3 航空飞行器研制项目进度计划 ··· 75
3.4 航空飞行器研制项目进度计划优化 ·· 92
3.5 航空飞行器研制项目进度控制 ··· 97
3.6 项目控制要素的权衡分析 ··· 108

第4章

航空飞行器研制项目费用管理 ·· 112

4.1 项目成本估算与预算 ·· 112
4.2 项目费用控制 ··· 116
4.3 航空飞行器研制项目费用估算 ··· 122
4.4 航空飞行器研制项目费用控制 ··· 137

第5章

航空飞行器研制项目质量管理 ·· 154

5.1 航空飞行器研制项目质量管理概论 ·· 154
5.2 航空飞行器研制项目质量管理体系 ·· 165

第6章 航空飞行器研制项目风险管理 ······ 169

- 6.1 航空飞行器研制项目风险管理概述 ······ 169
- 6.2 航空飞行器研制项目风险识别 ······ 171
- 6.3 航空飞行器研制项目风险估计与评价 ······ 178
- 6.4 航空飞行器研制项目风险控制 ······ 190

第7章 航空飞行器研制项目合同管理 ······ 193

- 7.1 合同生命周期 ······ 193
- 7.2 以风险管理为基础的合同生命周期管理 ······ 195
- 7.3 航空飞行器研制项目合同管理的组织结构体系 ······ 201
- 7.4 航空飞行器研制项目合同管理制度体系 ······ 204
- 7.5 航空飞行器研制项目合同管理过程的控制 ······ 208

第8章 航空飞行器研制项目供应链管理 ······ 224

- 8.1 供应链及供应链管理 ······ 224
- 8.2 航空飞行器研制项目供应链的构成 ······ 227
- 8.3 航空飞行器研制项目采购计划与采购实施 ······ 228
- 8.4 航空飞行器研制项目中主制造商和供应商的关系 ······ 236
- 8.5 航空飞行器研制项目中的供应商选择 ······ 241
- 8.6 航空飞行器研制项目中供应商的激励 ······ 248

第9章 航空飞行器研制项目组织管理 ······ 252

- 9.1 项目组织管理理论 ······ 252
- 9.2 权变理论与柔性组织管理 ······ 256
- 9.3 神舟飞船项目组织管理 ······ 260

第10章 航空飞行器研制项目试飞、适航和收尾管理 ······ 268

- 10.1 飞行试验的基本概念 ······ 268
- 10.2 航空飞行器性能试验 ······ 272
- 10.3 其他类型飞行试验 ······ 276
- 10.4 民用飞行器适航管理的基本概念 ······ 280
- 10.5 民航适航管理机构体系和审定 ······ 283
- 10.6 航空飞行器研制项目收尾管理的基本概念 ······ 287
- 10.7 航空飞行器研制项目审计和项目后评价 ······ 290

参考文献 ······ 297

第1章

航空飞行器研制项目管理概述

项目管理作为一种独立的管理模式是第二次世界大战以后逐步形成的,现代项目管理理论、工具和方法随着项目管理知识的普及应用得到了很大发展,对生产经营、资源利用和市场的快速反应都产生了很大影响。

飞行器的研制发展由来已久,对于飞行器研制项目的管理经过多年的发展已较为成熟,本章将介绍项目管理的概念与国内外发展的历程,飞行器及其种类,飞行器研制项目较其他项目的特点以及飞行器研制项目管理的独特性,我国飞行器研制项目管理的发展历程。

1.1 项目管理的发展

项目管理的发展经历了漫长的过程。潜意识的项目管理自远古时代就开始产生,后经过大量的项目实践逐渐形成了现代项目管理的科学体系。

1.1.1 国外项目管理的产生与发展

20世纪初人们已开始探索项目管理的科学方法。第二次世界大战前夕,横道图(又称甘特图)和里程碑系统已成为计划和控制军事工程与建筑项目的重要工具。真正意义上的项目管理概念是美国在第二次世界大战后期实施曼哈顿计划时提出的。20世纪50~70年代,是项目管理的传播与现代化阶段,其重要特征是开发推广与应用网络计划技术(network planning technology,NPT)。网络计划技术的核心是关键路径法(critical path method,CPM)和计划评审技术(program evaluation and review technique,PERT)。它被应用在美国海军部门研究北极星号潜艇所采用的远程导弹项目中,有效解决了组织协调问题,该项目涉及美国48个州的200多个主要承包商和11 000多个企业,节约了投资,缩短了工期(缩短工期近25%)。此后,该技术在美国海陆空三军和国家航空航天局(National Aeronautics and Space Administration,NASA)中全面推广,并很快在世界范围内得到重视，成为项目管理的一种先进手段。

20世纪50年代项目管理主要应用于国防和军工项目，60~80年代的应用范围也只限于建筑、国防和航天等少数领域；进入90年代以后，随着信息技术和高新技术产业的飞速发展，项目的特点产生了巨大变化。制造业经济环境中强调的重复性活动，被信息经济环境中事物的独特性所取代；制造业经济在管理上强调的合理性和标准化，已不能完全适应信息经济时代的动态变化特性，项目管理从而成为灵活管理的关键手段，并逐步发展成为独立的学科体系和现代管理学的重要分支。目前在欧美发达国家，项目管理不仅普遍应用于建筑、航天、国防等传统领域，而且在电子、通信、计算机、软件开发、制造业、金融业、保险业，甚至政府机关和国际组织中也成为运作的中心模式。

1.1.2 我国项目管理的研究和应用

我国的项目管理起源于20世纪60年代初，首先应用于军事领域，如钱学森推广的系统工程理论和方法、华罗庚推广的统筹方法。国防科研部门有计划地引进了国外大型科技项目的管理理论和方法。我国20世纪60年代研制第一代战略导弹武器系统时，引进了网络计划技术、计划项目预算系统（planning programming budgeting system，PPBS）、工作分解结构（work breakdown structure，WBS）等技术，并结合我国国情建立了一套组织管理理论，如总体设计部、"两总系统"（即型号工程项目的总设计师技术指挥系统和型号工程项目的总指挥行政指挥系统）等。

20世纪70年代，我国引进了全生命周期管理概念，派生出全生命周期费用管理、一体化后勤管理、决策点控制管理等理论和方法。许多大型工程，如上海宝钢工程、北京正负电子对撞机工程、秦山核电站工程等，都相继采用了系统工程管理方法。

现代项目管理方法推广应用则是在20世纪80年代以后，当时一些国外专家和从国外回国的中国学者在国内介绍和推行项目管理。国内一些大学从此开始了项目管理的教学和研究。我国在现代项目管理的应用实践上取得的成果涉及多个领域，其中又以航天领域最为突出，航天工业在早期一些飞行器的研制中就推行了系统工程，实行项目矩阵管理。随着项目管理影响的扩大，我国政府也开始关注项目管理科学。1987年，国家计划委员会等有关部门联合发出通知，确定了一批试点企业和建设单位，要求其采用项目管理。1991年建设部进一步提出把试点工作转变为全行业推进的综合改革，全面推广项目管理。

20世纪90年代初，在西北工业大学等单位的倡导下，我国第一个跨学科的项目管理专业学术组织——中国项目管理研究委员会（Project Management Research Committee，China，PMRC）成立。PMRC是一个行业面宽、人员层次高的组织，其会员分布于全国多个省（自治区、直辖市），行业覆盖了航空航天、信息技术、冶金、煤炭、水利、建工、造船、石化、矿产、机电、兵器、教育及政府部门。PMRC在推进我国项目管理专业化与国际化方面起到了积极的作用。近年来，我国在项目管理的发展方面进展加快，人们对项目管理知识的需求呈上升趋势，项目管理专业书籍纷纷出版，项目管理专业培训逐步成为热门。1999年美国项目管理协会（Project Management Institute，PMI）的项目管理专业人员资质认证（project management professional，PMP）引入我国，2001年下半年，国际项目管理协会（International Project Management Association，IPMA）的国际项目管理专业人员资质认证（international project management professional，IPMP）引入我国，并在北京、上海、西安、深圳4个城市开展了首次全国性IPMP。PMP工作进一步推动了项目管理在我国的深入发展，截至2021年，我国参加各种形式IPMP的培训人员20余万人，IPMP中4个级别证书的获得者总计6万余人。我国项目管理从业人员在社会大大小小的项目里，用国际化的管理水平，为国家的开发与建设做出了不可磨灭的贡献。

进入21世纪，项目管理知识的应用日益普及，特别是在一些大型复杂项目的研制过程中，项目管理成为重要的管理手段。

1.2 项目与项目管理的基本概念

1.2.1 项目的定义与特点

1. 项目的定义

项目是人类临时性、一次性的活动。从广义上讲，项目就是在既定资源、技术经济要求和时间的约束下，为实现一系列特定目标的多项相关工作的总称。

在美国项目管理协会所发布的项目管理知识体系（Project Management the Body of Knowledge，PMBOK）中，项目是"为创造一种独特产品或服务而进行的暂时性努力"。国际标准化组织所颁布的ISO 10006中将项目定义为"独特的过程，有开始时间和结束时间，由一系列相互协调、受控的活动所组成，其实施是为了达到规定的目的，包括满足时间、费用和资源等约束"。

中国项目管理知识体系（Chinese-Project Management Body of Knowledge，C-PMBOK）是由PMRC发起并组织实施的，2001年7月推出了第1版，2006年10月推出了第2版，至2022年1月已推出第7版。C-PMBOK与PMBOK相比的突出特点是以项目生命周期（life cycle）为主线，以模块化的形式来描述项目管理所涉及的主要工作及知识领域。就体系结构来看，C-PMBOK从项目及项目管理的概念入手，按照项目开发的四个阶段，即概念阶段、规划阶段、实施阶段及收尾阶段，分别阐述了每一阶段的主要工作及其相应的知识内容，同时考虑到项目管理过程中所需要的共性知识及其所涉及的方法工具。C-PMBOK2006框架的模块化结构的内容如下。

（1）跨生命周期阶段知识。跨生命周期阶段知识包括范围管理、时间管理、费用管理、质量管理、人力资源管理、信息管理、风险管理、采购管理。

（2）项目化管理概念。项目化管理是将公司各项活动当作项目对待进而对其实行项目管理，也就是将企业中没有标准执行文件的一次性任务，独特的、不重复的工作转化为项目，按照项目管理的模式进行管理，以提高工作效率。项目团队完成特殊使命后就随即解散，回到原来的部门中。C-PMBOK 第七版采用原则+绩效域的新架构进行编写。订立项目管理 12 项原则和 8 大绩效域，以一种柔性的原则体系打破原有约束性的过程组体系，以一组相互关联的项目管理活动（即绩效域）集成原有的项目管理知识领域。

上述定义说明项目是一个有待完成的任务，有特定的环境和目标，在一定的组织、有限的资源和规定的时间内完成，满足一定的性能、质量、数量、技术经济指标等要求。

2. 项目的特点

与其他组织活动相比较，项目具有以下基本特征。

1）目的性

任何项目都具有强烈的目的性，并通过明确的项目目标表现出来。项目目标一般由成果性目标和约束性目标组成。成果性目标是指项目的最终目标，在项目实施中需要将其转换成功能性要求或过程要求，是项目全过程的主导目标。约束性目标又称限制条件，是指限制项目实施的客观条件和人为约束，因而是项目实施过程管理的主要目标。

2）独特性

项目是一次性的任务，这意味着每一个项目都具有独特性，主要表现在目标、环境、条件、组织、过程等诸多方面。没有完全相同的项目。

3）关联性

项目的关联性主要表现在两个方面：一是目标的关联性，即项目的主要目标如质量、费用和时间之间，存在着紧密的联系；二是实施活动的相互依赖性，即项目实施内部活动之间，以及项目活动和其他活动之间存在着相互作用，必须统筹安排、相互协作，才能高质高效地完成项目任务。

4）冲突性

项目的生命周期中总是充满冲突。在项目的规划阶段，常常需要在性能、经费和时间等方面权衡；在项目的实施阶段，常常面临资源的变更与竞争；在项目的收尾阶段，常会产生对项目评价的冲突。项目组成员之间，项目利益相关者之间的冲突贯穿项目始终。因此，与其他经理人相比，项目经理需要高超的解决冲突的技巧。

5）生命周期性

项目是一个在有限时间里完成的任务，有开始时间和结束时间。一般项目都会经历启动、开发、实施和结束四个阶段，这样一个过程称为项目的"生命周期"。项目的生命周期表现为明显的规律性，如项目在概念阶段比较缓慢，资源投入较少；在实施阶段进展较快，资源投入较多；在收尾阶段又趋于缓慢等。

项目是一个动态的系统，它随时间变化。从系统的观点看，项目系统始终处于变迁之中。但是，项目系统的变化不是任意的，而是遵从某种特定的模式。像所有生命有机体都会经历出生、成长、成熟、衰老和死亡这种明显的生命周期一样，项目也具有一定的生命周期性。在项目管理中，认识项目系统的生命周期特征是十分重要的。

3. 项目的生命周期性

项目的生命周期分为概念定义与可行性研究、设计、生产试制、定型与投入运行、处置（报废或作为他用）等阶段；世界银行贷款项目的生命周期则分为项目选定、项目准备、项目评估、项目谈判、项目实施、项目后评价等阶段。但是可以肯定的是，不论怎样划分项目的阶段，都要对项目完成和限制的条件进行明确的规定，以便于对项目的完成情况进行审查。

项目生命周期各阶段的资源投入量具有相似性。在项目的初始阶段，资源的投入量一般较低，随着项目的进展而逐渐增加，当接近结束时又迅速减少（图 1-1）。项目经理应该完全了解项目每个阶段的要求，从而有效地利用和控制资源，以便达到每个阶段的预定目标和整体的总目标。项目都是按从慢到快再到慢的发展方式运行的，这主要是项目生命周期各阶段资源分布的变化所导致的，项目生命周期和工作量如图 1-2 所示。

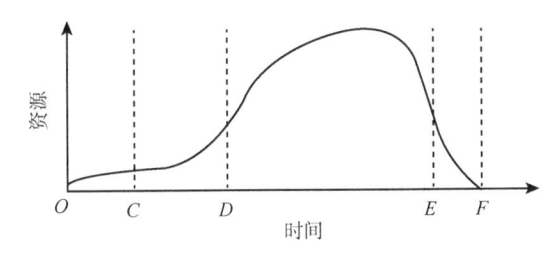

图 1-1 项目生命周期和资源投入

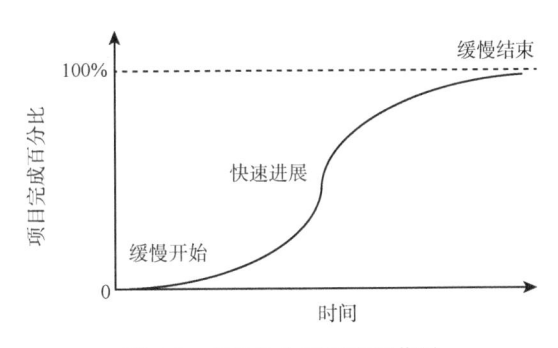

图 1-2 项目生命周期和工作量

在开始阶段即概念阶段，项目的风险和不确定性较大，成功率较低。随着项目的进展，项目的风险和不确定性逐渐降低，成功完成项目的概率随之提高。

项目团队成员对项目的最终产品和项目过程中的费用都会产生影响。在项目的开始阶段这种影响是最大的，但随着项目向前发展通常会变低。图 1-3 说明了在项目生命周期各个阶段的努力程度。图中横坐标表示时间，纵坐标表示的可以是工时（努力程度）、项目的相关人员或者是单位时间所耗费的资源。在项目开始阶段，并不需要太多的努力，等到进入项目的规划和实施阶段时,活动将会增多,工作量将会增大,并逐步达到巅峰,随后项目进入收尾阶段,努力程度开始减少,并随着项目最终的完成而停止,也有出现努力程度不会为零的状况,即该项目有接续项目,项目团队中的部分成员继续为接续项目工作。

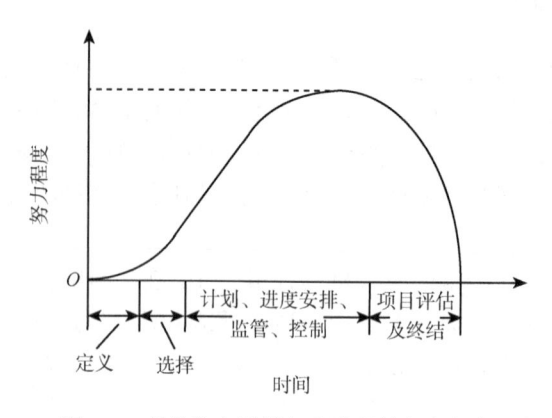

图 1-3 项目生命周期各个阶段的努力程度

1) 项目概念阶段的特点

项目概念阶段主要的任务是提出并确定项目是否可行。该阶段客户的主要职责是识别并明确需求或问题的存在;而承约商的职责是识别项目和构思项目,并且证明自己有能力满足客户的需求。项目概念是项目存在的依据,是项目管理一切活动的基础。项目概念阶段的主要特点如下。

(1) 投入的资源相对较少。
(2) 所需的人员也较少。
(3) 主要是智力劳动。
(4) 持续的时间较短。
(5) 招标、投标过程中的竞争十分激烈。
(6) 需要承约商与客户的密切沟通。

2) 项目规划阶段的特点

项目规划阶段开始于客户通过承约商的项目方案并签订项目合同之时。承约商在该阶段的主要任务是:制订项目计划书,其主要内容包括确定项目工作范围、进行项目工作分解、估算资源和费用、时间估计、进度安排、人员安排等;制订项目规划,主要内容包括进度规划、费用规划、质量管理规划、组织规划、资源规划和风险管理规划等。项目规划是项目实施的蓝本,它从整体上确定了项目目标的性质,对于项目的成功具有至关重要的作用。项目规划阶段的主要特点如下。

(1) 资源的投入量仍然相对较少,但明显超过上一个阶段。
(2) 持续的时间较短。
(3) 以智力劳动为主。

（4）以承约商活动为主。

3）项目实施阶段的特点

随着项目规划的完成，项目进入生命周期的第三阶段——实施阶段。该阶段的主要任务是：执行项目计划书，并进行项目的监督和控制。在执行方面，要依据项目规划和计划书配置资源、调拨资金、执行工作任务，把图纸上的规划变成现实的项目交付物。在监督与控制方面，尽管在项目规划阶段已经制订好了项目执行计划，但是在具体执行中内外环境会发生变化，执行也会发生偏差，监督和控制的作用就是要依据具体情况，及时调整项目执行，确保项目目标按计划、按质量要求和按成本预算实现。项目实施阶段的主要特点如下。

（1）资源的投入随着进度逐渐加大并达到最大值。

（2）持续时间较长。

（3）体力劳动和智力劳动并存，但体力劳动大幅增加。

（4）以承约商活动为主。

4）项目收尾阶段的特点

项目收尾阶段是项目生命周期的最后阶段。该阶段的主要任务包括：项目的竣工、验收、移交、结算或清算、评价和总结、项目试运转、项目后评价等。在传统的项目管理中，这一阶段所经历的时间一般较短。但是随着承约商之间竞争的加剧，以及某些技术型项目客观要求的增多，项目收尾阶段有延长的趋势，而且资源投入也有所提高。项目收尾阶段的工作对于强化客户关系、汲取经验教训、获得未来项目的成功有着积极的作用。项目收尾阶段的主要特点如下。

（1）资源投入迅速下降。

（2）经历的时间可能较短。

（3）包含承约商、客户乃至第三方交付的活动。

1.2.2　项目管理的基本概念

项目管理是伴随着人类生产活动的复杂化和社会进步而逐渐形成的管理科学的重要分支。20 世纪 70 年代以来，项目管理理论为大型复杂项目的实施提供了有力的支持，改善了对包括人力在内的各种资源利用的计划、组织、指导和控制的方法，从而引起了广泛重视，并对管理实践做出了重要贡献。今天，科学技术发展日新月异，市场环境变幻莫测，国际化竞争日趋激烈，要求企业善于应对潜在的形势和经营环境带来的新挑战，因此项目管理的理念显得更为重要。

1. 项目管理的定义

项目管理的直观意义是"对项目进行的管理"，它包括两个方面的含义，即项目管理属于管理的大范畴；项目管理的对象是项目。

随着项目及其管理实践的发展，项目管理的内涵得到较大的充实和发展。如今，项目管理已经发展成为一种新的管理方式，一门新的管理学科。

可见，"项目管理"具有两个含义：一是指一种管理活动，即一种按照项目的特点和规律，对项目进行组织管理的活动；二是指一门管理学科，即以项目管理为研究对象，探索项目活动科学规律和管理理论与方法的一门学科。前者是一种客观实践活动，后者是前者的理论总结；前者以后者为指导，后者以前者为基础。两者在本质上是完全统一的。

项目管理就是以项目为对象的系统管理方法，通过一个临时性的专门的柔性组织，对项目进行高效率的计划、组织、指导和控制，以实现项目全过程的动态管理和项目目标的综合协调与优化。

全过程的动态管理是指项目管理贯穿于项目的整个生命周期，通过不断进行资源配置和协调，不断做出科学决策，使项目过程始终处于优化运行状态，产生最佳效果。综合协调与优化是指项目管理应综合协调好时间、费用、质量等约束性目标，在较短的时间内成功实现一个特定的成果性目标。因此，项目管理的本质是一种运用既有规律又经济的方法对项目开展高效率的管理活动，并在时间、费用和技术效果上达到预定目标。

2. 项目管理的维度

项目管理是以项目经理负责制为基础的目标管理。通常，项目管理是按任务（垂直结构）而不是按职能（平行结构）组织起来的。项目管理围绕项目计划、项目组织、进度控制、费用控制和质量管理等五项基本任务展开。理解项目管理的另一个角度是项目的三维管理——时间维、知识维和保障维。

（1）时间维，即把项目的生命周期划分为若干阶段，从而进行阶段管理。

（2）知识维，即针对项目生命周期不同阶段的特点和知识构成，研究和采用不同的管理技术方法。

（3）保障维，即对人、财、物、技术、信息等的后勤保障管理。

3. 项目管理的特点

与传统的职能部门管理相比较，项目管理的最大特点是注重综合管理，并且有严格的时间期限。项目管理必须通过不完全的过程，在确定的期限内生产出不完全确定的产品，日程安排和进度对项目管理造成很大压力。项目管理的特点主要表现为以下几个方面。

1）对象的特殊性

由于项目管理是一种针对项目的特点而形成的管理方法，因此其管理对象应是项目或可以当作项目来处理的运作，尤其是大型的、复杂的项目。鉴于项目管理的科学性和高效性，有时人们会将重复性"运作"中的某些过程分离出来，加上起点和终点当作项目来处理，以便运用项目管理方法，提高过程效率。

2）管理的系统性

项目管理的系统性表现在两个方面：一是项目的系统性，即依据系统论"整体—分解—综合"的原理，可将项目系统分解为许多不同层次的任务责任单元，以便明确分工和责任，促进协作和综合，最终完成预定目标；二是过程的系统性，即强调对项目生命周期的全过程管理，注重部分与整体、阶段与全过程的协调，以避免局部或阶段影响整体或全过程效果的情况发生。

3）组织的临时性与高度柔性

项目组织具有临时性和高度柔性的特点。一是项目的一次性决定了项目组织的临时性。当项目终结，作为项目实施载体的项目组织的使命也就结束了。二是项目的高度不确定性和冲突性需要项目组织具有高度的柔性，以适应内外环境的不断变化，促进各部分的协调与控制，以确保项目总体目标的实现。

4）管理体系的目标性

一般，项目采用多层次目标管理。由于项目涉及的专业领域往往十分宽广，项目管理者无法成为每个领域的专家，而只能以综合协调者的身份，向被授权的专家讲明应承担的任务，协商确定目标以及时间、经费、工作标准的限定条件，此外的具体工作则由被授权者独立处理。同时，经常反馈信息，检查督促并在遇到困难时给予各方面支持。

在目标管理体系中，项目管理采用基于团队管理的个人负责制。由于项目系统管理的要求，需要采用项目经理负责制，项目团队成员在各自任务及目标的指导下，分工负责，协调合作，共同完成总体目标。

5）管理方法的开放性

项目管理采用先进的管理理论和方法，如采用网络图编制进度计划；采用目标管理、全面质量管理、价值工程、技术经济分析等理论和方法控制项目总目标；采用先进高效的计算机信息管理系统进行项目管理等；其方法具有鲜明的科学性和开放性。

6）环境创造的重要性

在任何管理活动中，创造和保持一种环境，"使置身于其中的人们在集体中一起工作以完成预定的使命和目标"是至关重要的。因此，项目管理的要点就是创造和保持一种使项目顺利进行的环境。项目管理是一个管理过程，而不是一个技术过程，处理各种冲突和意外是项目管理的主要工作。

4. 项目管理系统

从系统的观点看，项目是一个系统，而项目管理则是一项系统工程。在项目管理系统中包含三个层次的管理活动，即基础技术层、组织层和制度层，它们和项目所处的环境相互作用，形成了项目管理的特定系统。

1）基础技术层

基础技术层包含实施项目的基本技术，如网络计划技术、施工技术、控制技术、试验技术等，是项目实施的基础。该层次的工作趋向于标准化和常规化，管理者通常以任务为导向实施管理，其决策大多是依据标准、规范和规则而程式化的。

2）组织层

组织层是指基础技术层的整合方式，如职能式组织结构、矩阵式组织结构、项目式组织结构等，是项目管理的核心。该层次的工作主要是协调项目各职能的相互关系，确保各项技术活动输入，并对其输出进行有效的控制，具有很强的指导性和控制性，其决策活动部分是程式化的，但大部分是非程式化的。

3）制度层

制度层是项目活动中与环境相关的层次，也是项目管理系统的最高层次。项目的最高管理者针对不同的项目内外环境制定项目目标，以及适合项目运行的组织制度和项目方案，确保项目满足客户需求。该层次工作的特点是概念性、长期性和不确定性，因而其决策也常常是非程式化的。

1.3 航空飞行器研制项目特点及管理

1.3.1 飞行器及其种类

飞行器是指能在地球大气层内外空间飞行的器械。通常按照飞行环境和工作方式，把飞行器分为三类：航空器、航天器、火箭和导弹。

航空器是指在大气层内飞行的飞行器。航空器根据飞行原理分为空气静力飞行器（又称为轻于空气的航空器）和空气动力飞行器（又称为重于空气的航空器）。空气静力飞行器依靠空气的静浮力升空飞行，包括气球和飞艇；空气动力飞行器依靠本身与空气相对运动产生的空气动力升空飞行，包括固定翼航空器、旋翼航空器、扑翼飞行器和地效飞行器等。航空器的应用比较广泛。在军事上，它可用于航空侦察、目标打击、反潜、空战、运输兵员、武器和作战物资；在民用上，可完成货运、客运、农业、渔业、林业、气象、探矿、空中测量、空中摄影等方面的任务。此外，航空器还是进行科学研究的一种重要工具。在人造地球卫星、载人飞船等航天器出现之前，有关高空气象、大气物理、地球物理、地质学、地理学等方面的许多研究工作，都借助于航空器。即使在航天器出现之后，由于航空器的价格较低，运用方便，其仍是在高空进行科学研究的重要工具。现代航空器按其功用可分为军用航空器和民用航空器两大类。

（1）军用航空器主要指各种军用飞机和直升机，其主要功用是完成各种军事任务，如空中拦击、格斗、轰炸、对地和对舰攻击、反潜、扫雷、布雷、巡逻、侦察、预警、救护伤员、战场救生、电子干扰以及军事运输、空降等。

（2）民用航空器主要指各种非军事用途的民用飞机和直升机，包括商业用的旅客机、货运机等民用运输机，它们已成为一种快速、方便、舒适、安全的交通运输工具；还有一些通用航空中使用的飞机和直升机，如用于地质勘探、输电线路建设、巡查和维护、设备吊装、护林造林、农作物灭虫和施肥、救灾、医疗救护、旅游和体育运动等。

航天器是指主要在大气层外空间飞行的飞行器，如人造卫星、载人飞船、空间站等。航天器的飞行原理是：在运载火箭的推动下获得必要的速度进入大气层以外的空间，然后在引力作用下完成类似于天体的轨道运动。根据航天器是否载人又分为如下两种。

（1）无人航天器。环绕地球在空间轨道上运行的无人航天器，主要有人造卫星和空间探测器等，是发射数量最多、用途最广、发展最快的航天器，约占航天器发射总数的90%以上。

（2）载人航天器。载人航天器包括载人飞船、空间站和航天飞机等，主要特点是具有保障人生存的生命保障系统，舱内有适合人生存的大气压和大气成分，有适合的温度和湿度，并提供饮用水和食物及生活设施；具有人工作所需的操作和实验设备，以及一定的活动空间，使人在其内工作和生活具有一定的舒适性。

火箭和导弹都属于一次性使用的飞行器。火箭是以火箭发动机为动力而升空，可以在大气层内或大气层外飞行的飞行器；导弹是一种弹体带有战斗部、依靠制导系统控制其飞行轨迹的飞行器。

以上具体飞行器分类见图1-4。

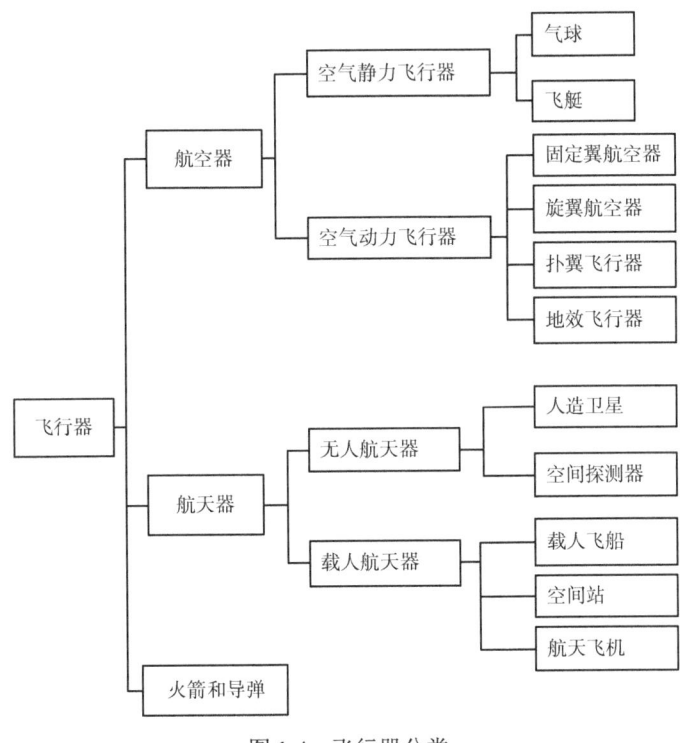

图1-4 飞行器分类

由上可知航空器在飞行器中占据了极大的一部分，也是飞行器中发展历史最悠久的一类，其应用相较其他飞行器也更为广泛，因此，航空器研制项目管理在飞行器研制项目中具有较强的代表性，本书立足于飞行器研制项目，侧重于讲述航空器研制项目管理的过程，为读者提供参考。

1.3.2 飞行器研制项目特点

作为一般项目，它们通常具有一些共同的特点，如目的性、一次性、独特性、创新性、风险性、项目组织的临时性。然而，不同项目由于在结构与组成上千差万别，也就具有各自不同的特点。与一般项目比较，飞行器研制项目的特点主要体现在以下几个方面。

1. 系统复杂

飞行器系统不仅功能各异、结构复杂，相互之间还要高度协调地进行平稳的交互运作，协同一致地工作。各个系统高度地相互依赖，因此每个系统的研制工作不能各自独立进行，系统设计师既要确保本系统的功能和性能达到技术要求，又要与其他系统的设计师在功能、进度、质量、成本等方面进行紧密的联系、协调和交流。与其他研制项目相比较，航空飞行器研制项目的复杂性可从以下两方面反映出来。

（1）零件数量多。一辆汽车大概有 7000 个零件，而一架飞机的零件数量少则几千万或上百万个，多的（如大型飞机）甚至高达 600 万个，设计图纸超过 75 000 张。

（2）参与人数多。系统的复杂性决定了其研制工作的特点，为了按计划完成一项航空型号工程，需要投入众多的人力资源，组织成千上万的工程技术人员在研发阶段共同工作，以及建立专门的设计研制机构，其中包括比较完善的试验和试制基地。这个机构拥有众多各个技术领域的专家、工程师和技师等。举例来说，空中客车公司为了制造出超大型 A380 飞机，自己公司投入了约 6000 名员工，另外还有零部件供应商方面的超过 34 000 名员工直接参与了该项目。

2. 涉及面广

以航空器为例，除了航空器本身是一个足够复杂的大系统以外，还要看到它还只是一个更大、更复杂的整体大系统中的一个子系统（组成要素），这个更大的整体大系统对民用航空器而言称为航空运输系统，对军用航空器而言称为作战指挥系统。它主要包括机场、导航和通信卫星、维护设施、培训、补给、安全保障设备系统，以及空中交通管理或预警、情报系统等。所有这些子系统（组成要素）以各自独特的角色、层次和作用紧密地嵌套合成在一起，构成一个整体大系统。飞行器研制项目的实施与整体大系统中其他子系统之间存在着相互依存、相互协调和相互促进的辩证关系，因而使飞行器研制项目的实施过程变得更加复杂，涉及面广。

3. 技术复杂

飞行器研制是当今世界上最复杂的、多学科集成的工程项目之一，它涉及空气动力学、飞行力学、发动机技术、结构动力学和气动弹性力学、结构强度和疲劳寿命、计算机和信息技术、自动控制、航空电子、航空电气、新材料、新工艺、武器火控等众多高科技领域,其技术含量高、难度大、专业性强、涉及技术面广、技术跨度大、知识更新快,新技术层出不穷,需要众多的各类专业技术人员共同工作、相互配合、协同攻克各种技术难关。所以飞行器研制项目实际上是一种依靠集体智慧进行的具有创新性的工作,需要各专业之间的分工、合作和密切配合。

4. 工作环境复杂

飞行器在飞行过程中可能会遇到各种特殊恶劣气候环境,包括极端低温、结冰、突风、雷电、高强辐射场、低能见度、火山灰或沙尘暴等,这些特殊恶劣气候环境对飞行器的运行造成相当大的影响。为了保证航空器在遭遇恶劣气候时能有一定的承受能力,并及时做好规避,在飞行器研制和运营过程中,均会考虑特殊恶劣气候对飞行器的影响。

5. 安全可靠性要求高

飞行安全是指飞行器在运行过程中,不出现因运行失当或外来原因而造成飞行器上人员伤亡或飞行器损坏的事件。

航空器安全可靠性是指在规定条件下和规定时间内完成预定任务的能力,包括稳定性、耐久性和安全性,通常用百分比表示。安全可靠性是衡量航空器质量好坏最重要的标准之一,它由其各组成部分的安全可靠性所决定,等于各部分安全可靠性的乘积。

随着航空器飞行性能和设计技术水平的不断提高,系统变得越来越复杂,航空器的安全可靠性问题日益突出。航空器的安全可靠性工程一般从以下三个方面考虑。

(1) 安全可靠性设计。航空器的总体设计方案和质量决定了它的固有安全可靠性。设计航空器时,有必要进行安全可靠性设计,包括向航空器各部件分配安全可靠性指标,并进行部件安全可靠性设计;对航空器操作系统的安全可靠性进行分析和预测等。

(2) 安全可靠性管理。对航空器的研制、试验、生产实行全面质量管理,是保证航空器固有安全可靠性的根本措施。内容包括:安全可靠性的信息收集、反馈与处理;在航空器研制各阶段进行评审;对工作人员进行安全可靠性教育;实施质量保障体系和生产质量控制等。只有经过全面质量管理,才能制造出高质量的航空器。

(3) 安全可靠性试验。航空器的安全可靠性试验包括安全可靠性摸底、筛选、鉴定和验收试验等。

6. 周期长、风险大

以航空器为例,航空器研制项目具有投资大、技术新、周期长、不确定因素多等特点,实施过程中通常会面临许多风险和困难,任务实施过程十分艰巨。现代航空器之所以研制周期长、资金投入大,主要原因如下。

(1) 性能要求高。随着人类社会和科学技术的发展,对航空器的飞行性能,包括安全、快速、经济、舒适、环保等方面的要求越来越高。

(2) 迭代过程长。航空器不仅是设计和制造出来的,也是试验和试飞出来的。现代高性能航空器只有经过设计—制造—试验—修改设计—再制造—再试验的反复摸索和迭代过程,逐步逼近,才有可能完全达到技术指标的要求。

（3）产业供应链长。航空器研制项目产业供应链长，覆盖面广，零部件供应涉及机械、材料、电子、信息等诸多行业，需要太多产品科研、设计、采购、物流和生产等方面的协调工作。

（4）批量小、改型快。与其他工业产品按批量组织生产的情况相比较，虽然航空器研制项目主要机型也是按批次组织生产的，但由于航空器每架机的构型状态（包括材料、工艺和性能改进等）都不尽相同，总体设计也可能随时根据客户需求进行更改，导致航空器研制和生产具有批量小、品种多、改型快、技术含量高的特点。

1.3.3 飞行器研制项目管理特点

飞行器研制项目管理与一般项目管理相比具有很大的区别，表现出以下特点。

（1）研制周期长。飞行器研制项目往往是技术复杂、科技含量高的大系统，构成一个系统的零部件往往是成千上万甚至几十万上百万个，许多零部件和关键技术是需要技术攻关的创新性工作，项目对各项性能指标、技术状态指标、产品质量等要求很高，因此与一般项目相比，航空飞行器研制项目周期往往要长得多，一般为几年甚至十几年。

（2）研制费用高。飞行器研制项目往往需要巨额投资，如何在漫长的研制周期中按照计划合理地使用经费并且不超过研制预算，是一个需要特别关注的问题。

（3）协作单位多。飞行器研制项目是高新技术的综合体，它涉及许多综合学科和工程技术领域，需要众多的科学技术专业人才。因此，飞行器项目研制往往不可能由一个部门或一个单位独立完成，通常采用厂所结合模式，由许多单位协作共同完成，协作单位通常承担系统分解之后的任务包，即子项目。

（4）高风险性。航空飞行器研制项目的技术复杂、投资巨大、历时周期长、涉及的参研单位多、制约因素多，因此存在较大的不确定性。一旦有技术不能突破，将可能影响研制的进度，或导致项目研制失败，从而造成人力、物力和财力的巨大浪费。

（5）研制主体的特殊性。飞行器研制项目的主体有两方面代表：作为项目采办的一方，通常是代表国家的军方或政府部门；承担项目研制的一方，通常是军工企业和科研院所。航空飞行器研制项目通常带有国家指令性性质，在飞行器研制项目管理过程中，买方处于主导地位，对项目事务起支配作用。

（6）研制阶段的严格性。飞行器研制项目管理以其流程为重点展开，与一般项目相比，生命周期阶段划分和里程碑设置更为严格。研制过程严格按规范实施，各个研制阶段的任务要求都有明确规定，工作流控制非常严格，数据、报告、文档和图纸均按规范要求进行逐级审批，进行严格的过程质量控制，未得上级批准，不可进行下一阶段的工作。

1.3.4 飞行器研制项目全生命周期概念

1. 飞行器研制项目全生命周期的定义

飞行器研制项目全生命周期的定义分为广义和狭义两种。其中飞行器研制项目广义的生命周期概念，也称为全生命周期，包括六大阶段，如图 1-5 所示。

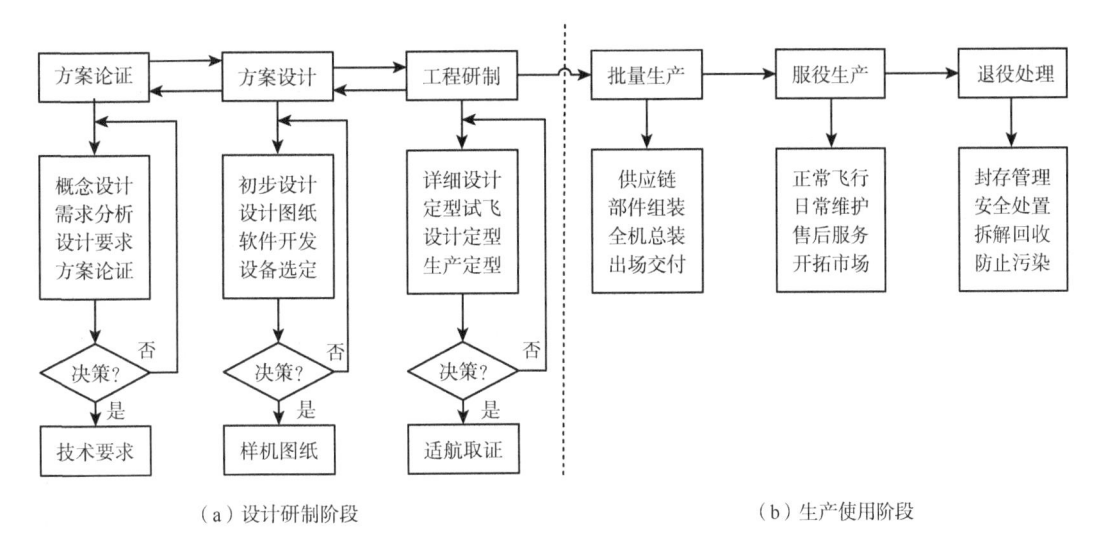

```
方案论证 → 方案设计 → 工程研制    批量生产 → 服役生产 → 退役处理
    ↓         ↓         ↓           ↓         ↓         ↓
 概念设计   初步设计   详细设计     供应链    正常飞行   封存管理
 需求分析   设计图纸   定型试飞    部件组装   日常维护   安全处置
 设计要求   软件开发   设计定型    全机总装   售后服务   拆解回收
 方案论证   设备选定   生产定型    出场交付   开拓市场   防止污染
    ↓         ↓         ↓
  决策?否  决策?否  决策?否
    ↓是       ↓是       ↓是
 技术要求   样机图纸   适航取证
```

(a) 设计研制阶段　　　　　　　　　　(b) 生产使用阶段

图 1-5　航空器研制项目全生命周期示意图

从图 1-5 可以看出飞行器研制项目全生命周期（广义生命周期）是由两段狭义生命周期组成，在图 1-5 中用虚线隔开，前段为设计研制阶段，后段为生产使用阶段。

2. 飞行器研制项目设计研制阶段工作内容

以航空器研制项目为例，航空器研制项目生命周期包括方案论证、方案设计和工程研制三个阶段。

1）方案论证阶段

航空器研制项目方案论证阶段即项目概念阶段，该阶段主要包括可行性研究、项目建议书的申报和审批、项目招投标、客户需求分析以及概念设计等，根据客户提出的技术要求和型号需要，进行必要性和可行性的方案论证研究。不但需要对型号的技术标准和投资额度进行分析，还需要考虑相关技术发展趋势的影响，通过对技术和资源的综合评价，根据理论计算、模拟试验等手段对不同方案进行选择和取舍，选择最优的方案。

在方案论证阶段，对于民用航空器研制工程而言，在开展航空器研制项目正式设计前要向适航管理当局［中国民用航空局（Civil Aviation Administration of China，CAAC）］提出型号合格证的申请，取得适航管理当局同意后才能开始正式设计。型号合格证是对民用航空器研制工程设计进行安全审查后给予认可批准的一个证件，它是新研制航空器的各种证件中最重要的一个证件，也是给新机型号颁发适航证的一个先决条件。

2）方案设计阶段

航空器研制项目方案设计阶段的主要工作包括初步设计、设计图纸、软件开发、设备选定和制造样机等。将前面概念设计所得到的航空器的几何参数、重量参数和能量参数进一步具体化，使其符合要求。进一步确定气动布局、总体布局，主要部件的结构形式，以及航电系统软件开发等。制作吹风模型并进行风洞吹风试验，根据试验结果进行详细的气动力计算和稳定性计算，以及动力学问题的初步计算，进行较精确的航空重心定位计算。在这些计算的基础上，对航空器的总体布置进行适当修改，调整重量计算和重心位置，并制造样机，协调航空器各组合件和各系统相互的空间位置、设备安装布置等。

此阶段的工作结果是提交经反复修改后的总体设计方案、外形理论图、结构打样图和系统原理图等，各种计算、分析和试验报告，供强度计算用的第二次外载荷计算报告，以及附件设备配套表，材料、工艺、软硬件开发及协作项目的清单目录，样机及其评审结果报告等。最后将按照此阶段工作成果做出选定该初步设计方案和实现该方案的决策。

对于民用航空器研制工程，在方案设计阶段就要向适航管理当局申请生产许可证。它是适航管理当局对已获得民用航空产品型号设计批准，并准备生产该产品的制造人进行的资格性审定，以保证该产品符合经CAAC批准的型号设计。生产许可审定的最终批准形式是颁发生产许可证。

3）工程研制阶段

航空器项目工程研制阶段的主要工作包括详细设计、加工试制、试飞调整、定型试飞、改进设计、改进生产、产品定型和适航取证等。提交对航空器各部件、各系统及全机进行生产、安装、装配工作所需要的全部技术文件；整理和完成绘制原型机生产所需要的全部图纸（零件图、装配图、理论图），并相应进行全部必要的计算工作（气动、结构、强度、震动和疲劳方面的计算等），继续进行性能、操稳、气动、动力学等方面的校核试验，并利用校核试验结果和由图纸得到的重量、重心和惯量数据进行性能、操稳等方面的计算；根据最后正式确定的外载荷进行零部件的强度校核计算，以及提前进行零部件、部件的强度试验或有关的振动试验；完成全机和零部件的重量、重心和惯量的计算，提交静力、动力试验任务书和飞行试验任务书。最后依据原型机试制所需的全部图纸、技术文件和软件，完成原型机的加工试制，然后利用原型机进行飞行试验。

该阶段产品定型工作内容包括设计定型、生产定型和适航取证三方面工作。

（1）设计定型。设计定型工作主要包括试飞调整、定型试飞、改进设计、改进生产等。定型试飞工作主要是对与任务要求有关的成品性能和技术指标进行测试和检验，全面验证产品是否达到设计标准的要求，样机将按照试飞大纲的指标和规划的试飞步骤，按照标准要求分阶段验证机体、机翼、发动机、机载成品和电子设备的功能与性能指标，评价航空器气动力、结构、动力学和机载设备的配套性与兼容性，并且专业评估其飞行性能、实用性和先进性指标数据，以及将试验飞行取得的数据与计划书和技术指标规划进行比对，比对结果用来指导新型号的改进设计和改进生产。

在设计定型阶段所有定型试飞、检测和试验工作完成后，要进行阶段性验收，即进行设计定型。设计定型是按照航空器新型号研制总要求，对新型号进行全面考核。

（2）生产定型。生产定型的主要任务是对航空器新型号小批量生产的质量稳定性及批量生产条件进行全面考核，目的是稳定工艺、归档设计资料，依照国家规定的标准系列化、通用化原则对新型号进行产品定型，为批量生产和市场推广打下基础。

（3）适航取证。经过设计定型或技术鉴定后的航空器，新产品生产还可能会有一定的更改，特别是工艺改进，改进后的航空器进入小批量生产。首批生产的军用航空器，经检验和试飞以确保工艺质量，由国家国防科技工业局（原国防科学技术工业委员会）进行审查、鉴定以及对最后的设计或生产定型机进行批准，生产定型工作结束，转入批量生产。

首批生产的民用航空器，则必须向适航管理当局申请适航证。适航证是指民用航空器符合适航管理当局批准的型号设计，并能安全使用的凭证。民用航空器只有取得适航证后，才可以投入正式飞行或营运。获得本国适航证后，还可向其他国家的适航管理当局申请适航证，以便投入该国航线使用。

1.3.5 飞行器研制项目管理的内容

1. 时间维度的飞行器研制项目管理

飞行器研制的一项重要任务是研制阶段的划分，阶段的划分是为了控制研制过程，并建立研制工作的基线，阶段划分体现了系统的有序性。

1）立项前的酝酿阶段

开始这个阶段的触发因素是：用户的某种需要、外部的某种威胁或新的技术机遇；对一种新的飞行器提出了需求。但这种新飞行器是否予以立项研制必须进行酝酿。该阶段结束时，有两种可能：一是立项被否定，项目不成立；二是立项通过论证，提交项目立项的正式建议书。该建议书被正式批准，方能启动后面的研制阶段。

2）方案探索和系统定义阶段

这一阶段的主要任务是将用户的任务需求，通过一系列规范化的程序转化为飞行器的系统技术要求及满足这些要求的基本系统方案，即定义所研制的飞行器系统。这一阶段的核心工作是确定系统是干什么的，而不是具体地设计系统，即不涉及系统是怎样实现这些功能或要求的。这一阶段的工作结束后应产生飞行系统技术要求（一般以系统规范或技术要求文件表述）以及飞行器基本系统方案等文件。

3）方案确定阶段

这一阶段的主要任务就是对初步选定的基本方案进行深入的分析、研究及必要的演示验证，以便最终确定方案。这个阶段要回答的问题是：系统是如何构成的，即系统的配置（configuration，或称为技术状态）。系统的配置确定了，系统的方案也就确定了。为了确定系统的配置，需要将系统级的技术要求按照系统的功能体系结构进行功能分析，将系统级的技术要求下传并分配给各个分系统、子系统、部件……即进行系统分析。其中包括进行风险分析，辨识、估计并降低选定方案的风险。

这一阶段还要通过系统综合，将系统的功能体系结构映射为物理体系结构，这样才能得出构建系统及其各组成部分的硬件、软件、数据、设备及其接口的配置，才能最终确定一个完整的系统。

这一阶段结束后应形成被确定方案的系统体系结构（功能体系结构、物理体系结构）、接口控制文件、系统设计规范（经批准后形成功能基线）。

4）工程研制阶段

这一阶段的主要任务是进行飞行器的设计、制造、试验、外场试验（试飞）和定型，具体内容如下。

（1）初步设计。在分系统、子系统和部件的层次上，反复执行系统工程过程，从而制定出分系统规范等设计文件。

（2）详细设计。用设计来实现技术要求，并完成有关零部件的完整的产品设计。

（3）生产准备。完成产品规范、材料规范和工艺规范的制定，并根据生产条件和制造技术对修改、完善设计进行反馈。

（4）试生产。进行小批量试生产，以支持试验和试飞，并继续向设计工作提供反馈信息，进一步修改与完善设计。

（5）试验与评定。试验与评定一般分为两个阶段。第一阶段：由研制部门进行研制试验与评定，主要试验与评定飞行器性能、功能满足任务需求的状况。第二阶段：在研制试验与评定基本结束后，应转入使用试验与评定；使用试验与评定由使用部门进行，主要试验飞行器的使用适用性（如作战适用性、对使用环境的适用性等）。

（6）设计定型。工程研制阶段的最后是进行飞行器的设计定型鉴定。只有通过了设计定型的飞行器，方能投入批量生产，并交付用户使用。

这一阶段结束时应形成通过设计定型鉴定的飞行器、与飞行器配套的保障系统、成套技术资料与文档。

5）生产和部署阶段

生产和部署的工作主要是对设计定型的飞行器投入批量生产，然后陆续交付使用部门予以部署。目的是以合理的费用生产并交付能充分予以保障的飞行器系统。对于大批量的飞行器（如飞机、战术导弹），生产阶段最好分两个阶段进行，以降低生产风险：第一阶段先以低速率进行最初几批产品的生产，发现问题后，及时修改生产工艺或材料、设备；然后转入第二阶段的高速率生产。

6）使用和保障阶段

随着飞行器系统的部署，使用和保障阶段就开始了。这一阶段的主要工作有以下四项。

（1）向系统提供经济而有效的保障。

（2）变更该阶段的系统技术状态，进行技术状态控制。

（3）根据系统及其相配套保障系统的实际运行情况，测量并评价系统投入实际使用后的适应性、可用性及效能。

（4）根据使用情况和新的需求，提出飞行器系统的改进或改型计划。

系统的使用和保障阶段很长（为 15～20 年，甚至更长），一直要延续到该系统退役为止，即该系统全生命周期的终止。

上述飞行器研制项目管理的重点如表 1-1 所示。

表 1-1　飞行器研制项目管理重点

项目阶段名称	阶段 1 立项前的酝酿阶段	阶段 2 方案探索和系统定义阶段	阶段 3 方案确定阶段	阶段 4 工程研制阶段	阶段 5 生产和部署阶段	阶段 6 使用和保障阶段
输入	用户需求、外部需求、技术机遇	任务需求书、约束条件	系统技术要求、基本方案	系统规范、接口控制文件、系统体系结构	生产计划、生产工艺	正式交付的飞行器及其保障系统
主要工作	可行性论证	多方案探索，确定系统是干什么的	基本方案技术途径的演示验证，确定系统是怎样构成的（系统配置）	初步设计、详细设计、生产准备、试生产、试验与评定、设计定型	批量生产、部署	使用与保障、改进与改型、技术状态控制
输出	正式的立项建议书，或不予立项的建议	系统技术要求、基本方案	系统体系结构、接口控制文件、功能基线	分配基线、全套设计文档、飞行器及其保障系统（原型）	批量生产的飞行器及相应的保障系统	

7）退役处理

某些飞行器（如导弹、运载火箭等）使用一次后其寿命即告终止，但一般飞行器有一个较长的使用和维护阶段。当该阶段结束时，已陈旧的飞行器将予以淘汰，即进入退役处理。在退役处理时，飞行器或运至专用的弃置场所长期存放，或予以解体、销毁，从而结束其整个生命周期。

2. 要素维度的飞行器研制项目管理

根据飞行器的特点，飞行器研制项目管理按管理要素主要包括进度管理、费用管理、质量管理、风险管理、合同管理、供应链管理（supply chain management，SCM）、组织管理，以及试飞、适航和收尾管理等。

（1）进度管理。进度管理是确保航空飞行器研制项目按时完成所有工作的关键。通过科学制订研制计划，及时落实研制保障条件，强化短线管理和风险控制等，确保项目研制阶段目标和总体目标的按期实现。

（2）费用管理。费用管理是指根据组织的总体目标和项目的具体要求，在项目实施的过程中，对项目经费进行有效的策划、实施、跟踪、控制、分析和考核等管理活动，以达到降低项目成本、实现目标利润、创造良好经济效益的目的。

（3）质量管理。质量管理是指对确定和达到质量所必需的全部职能与活动的管理，其管理职能主要是质量方针政策的制定和实施等，通常包括制定质量方针、质量目标，以及质量策划、质量控制、质量保证和质量改进。

（4）风险管理。风险管理包括风险管理环境构建、风险识别和分析、风险评价、风险决策和应对、风险跟踪与监控、风险信息管理等过程。

（5）合同管理。合同管理是指为了航空飞行器研制项目的顺利实施，严格按照合同有关规定，保证项目的质量、进度和费用控制在合理的范围内并使其圆满完成。

（6）供应链管理。供应链管理是指对供应链涉及的全部活动进行计划、组织、协调与控制。以大系统集成优化组合的方式提高企业间合作的效率，以较短的产品前置时间与较低的营运成本获取企业的竞争优势，借助与供应链的合作和企业流程的整合、协调组成网链谋求共赢，制造企业合作的竞争优势。

（7）组织管理。组织管理是指通过对项目涉及的人、单位、部门组织起来的群体进行管理，高效完成组织各个单位的工作。

（8）试飞、适航和收尾管理。飞行器研制项目的成果，飞行试验是飞行器研制项目必经的关键步骤，可以说在飞行器研制项目管理中，没有比飞行试验更必不可少和更复杂的工作了。航空器在交付使用之前必须经过适航管理，来保障航空器的安全性，适航管理是全方位、全过程的控制管理，最终目的是提供安全、经济、舒适的航空器。飞行器研制项目收尾管理是项目管理的最后阶段，只有通过项目收尾这个工作过程，项目利益相关者才有可能终止他们为完成项目所承担的责任和义务，并从项目中获益。

综合考虑，本书从要素维度，展开飞行器研制项目管理的相关内容讲述，侧重于航空飞行器研制项目的项目管理。

1.3.6 我国飞行器研制项目管理的发展历程

1. 我国航空器研制项目管理发展历程

我国航空器研制项目管理在多年的发展中，经历了许多曲折。20 世纪 50 年代，苏联援建我国几个飞机制造厂。当时各厂主要从事军用飞机的制造，采用的飞机图纸、工艺文件和工装等全部是俄文原文资料，管理模式完全仿照苏联模式。到了 20 世纪 60 年代，我国与苏联的关系恶化，迫使我国航空工业走上自力更生的发展道路。

1）仿照苏联管理模式阶段

这一阶段沿用了苏联援建时的管理模式，在计划经济体制下仿照苏联航空器的设计制造过程，对研制项目管理模式进行一些初步的探索。仿照设计是将某种飞机作为参照物，在总体布局仿照的前提下，依据我国自己形成的结构理论和标准进行航空器的总体设计、详细设计、工艺设计和工装设计，自行组织航空器的制造、装配和试飞。仿照设计主要是围绕民用飞机来进行，在此期间我国制造了"运七"、"运八"和"运十"飞机，基本上奠定了我国民用航空制造的基础。

在此期间，我国航空器研制项目管理特点主要体现在以下两个方面。

（1）航空器设计研究所介入了型号研制的全过程。设计研究所参与了航空器机体的总体设计和结构设计、气动设计和试验、结构和疲劳及系统功能试验，参与了航空器制造全过程技术问题的处理等工作。

（2）整个航空器研制项目管理执行的是行政任务。在航空器的设计和制造过程中商用飞机没有作为重点发展对象。

2）高度计划经济管理模式阶段

20世纪60~70年代我国正实施计划经济体制，在这一体制的严格要求下，我国的军用和民用航空器研制采用高度计划管理的方法，其特点包括生产、使用部门参与设计过程，使得设计、生产、使用相互结合；"两总系统"的组织管理方法；采用"一个型号，一个所，一个厂，一条生产线"串行封闭式研制和生产模式。

3）粗放的系统工程管理模式阶段

20世纪80年代，改革开放后随着国际交流与合作的加强，我国航空工业引入国外先进的管理方法，开始与国外航空公司合作转包航空器零部件生产，并且不断地引进了部分国外先进的航空制造技术和先进的管理方法，如网络计划技术等。从而保证了我国航空型号研制的进度、质量和成本，提高了国产航空器的性能、可靠性和舒适性。

在此期间，我国航空器研制项目管理特点主要体现在以下两个方面。

（1）"三坐标"论证和"四坐标"管理。"三坐标"论证是指在计划网络的基础上，运用网络评审技术，对航空器研制项目的技术、进度和经费三个方面进行综合分析，找出一个满足三方面要求的最佳实施方案。"三坐标"论证的过程是一个优化方案的过程。

"四坐标"管理是指在航空器研制的实施过程中针对技术、进度、经费和质量诸方面建立相应的指挥管理系统，即总设计师系统、行政总指挥系统、总会计师系统和总质量师系统。行政总指挥是项目的总负责人，对项目负总责。总设计师、总会计师、总质量师都是在总指挥的领导下，各负其责，各司其职，通过建立起来的各自的管理系统，进行有效的管理。

（2）粗放的矩阵式管理。20世纪80年代后期，在我国航空工业企业已经全面推向市场化的背景下，采用了以职能管理为主，型号负责人组织实施的粗放的矩阵式管理。为保证其实施，通常在传统的职能机构内，设立项目办公室，负责对工程项目实施抓总、协调、督促和检查等工作，在保持原有职能机构纵向管理职能的前提下，突出其工程项目的横向协调作用。

4）现代项目管理阶段

随着市场经济的深化，我国航空工业企业确立了以市场为导向的战略思想，以客户需求为产品发展的原则，在激烈的市场中求生存、求发展。自20世纪90年代以来，在认真总结以往航空器研制的管理方法，并吸取了国外研制项目成果经验的基础上，我国航空工业企业各公司之间、跨国公司之间开始实施联合研制。由于军用飞机和民用飞机70%的技术是共通的，军民融合是提高军用飞机批量生产能力的有效手段。同时，对产品进行全生命周期管理，形成了对航空器研制的现代项目管理方法。

（1）以航空器研制项目为中心实施系统管理。按照企业项目化管理要求改造企业软硬件环境，通过对航空器研制项目管理实现对企业的管理。

采用系统工程的理论和方法对航空器研制项目进行管理，即从系统的全局角度、整体考虑出发，分层次依据系统方法论处理实施过程中所遇到的问题。树立航空器研制项目各项工作应以其总目标为最优的思想，公司各级行政系统、专业系统都应服从航空器研制项目这一大局。

航空器研制过程中坚持国家主导、市场运作、军民融合。型号发展融资采用多元化方法，研发资金投入遵循以核心骨干企业为主体、以国家支持为辅助、以银行贷款为补充的原则。

（2）以并行工程技术改进工作模式。传统的航空器研制模式采用串行工程技术，其主要弊端是设计—制造—使用过程之间的不协调和不沟通，致使在整个航空器研制过程中产生了大量的设计更改和返工，造成研制周期延长、费用增加、质量下降。为了克服传统串行工程技术的问题，现代航空器研制项目管理采用并行工程模式。

并行工程是 20 世纪 80 年代后期在美国首先提出的新观念，于 90 年代蓬勃发展起来，成为一项新的工程技术。并行工程是一种用来综合、协调产品的设计及其相关过程的系统方法。这种方法要求产品开发人员在设计一开始就考虑到产品全生命周期中从概念形成到产品报废处理的所有因素，包括质量、成本、进度计划和客户需求等，其主要特点是在航空型号研制的全生命周期中，并行地集成设计、制造、市场、服务和供应链等资源，从而大大减少产品的开发时间和降低开发成本。

（3）以工业工程技术精化管理组织。工业工程是对生产系统要素进行优化配置，对工业等生产过程进行系统规划与设计、评价与创新，从而提高工业生产率和社会经济效益专门化的综合技术。工业工程的主要工作包括项目规划、费用预算、工作测量、方法工程、方法技术和信息监控，以及将先进制造技术综合应用于产品设计、制造、检测、管理、销售服务的制造全过程，以实现优质、高效、低耗、清洁、灵活生产，主要包括计算机辅助设计（computer aided design，CAD）、计算机辅助制造（computer aided manufacturing，CAM）、集成制造系统等。

航空器研制项目组织结构由集团公司、主设计研制单位、分承制单位和设备提供商等企业组成一个产业联盟，以及建立企业供应链体系，共同完成该飞行器的研制任务，当该飞行器研制结束后该产业联盟也将解散，不同飞行器型号构成不同的研制动态联盟和供应链体系。

（4）以航空工业企业信息化要求改造管理过程。现代人类社会已进入了信息时代，航空工业企业信息化管理水平直接影响着企业决策、产品开发、生产和经营效果，关系着企业的发展和命运。信息作为一个重要的生产要素，已经同物质、能量一样成为企业基本的生产要素；信息流在企业生产管理和经济流通过程中处于中心地位，控制着物流、资金流和人才流。为了适应市场竞争格局的这种变化，航空工业企业借助于信息化的作用，其经营体制正在发生一系列积极的变化，主要特征是行业变化越来越快，行业边界越来越模糊，信息与信息技术广泛应用于企业生产和管理中，包括在管理中引入信息技术提高管理效率；在生产中引入信息技术，产生柔性生产、零库存、大规模定制；通过电子商务提高交易效率，降低交易成本等。

航空工业企业信息化既涉及现代信息技术的应用，巨大的人力、物力和财力的投入，同时也涉及企业组织管理和企业业务流程的重组与再造。其作用和意义主要表现在能提高企业管理水平和决策科学性，降低采购和库存成本，提高生产率和客户服务水平，增强企业竞争力和增加利润等方面。

2. 我国航天器研制项目管理发展历程

我国航天事业自创建以来，管理体制历经调整变化，研制任务不断更新换代，而系统工程方法却是我国航天几十年管理实践中不变的主旋律。依靠广大科技人员的创造性劳动和系统工程方法，将新的概念转化成能满足使用要求或技术发展需要的航天系统，实现了一个又一个成功首飞；我国的火箭、卫星、导弹已形成系列，建立起相对配套的研究、设计、生产和试验体系，培育了独特的航天文化，造就了一支素质好、技术水平高的航天技术和管理队伍，他们为国家做出了卓越的贡献。

在我国航天器研制中推广应用项目管理技术是从 20 世纪 60 年代初开始的。华罗庚教授将这种技术在我国普及推广，称为统筹方法（现在常称"网络计划技术"）。然而，过去我们对项目管理的应用，仅仅是将 PERT 或 CPM 应用到航天器项目的研制计划制订过程中，并没有按项目的特点建立项目组织，也没有应用项目管理的技术来计划、控制型号研制任务的进度、质量及成本，这使得我国航天器研制项目在管理上与发达国家的航天企业有了一定差距。

随着我国航天科技工业的发展，逐步建立起了一整套行之有效的组织指挥系统——"两总系统"。在下达该工程项目研制任务的同时任命该工程项目的总设计师、副总设计师，而且随着研制工作的开展，还要任命各分系统主任设计师和单项设备、部件的主管设计师，建立起相应的设计师系统。这样以各级设计师为核心，加上各级行政指挥系统的技术负责人，共同组成工程项目研制工作的技术指挥线。行政指挥线是以各级行政部门中主管该工程项目的领导为首，以计划及其调度系统为主，由机关职能部门有关人员共同组成，是工程项目研制工作的行政组织者与指挥者，其主要任务是：确定研制任务的组织与分工；组织研制协作配套网络，落实重大技术措施，制订工程研制计划并组织实施；进行日常的指挥调度，按行政管理渠道提供人、财的保障等，以保证设计师系统技术决策的实现与工程项目研制任务的按期完成。在工程项目研制过程中，"两总系统"相互支持，密切配合，两者既有明确分工，各负其责，又相互交叉，是工程统一指挥中两个相得益彰的侧面。一方面，计划、调度必须以技术为先导，行政指挥系统必须以总设计师的设计思想为依据，保证设计师系统设计意图的贯彻与实现；另一方面，设计师在技术上进行决策时，必须以现实条件为前提，兼顾项目需要与可能，尊重行政指挥调度系统的意见。实践证明，这种组织管理制度也推动了我国航天工程项目的研制和发展。

随着我国以载人飞船和通信卫星、遥感卫星、导航卫星以及月球探测为代表的航天器项目的研制实施，我国航天器研制项目管理体系不断完善，项目管理技术快速发展。在项目管理具体技术与方法方面，在全面总结航天器可靠性技术与方法的基础上，结合我国航天器研制工程实践，中国空间技术研究院（China Academy of Space Technology，CAST）于 2000 年推出了航天器项目可靠性保证一整套工作程序和方法，相关技术能力上了一个新的台阶。2002 年，我国航天器研制主要单位——中国空间技术研究院成立了项目管理部，组建成立项目管理办公室，项目研制实施项目经理负责制，标志着我国航天器研制项目管理日益走向成熟。2012年，中国空间技术研究院全面实施产品保证工作，建立了专业的产品保证组织和队伍、规范的产品保证程序和配套的产品保证标准体系。随着我国空间站等载人航天后续任务的实施、探月工程任务的开展、全球卫星导航系统建设工作的推进等，我国航天器项目风险管理技术、数字化管理技术等快速发展和应用，极大地提高了我国航天器项目管理能力和水平。

思考题

1. 什么是项目？什么是项目管理？为什么要进行项目管理？
2. 什么是飞行器？
3. 航空器的种类有哪些？
4. 飞行器研制项目的特点有哪些？
5. 飞行器研制项目分为哪几个阶段？
6. 飞行器研制项目管理有哪些内容？
7. 简述我国飞行器研制项目管理的发展历程。

扩展阅读

中国载人航天工程、长征系列运载火箭、
中国空间站项目的里程碑

第 2 章

航空飞行器研制项目立项与启动

在开始项目之前，我们必须先对项目进行一个预先的分析，决定项目是否需要进行，是否能够进行。同样地，在飞行器研制项目正式开始前，需要对项目进行一系列的预先分析，包括项目的立项与启动。

■ 2.1 需求识别与项目选择

2.1.1 需求的识别

项目绝非自发产生的，而是受各种需求所驱使的，需求是项目产生的基本前提。需求是在一定的社会历史条件下，随着经济的必然发展，而必须解决的迫切的问题。人类文明的发展史也是人类需求不断发展的历史。例如，20世纪90年代，我国工业化进程和城市化进程的加快，造成了部分城市人口的剧烈增长，在这一过程中，住房需求增加、交通流量增大、水资源供应压力提升以及垃圾和污水处理等方面的问题逐渐凸显，这些问题在一定程度上影响了人们的居住和工作环境。要改善城市环境，就要实施许多项目。例如，城市垃圾和污水处理项目、住宅区建设项目、旧城区改造项目、城市轨道交通项目、自来水厂项目等。21世纪初，我国经济进入了新的快速增长阶段，能源成为这一阶段制约国民经济发展的"瓶颈"。为此，我国各地开发了包括核能、光能、风能、水能、热能在内的多种能源项目，兴建了许多热电厂、水电站、核电站，实施了"西气东输"、电网改造等工程，极大地缓解了能源紧张的矛盾。另外，随着轿车逐步进入寻常百姓家，城市交通面临压力。许多城市实施了包括地下、路面、高架在内的立体化的交通建设项目，以满足城市交通的需求。可见，任何项目都来自社会经济发展和人民生活的各种需求。

随着人类社会的不断发展进步，对活动范围的需求经历了从陆地到海洋、从海洋到大气层、从大气层到宇宙空间的逐渐扩展的过程，最初人类在身上绑上翅膀模仿鸟类扑翼飞行，但这种尝试屡遭失败。人们对于飞行的探索转向研究飞行器，1783年，法国蒙哥尔费兄弟的热气球和查理的氢气球相继升空，实现了人类自古以来的飞行之梦，这一切都源自人类对于扩展活动范围、实现飞天的需求。到如今，人类对飞行器的需求不断多样化，产生各种各样的飞行器，如为了国防建设作战武器而研制的各种军用飞机，为了提高出行或运输效率而研制的各种民用飞机；可见，不同飞行器的研制伴随着不同的需求。

通常，需求可以划分为公共需求和私人需求。前者需要依靠公共项目的投资予以解决；后者则一般由私人主体进行投资来满足。

1. 公共需求和公共项目

公共需求是指人们对公共物品的需求，它一般是由政府或社会提供的产品。公共物品具有两个主要特征：非排他性和非竞争性。公共物品的非排他性是指每一个人在使用公共物品时都是一个"免费搭车人"。例如，公共场所的免费电梯、市政公路、免费公园、城市绿化等，均无法拒绝消费者的使用和享受。

商品的竞争性与消费商品所增加的成本有关。通常，当人们增加消费一个单位的商品时，生产者就需要增加一个单位的成本。但是有的物品不具备这种特性。例如，电视台发布天气预报的成本与观众的多少关系不大。如果在增加消费一个单位的商品时社会所需要增加的成本为零，或者每增加一个消费者的消费社会所需要增加的成本为零时，则称该商品为非竞争性商品。

公共项目起源于公共需求。公共项目又称为公共工程或公用事业项目，主要是指由政府为社会、国家和公众利益而投资兴办的非营利性项目，包括交通运输、邮电、水利等生产性基础设施建设项目；教育、科学、卫生、体育、气象等社会性基础设施建设项目；城市交通、能源动力、城市绿化等公用事业项目。国家为国防建设、维护社会稳定而做的高技术项目研制研发，如绝大部分飞行器的研制均属于非营利性项目。

由于经济体制的改革，公共项目逐步由过去的政府统一投资和管理转变为政府、社会团体、企业乃至私人等多元投资和管理。不过，在对公共项目的投资和管理中，政府仍然发挥着主导作用。

2. 私人需求和私人项目

与公共需求相对应的是私人需求。私人需求的主体主要是个人、家庭、社会团体、组织、企业、事业单位等。在现实社会经济生活中，私人需求大量存在，小到举行一次私人聚会，大到投资一家公司、组建一个企业集团。其目的、规模和成本开支各不相同。一般来说，私人需求通过私人投资项目来满足，而且其产出具有明显的排他性和竞争性。

2.1.2 项目构思

所有项目都是从一个想法开始。项目构思又称为项目创意，是一个思维的过程，通过该过程对未来项目的目标、功能、范围以及项目涉及的主要因素和大体轮廓进行设想与初步界定。

项目构思又是一个创造性的探索过程，它通过对各种可能的项目方案的调查研究、对比分析、综合判断，提出富有创新性的项目建议。

项目构思是未来项目规划的基础，直接影响整个项目的成功与否。一般，项目构思需要考虑的内容包括：项目的投资背景及意义，项目投资的方向和目标，项目投资的功能及价值，项目的市场前景及开发的潜力，项目建设环境和辅助配套条件，项目的成本及资源约束，项目所涉及的技术和工艺，项目资金的筹措及调配计划，项目运营后预期的经济效益，项目运营后社会、经济、环境的整体效益，项目投资的风险与化解方法，以及项目的实施与管理等。

一般，项目构思分为三个阶段，即准备阶段、酝酿阶段和完善阶段。

1. 准备阶段

项目构思的准备阶段就是对项目构思进行一系列的准备工作的时期，一般包括四个方面的具体内容：一是确定项目构思的性质和范围；二是通过详细的调查，收集项目构思所需的资料和信息；三是对收集来的资料和信息进行初步的整理工作；四是研究资料和信息，通过分类、组合、演绎、归纳、分析等多种方法，从所收集的资料和信息中找出有用的信息资源。

2. 酝酿阶段

项目构思的酝酿阶段一般包括潜伏、创意出现、构思诞生三个过程。潜伏过程就是把所获得的资料和信息与需要进行构思的项目联系起来，进行全面系统的比较分析。创意出现就是在大量的思维过程中产生与项目相关的一些独特新意，它是构思的雏形阶段，是不完全、不成熟或不全面的想法和构思。它也可以看作以大脑中的信息、知识和智力为基础，通过综合、类比、借鉴、推理而得出某些想法和构思的逻辑思维过程。只不过在这一逻辑思维中，有关项目构思的某些细节还不十分清晰，有时有关项目的一些想法或构思只是灵光一闪，往往不能被人的意识所捕捉。因此，创意出现是项目构思者有意活动中逻辑思维和非逻辑思维的一种结果。构思诞生就是通过多次、多种创意的出现和反复思考形成了项目的初步轮廓，并用语言、文字、图形等可记录的方式明确表现出来的结果。

酝酿阶段是进一步进行项目构思的切入点，也是整个项目规划的基础。在这一阶段捕捉到思维过程中随机出现的独特创意是非常重要的，因为这个独特的创意往往会成为决定整个项目未来蓝图的关键。

3. 完善阶段

项目构思的完善阶段就是从项目构思诞生到项目构思完善的过程，包括发展、评估、定型三个阶段。发展是对诞生的构思进行进一步分析和设计，对构思的内涵和外延进行进一步补充和完善的活动。评估是对诞生的项目构思进行分析评价或是对多个构思方案进行比较筛选的活动。定型是在发展和评估的基础上对项目构思做进一步的调查、分析和研究，看其是否符合实际情况、是否能获得预期的经济效益、资源是否充足、成本是否合理，并在此基础上，把项目的构思具体细化为可操作的项目方案。在项目构思完善的过程中，问题被逐一解决，缺陷被逐步改进，直到产生令人满意的项目方案为止。

项目构思所包含的以上三个阶段，是一个渐进的、环环相扣的发展过程。为了达到预定的目标，每一个阶段都要认真对待、扎实工作，才能为一个卓越的项目奠定坚实基础。

2.1.3 项目选定

项目选定就是从已形成的备选项目方案中选择投入少、收益大，并且切实可行的、最能够满足客户需要的方案。评价项目方案的标准主要有成本、收益、风险、时间、可行性和客户满意度等。项目选定主要包括可行性研究和项目选择。

1. 可行性研究

项目选定是项目可行性研究的过程。可行性研究是指根据目前个人、组织和社会的状况与能力，对拟实施项目在满足需求上是否有效（适用性）、技术上是否可行（可能性、先进性、风险性）、经济上是否有利可图（合理性、营利性）所进行的综合分析和全面科学评价的技术经济研究活动。在可行性研究中，市场需求是基础，实现技术是手段，经济效益是核心。

可行性研究一般分为机会研究、初步可行性研究、详细可行性研究、最后决策和评价报告。机会研究是可行性研究的第一步，通常发生在项目识别和构思阶段。它通过对自然资源、社会和市场的调查与预测来确定项目，选择最有利的项目投资机会。

机会研究可以分为一般机会研究和项目机会研究。一般机会研究主要包括地区研究（人口、地理、政治、经济、自然环境等）、行业研究（生产力布局、供需关系、主要竞争者等）和资源研究（储备、分布和限制条件等），目的是识别投资机会，把握投资方向。项目机会研究则侧重对特定项目的市场需求、外部环境（国家政策、产业竞争结构等）和项目承办者的优劣势进行分析，最终确定最佳的投资项目方案。

可行性研究可以由项目识别者自己实施，也可以委托他人或者两方各做一部分来完成。

2. 项目选择

社会的某种需求可以由多种不同的项目来满足。例如，解决城市交通拥挤的问题可以通过扩建道路、发展地铁和建设高架轨道交通等项目来完成。另外，当个人或组织识别了多个项目而可以利用的资源又有限时，必须要对拟实施的项目及其方案进行选择。

项目选择要综合考虑政治、经济、文化、环境、技术、财务、物资、人力资源、组织结构和风俗等多种因素，权衡必要和可能两个方面，对被选的项目进行筛选。应尽可能地选择那些投入少、收益大的项目进行进一步的研究，进而付诸实践，筛选掉那些希望不大或效益低下的项目，避免在以后阶段大量人力和财力的浪费。

2.1.4 项目发起

项目选定之后，还要有一个发起过程，才能使项目正式行动起来。项目发起人可以来自政府或民间。例如，长江三峡水利枢纽工程的发起人是国务院，京九铁路的发起人是原铁道部。

在许多情况下，项目发起人并不自己实施项目，而是将其委托给他人。这时候项目发起人就是项目委托人，即把项目交给项目管理团队的个人或组织。项目委托人可以来自项目所在组织的内部，也可以来自外部。

有时一些小型项目，特别是民间项目，没有正式的、单独的发起过程。例如，民营企业内部职工自发组成产品开发小组进行新产品研制项目或工艺改进项目等，一般没有正式的发起过程。但是对于技术复杂，项目周期长，需要巨额的资金、大量的人力和物力的项目，单靠项目发起单位一家之力是无法完成的。项目发起单位必须宣传、说服和动员社会上的有关力量，包括政府，给予支持。在发起一个项目，寻求他人支持时，要有书面材料交给潜在的支持者或参与者，使其明白项目的必要性和可能性。这种书面材料称为项目发起文件。

2.1.5 项目核准和立项

一般，小型项目，特别是私人项目，只要合法、可行，不必经过有关部门的批准就可以实施，但是对于一些大型项目，特别是需要政府投资的公益性项目和基础性项目，还需要申报到有关部门进行审查、批准之后才能启动。这种由项目实施组织最高决策者或主管部门正式承认项目的必要性，把完成项目所需的全部权力交给项目管理团队的过程称为项目核准。

当项目的实施关系到当地或整个国民经济和社会的发展时，还需要上报到各级政府有关部门进行审批，重大项目需要报国务院审批，审批通过之后列入当地或国家的经济和社会发展规划或基础设施建设规划中。这一过程称为项目立项。

2.1.6 项目启动

项目启动就是项目经理组建项目团队，并开始执行项目具体工作的过程。项目启动应至少满足以下三个条件。

（1）项目进行了充分的可行性研究，并且结果表明项目可行。
（2）项目申请书得到了上级有关部门的核准。
（3）资源配置基本就绪。

项目启动过程完成的标志有两个：一是任命项目经理，建立项目团队；二是颁发项目许可证书。一般，任何项目均应当尽可能早地选定项目经理，并将其委派到项目上去。

项目许可证书就是正式承认项目的文件。该文件通常由项目实施组织的高层管理者或者项目的主管部门颁发。项目许可证书颁发者的地位视项目的具体情况而定。项目许可证书赋予了项目经理或项目管理班子将资源用于项目活动的权力。

一般，项目经理在接受委托或委任时，需要明确四件事情，即资金、权限、要求和时间。在资金方面，就是要明确委托人有无足够的资金用于项目，并支付项目经理和项目团队成员工资；在权限方面，就是要查明委托人有无足够的权限保证项目的顺利进行，以及委托人授予自己的权限是否能够保证项目的顺利实施；在要求方面，就是要明确委托人对项目、项目经理和项目团队的要求；在时间方面，就是要正式确定项目的启动时间和完成时间，以及在时间上的奖惩措施。如果项目委托人或发起人无法就上述问题做出明确的回答，则不要急着接受委托。

如果是项目经理或项目管理班子自己选定和发起的项目，项目经理也应明确和落实资金、权限、要求和时间。

2.2 项目论证

2.2.1 项目论证的概念与作用

1. 项目论证的概念

项目论证是指对拟实施项目技术上的先进性、适用性，经济上的合理性、营利性，建设或实施上的可能性、风险性进行全面科学的综合分析，为项目决策提供客观依据的一种技术经济研究活动过程。

项目论证应该围绕市场需求、工艺技术、财务经济、社会环境影响等四个方面展开分析和论证，其中市场需求是基础，工艺技术是手段，财务经济是核心，社会环境影响是前提。

2. 项目论证的作用

任何项目都可能有多种方案可供选择，不同的方案又可能产生不同的效果。同时未来的环境也具有不确定性，同一方案在不同的环境状态下也可能产生不同的效果。为了从多种可供选择的方案中选出最接近决策者的心理预期或使投资人的投资效果最大化的方案，就需要对各种可供实施的方案进行分析、评价，预测其可能产生的各种后果。

项目论证的作用主要体现在以下四个方面。

（1）项目论证是确定项目是否实施的依据。决策项目是否实施的主要依据来自项目论证的结论。

（2）项目论证是筹措资金、向银行借款的依据。投资人或金融机构在决定是否向项目投资或借款的时候,首先要研究项目财务分析和国民经济分析的数据,审查项目在实施后是否具有足够的盈利能力和还贷能力。

(3) 项目论证是编制计划、设计、采购、施工以及机构设置、资源配置的依据。项目论证的重要内容就是分析项目的规模、技术方案、实施进程、资源配置等,这将为项目在启动阶段,编制进度计划、资源计划、费用计划、组织规划、采购计划和实施性能要求等提供明确的依据。

(4) 项目论证是防范风险、提高项目效率的重要保证。项目论证还对项目的不确定性进行了分析,这为项目在实施过程中如何最大限度地规避风险、提高执行效率提供了依据。

3. 项目论证的阶段划分

项目论证一般分为机会研究、初步可行性研究和详细可行性研究三个阶段。各个阶段的工作内容、论证费用、误差控制如表 2-1 所示。

表 2-1　项目论证的阶段划分

阶段	工作内容	论证费用	误差控制
机会研究	寻求投资机会,鉴别投资方向	占总投资的 0.2%~1%	±30%
初步可行性研究	初步判断项目是否有生命力,能否盈利	占总投资的 0.25%~1.5%	±20%
详细可行性研究	详细技术经济论证,在多方案比较的基础上选择出最优方案	中小型项目占总投资的 1%~3%,大型项目占总投资的 0.2%~1%	±10%

表 2-1 中的论证费用百分比只是表明三个阶段之间的相对关系,而不是绝对标准。由于项目之间在复杂性、涉及的工作范围和难易程度、论证人员的业务水平以及相互竞争程度方面会有很大不同,所以费用百分比也会有较大差异。

2.2.2 项目机会研究和初步可行性研究

1. 机会研究

机会研究包括一般机会研究和特定机会研究。

一般机会研究是研究项目机会选择的最初阶段,是项目投资者或经营者通过掌握大量信息,并经分析比较,从错综纷繁的环境中鉴别发展机会,最终形成确切的项目发展方向或投资领域的过程,其结果一般称为项目意向。

一般机会研究是一种全方位的搜索过程,需要大量的信息数据的收集整理和分析。

(1) 地区研究,即通过分析地理位置、自然特征、人口、地区经济结构、经济发展状况、地区进出口结构等状况,选择投资或发展方向。

(2) 行业研究,即通过分析行业特征、经营者或投资者所处行业的作用、行业整体增长情况、能否做出扩展等,进行项目的方向性选择。

（3）资源研究，即通过分析资源分布状况、资源储量、可利用程度、已利用状况、利用的限制条件等信息，寻找项目机会。

机会研究通过上述分析来鉴别投资机会或项目设想，一旦证明是可行的就需对它们进行详尽研究。一般机会研究的结果是机会研究报告，该报告为决策者提供可选择的项目发展方向或投资的基本方向。

特定机会研究是在一般机会研究已经确定了项目发展方向或投资领域后，做进一步的调查研究，经方案评价和比较，将项目发展方向或投资领域转变为概括的项目提案或项目建议。与一般机会研究相比较，特定机会研究更深入、更具体。

2. 初步可行性研究

初步可行性研究是介于机会研究和详细可行性研究之间的一个中间阶段，是在项目发展方向或投资意向确定之后，对项目的初步分析和判断。对于中小型项目而言，由于调查研究和分析判断过程不太复杂，所以往往不需要进行初步可行性研究，而直接进行详细可行性研究。对于大型或比较复杂的项目，其详细可行性研究需要对技术、经济、环境及社会影响等进行深入调查研究，是一项费时、费力且费资金的工作。

初步可行性研究的结构及主要内容基本与详细可行性研究相同，所不同的是占有的资源细节有较大差异。与详细可行性研究基本相同，项目初步可行性研究要分析项目范围所涉及的市场和生产能力、原材料投入、地点和厂址、工艺技术和设备选择、土建工程、企业管理费、人力资源、项目实施及经济评价等各方面，其结果是初步可行性研究报告，该报告虽然比详细可行性研究报告粗略，但是对项目已经有了全面的描述、分析和论证，因此初步可行性研究报告可以作为正式的材料供投资人决策参考；也可以依据项目的初步可行性研究报告形成项目建议书，通过审查项目建议书决定项目的取舍，即通常所称的"立项"决策。

如果就投资可能性已进行了项目机会研究，那么项目的初步可行性研究阶段往往可以省去。如果关于行业或资源的机会研究包括足够的项目数据，则可继续进入项目可行性研究阶段或决定终止进行这一研究，即有时也可越过初步可行性研究阶段。然而，如果项目的经济效果使人产生疑问，就要进行初步可行性研究来确定项目是否可行，除非初步可行性研究的某一方面已通过详尽的市场研究或对一些其他的功能研究进行了深入的调查。可以通过捷径来决定投资支出和生产成本中的次要组成部分，但不能决定其主要组成部分。必须把估计项目的主要投资支出和生产成本作为初步可行性研究的一部分，但并不一定只依靠确实的报价单作为估计依据，以往的项目数据可作为主要的参考。

2.2.3 项目详细可行性研究

项目详细可行性研究是在项目投资决策前对项目进行技术经济论证的过程。它是项目投资决策前一项非常重要的工作，从项目的市场分析研究及预测开始，通过拟定多个备选方案进行论证，研究项目的工艺技术、建设条件、规模大小、投资估算、原料供应、设备选择、坐落地点、资金筹措、人员组织、环境保护等各种要素，并对建成后的财务效益、国民经济贡献、社会影响进行系统的评价，提出项目可行与否的结论，是为投资决策提供科学依据的综合性科学分析判断过程。

1. 可行性研究的原则

1）科学性原则

科学性是可行性研究工作必须遵循的最基本的原则。遵循这一原则，要树立科学的态度。要按客观规律办事，不能凭主观臆断，也不能盲目听从上级意志。运用科学的方法研究项目的各个因素，包括科学的信息收集、分析和鉴别技术，以确保它们的真实和可靠；科学的分析、比较和决策技术，要求每一项技术与经济的决定要有科学的依据，是经过认真的分析、计算而得出的。

2）客观性原则

客观性就是要坚持从实际出发、实事求是的原则。任何项目的可行性研究都应根据项目要求与具体条件进行分析论证而得出可行或不可行的结论。

（1）正确认识项目的各种建设条件。项目条件是一种客观存在，研究工作应该从实际出发，尽量排除主观臆断。

（2）实事求是地运用客观的资料得出科学的结论。

（3）可行性研究报告和结论必须符合客观逻辑，不能掺杂任何主观成分。

3）公正性原则

可行性研究应站在公正的立场上，不偏不倚。既不能根据可行性论证委托单位的要求对项目做出不符合实际的评价，也不能弄虚作假。应该把国家和人民的利益放在首位，综合考虑项目利益相关者各方的利益，不存偏私之心，不为利益或压力所动。实际上，只要能坚持科学性与客观性原则，就能保证可行性研究工作的正确和公正，为项目的投资决策提供可靠的依据。

2. 详细可行性研究的主要内容

1）市场分析研究

在市场经济的条件下，任何经济活动都是围绕市场这个主题展开的，因此在进行投资项目可行性分析时必然要求将市场分析与预测放在首要的战略位置。

市场供需状况、竞争状况及需求结构等市场因素，与项目投资风险的大小密切相关，这是可行性研究需要考虑的第一步，也是重要的研究内容。在市场容量、需求结构和目标市场确定之后，可行性研究的其他工作内容才能够确定。具体来说，项目市场分析解决了"生产什么和生产多少，如何生产，为谁生产"这几个基本问题。

市场分析包括市场调查和市场预测两个具体方面。

A. 市场调查的主要内容

市场调查是指对市场进行全面的或局部的了解，即以购买与消费商品的个人和团体为对象，在市场调查的各个阶段上，运用科学的方法收集、记录、整理、分析所有的情报资料，进而掌握市场现状与发展趋势。市场调查主要是调查项目产品的市场容量现状、价格现状以及市场竞争力现状，根据拟建项目产品的复杂程度和项目特点来确定内容。

以民航运输机市场需求规模调查为例，民航运输始于 1914 年 1 月 1 日，美国东南部的佛罗里达州开辟了一条飞越海湾、连通圣彼得斯堡和坦帕两座城市的旅游航线，每天两班。两地之间坐船要 2 天，乘火车需要 12 小时，乘汽车需要 24 小时，而乘飞机在当时却只需 23 分钟。该航线在旅游季节共运营了 5 个月，载客 1204 人次，充分显示了空运的优越性，随后，民航运得以迅速发展。到 2000 年时全球搭乘飞机的旅客已经超过 18 亿人次。预计到 2042 年，全球新民用飞机需求将达到 42 595 架，总价值 8 万亿美元。未来 20 年，全球现役客机机队中将有超过 13 400 架飞机退出商业客运服务，这部分客机将被改装成公务机、货机和其他用途飞机，或者是永久退役。市场需求量最大的仍然是单通道（客舱内部只有 1 条过道）喷气客机。研发新一代单通道喷气客机（如中国商飞 C919 飞机）正是为了满足这一市场需求。我国民航从小到大，发展迅速，已经成为世界上第二大航空运输系统。2021 年我国民航全行业运输飞机期末在册架数 4054 架，客运飞机 3856 架，货运飞机 198 架。2021 年，全行业完成运输总周转量 856.75 亿吨公里、旅客运输量 44 055.74 万人次、货邮运输量 731.84 万吨。预计我国之后 20 年内，航空运输仍将快速增长，民用飞机市场将不断扩大。

B. 市场预测的主要内容

市场预测是在市场调查取得一定资料的基础上，运用已有的知识、经验和科学方法，对市场未来的发展状态、行为、趋势进行分析并做出判断与推测。其中最关键的是产品需求预测。可行性研究是用现实的数据资料推测未来的情况，市场预测的作用是在现实的市场与未来的市场之间架起一座桥梁。

2）原材料和其他投入物的供应分析

原材料和其他投入物的供应分析是项目可行性研究需要详细分析的主要内容之一，选择原材料和其他投入物时要考虑的主要因素有以下三点。

A. 质量性能

评价和试验原材料和其他投入物的质量是否能够满足项目的需要，分析应当包括下列各种性能和特点：物理性能、机械性能、化学性能、电气和磁力性能等。不同项目所需要的不同原材料和其他投入物的性能要求是不一样的，在分析时要详细地了解项目的真实需求。

以神舟七号飞船项目管理过程为例，神舟七号飞船作为载人航天二期工程的第一步，飞船零部件种类、数量之庞大，超过了前几艘神舟飞船。任何一个零部件出现质量问题，都可能对神舟七号飞船项目甚至整个载人航天工程的开展造成重大影响。所以，对零部件的管理，是质量管理的重中之重。由于零部件的种类、数量庞大，质量管理的难度很大，为了进行高效的管理，神舟七号飞船零部件管理采用了"ABC 分类管理法"，又叫"重点管理法"，实行分级质量管理。

在神舟七号飞船零部件的质量管理过程中，根据危险程度、技术难度、所需费用、整改时间、质量改进工作量等进行合理划分，统筹安排。用 A、B、C 分别代表危险程度的大、中、小，技术难度的高、中、低，所需费用的多、中、少，整改时间的长、中、短，质量改进工作量的大、中、小等。这样可以抓住重点，利用有限的资金和资源，最大限度地解决质量安全问题。

B. 来源和可得数量

项目所需原材料的来源及可得性，对于确定许多项目的技术和经济上的可行性是十分重要的。在一些项目中，对技术、加工设备和产品组合的选择在很大程度上取决于原材料的规格；在有些项目中，潜在的可得数量决定项目的规模。在研究中，应对可能需要的主要原材料和其他投入物的数量进行预测。

对于原材料的供应来源与方式，从以下几个方面考虑。

（1）供应企业和地区研究。对可以从市场采购的原材料和辅助材料，应确定采购的地区以及来源；有特殊要求的原材料，应提出拟选择的供货企业及供货方案。

（2）供应方式。一般有市场采购、投资建立原材料基地、投资供货企业扩大生产能力等方式。

（3）进口原材料的供应。应调查研究国际贸易情况，分析拟选择的制造企业和供应企业的资信情况，确保原材料供应的可靠性。

（4）大宗原材料的供应。应调查研究主要供应企业的生产经营情况，并在可行性研究阶段与拟选择的供应企业签订供货意向协议。

同时，根据项目所需的物料的形态（固态、液态、气态）、运输距离、包装方式、仓储要求、运输费用等因素研究确定物料运输方式。

C. 单位成本

与可得性一样，对原材料和其他投入物的单位成本也必须进行详细的分析，因为这也是确定项目是否经济的关键性因素之一。如果是国内材料，一方面须参照过去的趋势以及对今后的预测考虑现价；另一方面须从供应弹性考虑。从对某一种材料的需求量日益增长来说，其供应弹性越低，则价格就越高。

3）产品结构及工艺流程的确定

产品结构及工艺流程的确定，是项目可行性研究中的技术选择问题。它对企业的经济效益有直接的影响。要根据具体的技术经济条件选择"恰当的技术"，并做相应的评价。采用新结构、新工艺应有实验结果作为依据，而不应采用不成熟或没有把握的技术，因为工程项目的技术方案在技术上首先应是可行的。

项目可行性研究中技术评价应反映下述几个方面。

（1）技术是否先进，应从技术水平和实用性两方面来进行评价，以判断是否达到国际先进水平、国际水平或国内先进水平。

（2）技术是否实用，指项目所采用的技术，在推动生产、推广应用、满足需要方面所具有的适应能力。

（3）技术是否可靠，指技术在使用中的可靠程度，即在规定时间内和规定条件下，产品工作性能符合要求和工艺方法成功的概率。

（4）技术的连锁效果，指技术应用后对科学技术和其他领域的作用，如推动其他行业的发展、改善劳动条件、增加就业机会、改善人民生活、提高文化素养等。

（5）技术后果的危害性，指技术的应用是否会给社会带来不良影响，如污染环境、破坏生态平衡、损害资源等。同时确定排除上述危害的难易程度和所需费用等。

以民航运输机的技术要求为例，"以客户为中心"是航空市场竞争的结果，已经成为民航企业生存的基础。以客户为中心即以客户的需求为中心。要明确产品必须能够满足旅客与货主的需求，这就要求从飞机的设计之初渗透这一理念，最大限度地满足客户需求。从项目范围管理的角度看，航空器研制项目实施的主要问题和难点在于：如何提高飞行品质、维持良好的经济性和确保安全性。以客户为中心，意味着民航运输机设计制造除了在飞行性能和功能方面要达到设计规范标准的要求并取得 CAAC 签发的适航证书以外，还须从旅客乘坐舒适性、方便性和安全性等方面加以改进，包括以下几方面的技术要求。

（1）加大一次性载客量，从而降低票价，使更多的人可以选择坐飞机旅行。

（2）拥有洲际不着陆航程，几小时就能到达目的地。

（3）具有类似海平面高度的客舱气压，保证每个座位都获得100%的新鲜空气。

（4）增加舒适性，如在大型飞机上有多个通道，座位更宽敞。

（5）确保行李摆放方便安全，存储箱容易取放。

（6）通道多、舱门多、舷梯多，旅客能迅速上下。

（7）开发燃烧更充分、噪声更小、耗油更少、推力更大、重量更轻的发动机。

（8）不断改进，以满足社会提出的"少一点噪声、少一点污染"的要求。

（9）发展全电系统，这有利于低成本、经济飞行。

（10）确保任何情况下的安全。

4）生产规模或服务能力的确定

根据市场分析的结果，可以预测出项目计划生产的产品或提供的服务在未来规定年份可能的需要量，然后根据项目设想的生产情况及条件，可以估算出该产品或服务在未来若干年内可能达到的产量。但是，确定某一项目的生产规模还必须考虑规模的经济性。

在项目可行性研究中确定适当的生产规模或服务能力是关键。虽然对具体项目产出物的需求和市场规模所做的预测是确定恰当的生产规模的主要依据，但在很多情况下，由于受到诸如原材料和其他投入物的限制、人力资源的限制或资金的限制，项目完成后的生产规模或服务能力的确定就不得不受到许多制约。例如，沪宁高速公路在预测时已经意识到作为长江三角洲地区的快速通道，其应有的通行能力会很大，所以一些专家建议修成双向八车道，可是在可行性研究及后来的实施中依然选择了双向四车道。

明确了对需求和市场预测的总的限制因素，那么就必须估计项目可行性研究的其他组成部分以便确定可行的正常项目生产规模。这一生产规模实际上应该是按项目可行性研究中各个组成部分的相互作用所可能确定的最佳生产水平。这些组成部分有：技术和设备、资金、投入和生产成本的构成如何以及销售范围等。

需要在确定项目规模之前考虑的两个问题是：最小经济规模和与各级生产水平有关的生产技术与设备的来源如何。

（1）最小经济规模和设备限制因素。项目一般应该确定最小生产规模，以达到规模经济的效益。在确定一个项目的最小经济规模时应利用国内外同行业广泛的经验，因为所研究项目的生产成本和其他项目的相同生产领域的生产成本之间是有联系的。

（2）资金和投入的限制因素。资金以及基本的生产投入的缺乏会妨碍项目规模的扩大，即使达到最小经济规模，单位生产成本与同一生产领域的其他项目的生产成本相比也肯定是相当高的，并且规模经济将只达到项目可行性的最低要求。如果拟议中项目的可行的生产规模低于最小经济规模，就应该在项目可行性研究报告中对生产成本、产品价格以及关于需要何种程度的保护之类的政策问题等方面进行详细说明。

（3）资金筹措费用和生产成本。如果资金或原材料和其他投入物方面没有严重的限制因素的话，资金筹措费用和生产成本就会成为一个越来越重要的决定因素。

应该仔细分析市场分析预测的需求量和可行的正常生产规模的关系，以决定可供选择的生产规模或服务能力。对于某些新产品或必须为其开辟新市场的产品来说，初期生产规模应高于初期需求和销售额，这样企业生产规模在若干年间都能满足需求的增长，随着需求和销售不断增长，可能超过企业生产规模，因而在需求和生产之间就会有一个越来越大的差距，最终可能成为企业扩建的理由，这样就又形成一个新的项目。

5）技术与设备选择

A. 技术选择

项目可行性研究应该说明项目各组成部分所需的各种技术，评价可供选择的备选技术，并按项目各组成部分的最佳结合选择最适合的技术，包括技术选择、技术获得方式和技术所需费用。

（1）技术选择。在项目可行性研究中应对各种可供选择的技术进行评价，以确定对项目来说最合理的技术和技术组合。这种评价应充分考虑到项目的生产规模或服务能力、产出物的性能要求、资金实力和技术先进程度。技术选择还必须联系项目的主要原材料以及其他长期和短期的生产要素资源的适当结合，在某些情况下，原材料可以决定要采用的技术。

以战斗机的研制为例，战斗机这类军用飞机的技术要求永远都是研制技术性能最先进的飞机。截至2023年，第五代战斗机是最先进的战斗机，对第五代战斗机一般要求具有下列战术技术性能：超声速巡航能力（发动机在不开加力时）；良好的隐身性能；高敏捷性和机动性，特别是过失速机动能力；超视距攻击和对地攻击的能力；短距起落性能；高可靠性和维护性。上述各种对第五代战斗机的设计要求，必须充分考虑技术的可行性。

（2）技术获得方式。在选择技术的同时，应找出能获得这种技术的方式。这些方式包括：技术许可证交易、技术的全套购买和技术供应方分享所有权的合资经营模式。应该对这些获取方式所涉及的问题做出分析，包括：许可证交易、技术分解、合同内容、购买技术的方式以及许可证持有者参与合资经营企业所带来的问题等。

（3）技术所需费用。除选择技术和因此可能需要的设计和技术服务外，在项目可行性研究报告中还应估计技术和技术服务的费用。有时候这种估价是困难的，如果能收集到资料，可参考同一行业其他项目的技术支付进行估价；如果项目许可，也可以通过独立的评估机构来估价。

B. 设备选择

设备选择和技术选择是相互依存的，在很大程度上设备选择是受技术选择所制约的，在项目可行性研究报告中，应根据项目生产规模或服务能力和所选择的技术来确定设备方面的需要。

项目可行性研究阶段的设备选择，应概略说明通过使用某种技术达到某种生产规模或服务能力所必需的设备的最佳组合。在所有项目中，必须说明每一实施阶段所需的具体设备以及这些设备的产能。从项目经济分析的角度出发，在符合项目需要和产出物性能要求的条件下，设备费用要控制到最低限度。

设备选择的评估过程应与评价报告的其他组成部分联系起来，这些组成部分大多数应在确定项目生产规模和工艺流程时涉及，包括原材料和其他投入物、人员的培训、环境保护、宏观政策等。例如，有时候设备选择可能会受到基本设施方面的限制、电力或运输供应方面的制约；有些先进的设备，可能会需要进行人员培训；政府的某些政策，如进口管制等，可能限制某些类型设备进口，那就需按可得到的国内产品进行设备选择。

6）项目选址

项目选址包括坐落区域的选择和具体地址的确定两个层面，坐落区域的选择应当在一个比较广泛的地理区域内，从中可以考虑几个可供选择的具体地址，而具体地址的确定则应当是确定建立项目的具体场地所在，因而应该更为详细。

A. 坐落区域的选择

确定建立项目的区域应该考虑三个主要方面：政府政策、与具体项目直接相关的各种因素（如原材料、市场和物流等）和区域基本条件。

（1）政府政策的影响。政府政策的导向对于项目区域的选择有很大的影响，在我国一些地区建立了一些特定的区域，诸如高新技术开发区、经济技术开发区、出口加工区等，并为这些地区规定了各种形式的财政和税收鼓励办法，因此就应分析这种鼓励对拟议中项目的经济情况所产生的影响，特别对那些不受地点因素影响的项目来说，其意义可能要大得多。此外，项目决策者最好能指出项目的具体地点或几个可供选择的地点，然后从技术、财政和经济角度给予评价。

（2）原材料、市场和物流等与具体项目直接相关的各种因素的影响。原材料和其他投入物的来源如何，消费中心的远近以及有无基本的基础设施等诸因素对具体项目的影响是选择地点的关键。由于物流越来越受到重视，在项目选址时，应该充分考虑运输的便捷程度。

选择地点最简单的典型方法是计算几个可供选择地点的运输、生产和经销费用，这些可供选择地点主要是根据是否具备原料和主要市场确定的。一个以资源为基础的单位应当位于靠近基本原料来源的地方，主要依靠进口原料的项目可能需要设在港口附近，而注重市场消费的项目设在主要消费中心附近有好处。当然，有些项目并不受任何一种特定因素的影响，如石油和矿山的开发项目。

（3）区域基本条件的影响，包括基本设施和社会经济环境等条件。基本设施的条件对于许多项目都是十分重要的，因此对项目建设所需要的能源、水、通信、道路和住房均应做出分析。地点研究也应包括对以下方面的估计：废物处理、可获得劳动力的情况、施工和维修设施、财政和法律规章以及气候条件。

（4）地点的最后选定。一个最适当的项目地点应该兼有下列条件：项目距离原料产地和市场销地都相当近、环境条件好、劳动力来源充足、电和燃料充足而且价格合理、税收公平、交通运输条件好、用水供应充分以及有良好的废物处理设施。项目可行性研究报告必须考虑到所有这些因素，最好的地点应是生产成本最低，并且与其他地点在其他方面的费用差别不大。

B. 具体地址的确定

一旦决定了地理区域，项目可行性研究报告就应当说明项目的具体地址或两个以上的可供选择地址的费用，这就需要评价每个地址的特点。

（1）土地费用。土地费用是决定具体地址的一个明显因素，这方面的资料通常是可以得到的。各种开发区是可供选择的地址，不管怎样，应提供该地区土地费用的情况。

（2）当地条件，包括水、电、气、道路和通信等基本情况，此外应当对当地的废料处理、劳动力供应情况以及该地址所在处的自然条件等进行分析。

（3）场地整理和开拓。考虑各个可供选择地址的场地整理和开拓费用。

（4）地址的最后选定。一般来说，可供选择的具体地址是与范围较广的坐落区域连在一起考虑的，因此所需的资料大部分都是同时收集。如果对比地址研究中关于地点选择的结论，就可以将有关资料用于项目设计。

7）投资、成本估算与资金筹措计划

A. 总投资费用估算

投资费用是指固定资产与流动资金的合计，固定资产投资是建设和装备一个投资项目所需的资金，除了固定资产投资外还包括生产前的所有投资费用，诸如筹建开办费、项目可行性研究和其他咨询费、建设期借款利息、人员培训费以及试运转费用等；流动资金则相当于全部或部分经营该项目所需的资金，在项目评价阶段计算周转资金需求量很重要，应使它保持在一个合理的、必要的水平上。

B. 资金筹措计划

筹措资金是一个项目执行与否的基本先决条件。如果项目可行性研究没有这样的合理保证的支持，那么这项研究就没有多大用处。大多数情况是，在进行项目可行性研究之前就应该对项目筹资的可能性做出初步估计。因此说明实际或可能的资金来源，包括自有资金、各种借款及其偿还条件，是项目可行性研究最为基本和最为关键的内容。

大型投资项目，除了自筹资金外，通常还需一定数量的借款。两者各占多少，要有适当的比例，因为借款要付息，自筹资金要分红。自筹资金比例大，则盈利用来分红的就多；反之借款比例大，则利息负债就多。借款基本上分为长期借款和短期借款。

C. 生产成本估算

在项目可行性研究阶段，所遇到的另一个问题，就是生产消耗和成本预算开支不精确，从而可能导致完全不同的结论。成本估算的精度也应当和投资估算的精度相当。成本计算，要以生产计划的各种消耗和费用开支为依据，计算全部成本和单位产品的成本。

大多数投资前的项目可行性研究报告只算生产总成本，这是因为在项目可行性研究阶段将各项成本，无论是原料、劳动力还是管理费用，作为整体估算要比计算单位产品成本简单一些。生产总成本一般划分为四大类：制造成本、行政管理费、销售与分销费用、财务费用和折旧。前三类成本的总和称为经营成本。

生产成本在项目可行性研究中的用途为计算盈亏，计算净周转资金的需要量，并用于财务评价。

D. 财务报表的编制

项目可行性研究中的财务报表，主要目的是向投资者系统说明项目资金的来源与使用以及具体的财务分析结果，因此财务报表包括现金流量表、资产负债表等。

8）经济评价

经济评价分为财务评价和国民经济评价。

A. 财务评价

财务评价大致可以分为四个步骤：第一步，进行分析的基础准备；第二步，编制财务报表；第三步，进行经济效果计算；第四步，计算结果综合分析。

基础准备工作大致包括产品销售预测、技术方案拟定、产品价格预测、投资估算以及产品成本估算等，在这些准备工作的基础上就可着手编制财务报表，接下来便可选择适当的评价方法和评价指标进行分析。

进行财务评价时主要使用动态评价方法，如净现值法、内部收益率法、外部收益率法、动态投资回收期法以及收益/成本比值法等，以便考虑资金的时间价值。

B. 国民经济评价

国民经济评价是从国家的角度，评价项目对实现国家经济发展战略目标及对社会福利的实际贡献。它除了考虑项目的直接经济效果外，还要考虑项目对社会全面的费用效益状况。

9）项目的环境影响评价

在项目可行性研究中所讲的环境主要是指自然环境。自然环境既可以为人类的生产生活提供基本的生产条件和生活资源，如空气、水等，同时，它又是人类生产和生活中产生的废弃物的排放场和自然净化场。可见，自然环境是人类生产和生活赖以存在和发展的基础。现在随着人类对自然资源的需求量越来越大，各种废弃物的排放也越来越多，生态环境对人类社会发展的制约作用也越来越明显，所以对自然环境的保护也引起了各国的高度重视。

任何一个项目要处于某一特定的自然环境当中，都会不可避免地与周围的自然环境发生相互作用，对环境和生态平衡起到促进作用或造成负面的影响。所以我们在对项目进行可行性研究时，有必要分析研究项目对环境和生态的影响，进行全面的项目环境影响评价。

环境影响评价是指对可能影响自然环境的项目，在进行广泛实地调查研究的基础上，预测和评估项目可能对环境造成的负面影响，为防止和减少这种影响，制订切实可行的环境保护实施方案的过程。项目的环境影响评价是一项综合性很强的技术研究工作，它需要预测项目对空气、水资源、动植物生存环境、岩石土壤等要素的影响，分析各种环境要素变化可能给当地生存环境和经济发展带来的益处或给项目影响区域造成的危害，估算消除这些危害所需要付出的代价，并就项目对环境的影响做出综合性的评价。

项目的环境影响评价不仅要考虑项目对环境的近期影响，还要分析研究项目投入运营后对环境和生态的长期影响。

10）综合分析

综合分析是指在上面九项专题分析研究的基础上，结合具体项目的实际情况就以下各项中的一项或多项进行综述性的分析判断。

（1）政治、外交或军事影响评估。
（2）项目在产业结构中的地位评估。
（3）促进地区经济发展情况评估。
（4）项目技术贡献的评估。
（5）改善进出口结构的评估。
（6）环境和生态平衡影响的评估。
（7）节约能源的评估。
（8）节约劳动力和提供就业机会的评估。
（9）项目产出物突破性成果的评估。
（10）提高社会福利和改善人民物质文化生活的评估。

2.3 飞行器研制项目申报立项

2.3.1 航空器研制项目申报立项

航空器研制项目法人单位要完成项目申报立项，需要事先向主管部门申报并获得批准立项。项目法人单位应在具备条件后首先向主管部门申报，经审批通过正式立项后才能开展下一步的工作。由于航空器研制工程是一项高投入的项目，受到政府主管部门的重视，申报必须慎重，一旦被批准立项就不能随便修改项目的设计研制性能指标和要求。

1. 项目建议书

民用航空器研制项目建议书（又称立项申请书）是项目法人单位（招标人）根据国民经济的发展、国家和地方中长期规划、产业政策、生产力布局、国内外市场所在地的内外部条件提出的某一具体项目的建议文件，是对拟建项目或产品提出的框架性的总体设想。

军用航空器研制项目建议书应由项目法人单位依据国防科技工业中长期科学和技术发展规划、产业政策、国家国防科技工业局发布的项目指南和有关要求自行编制或委托有资质的设计、咨询单位编制，内容和深度应符合《国防科技工业固定资产投资项目建议书编制规定》的要求。

项目建议书是基于可行性研究报告编写的，在项目发展周期的初始阶段是国家选择项目的依据。涉及利用外资的项目在项目建议书批准后方可开展对外工作。

项目建议书的主要内容应包括：项目提出的必要性和依据；产品方案，拟建规模和建设地点的初步设想；资源情况、建设条件、协作关系和设备技术引进国别、厂商的初步分析；投资估算、资金筹措及还贷方案设想；项目的进度安排；经济效果和社会效益的初步估计，包括初步的财务评价和国民经济评价；环境影响的初步评价，包括治理"三废"[①]措施及对生态环境影响的分析；结论以及附件等。

2. 项目建议书的申报和审批

1) 民用航空器研制项目建议书的申报和审批

企业投资建设应当由地方政府核准的项目，按照地方政府的有关规定，向相应的项目核准机关报送项目申请报告。地方企业投资建设应当分别由国家发展和改革委员会、国务院行业管理部门核准的项目，由项目所在地省级发展和改革委员会、行业管理部门提出初审意见后，分别向国家发展和改革委员会、国务院行业管理部门报送项目申请报告。属于国家发展和改革委员会核准权限的项目，项目所在地省级政府规定由省级政府行业管理部门初审的，应当由省级发展和改革委员会与其联合报送。

国务院有关部门所属单位、计划单列企业集团、中央管理企业投资建设应当分别由国家发展和改革委员会、国务院行业管理部门核准的项目，直接由国务院有关部门所属单位、计划单列企业集团、中央管理企业分别向国家发展和改革委员会、国务院行业管理部门报送项目申请报告，并分别附项目所在地省级发展和改革委员会、行业管理部门的意见。企业投资建设应当由国务院核准的项目，由国家发展和改革委员会审核后报国务院核准。

2) 军用航空器研制项目建议书的申报和审批

项目建议书由项目主管单位按照军工投资项目申报审签的有关要求上报国家国防科技工业局审批。国家国防科技工业局对收到的项目建议书进行形式审查。形式审查重

---

① 指工业污染源产生的废水、废气和固体废弃物。

点包括：项目单位的性质、所有制形式、相关资质等；军工投资项目申报内容是否符合国防科技工业中长期科学和技术发展规划、固定资产投资规划、投资政策和投资指南；是否符合军品科研生产能力结构调整方案；对于型号保障类项目，审校项目单位承担的任务是否落实，是否与有关单位存在任务竞争，项目建设进度与任务周期是否匹配；对于非型号保障类项目，审核建设内容是否匹配项目单位的能力优势和技术发展方向及需求；初步审核项目建设的必要性；审核项目建议书编制内容、深度是否符合要求。

通过形式审查的项目建议书，国家国防科技工业局委托咨询评估机构或组织专家审查。形式审查未通过的项目建议书退回。对委托咨询评估机构或组织专家审查的军工投资项目，咨询评估机构和专家应按照国家国防科技工业局有关管理规定与独立、科学、公正、客观的原则组织评估和论证。

国家国防科技工业局根据国家有关规定、国防科技工业中长期科学和技术发展规划、固定资产投资规划、投资政策、投资指南及评估结果等，办理项目建议书的审批手续。项目建议书批复内容原则上包括：建设目标或建设纲领；主要建设内容，包括征地面积控制数、新建和改造建筑面积控制数、主要技术工艺及设备设施配置方案等；建筑地址；总投资规模和政府投资控制额（或政府投资比例）；其他需要明确的事（项目可行性研究报告编制的时间节点与要求等）。

2.3.2 航天器研制项目申报立项

以政府采购航天器为例，我国政府采购航天器项目的立项一般包括立项预研、立项论证、立项批复和合同签订。

1. 立项预研

立项预研，又称为立项预先研究，是项目立项准备的重要环节，一个项目的成功与否，取决于立项预研充分与否。航天器项目的立项预研主要包括规划拟制、指南发布、综合论证、规划报批、项目立项/合同签订、中期调整和结题验收等阶段。

随着市场化管理机制的不断完善，政府采购项目有时也在立项预研阶段对关键技术攻关任务开展竞标，用户部门向承研单位发布指南，承研单位成立研发队伍，编写论证报告，用户组织集中评审；对于技术路线尚不明确的项目，选择两家或多家单位攻关，对于技术路线明确的项目，选择优势单位承担。

2. 立项论证

项目的立项论证是指从启动立项论证到获得立项批复的全部工作过程，按照项目技术风险，一般分为科研项目和装备/业务项目两类。对于科研项目，需要开展预先研究，突破关键技术后，建立立项论证团队，启动技术和经济可行性论证工作。论证的主要内容包括项目必要性和应用前景、国内外技术发展现状及趋势、项目主要开发内容及技术指标、多方案比较与初步技术方案、关键技术分析、基于风险分析的顶层决策和技术成熟度的评估、知识产权分析、研制周期及初步研制计划、总经费预算和经费来源、相关政策和配套措施建议等。

航天器项目的立项论证越来越多地采用市场竞标模式，承研单位根据用方发布的指南，分析用户需求，对标分析完成标书或论证报告。同时，针对潜在竞争对手，综合分析其技术水平、研制能力和成本，制定竞争策略。竞标单位根据用户要求提交标书，标书一般分为技术、经济和商务三个部分，技术和经济部分分别由用户组织的技术专家组和经济专家组进行打分，得分最高者获得项目承制资格。

在经济可行性论证方面，对航天器经济效益的常用评价办法有两种，一种是直接面向市场出售服务和数据的航天器，直接按照市场价格测算；另一种是科学探测、技术研究类项目，难以直接估算其成本及经济效益，主要依据技术与应用成熟度对比分析进行经费测算，从其带动的产业规模、突破的技术在未来的效益方面分析，结合我国国力开展经济可行性论证。

3. 立项批复

国家主管部门组织成立工程大总体，负责跨航天器产品、运载火箭、地面测控、发射场、地面应用等系统的研制协调和顶层的组织管理。在工程立项论证阶段，根据国家航天科研规划，航天器用户会同承研单位提出科研工程需求和建议，编制上报科研工程需求与任务报告，经国家主管部门审查通过后，转入工程立项综合论证。

工程立项应当具备以下条件。

（1）符合国家航天发展规划。

（2）科研工程研制路线明确，所需的关键技术、主要分系统和基础产品基本成熟。

（3）工程实施需要的航天项目研制经费之外的其他配套资金已落实，对于国际合作科研项目已按批准程序签订合作备忘录或协议。

承研单位对工程技术可行性和经济可行性进行综合论证，工程大总体或用户组织编制上报项目建议书。工程大总体组织工程项目建议书和工程研制总要求（初步）审查，确认项目必要、技术可行、经费合理，开展立项批复。

4. 合同签订

航天器项目合同管理是航天器市场化管理的重要标志，除特别前沿和基础性的航天器研究项目，政府采购项目均采用合同管理模式。航天器研制主承包合同对义务和责任的约定有明显的行业特点，合同附件中对于风险和质量有详细的约定。

对于主承包合同中甲方（用户）的责任，主要围绕研制总要求展开。由于航天器研制风险高、周期长、批量小，研制过程中必然发生技术状态的调整，而这种调整往往带来大的周期和成本风险，所以为了控制技术状态变化带来的经费和研制周期风险，合同中对于航天器立项后研制总要求的调整，一般约定合同双方另行协商确定。对应的合同附件为航天器的研制总要求及航天器的产品配套表和试验矩阵。对于主承包合同中乙方（承研单位）的责任，则主要围绕产品保证工作展开。对应的合同附件为航天器的产品保证大纲。研制总要求和产品保证大纲分别由用户和承研单位组织编写，体现了航天器研制过程对于技术状态和产品质量的风险控制要求，是航天器合同必须明确的责任。

2.4 飞行器研制项目的启动

2.4.1 航空器研制项目的启动

以 ARJ21-700 型号支线飞机产品研制项目管理过程为例，项目的启动包括以下几个方面。

第一步，成立型号指挥（项目管理）系统。由承制单位提名，任命各产品研制项目指挥、副指挥，再由型号指挥、副指挥研究确定型号副主任工艺师、主管调度、质量主管、物资主管、主管工艺师以及各任务承担部门项目主管领导等人员名单，报承制单位领导讨论批准。

第二步，召开项目启动会议。产品研制项目负责人定期组织本部门及型号研制相关部门主管领导召开产品研制项目年度策划会，对全年产品研制项目进行综合策划。会议明确的主要工作目标如下。

（1）根据上级下达的年度计划考核节点，明确该年度产品研制项目交付物形式。
（2）根据过去产品研制项目完成的实际工作，制定项目成本预算。
（3）明确各工作项目工期和计划完成时间。

2.4.2 航天器研制项目的启动

航天器研制项目立项或签订市场合同后，首要任务是成立项目办公室，组建正式的项目研制团队，代替以前的项目论证或项目投标团队，全面负责项目研制工作，并召开项目启动会，全面启动项目研制工作。

1. 组建项目办公室

项目办公室是项目研制管理的组织实施机构，选拔项目经理以及项目办公室核心团队成员是项目办公室组建的关键，为保障项目研制队伍顺利组建到位，要为项目经理确定项目研制团队的建设原则和使命，同时项目经理要根据项目任务特点和工作量，与人力资源部门协商，科学配置研制团队。

项目办公室一般采取集中办公的方式，在项目启动之初加强项目办公室运行管理程序建设，规范项目的文件管理、会议管理、信息与沟通管理、安全管理、保密管理、知识产权管理等内部运行管理工作。

2. 分承研单位的选择

分承研单位应按照广泛协作、加强与优势单位合作的思路，根据技术、质量、进度、成本最优原则进行选取。具体应在合格供方名录内选择具备相应业务能力的分承研单位。同时要符合国家科研生产许可等资格管理的要求。分承研单位的选择要依据项目技术方案，原则上继承性项目需继续选择同领域、同系列项目的分承研单位；新研项目需进行技术能力、产品保证能力、产业生产与组织管理能力评估，并开展进度与经济可行性评价，择优选择，降低后续研制风险。

在立项论证、合同签署、研制生产等阶段，上级或用户对分承研单位选择有意见或要求时，应与上级或用户积极沟通确认后实施。

3. 项目启动策划

在项目启动时，由项目办公室组织各承研单位开展项目研制策划和风险分析工作，对技术方案确定情况、关键技术攻关情况、新产品研发情况、国产化产品选用和需引进产品的初步方案、项目队伍的组建情况等进行梳理和分析，并对项目元器件/原材料配套、新种类或特殊物资配套、项目研制所需的保障条件满足情况、特殊保障条件的建设需求等项目启动准备情况进行分析，确定当前项目在技术、质量、进度、外协、生产试验等各方面存在的风险和应对措施。按照用户或合同要求制订项目研制阶段和年度里程碑计划。

先期的项目论证或投标工作团队与正式项目研制团队之间需进行充分的沟通和任务交接，同时需进一步加强项目研制团队与用户负责项目实施的技术和管理人员的沟通。项目研制团队需深入吃透用户的需求，确保研制策划工作的全面深入。

4. 召开项目启动会

在签订项目研制主承包合同后，一般都要召开项目研制启动会，全面启动项目研制工作。

思考题

1. 什么是需求？什么是需求识别？
2. 初步可行性研究主要包括哪些内容？
3. 详细可行性研究的原则是什么？
4. 市场分析包括哪几部分内容？
5. 航天器研制项目的启动程序包括几个步骤？

第 3 章

航空飞行器研制项目进度管理

项目进度（project schedule）管理是指在项目的进展过程中，为了确保能够在规定时间内实现目标，对活动进度及日程安排所进行的一系列管理活动。在项目管理中，时间、质量和成本是项目成功的关键要素。对于一个项目来说，如果不制订一个合理的进度计划，不采取措施确保项目活动严格按进度计划执行，该项目就难以实现其目标。本章重点介绍项目计划与控制的基本概念，进度计划编制与优化的过程及控制要素权衡的方法。

3.1 项目计划与控制的基本概念

3.1.1 项目计划

1. 项目计划的定义

计划是组织为实现一定目标而科学地预测并确定的未来的行动方案。计划管理是管理职能中最为基础和首要的职能，组织、领导、控制三项职能都是围绕计划而展开的。计划是为了解决三个问题：一是明确组织目标；二是明确为达成目标的工作时序；三是明确工作所需的资源。计划管理是工作能够开展的基础，是把设想转化为实践最先发生并处于首要地位的工作项目，是系统工程和项目管理实践非常重要的组成部分。

项目计划是项目组织根据项目目标，对项目实施各项工作所做出的周密安排。项目计划围绕项目目标的完成，系统地确定项目的工作、安排工作进度、编制完成工作所需的资源预算等，从而保证项目能够在合理的工期内，用尽可能低的成本尽可能高质量地完成。

在项目管理与实践中，项目计划是最先发生并处于首要地位的职能，项目计划是龙头，它引导项目各种管理职能的实现，是项目管理工作的首要环节，抓住这个首要环节，就可以提挈全局。项目计划是项目得以实施和完成的基础及依据，项目计划的质量是决定项目成败、优劣的关键性因素之一。

项目计划是对项目的执行及控制进行指导的文件。项目计划要体现灵活性和动态性，可以随项目变更及环境的改变进行适当的调整。

项目管理是一项主动性的工作，项目管理者要在项目进行的过程中主动地进行管理，从而找出项目中存在的问题，仅靠被动的反馈是达不到预期效果的。项目计划是项目管理最为关键的步骤，是一种将项目管理的思路转化为实际形式的工作。一个成功的项目必然要有一个成功的项目计划，但是成功的项目计划却不一定能保证项目的成功，项目成功的影响因素较多，在进行项目管理的过程中，还要取决于管理者对项目计划执行的力度以及灵活性。

2. 项目计划的主要内容

1）项目进度计划

项目进度计划是项目计划的重要组成部分，资源计划及费用计划的编制都是以进度计划为基础的，因此项目进度计划编制是项目计划编制中的一项重要工作，也是项目计划的主要内容。进度计划是表达项目中各项工作、工序的开展顺序，开始及完成时间和相互衔接关系的计划。通过进度计划的编制，项目实施形成一个有机整体。同时项目进度计划是进度控制和管理的依据。

按进度计划所包含的内容不同可分为总体进度计划、分项进度计划、年度进度计划等。

2）项目质量计划

项目质量计划是指为确定项目应该达到的质量标准和如何达到这些项目质量标准而做的项目质量的计划与安排。项目质量计划是质量策划的结果之一。它规定与项目相关的质量标准，如何满足这些标准，由谁以及何时应使用哪些程序和相关资源。项目质量计划工作的成果包括项目质量计划、项目质量工作说明、质量核验清单、可用于其他管理的信息。

项目质量计划包括与维护项目质量有关的所有工作。项目质量计划的目的主要是确保项目的质量标准能够圆满地实现。项目质量计划是对待定的项目产品、过程或合同，规定由谁监控，应使用哪些程序和相关资源的文件；项目质量计划是针对具体项目的要求，以及应重点控制的环节所编制的对设计、采购、项目实验、检验等质量环节的质量控制方案。质量计划的形式，在很大程度上取决于承包方组织的质量环境。若一个组织已经开发了实施项目的质量过程，则现有的质量手册就已经规定了项目的管理方式；若一个组织没有质量手册，或其质量手册没有涉及项目的问题，那么在这样的组织中，项目质量计划中要有详细的质量要求及质量控制方案，以清楚地表明如何保证项目质量。

3）项目资源计划

项目资源计划是指通过分析和识别项目的资源需求，确定项目需要投入的资源种类（包括人力、设备、材料、资金等）、项目资源投入的数量和项目资源投入的时间，从而制订出项目资源供应计划的项目成本管理活动。资源是项目实施的基础，没有资源一切都是空谈。资源对项目的进度计划、费用计划等有着直接的影响。因为项目的每一个活动、每一个工作都需要用到物质资源以及非物质资源。而在项目各活动、多项目并行实施的过程中，项目之间在资金、时间、人力等资源方面也存在既共享又竞争的关系，资源配置的合理与否直接影响各项目的进度和完工质量，关系着各项目的成败。

在最初制订项目进度计划的时候，通常都不去考虑资源在需要的时候是不是可用的。因此，如果忽视资源限制的影响就会产生严重问题。避免这一问题的第一步就是，重新调整项目进度计划，使所有的任务都与可用资源一致。然后，必须检查其他项目的资源需求，并解决存在的冲突。如果不这样做，缺乏资源的情况是不会不治而愈的。到了没有时间修改原定进度计划的时候，它就会变成一块拦路石。

4）项目成本计划

项目成本计划是成本控制的标准和依据。项目成本计划可将各子项目、各成本要素的成本控制目标和要求落实到责任部门或个人，这样在实际工作中就能"带着指标干活"。通过分析实际成本与计划成本之间的差异，项目成本计划还可指出有待加强控制和改进的领域，更利于挖潜降耗。项目成本计划是对项目消耗进行控制、分析和考核的依据。项目成本计划为成本管理工作明确了目标，将量化的指标清晰地下达至各部门，避免了成本管理工作的盲目性。项目成本计划是达到项目目标成本的一种必要程序，对成本管理工作起到了重要的指导作用，是推动实现责任成本制度和加强成本控制的有力手段。

5）风险应对计划

风险应对计划是针对风险量化结果，为降低项目风险的负面效应制定风险应对策略和技术手段的过程。风险应对计划以风险管理计划、风险排序、风险认知、风险主体等为依据，运用风险应对的主要工具和技术，得出风险应对计划、确定剩余风险、确定次要风险、签署合同协议。

6）项目采购计划

项目采购计划是在考虑了买卖双方之间关系之后，从采购者的角度来进行的。项目采购计划过程就是识别项目的哪些需要可以通过从项目实施组织外部采购产品和设备来得到满足，项目采购计划应当考虑合同和分包商。

对于设备的采购供应，有设备采购供应计划。在项目管理过程中，多数的项目都会涉及仪器设备的采购、订货等供应问题；有的非标准设备还包括试制和验收等环节；如果是进口设备，还存在选货、订货和运货等环节。设备采购问题会直接影响项目的质量及成本。

除设备外的其他资源的采购和供应，需要有其他资源供应计划。如果是一个大型的项目，不仅需要设备的及时供应，还需考虑许多项目建设所需的材料、半成品、物件等资源的供应问题。因此，预先安排一个切实可行的物资、技术资源供应计划，将直接关系到项目的工期。

3. 项目计划的步骤

项目计划过程可分为十个步骤。

（1）定义项目交付物。这里的交付物不仅指项目的最终产品，也包括项目的中间产品。例如，一个系统设计项目标准的项目产品可以是项目中所产生的系统需求报告、系统设计报告、项目实施阶段计划、详细的程序说明书、系统测试计划、程序及程序文件、程序安装计划、用户文件等。

（2）确定项目的各项任务。确定实现项目目标必须完成的各项工作，并以 WBS 图反映出来。

（3）建立逻辑关系图，即在假设资源独立的前提下，确定各项任务之间的相互依赖关系。

（4）确定各项任务时间。根据经验或应用相关的方法给各项任务分配可支配的时间。

（5）确定项目人力资源及其可支配时间。项目组成员可支配的时间是指具体花在项目中的确切时间，应扣除正常可支配时间中的假期、教育培训等。

（6）平衡和优化资源配置。对各项任务的持续时间、开始日期、任务分配进行调整，做到进度、资源和质量三者的平衡，保持各项任务之间的相互依赖关系，证实计划的合理性。资源平衡与优化可使项目组成员承担合适的工作量，还可调整资源的供需状况。

（7）建立项目质量目标及质量保障、质量控制体系。

（8）确定管理支持性任务。管理支持性任务往往贯穿项目的始终，具体指项目管理、项目会议等管理支持性任务。

（9）重复上述过程直到完成。

（10）完成计划汇总。

3.1.2 项目控制

1. 项目控制定义

项目的控制内容不是简单的动力学上所说的控制，项目的控制对象是项目本身，它需要用许多不同的变量表示项目不同的状态形式。

控制就是为了保证系统按预期目标运行，对系统的运行状况和输出进行连续的跟踪和观测，并将观测结果与预期目标加以比较，如有偏差，及时分析偏差原因并加以修正的过程。图 3-1 是简单的系统控制原理图。

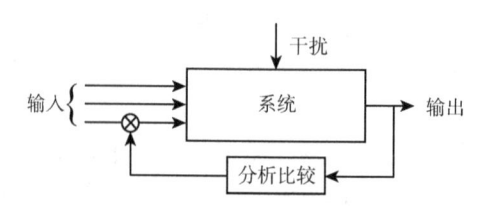

图 3-1 简单的系统控制原理图

因为系统的不确定性和系统外界干扰的存在，系统的运行状况和输出出现偏差是不可避免的。一个好的控制系统可以保证系统的稳定，即可以及时地发现偏差、有效地缩小偏差，并迅速调整偏差，使系统始终按预期轨道运行；相反，一个不完善的控制系统有可能导致系统不稳定甚至运行失败，如图3-2所示。

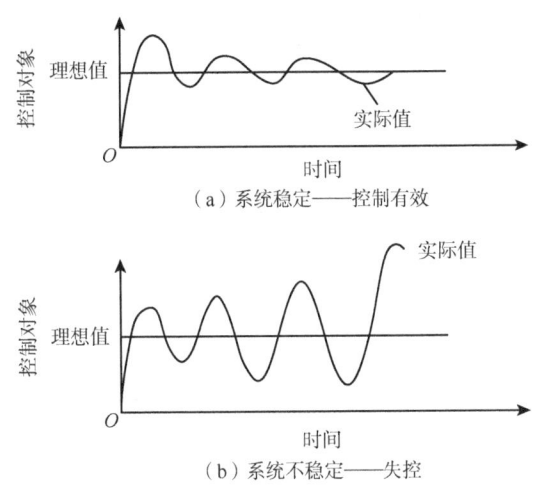

图 3-2 系统控制效果示意图

对于一个大型复杂系统，还可以采取递阶控制方法，即将大型复杂系统按层次逐层分解成相对独立、相对简单的子系统的控制方法。在子系统内部，系统结构相对简单，在上层系统，忽略子系统的内部细节，也可使上层系统简化。对于一个大型复杂的项目，项目的 WBS 为项目的递阶控制提供了方法工具。大型复杂项目的递阶控制系统如图3-3所示。

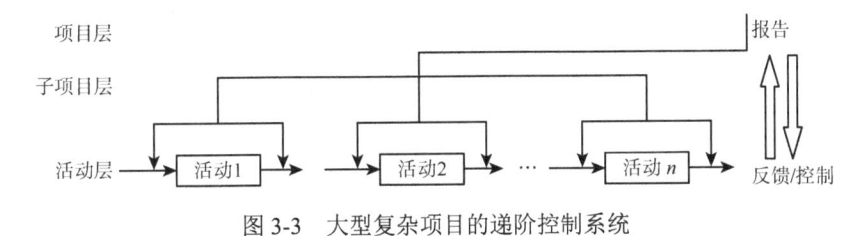

图 3-3 大型复杂项目的递阶控制系统

由于项目在前期的计划工作中面临许多的不确定性，在实施过程中又常常面临多种因素的干扰，因此，在项目按计划实施的过程中，项目的进展必然会偏离预期轨道。项目控制，是指项目管理者根据项目进展的状况，对比原计划（或既定目标），找出偏差、分析成因、研究纠偏对策，并实施纠偏措施的全过程。

2．项目控制的类型

1）按控制方式分类

类似于对物理对象的控制，项目的控制方式也包括前馈控制（事先控制）、过程控制（现场控制）和反馈控制（事后控制）。

前馈控制是在项目的策划和计划阶段，根据经验对项目实施过程中可能产生的偏差进行预测和估计，并采取相应的防范措施，尽可能地消除和缩小偏差。这是一种防患于未然的控制方法。

过程控制是在项目实施过程中进行现场监督和指导的控制。

反馈控制是在项目的阶段性工作或全部工作结束，或偏差发生之后再进行纠偏的控制。

三种项目控制类型如图3-4所示。

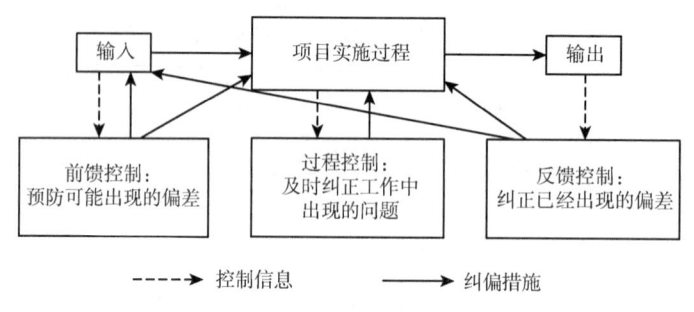

图 3-4　项目控制类型示意图

2）按控制内容分类

项目控制的目的是确保项目的实施能满足项目的目标要求。对于项目可交付成果的目标描述一般都包括进度、费用和质量三个指标，因此项目控制的基本内容就包括进度控制、费用控制和质量控制三项内容，俗称三大控制。

A. 进度控制

项目进行过程中，必须不断监控项目的进程以确保每项工作都能按进度计划进行。同时，必须不断掌握计划的实施状况，并将实际情况与计划进行对比分析，必要时应采取有效的对策，使项目按预定的进度目标进行，避免工期的拖延。这一过程被称为进度控制。按照不同管理层次对进度控制的要求可分为总进度控制、主进度控制和详细进度控制。

B. 费用控制

费用控制就是要保证各项工作在它们各自的预算范围内进行。费用控制的基础是事先对项目进行的费用预算。

费用控制的基本方法是规定各部门定期上报其费用报告，再由控制部门对其进行费用审核，以保证各项支出的合法性，然后再将已经发生的费用与预算相比较，分析其是否超支，并采取相应的措施加以弥补。

费用管理不能脱离进度管理和质量管理独立存在，相反要在进度、费用、质量三者之间做综合平衡。及时、准确的进度、费用和质量跟踪报告，是项目经费管理和费用控制的依据。

C. 质量控制

质量控制的目标是确保项目质量能满足有关方面提出的质量要求。质量控制的范围涉及项目质量形成全过程的各个环节。

在项目控制过程中,这三项控制指标通常是相互矛盾和冲突的。如加快进度往往会导致成本上升和质量下降;降低成本也会影响进度和质量;过于强调质量也会影响工期和成本。因此,在项目的进度、费用和质量的控制过程中,还要注意三者的协调。

三项控制构成了项目控制最主要的内容。除此之外,项目整个生命周期的控制过程还涉及项目的范围、项目变更控制等内容。

3. 项目控制过程

根据以上控制和项目控制的定义,我们可以发现项目控制的依据是项目目标和计划,项目控制过程就是:制定项目控制目标,建立项目绩效考核标准;衡量项目实际工作状况,获取偏差信息;分析偏差产生原因和趋势,采取适当的纠偏行动。

1) 制定项目控制目标,建立项目绩效考核标准

项目控制目标就是项目的总体目标和阶段性目标。总体目标通常就是项目的合同目标,阶段性目标可以是项目的里程碑事件要达到的目标,也可以由项目总体目标分解来确定。

绩效标准通常根据项目的技术规范和说明书、预算费用计划、资源需求计划、进度计划等来制定。

2) 衡量项目实际工作状况,获取偏差信息

通过将各种项目执行过程的绩效报告、跟踪统计、质量检验记录等文件与项目合同、项目计划、技术标准规范等对比或定期召开项目控制会议等方式,考察项目的执行情况,及时发现项目执行结果和预期结果的差异,以获取项目偏差信息。图 3-5 展示了发现项目偏差过程的示意图。

| 项目合同
项目计划
技术标准规范等 | − | 项目绩效报告
项目跟踪统计
项目质量检验记录等 | = | 项目偏差 |

图 3-5 发现项目偏差过程的示意图

为了便于发现项目执行过程的偏差,还应在项目的计划阶段和进程中设置若干里程碑事件。对里程碑事件进行监测,有利于项目的利益相关者及时发现项目进展的偏差。或者在项目工作中添加"准备报告"这一工作,而报告的期间要固定,定期地将实际进程与计划进程进行比较。根据项目的复杂程度和时间期限,可以将报告期定为日、周、月等。

项目进展报告一般要包含图 3-5 中的多种项目进展信息。最终提炼成项目进展的偏差有两种形式,第一种是数字式的,分若干行,每行显示实际的、计划的和偏差数据。在偏差报告中要跟踪的典型变量是进度和成本信息。举例来说,行表示在报告周期内启动的工作,列表示计划成本、实际成本和偏差。偏离计划的影响以偏差值的大小来体现。第二种是用图形来表示数据,每个项目报告期间的计划数据用一种颜色的曲线来表示,

每个报告期间的实际数据用另一种颜色的曲线表示。偏差就是任何时间点上两条曲线的差异。图形格式的偏差报告的优点是,它可以显示项目报告期间内偏差的趋势,而数字报告只能显示当前报告期间的数据。

典型的偏差报告是跟踪项目状态的相关数据。大部分偏差报告不涉及项目如何达到这个状态的相关数据。项目偏差报告用于报告项目当前的状态,主要是为了方便项目经理与项目控制人员阅读和理解,所以无论跟踪什么偏差因素,报告的篇幅都不宜太长。

3)分析偏差产生原因和趋势,采取适当的纠偏行动

项目进展中产生的偏差就是实际进展与计划的差值,一般会有正向偏差和负向偏差两种。

(1) 正向偏差。正向偏差意味着进度超前或实际的花费小于计划花费。正向偏差可以允许对进度进行重新安排,以尽早地或在预算约束内,或在以上两者都符合的条件下完成项目。资源可以从进度超前的项目中重新分配给进度延迟的项目,重新调整项目网络计划中的关键路径。

正向偏差也很可能是进度拖延的结果。在考虑项目预算后,正向偏差很可能是由在报告周期内计划完成的工作没有完成造成的。如果进度的超前是项目团队找到了实施项目更好的方法或捷径的结果,那么这项偏差确实是一件好事情。但这样也会带来另外的问题——进度超前,项目经理不得不重新修改资源进度计划,这将增加额外的负担。

(2) 负向偏差。负向偏差也是与计划的偏离,意味着进度延迟或花费超出预算。进度延迟或花费超出预算都不是项目经理及项目管理层所愿意的。正如正向偏差不一定是好消息一样,负向偏差也不一定是坏事。举例来说,项目可能超出预算,这是因为在报告周期内完成了比计划更多的工作,只是在这个周期内超出了预算。也许用比最初计划更少的花费完成了工作,但是不可能从偏差报告中看出来,因此成本与进度偏差要结合起来分析才能得出正确的偏差信息。

在大多数情况下,负向偏差只有在与关键路径上的工作有关时,或非关键路径工作的进度拖延超过了工作总浮动时间时,才会影响项目完成日期。一些负向偏差可能是不可控因素造成的,如供应商的成本增加或者设备的意外故障;另一些负向偏差则来自低效率和故障。

3.2 项目进度计划的基本方法

3.2.1 网络计划技术

1. 网络计划技术的概念

网络计划技术大约产生于 20 世纪 50 年代,最著名的是 PERT/CPM 技术。PERT/CPM 技术的网络图提供了一种比甘特图更有效的时间和工作包关系的度量方法。网络图以

PERT/CPM 技术为基础，提供了一种事件、活动和与项目有关的相互关系的更动态化的相关图。网络计划技术自发明以来，很快成为各行各业新的进度计划管理方法，并且在实践中得到了不断的发展与完善。在 PERT/CPM 技术的基础上，又产生了一些新的网络计划技术，如图形评审技术（graphical evaluation and review technique，GERT）、风险评审技术（venture evaluation and review technique，VERT）等。网络计划技术正日益成为项目进度计划和控制，以及资源优化配置的有力工具。

网络计划技术是用网络计划对任务的工作进度进行安排和控制，以保证实现预定目标的科学的计划管理技术。网络计划是在网络图上加注工作的时间参数等而编制成的进度计划。所以，网络计划主要由两大部分组成，即网络图和网络参数。网络图是由箭线和节点组成的用来表示工作流程的有向、有序的网状图形，如图 3-6 所示。网络参数是根据项目中各项工作的延续时间和网络图所计算的工作、节点、路径等要素的各种时间参数。

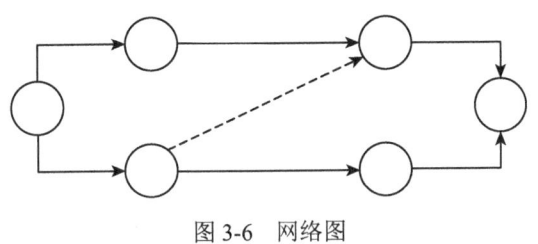

图 3-6 网络图
实箭线表示实工作；虚箭线表示虚工作

网络计划技术按逻辑关系及延续时间是否肯定可分为如表 3-1 所示的几种类型。

表 3-1 网络计划技术分类表

类型		延续时间	
		肯定	不肯定
逻辑关系	肯定型	CPM	PERT
	非肯定型	决策关键路径法（decision critical path method，DCPM）	GERT VERT

按网络结构的不同，可以把网络计划分为双代号网络和单代号网络。而双代号网络又可以分为双代号时间坐标网络和非时间坐标网络；单代号网络又可分为普通单代号网络和搭接网络。搭接网络主要是为了反映工作之间执行过程的相互重叠关系而引入的一种网络计划表达形式。

2. 网络图的基本构成

网络图是由若干表示工作的箭线和节点组成的，其中每一项工作都用一根箭线和两个节点来表示，每个节点都编以号码，箭线的箭尾节点和箭头节点就是每一工作的起点和终点。以下以双代号网络图为例，说明网络图的基本构成——箭线、节点和路径。

1）箭线（或工作）

在一个项目中，任何一个可以定义名称、独立存在、需要一定时间或资源完成的活动或任务都可看作一个箭线（或工作）。其具体内容可多可少，范围可大可小。例如，可把整个产品设计作为一项工作，也可把产品设计中的每一道工序、任务作为一项工作。完成一项工作需要人力、物力，占用一定的时间和空间。有些工作，如油漆后的干燥、等待材料等，它们虽不消耗资源，但是要消耗时间，在完成任务的过程中。它们同样是一个不可缺少的过程。这些不消耗资源的等待结果的过程也应视为工作。

工作通常可以分为以下两种。

（1）需要消耗时间和资源的工作，这类工作称为实工作，在网络图中用实箭线表示。一般在箭线的上方标出工作的名称，在箭线的下方标出工作的持续时间，箭尾表示工作的开始，箭头表示工作的完成，相应节点的号码表示该项工作的代号。

（2）既不消耗时间，也不消耗资源的工作，这类工作称为虚工作，在网络图中用虚箭线表示。虚工作是虚设的，只表示相邻工作之间的逻辑关系，虚工作的持续时间为零。

2）节点（或事项）

每一项工作都存在一个开始时刻和结束时刻。一项工作若只有一项紧前工作，那么这项紧前工作的结束时刻，也就是该工作的可能开始时刻；一项工作若有数项紧前工作，则要待各项紧前工作全部结束后，才有可能开始做这项工作。这种紧前工作和紧后工作的结束和开始标志，称为节点（或事项）。节点的主要作用是联结箭线。箭线尾部的节点称为箭尾节点，或开始节点；箭线头部的节点称为箭头节点，或结束节点。

网络图中的第一个节点称为起始节点，它意味着一个项目或任务的开始；最后一个节点叫终止节点，它意味着项目或任务的完成。网络图中的其他节点称为中间节点。

在网络图中，就一个节点来说，可能有许多箭线通向该节点，这些箭线就称为内向箭线或内向工作；若由同一个节点发出许多箭线，这些箭线称为外向箭线或外向工作。

节点具有时间的内涵，不同类型的节点具有不同的时间内涵。起始节点标志着整个网络计划和相关工作开始的时刻；终止节点标志着整个网络计划和相关工作完成的时刻；箭尾节点标志着相应工作的开始时刻，箭头节点标志着相应工作结束的时刻；中间节点标志着内向工作完成和外向工作开始的时刻。

3）路径

从起始节点开始，沿着箭线的方向连续通过一系列箭线与节点，最后到达终止节点的通路称为路径。每一条路径都有自己确定的完成时间，它等于该路径上各项工作持续时间的总和，也是完成这条路径上所有工作的计划工期，该工期也可称为路长。

在网络图的各条路径中，路长最长的路径称为关键路径，位于关键路径上的所有工作称为关键工作；其他路径则称为非关键路径，位于非关键路径上的所有工作都称为非关键工作。有时，关键路径不止一条，可能同时存在若干条关键路径，即这几条路径的路长相同。关键路径和关键工作直接影响整个项目工期的实现。

关键路径并不是一成不变的，在一定条件下，由于干扰因素的影响，关键路径可能会发生变化，这种变化可能体现在两个方面：一是关键路径的数量增加了；二是关键路径和非关键路径可能会发生互相转化。例如，非关键路径上的某些工作的持续时间拖延了，使得相关路径的路长超出了关键路径的路长，则该路径就转化为关键路径，而原来的关键路径就转化为非关键路径。

目前，在项目计划中广泛应用的网络图方法包括双代号网络图和单代号网络图。

3. 双代号网络图

双代号网络图（activity-on-arrow network diagram，AOA）又称为"活动在线上"，即在箭线上标识项目的一项工作或活动的方法，如图 3-7 所示。

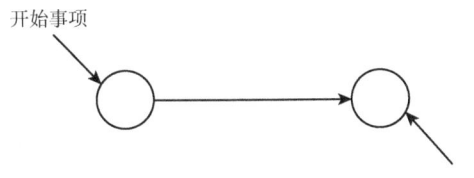

图 3-7　一项活动的双代号网络图表示法

1）网络图的绘制

A. 网络图绘制的基本规则

双代号网络图的编制应遵循以下基本规则。

（1）必须正确表达项目各工作之间的逻辑关系。要做到正确表达，首先在绘制网络图之前，应正确确定工作之间的逻辑关系；其次要正确绘制，工作之间逻辑关系的网络图表示方法如表 3-2 所示。

表 3-2　工作之间逻辑关系的网络图表示方法

序号	工作之间的逻辑关系	网络图中的表示方法	说明
1	A、B 两项工作依次施工	○—A→○—B→○	A 制约 B 的开始，B 依赖 A 的结束
2	A、B、C 三项工作同时开始施工		A、B、C 三项工作为平行施工方式
3	A、B、C 三项工作同时结束		A、B、C 三项工作为平行施工方式
4	A、B、C 三项工作，A 结束后，B、C 才能开始		A 制约 B、C 的开始，B、C 依赖 A 的结束，B、C 为平行施工

续表

序号	工作之间的逻辑关系	网络图中的表示方法	说明
5	A、B、C 三项工作，A、B 结束后，C 才能开始	(图示：A、B 并行汇入节点后接 C)	A、B 为平行施工，A、B 制约 C 的开始，C 依赖 A、B 的结束
6	A、B、C、D 四项工作，A、B 结束后，C、D 才能开始	(图示：A、B 汇入节点 j，j 引出 C、D)	引出节点 j 正确地表达了 A、B、C、D 之间的关系
7	A、B、C、D 四项工作，A 完成后，C 才能开始；A、B 完成后，D 才能开始	(图示：A→i→C，B→j→D，i---→j 虚工作)	引出虚工作 i---→j 正确地表达它们之间的逻辑关系
8	A、B、C、D、E 五项工作，A、B、C 完成后，D 才能开始；B、C 完成后，E 才能开始	(图示：A→i→D，B→j→E，C→j，j---→i 虚工作)	引出虚工作 j---→i 正确地表达它们之间的逻辑关系
9	A、B、C、D、E 五项工作，A、B 完成后，C 才能开始；B、D 完成后，E 才能开始	(图示：A→i→C，B→j，D→h→E，j---→i，j---→h 虚工作)	引出虚工作 j---→i、j---→h，正确地表达它们之间的逻辑关系

（2）不允许出现循环回路。即不能从某一个节点出发顺着箭线的方向又回到该节点，如图 3-8 所示。

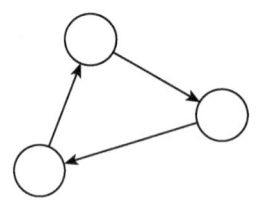

图 3-8　循环回路

（3）严禁出现带双向箭头或无箭头的连线。在网络图中，箭头所指的方向就是工作进展的方向。因此，一条箭线只能有一个箭头，如图 3-9 所示。

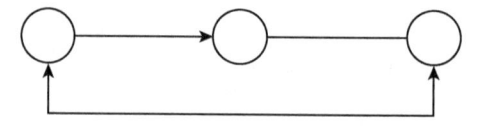

图 3-9　双向箭头和无箭头连线的错误画法

（4）严禁出现无箭头节点或无箭尾节点的箭线。箭头节点和箭尾节点代表了一项工作的开始和结束时间，如图 3-10 所示。

（a）无箭头节点的箭线　　　　（b）无箭尾节点的箭线

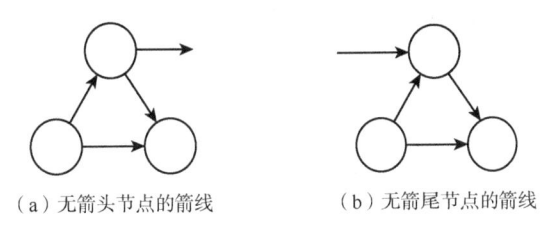

图 3-10　无箭头节点和无箭尾节点的箭线的错误画法

（5）尽量避免箭线交叉。当箭线交叉不可避免时，可采用过桥法（暗桥法）或指向法，如图 3-11 所示。

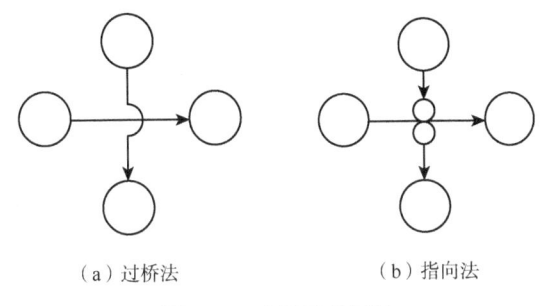

（a）过桥法　　　　（b）指向法

图 3-11　交叉线的画法

（6）在双代号网络图中，起始节点应只有一个；在不考虑分期完成任务的网络图中，终止节点也只能有一个；其他所有节点均应是中间节点。

（7）箭线的画法。箭线形状可以是直线或折线，避免采用圆弧线。当网络图的某些节点有多条内向箭线或多条外向箭线时，在不违反"一项工作应只有唯一的一条箭线和相应的节点"规则的前提下，可使用母线法绘图，如图 3-12 所示。

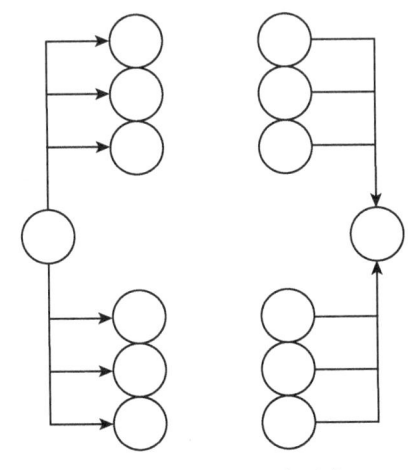

图 3-12　箭线的母线画法

（8）关于箭线长短。在非时间坐标网络图（即非时标网络图）中，箭线的长短与工作持续时间无关，而主要考虑网络图的图面布置；在时间坐标网络图（即时标网络图）中，箭线的长短应与工作持续时间相对应，如图 3-13 所示。

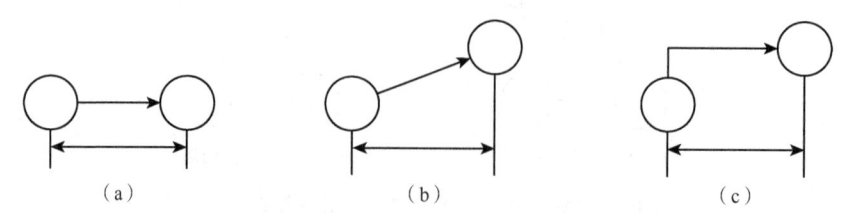

图 3-13　时间坐标网络图中箭线长短与持续时间的对应关系

通常，网络图从左向右的方向标志着项目进展的方向，该方向称为正向；反之则为反向。所以，箭线的方向应尽量符合从左向右表示项目进展，避免出现反向箭线。

（9）关于节点编号。双代号网络图中的所有节点都必须编号且不能出现重复编号；箭尾节点的编号应小于箭头节点的编号；可采用连续编号或非连续编号的方式，非连续编号的方式有利于网络计划的修改和调整。

B. 网络图的绘制步骤

用网络计划方法编制进度计划的第一步是绘制网络图。通常先画一个初步网络图，在此基础上进行优化和调整，最终得到正式的网络计划图。绘制初步网络图一般按以下步骤进行。

（1）项目分解。根据计划要求将项目分解为各项独立的工作（活动），宏观控制的网络计划，可以分解得粗一些；具体实施的网络计划，可以分解得细一些。一般，项目分解和工艺、方法的选定是密切相关的。

（2）工作关系分析。工作关系确定各项工作之间的逻辑关系，一般根据已确定的项目实施方法、工艺、环境条件以及其他因素，对项目进行分析，通过比较、优化等方法确定合理的逻辑关系。工作关系分析的结果是明确各项工作紧前和紧后的关系，形成项目工作列表。

（3）估计工作的基本参数。在网络图中，工作的基本参数包括工作持续时间和资源需求量。一般，应对每项工作估计两个持续时间，即工作的正常持续时间和最短持续时间。正常持续时间是指在正常条件下，完成该工作所需要的时间；最短持续时间是指通过采取特殊措施，如增加资源的投入等，完成该工作所用的最短时间。

（4）绘制初步网络图。将项目所包含的各项工作及其关系用网络图表示出来。

2）网络计划时间参数计算及关键路径

绘制网络图是为了对项目进度进行安排，并综合考虑资源和成本因素，对项目计划进行优化。为此，必须首先计算网络计划时间参数，这是网络计划实施、优化、调整的基础。

A. 网络计划时间参数的组成

网络计划时间参数可归纳为以下三类。

a）节点参数

节点参数包括节点最早时间和节点最迟时间。节点时间参数在网络图上的表示方法如图 3-14 所示。

图 3-14 节点时间参数在网络图上的表示方法

节点最早时间——ET，表示该节点所有后续工作最早可能开始的时刻，它限制其前导工作最早可能结束的时间。

$$ET_j = \max\{ET_i + D_{i\text{-}j}\} \tag{3-1}$$

式中，$D_{i\text{-}j}$ 为工作 $i\text{-}j$ 的持续时间。

节点最迟时间——LT，表示该节点所有前导工作最迟必须结束的时间，它也限制其后续工作的开始。

$$LT_i = \min\{LT_j - D_{i\text{-}j}\} \tag{3-2}$$

b）工作参数

工作参数包括基本参数、最早时间、最迟时间和时差。工作时间参数在网络图上的表示方法如图 3-15 所示。

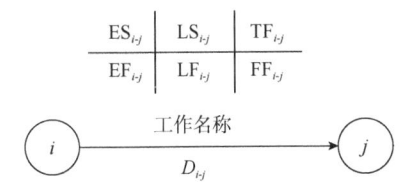

图 3-15 工作时间参数在网络图上的表示方法

工作最早开始时间（ES）和工作最早完成时间（EF）：

$$ES_{i\text{-}j} = ET_i \tag{3-3}$$

$$EF_{i\text{-}j} = ES_{i\text{-}j} + D_{i\text{-}j} \tag{3-4}$$

工作最迟开始时间（LS）和工作最迟完成时间（LF）：

$$LF_{i\text{-}j} = LT_j \tag{3-5}$$

$$LS_{i\text{-}j} = LF_{i\text{-}j} - D_{i\text{-}j} \tag{3-6}$$

工作总时差（TF）是指在不影响后续工作按照最迟必须开始时间开工的前提下，允许该工作推迟其最早可能开始时间或延长其持续时间的幅度。

$$\begin{aligned} TF_{i\text{-}j} &= LT_j - ET_i - D_{i\text{-}j} = LT_j - EF_{i\text{-}j} = LF_{i\text{-}j} - EF_{i\text{-}j} \\ &= (LF_{i\text{-}j} - D_{i\text{-}j}) - (EF_{i\text{-}j} - D_{i\text{-}j}) \\ &= LS_{i\text{-}j} - ES_{i\text{-}j} \end{aligned} \tag{3-7}$$

工作自由时差（FF）是指在不影响后续工作按照最早可能开始时间开工的前提下，允许该工作推迟其最早可能开始时间或延长其持续时间的幅度。

$$FF_{i\text{-}j} = ET_j - ET_i - D_{i\text{-}j} = ET_j - (ET_i + D_{i\text{-}j}) = ET_j - EF_{i\text{-}j} \qquad (3\text{-}8)$$

c）路径参数：包括计算工期和计划工期

B. 关键工作及关键路径的确定

a）关键工作的确定

关键工作是网络计划中总时差最小的工作。若按计算工期（T_c）计算网络参数，则关键工作的总时差为 0。若按计划工期（T_p）计算网络参数，则：$T_p = T_c$ 时，关键工作的总时差为 0；$T_p > T_c$ 时，关键工作的总时差最小，但大于 0；$T_p < T_c$ 时，关键工作的总时差最小，但小于 0。

b）关键路径的确定

根据关键工作确定关键路径。首先确定关键工作，由关键工作所组成的路径就是关键路径。

根据自由时差确定关键路径。关键工作的自由时差一定最小，但自由时差最小的工作不一定是关键工作。若从起始节点开始，沿着箭头的方向到终止节点为止，所有工作的自由时差都最小，则该路径是关键路径，否则就是非关键路径。

【例 3-1】某网络计划的有关资料如表 3-3 所示，试绘制双代号网络图，并计算各项工作的时间参数，判定关键路径。

表 3-3 某网络计划资料

项目	A	B	C	D	E	F	G	H	I	J
持续时间/周	2	3	5	2	3	3	2	3	6	2
紧前工作		A	A	B	B	D	F	E、F	C、E、F	G、H

解：网络参数计算过程如图 3-16 所示，假设 $ET_1 = 0$，$LT_9 = ET_9$。

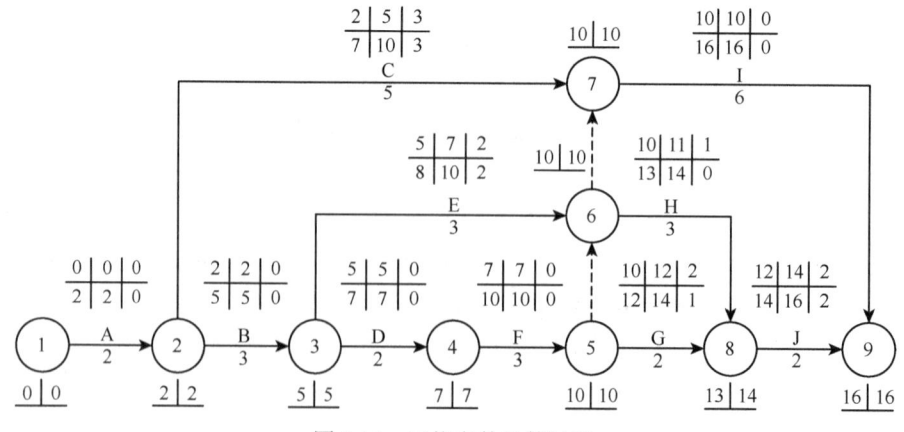

图 3-16 网络参数计算过程

关键路径：①→②→③→④→⑤→⑥→⑦→⑨。

4. 单代号网络图

网络图根据活动和事项的发生次序来描述项目的执行情况。一个活动就是一项工作任务。单代号网络图（activity-on-node network diagram，AON）用节点表示一个活动和相关事件，如图 3-17 所示，图中的活动是"最终安装"，其相关事件是该活动从开始到结束所经历的时间。在单代号网络图中，箭尾节点表示的工作是箭头节点的紧前工作，箭头节点表示的工作是箭尾节点的紧后工作。单代号网络图所表示的逻辑关系易于理解，绘制不易出错。

图 3-17　一项活动的单代号网络图表示法

单代号网络计划的特点是以节点表示工作，节点的编号即为工作的代号，箭线表示工作之间的逻辑关系。所以，单代号网络计划的时间参数只包括两部分：工作参数与路径参数。

A. 工作参数

单代号网络计划的工作参数所包括的内容与双代号网络计划完全相同，其概念也完全一致，所不同的是表示符号不一样，单代号网络计划工作参数的内容及表达符号如下。

工作 i 的持续时间，用 D_i 表示。

工作 i 的最早开始时间，用 ES_i 表示。

工作 i 的最早完成时间，用 EF_i 表示。

工作 i 的最迟开始时间，用 LS_i 表示。

工作 i 的最迟完成时间，用 LF_i 表示。

工作 i 的总时差，用 TF_i 表示。

工作 i 的自由时差，用 FF_i 表示。

a）工作最早时间的计算

工作 i 的最早开始时间 ES_i 应从网络计划的起始节点开始，顺着箭线的方向依次逐项计算。起始节点的最早开始时间，若无规定，其值应等于 0，即 $ES_1=0$。

当 i 工作只有一项紧前工作时：$ES_i = ES_h + D_h$。其中，ES_h 为工作 i 的紧前工作 h 的最早开始时间；D_h 为工作 i 的紧前工作 h 的持续时间。

当 i 工作有多项紧前工作时：$ES_i = \max\{ES_h + D_h\}$。

工作 i 的最早完成时间：$EF_i = ES_i + D_i$。

b）工作最迟时间的计算

工作 i 的最迟完成时间 LF_i 应从网络计划的终止节点开始，逆着箭线的方向依次逐项计算。终止节点所代表的工作 n 的最迟完成时间 LF_n 应根据网络计划的计算工期 T_c 或计划工期 T_p 计算，即

$$LF_n = T_p（或 T_c）$$

式中，T_p 的确定与双代号网络计划相同；计算工期 $T_c = \max\{EF_n\}$，EF_n 为网络终止节点所代表工作 n 的最早完成时间。

当工作 i 只有一项紧后工作时：$LF_i = LF_j - D_j$。其中，LF_j 为工作 i 的紧后工作 j 的最迟完成时间；D_j 为工作 i 的紧后工作 j 的持续时间。

当工作 i 有多项紧后工作时：$LF_i = \min\{LF_j - D_j\}$。

工作最迟开始时间：$LS_i = LF_i - D_i$。

c）工作时差的计算

工作总时差：$TF_i = LS_i - ES_i$ 或者 $TF_i = LF_i - EF_i$。

工作自由时差：$FF_i = \min\{ES_j - EF_i\}$ 或者 $FF_i = \min\{ES_j - ES_i - D_i\}$。其中，$ES_j$ 为工作 i 的紧后工作 j 的最早开始时间。

B. 路径参数

单代号网络计划的计算工期的确定，前已叙述，在此不再重复。与双代号网络不同的是，单代号网络用时间间隔 $LAG_{i,j}$ 表示相邻两项工作之间的时间关系。时间间隔是指相邻两项工作之间，后项工作 j 的最早开始时间与前项工作 i 的最早完成时间之差，其计算公式为

$$LAG_{i,j} = ES_j - EF_i$$

终止节点与其前项工作的时间间隔为

$$LAG_{i,n} = T_p（或 T_c）- EF_i$$

式中，n 为终止节点，或虚拟的终止节点。

【例 3-2】表 3-4 是某项目工作列表，根据该表编制单代号网络计划。

表 3-4 项目工作列表

序号	工作名称	工作代号	紧后工作	持续时间/天
1	项目策划	A	B、C、D	5
2	材料购置	B	D	8
3	组织准备	C	D、E	15
4	项目实施	D	E	15
5	项目结束	E		10

（1）根据项目工作列表绘制单代号网络图（图 3-18）。

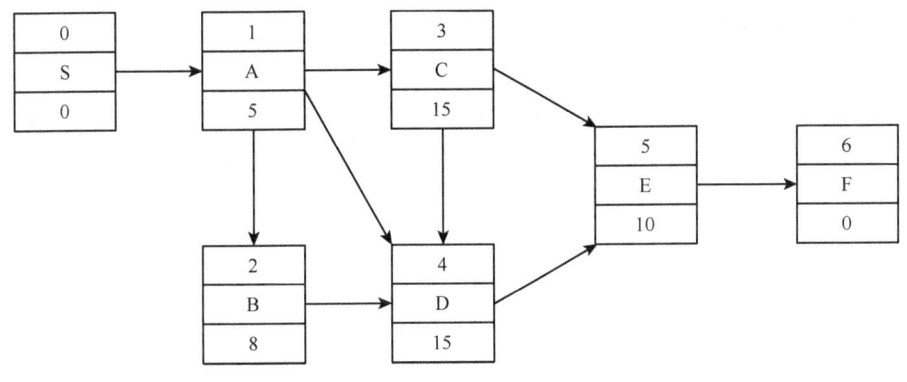

图 3-18 项目单代号网络图

（2）计算网络时间参数。网络的起始节点是虚设的，其节点编号为 0，持续时间、最早开始时间、最早完成时间均为 0。据此可以从左向右计算各节点或工作的最早时间、最迟时间和时差等工作时间参数，其结果如表 3-5 所示。

表 3-5 网络图中的工作时间参数

工作代号	持续时间/天	最早时间/天 开始	最早时间/天 结束	最迟时间/天 开始	最迟时间/天 结束	时差/天 总时差	时差/天 自由时差	说明
S	0	0	0	0	0	0	0	
A	5	0	5	0	5	0	0	关键事件
B	8	5	13	12	20	7	7	
C	15	5	20	5	20	0	0	关键事件
D	15	20	35	20	35	0	0	关键事件
E	10	35	45	35	45	0	0	关键事件
F	0	45	45	45	45	0	0	

相邻工作的间隔时间如表 3-6 所示。

表 3-6 相邻工作的间隔时间

相邻工作	间隔时间符号	间隔时间
A-B	$LAG_{1,2}$	0
A-C	$LAG_{1,3}$	0
A-D	$LAG_{1,4}$	15
B-D	$LAG_{2,4}$	7
C-D	$LAG_{3,4}$	0
C-E	$LAG_{3,5}$	15
D-E	$LAG_{4,5}$	0

确定关键工作和关键路径。本例中，总时差为 0 的工作是关键工作，即 A、C、D、E 是关键工作；根据关键工作可知关键路径是：0→1→3→4→5→6。

3.2.2 PERT

PERT 是一种双代号非确定型网络分析方法。在 PERT 中，工作的持续时间事先不能完全确定，这种网络计划方法适用于不可预知因素较多的、从未做过的新的项目和复杂的项目。

PERT 网络的画法与 CPM 网络的画法相同，它与一般的 CPM 网络的主要区别在于工作的时间估计与分析。

1. 活动历时、均值与方差的估算

三种时间估计值即对工作持续时间 t 做出 t_o、t_m、t_p 三个估计值。其理论依据是将 t 视为一个连续型的随机变量。假定某个工作所有可能的历时都可以用如图 3-19 所示的统计分布来表示。然后估算人员据此对工作做出三个时间的估计。

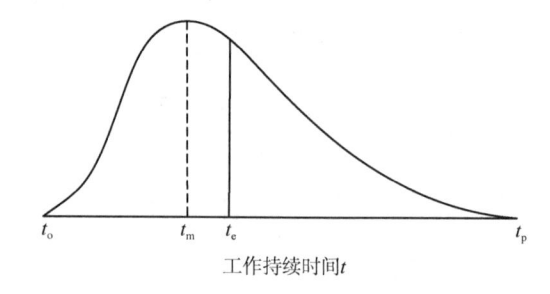

图 3-19 一项活动所有可能时间的统计分布

乐观时间（optimistic time，t_o）是指在任何事情都进行得很顺利、没有遇到任何困难的情况下，完成某项工作所需的时间。

最可能时间（most likely time，t_m）是指在正常情况下完成某项工作最经常出现的时间。如果某项工作已经做过很多遍，最经常发生的实际工期可以作为最可能时间。

悲观时间（pessimistic time，t_p）是指某工作在最不利的情况下（如遇到不常见的或未预见的困难）完成的时间。

在估计一项工作的持续时间、建立三个时间估计时，最可能时间必须大于或等于乐观时间，悲观时间必须大于或等于最可能时间。

这个分布的平均值，也称为期望时间 t_e，可以用下面的公式计算得出

$$t_e = \frac{t_o + 4t_m + t_p}{6} \tag{3-9}$$

这个计算是对 β 分布的真实平均值的一个估算。之所以用 β 分布是因为它比普遍的正态分布更灵活，且能更准确地反映实际的时间和成本结果。

我们还可以估算出此分布的标准偏差 σ：

$$\sigma = \frac{t_p - t_o}{6} \tag{3-10}$$

在这种情况下，6 不是一个加权平均数，而是假定一个分布范围包括 6 个标准差

（6σ）。这个假定是很重要的，它是指当工时估算人员进行工时的三个时间估计时，该工时落在范围 $t_o \sim t_p$ 的信心是 99%，99%意味着"几乎从来不在范围以外"，这实际上是一种比较极端的预测，在实际情况中，这会大大低估与活动历时相关的不确定性。修正这一结果很简单，如果 t_o、t_p 是按 95%的水平做出的，则这样的水平不能包括6σ，这时使用下面的公式求出 σ：

$$\sigma = \frac{t_p - t_o}{3.3} \tag{3-11}$$

如果 t_o、t_p 是按 90%的水平做出的，则

$$\sigma = \frac{t_p - t_o}{2.6} \tag{3-12}$$

在网络计划中，由于给出三个假定按 β 概率分布的估计时间后，就允许在工作工期估计中存在不确定因素了，因此，为每项工作估计三个工期是一项随机的或概率统计的技术。仅用一个时间估计的技术叫确定性技术。既然已假定每项工作的三个时间估计的分布符合 β 概率分布，那就可以计算在要求完工时间之前完成项目的概率了。

当采用三个时间估计时，网络图中关键路径上所有工作的时间估计加起来可以得到一个总概率分布。由概率理论中的中心极限定理可知，这个总概率分布不是一个 β 概率分布，而是正态概率分布（normal probability distribution），概率曲线是以其平均值为对称轴的"钟"形曲线。进一步讲，这个总概率分布的期望工期等于构成总分布的各项工作期望工期之和，而且其方差（variance）等于构成总分布的各项工作工期的方差之和。

2. 有关参数计算举例

1）工作工期的估计

每项工作的工期估计是从该工作开始到完成所经历的全部时间。对于那些在工作工期估计中存在高度不确定因素的项目，可以给每项工作估计三个时间。

假定某一飞行器研制项目工作的乐观时间为 1 周，最可能时间为 5 周，悲观时间为 15 周，这项工作的期望工期为

$$t_e = \frac{1 + 4 \times 5 + 15}{6} = 6 (周) \tag{3-13}$$

其 β 概率分布如图 3-20 所示。

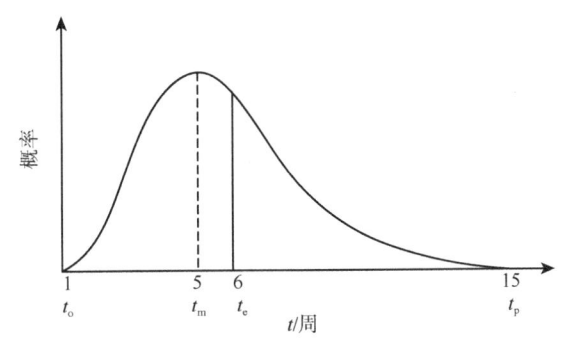

图 3-20 β 概率分布（一）

假定另一工作的乐观时间为 10 周,最可能时间为 15 周,悲观时间为 20 周,这项工作的期望工期为

$$t_e = \frac{10 + 4 \times 15 + 20}{6} = 15 \text{(周)} \tag{3-14}$$

其 β 概率分布如图 3-21 所示。巧合的是,期望工期正好与最可能时间估计相同。

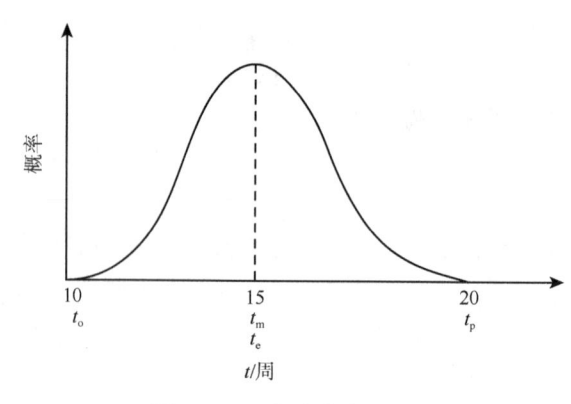

图 3-21 β 概率分布(二)

图 3-19 曲线的峰值代表了每项工作各自的最可能时间。期望工期 t_e 把 β 概率分布曲线下的总面积分成相等的两部分,50%的面积在 t_e 的左边,50%的面积在 t_e 的右边,因此,工作实际执行时间多于和少于期望工期的概率均为 0.5。换句话说,工作工期超出 t_e 的概率为 0.5,少于 t_e 的概率也为 0.5。例如,在图 3-20 中,曲线下 50%的面积在 6 周的左边,50%的面积在 6 周的右边,即工作实际执行时间多于 6 周的概率为 0.5,少于 6 周的概率也为 0.5。

2)工作方差的估计

标准差是衡量分布离散程度的尺度。对于正态分布(图 3-22),在平均值两边一个标准差范围内,曲线下面积约占总面积的 68%;在两个标准差范围内,曲线下面积约占总面积的 95%;在三个标准差范围内,曲线下面积约占总面积的 99%。

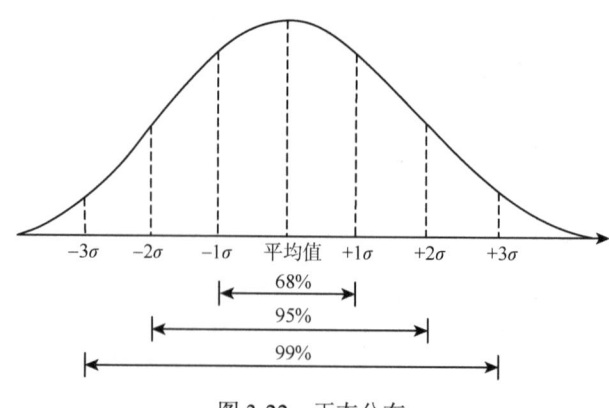

图 3-22 正态分布

图 3-23 给出了两个正态分布。由于左边的概率分布比右边的概率分布更宽，因此，其分布就有较大的标准差。然而，对于任何两个正态分布，在其平均值两侧的一个标准差范围内包含了各自总面积的 68%。

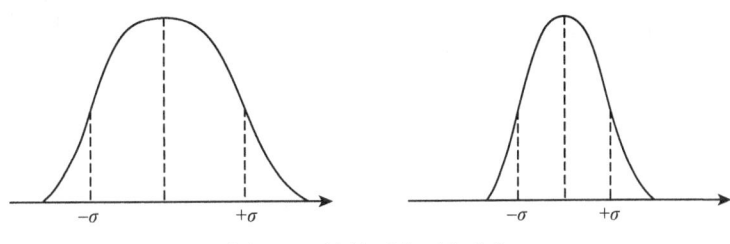

图 3-23 比较两个正态分布

3. PERT 举例

下面通过一个例子来说明 PERT 网络中的各种相关知识，以加深对 PERT 网络处理问题方法的理解。表 3-7 为一组活动的前导活动和每个活动的乐观、最可能和悲观时间，预计时间和活动时间方差。每个活动的预计时间通过前面提到的三次估算的加权平均来计算（为方便起见小数保留两位）。例如，计算活动 a 的 t_e 如下：

$$t_e = \frac{t_o + 4t_m + t_p}{6} = \frac{6 + 4 \times 10 + 14}{6} = \frac{60}{6} = 10 \qquad (3\text{-}15)$$

a 的方差也容易计算：

$$\text{Var} = [(t_p - t_o)/6]^2 = (8/6)^2 = 1.78 \qquad (3\text{-}16)$$

表 3-7 具有不确定历时的项目活动举例

活动	前导活动	乐观时间 t_o	最可能时间 t_m	悲观时间 t_p	预计时间 t_e $(t_o+4t_m+t_p)/6$	活动时间方差 $[(t_p-t_o)/6]^2$
a		6	10	14	10	1.78
b	a	10	12	14	12	0.44
c	b	7	12	17	12	2.78
d	b	6	6	6	6	0
e	b	10	14	18	14	1.78
f	c、d	4	10	10	9	1
g	d	5	10	15	10	2.78
h	e、g	4	7	10	7	1

与表 3-7 中数据相关的网络如图 3-24 所示。

可用每项活动的预计时间找出网络中的关键路径和关键时间。用正推法得出关键路径为 a→b→d→g→h，关键时间为 45 天。因为平均时间（t_e）可用于所有的活动，在 45 天之前和 45 天之后完成项目的概率都为 50%。此外，对于关键路径，由于此时的工作历时具有不确定性，因此并不能肯定 a→b→d→g→h 一定是关键路径。其他的路径，在项目实际执行时可能会变得更长。我们称 a→b→d→g→h 为关键路径仅仅是因为习惯

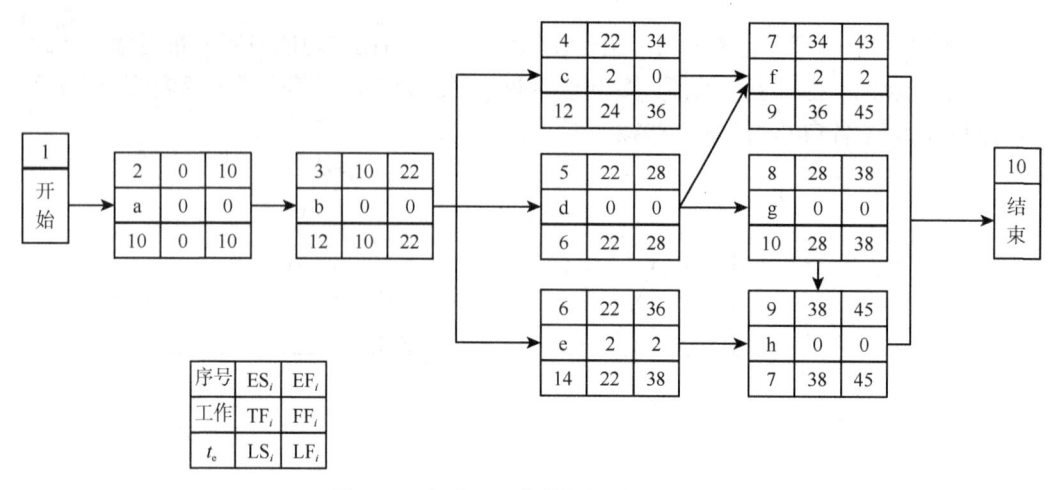

图 3-24 与表 3-7 中数据相关的网络图

上我们称具有最长的预计时间的路径为关键路径。只有在实际情况发生后我们才知道哪一条路径是实际的关键路径。

项目在 50 天或更少的时间内完成的概率是多少呢？这个问题需要用项目活动不同程度的不确定性的信息来回答。前文已经提到，所有工作的时间估计加起来可以得到一个总概率分布，这个总的概率分布为正态分布，且这个正态分布的期望工期等于构成总分布的各项工作期望工期之和，而且其方差等于构成总分布的各项工作工期的方差之和。实际上这里有一个统计学上的假设就是：这组活动在统计学上是独立的。这个独立性是指：如果 a 是 b 的前导活动，a 早了或者晚了并不会影响到 b 的历时，即 a 晚了，b 可能也会晚，但是并不会影响完成 b 所需要的时间。实际中也会遇到不符合统计独立性假设的情况，这就需要根据实际问题进行一些相应的处理。根据网络图找出关键路径 a→b→d→g→h 后，由 $t_e = 45$ 得

$$\sigma_t = \sqrt{1.78 + 0.44 + 0 + 2.78 + 1} = \sqrt{6} = 2.45$$

就可以得到整个关键路径完成时间的总概率分布，图 3-25 给出了总概率分布曲线。

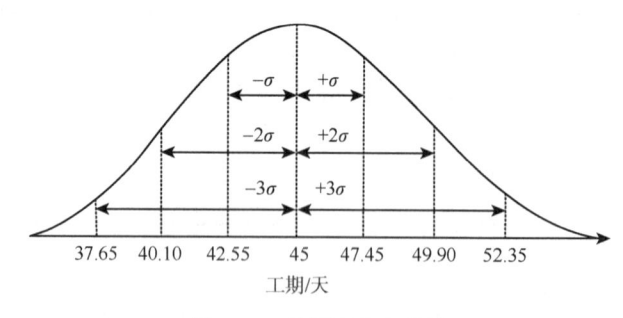

图 3-25 总概率分布曲线

现在根据图 3-25 给出一个总概率分布曲线及其标准差的解释。

图 3-25 是一个正态曲线，由前面的分析可知，在 $\pm\sigma$ 范围内，即在 42.55 天与 47.45 天之间包含了总面积的 68%；在 $\pm2\sigma$ 范围内，即在 40.10 天与 49.90 天之间包含了总面

积的 95%；在 ±3σ 范围内，即在 37.65 天与 52.35 天之间包含了总面积的 99%。概率分布可以解释如下。

在 37.65 天到 52.35 天之间完成项目的概率为 99%。

在 40.10 天到 49.90 天之间完成项目的概率为 95%。

在 42.55 天到 47.45 天之间完成项目的概率为 68%。

那么现在要求出项目在 50 天内完成的概率，根据项目网络图给出的关键路径以及刚才所分析的正态分布理论的解释就可以方便求出。其计算公式为

$$Z = \frac{LF - t_e}{\sigma_t} \tag{3-17}$$

式中，LF 为项目的要求完工时间（最迟结束时间）；t_e 为项目最早期望结束时间（正态分布的均值）；σ_t 为沿最长（花费最多时间）路径完成项目各项工作的总分布的标准差。

根据 t_e=45，LF=50 天，σ_t=2.45，得：$Z = (50-45)/2.45 = 2.04$。

在式（3-17）中，Z 是度量正态概率曲线上 t_e 和 LF 之间标准差的量值。这个 Z 值必须转化为 t_e 和 LF 之间正态曲线下的面积与正态曲线下总面积的比值。因为正态曲线下总面积为 1，因此，在项目的要求完工时间之前完成项目的概率就等于曲线下 LF 以左的面积占总面积的比例，如图 3-26 所示。

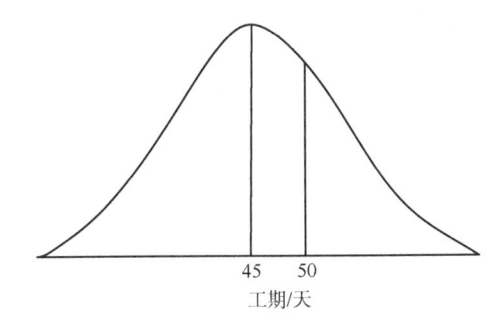

图 3-26　求解完成项目的概率的分布曲线

由上面对 Z 的计算，可通过查正态分布表得：这条路径在 50 天或者更少的时间内完成项目的概率为 0.9793。

3.2.3　关键链项目管理方法

1. 关键链技术的基本思想

关键链技术（critical chain technology，CCT）是约束理论（theory of constrains，TOC）应用于项目管理的产物，被称为"应用于项目管理中的约束理论"。如果一个系统不存在约束，就可以无限地提高产出或降低成本，而这显然是不实际的。因此，任何妨碍系统进一步提高生产率的因素，就构成一个约束。约束理论将一个企业看作一个系统，在企业内部的所有流程中，必然存在阻碍企业进一步提高利润和降低成本的因素，这些因素也就是企业的约束。

虽然约束妨碍了系统效率，但约束也恰恰指出了系统最需要改进的地方。关键链遵循约束理论的思路，认为在项目进度管理过程中，资源的利用率是不可能保持平衡的。但是项目进度只是受到一部分资源的影响，而不是受到所有资源的影响。前者称为瓶颈资源（或者关键资源），后者称为非瓶颈资源（或者非关键资源）。瓶颈资源上的任务称为瓶颈任务（关键任务），非瓶颈资源上的任务称为非瓶颈任务（非关键任务）。

瓶颈资源的利用率越高，项目进度就越快；如果瓶颈任务延误一天，将导致整个项目延误两天。要加快项目进度，就必须提高瓶颈资源的利用率，防止由于非瓶颈任务延误导致瓶颈资源处于等待状态，造成整个项目延误。

关键链项目管理方法是用关键链代替传统的项目进度管理方法 PERT/CPM 网络计划技术中的关键路径。关键链与关键路径的主要区别在于：关键链不仅考虑了工作的执行时间和工作间紧前关系约束，而且考虑了工作间的资源冲突，是制约整个项目周期的一个工作序列。关键链法强调制约项目周期的是关键链而非关键路径，并通过项目缓冲、输送缓冲和资源缓冲机制来消除项目中不确定因素对项目计划执行的影响，保证确定环境下编制的项目计划在动态环境下的顺利执行。

如果将一个项目看作一个系统，那么应用约束理论的第一步，就是要确定项目的约束。从 CPM 和 PERT 开始，项目中的关键路径就被看作项目管理的基础。但是，CPM 仅分析紧前关系，并不考虑项目实际能调动的资源是有限的，因此 CPM 被广泛批评的一点就是其进度不具有可行性，而是需要进行后续调整。与关键路径不同，关键链不仅考虑项目中各任务的紧前关系，也充分考虑项目中现实存在的资源约束。如图 3-27 所示，在 CPM 中，任务 A、D、E、F 组成了项目的关键路径，但如果考虑资源限制，假设任务 C 和任务 E 需要同一种资源，如需要同一台设备进行加工，而该设备一次只能执行一项作业，那么事实上任务 C 和任务 E 是不能同时进行的。因此，在考虑资源约束的情况下，项目的关键任务为 A、D、E、C、F，这五项任务就构成了项目的关键链。可见，是关键链而不是关键路径，决定了项目在给定的紧前关系和资源条件下完成项目所需的最短时间。

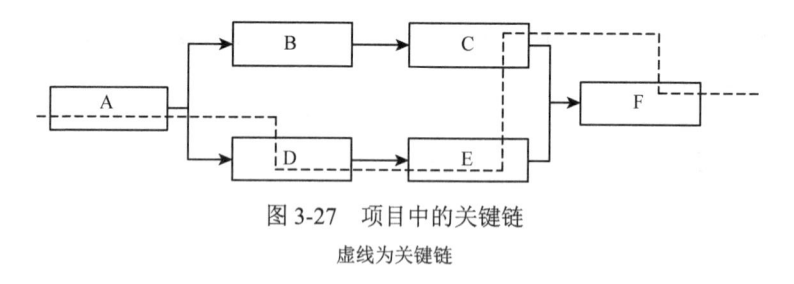

图 3-27 项目中的关键链

虚线为关键链

如果将关键链看作项目的"约束"因素，那么应用约束理论的第二步，就是要考虑如何来挖掘该约束因素的潜力，即如何缩短关键链所需的时间，因为关键链所需的时间正是完成项目所需的时间。在 CPM 中，为了保证任务能够有较高的概率在计划时间内完成，同时也由于项目组成员普遍存在风险规避心理，一般的计划时间都大于完成任务所需的平均时间，也可以看作在任务所需的平均时间上增加了一块"安全时间"（safety time，ST）。这样的处理方式具有两方面的效果：正面效果是提高了管理不确定因素的能力，负面效果则是延长了完成项目所需的时间。关键链法采取了另一种方式，将任务所需的平均时间作为最终的计划时间，但考虑到任务内在的不确定性，在关键链的末端附加整块的安全时间，也就是项目的缓冲时间，称为项目缓冲（project buffer，PB）。可以认为关键链法是重新配置了 CPM 中分散存在的安全时间，但这样的重新配置能够缩短项目所需的时间，因为根据概率理论，整合安全时间后，在相同的概率下，只需要较少的时间就可以完成所有任务，图 3-28 直观地说明了关键链法在这方面的优越性。

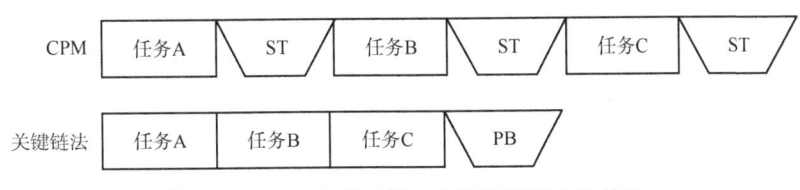

图 3-28　CPM 和关键链法在风险管理上的差异

在完成关键链的进度安排后，还需要保证所有关键链上的任务（关键任务）不受其他非关键任务的影响，以保证项目能够按计划及时完成。

第一，紧前任务的延迟会导致后续任务的延迟。第二，当存在多个紧前任务时，延迟最久的任务起了决定性作用，导致项目的延迟，而提前完成的任务并不能使后续任务提前开始。第三，任务时间包含了安全时间，导致项目组成员在心理上觉得时间还充裕，结果使得任务启动过晚，同时调查还发现，项目组成员总是倾向于完全消耗掉任务分配到的时间。其中第三个原因也是关键链法采用平均时间的理由，以期推动项目组成员全力以赴地开展工作。而前两个原因则使关键链法引入了非关键链缓冲时间这一概念。

如图 3-29 所示，任务 C、D、E 组成了项目的关键链，而任务 A、B 组成了非关键链。

图 3-29　非关键链的缓冲时间

按照平均时间进行工期估计是容易出现延误的，因此关键链项目管理中，在关键链项目之后设置项目缓冲区，将延误控制在预期的范围内。项目缓冲在项目计划中也以任务的形式出现，只是不需要任何资源配置。

由于任务 B 是任务 E 的紧前任务，为了防止任务 A 和 B 可能发生的延迟导致任务 E 不能按时开始，需要在任务 B 之后安排一定的"输入缓冲"（feeding buffer，FB），即缓冲时间，或者让任务 A 和 B 有一定的提前量。这样，就可以有效地防止非关键任务对关键任务产生负面影响。与项目的缓冲时间类似，非关键链缓冲时间整合与压缩了所有非关键任务的安全时间。

关键链项目管理方法提供了一种有效管理项目进度的新思路。考虑到现实的资源约束和项目内在的不确定性,关键链法通过合理设置缓冲时间,从而有效保证任务的不确定性不会影响项目的完工时间。因此,关键链法尤其适用于载人航天器研制这种不确定性较大的项目。

关键链法较好地解决了缩短项目工期和降低项目成本的问题。关键链法以最小化项目工期为首要目标,要求对项目进度实现动态管理,对于关键链上的任务,要求一个任务完成后能立刻启动下一个任务,尤其是在一个任务提前完成的情况下,要能够通过项目组的协调和沟通,提前启动下一个任务。因此,关键链法对项目组的沟通管理提出了较高的要求。因为后续任务一般也需要一定的准备时间,这就要求紧前任务在可能提前完成时,能够及时和负责后续任务的项目组成员进行沟通。对于非关键链上的任务,则推荐以最晚时间启动任务,这样可以减少同步进行的工作数量,在发现前导任务出现问题时,还可以降低返工次数,同时也可以延迟现金流出,以提高项目的净现值。

2. 关键链理论在飞行器研制项目中的应用

以神舟七号飞船研制项目为例,神舟七号飞船在研制计划中引入了关键链管理思想,综合运用多种进度控制方法,解决了高不确定性项目给项目进度控制带来的负面影响。

在进度管理过程中,确定一项计划完成时间时用任务所需的平均时间作为最终的计划时间,用每项工序的最小工作时间来约束保障条件的到位时间,再在计划中最后安排一定的时间余量,这样可实现各项约束保障条件提前并从紧安排,一旦保障条件不能按时到位,计划结尾的时间余量可保证工作按计划完成。

关键链不仅考虑项目中各任务的紧前关系,也充分考虑项目中现实存在的资源约束。例如,神舟七号飞船的管路总装工作分为管路设备安装、管路弯管、管路焊接、管路取样、管路刻线、管路安装六个步骤,分别为A、B、C、D、E、F;在不考虑资源约束的情况下,A、D、E、F为最短工作路径,项目的关键任务为A、D、E、F。而由于刻线和焊接工序占用同样的人力资源、同时使用同种工具,因此,A、D、E、C、F这五个任务就构成了项目的关键链。可见,是关键链而不是关键路径,决定了管路总装工作在给定的紧前关系和资源条件下,完成项目所需的最短时间,如图3-30所示。

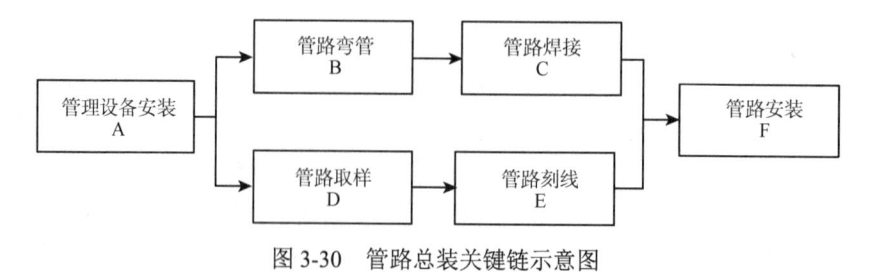

图3-30 管路总装关键链示意图

应用关键链理论的第二步就是要考虑如何来挖掘该约束因素的潜力,即如何缩短由A、D、E、C、F任务构成的关键链所需的时间,因为关键链所需的时间正是完成项目所需的时间。根据项目工作特点，在管路总装任务计划过程中，将完成管路总装的各项任务所需的平均时间作为最终的计划时间，但考虑到任务内在的不确定性，在关键链的末端附加整块的项目缓冲安全时间，在控制设备安装、弯管、焊接、取样、刻线、安装等每项任务完成所需时间的条件下，以安全时间确保管路总装任务的进度缓冲和余量。

在完成关键链的进度安排后，还需要保证有效控制所有关键链上任务的制约因素，以保证管路总装工作能够按计划及时完成。

由于神舟七号飞船的探索性和高不确定性，项目受到技术状态变化、质量控制和问题、范围变更等因素影响，往往进度计划需要进行动态调整，因此神舟七号飞船创新性地采用了关键链制约因素的清单式管理。

通过对以往神舟飞船的进度管理进行分析，发现存在以下两个问题。

（1）项目进度实现的制约因素的粗放管理，也就是制约因素清理存在漏项，如"小、远、散"的产品往往没有列入保障条件。

（2）项目进度实现的制约因素的具体内容明细的粗放管理，也就是每一个制约因素内容往往不够全面清晰，仅将某一类产品或文件的齐套作为保障条件，而一类产品到底有多少，一类文件到底有哪些，并没有明确。

在神舟七号飞船的计划管理中，首先实现了对进度制约因素的精细化管理，对照技术流程等文件，详细梳理保障条件清单，做到保障条件全覆盖而无漏项，同时实现了具体明细的精细化管理，首先梳理每项制约因素的文件或设备等清单，再明确每个要素的具体完成时间。

例如，在神舟七号飞船总装工作的进度控制中，对制约因素进行了清单化管理。首先编制"神舟七号飞船总装计划流程"，之后查找关键链工作，确定制约因素。针对工艺文件、热控辅料、设备交付、管路元件等制约因素实现清单化管理，比如工艺文件共有 3 类，包括单舱总装类工艺 18 本、检漏和精测等专项工艺类 8 本、三舱对接工艺类 3 本，共计 29 本。29 本工艺文件不可能在同一时间点完成，因此分析总装主线计划对应阶段使用的工艺文件，在保证该阶段工作的前提下启动工艺文件编写，并预留评审和更改时间，针对每一本文件的完成人、审查把关人，编制每本文件的详细编制计划，实现文件的正确性和及时性，保证神舟七号飞船总装工作的顺利开展。通过采用基于目标实现的清单化管理，保障各项配套条件，同时通过保障条件的落实进度，实现对主线计划的动态管理。

3.3 航空飞行器研制项目进度计划

3.3.1 飞行器研制项目进度计划特点

一般的项目进度计划是根据实际条件和合同要求，以拟建项目的竣工投产或交付使用时间为目标，按照合理的顺序所安排的实施日程。其实质是把各活动的时间估计值反映在逻辑关系图上，通过调整，使得整个项目能在工期和预算允许的范围内最好地安排任务。在项目进度管理中，项目实施之前，必须先制订一个切实可行的、科学的进度计划，然后再按计划逐步实施。这个计划为项目实施过程中的时间控制、劳动力和各种资源的配置提供依据，为在规定期限内保质、高效地完成项目提供保障。

飞行器研制项目属于国家重大工程项目，涉及研究院所、主机制造厂、机载设备制造厂、飞行试验研究院等多家研制单位，项目本身是一项庞大的系统工程。飞行器研制项目进度计划的含义是：基于国家发展战略的需要，根据航空集团高层拟定的研制周期、研制资金投入量以及既有的设备、人员、技术等资源条件，明确各参研单位的主要设计开发活动及其工作责任分配，合理确定并优化调整各项活动的逻辑顺序以及起止时间，确保研制项目按照既定的研制周期顺利实施。飞行器研制项目进度计划是对型号研制过程精心策划的产物，是设计和开发工作方案的总体安排。

飞行器研制项目具有涉及面广、参与单位多、研制和生产周期长、投资额巨大以及包含未知因素多等特征，因此研制项目时间管理显得尤为重要。和其他项目相比，航空飞行器研制项目进度计划具有以下特点。

1. 复杂性特点

飞行器研制项目的管理组织结构通常是包括集团公司、研究所、厂所的三级层次结构，管理组织结构复杂。需要采用科学的项目进度计划编制技术并建立合理进度计划编制流程，使得各个层次的管理者都能准确地制订计划、清楚地了解项目计划的整体概况。

2. 分层次特点

在飞行器的研制方面，项目研制过程的工作众多，如飞机规划阶段的活动将达到5000个，制造阶段的活动会达到20 000个至120 000个，实验和试飞阶段的活动将达到4000个，显然要将这些活动进行整理并建立针对整个飞机研制项目的单层网络计划几乎是不可能的。采用分级网络计划技术可以大大降低网络计划的复杂性，充分调动各级研制单位的力量，并最大限度地降低网络计划的修改程度。

航空飞行器研制项目历经论证、方案设计、工程研制、设计定型（鉴定）以及小批量生产等诸多阶段，往往需要不同地区的为数众多的参研单位协作完成。研制项目涉及各研制单位之间的相互协调，涉及各类器材、设备、试验室等资源的使用，要发生设计、采购、生产、承包及二次承包等事件和活动。为了实现预期的研制目标，进度计划管理在航空飞行器研制工作中具有举足轻重的地位。

在航空飞行器研制工作中，由于计划工作的重要作用，计划形成了一个复杂的体系。按照不同的分类标准，计划可以有不同的类别。

按照研制层次划分，一般的飞行器研制计划可分为三类，如图3-31所示。

（1）总型号网络——0级网络计划。0级网络计划主要反映飞行器研制项目实施的主要节点和任务里程碑，该计划通常由中国航空工业集团有限公司根据国家战略发展需要制订下达。

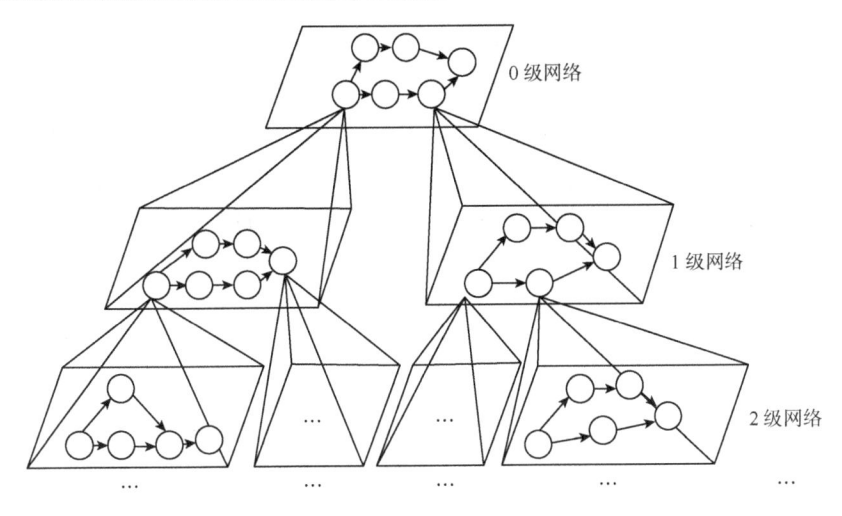

图 3-31　航空飞行器研制多级网络计划示意图

（2）系统网络——1级网络计划。1级网络计划主要反映组成飞行器的机头、机身、起落架、发动机、机载电子设备以及机载武器等各大主要系统研制实施的网络计划，它主要由各主机制造厂和主机研究所承担制订。

（3）分系统研制计划——2级网络计划。2级网络计划主要反映组成各主系统的分系统研制实施的网络计划，如航空发动机主系统包括发动机机匣、压气机、涡轮（或涡扇）以及滑油分系统等，该计划主要由飞行器研制的主要协作单位制订。

上述的下一级计划是由上一级计划分解出来的。

具体到每个参研项目单位内部，在管理中把研制计划按层次分为三类。①年度研制计划。根据上级批准下达的当年军民品科研任务及横向合同书、协议书以及厂所内根据专业发展需求确立的专题立项课题，综合编制全所年度研制计划要点，其内容包括各课题项目在本年度阶段研制工作内容、完成时间、项目负责人及必要的保证条件等。它是编制年度研制实施计划的依据。②年度研制实施计划，是为确定年度研制计划要点而编制的具体实施计划，它是本年度研究部署科研活动的依据。内容应包括各课题项目在本年度内完成的具体内容、完成时间、保证条件（如元件订货、试验、加工）等。③研制工作月计划。研制工作月计划以年度研制实施计划为依据，逐月编制。内容为各研制课题本月研究活动工作内容、完成时间、负责人、完成计划的必要条件。它是专业组、课题组开展当月科研活动的指南。

目前我国航空制造领域已经使用了多级网络计划模式进行飞机研制工作，即0级、1级、2级，它们分别表示集团公司、参研单位、部门等不同的网络计划层次。建立多级网络计划，首先需要划分网络层次，然后以逐层细化的方式建立分级网络计划，其本质是一种自顶向下的任务逐层分解的方法。航空飞行器研制项目采用分层网络计划模型的特点和优势为各子网络除开始和结束节点外不再与其上一级网络发生其他关系，另外，同级网络之间也不直接发生联系，从而使得级与级之间在结构上的联系非常少，可以做到互相独立，各自进行计算，其中任一级的网络发生变动，各级涉及部分的改动量都非常少。因此使得各子项目负责人可以相对独立地给自己的子网络增加任务、合并任务或修改任务的持续时间,这为项目管理提供了方便。可实现项目计划的分级制订,即计划的制订过程不是一步到位,而是由多人参与的不断细化的过程。每级的项目管理者只负责本级网络计划的制订,这样可以将各个层次的人员都引入计划制订过程中,从而使网络计划更加精确,提高网络计划的可执行性。当计划的实际执行情况与原计划产生偏差时,可以仅在各级网络计划上进行调整,从而缩小了调整影响面,减轻了调整、修改和增加任务对其他任务或关键路径的影响。

3. 风险性特点

根据飞行器研制项目的性质,每一个研制项目都存在许多不确定因素,项目研制过程中面临着进度风险,具体表现为:研制计划可能无法满足规定的进度要求,如在技术、采购、制造、装配及试验等方面超出了预定的期限。为了保证研制项目的成功,降低进度风险带来的损失,研制进度计划需要充分考虑风险管理问题。

4. 模板化特点

在我国飞行器研制领域,各个厂所在整个飞行器产品设计制造过程中已经形成了相对比较固定的分工协作方式。在制订各级进度计划时,各厂所都会参考已经成功实施的同类项目的工作结构分解,通过适量修改从而生成相应的任务计划。

3.3.2 飞行器研制项目进度计划编制

飞行器研制项目的特点决定了其进度计划制订过程也具有一定的特殊性,项目研制部门在接到型号项目研制任务后,根据企业自身的实力和技术水平,结合上级部门批准下达的型号项目研制任务总目标和 0 级网络计划,首先,制定型号项目的里程碑节点,形成型号项目的里程碑计划,内容包括各项目在本年度阶段研制工作内容、完成时间、交付物、项目负责人及必要的保证条件,它是编制年度研制实施计划的依据,该计划要严格按照时间节点执行,不允许推迟。

其次,根据里程碑计划进行倒推,得到相应的年度研制实施计划,它是本年度研究部(室)科研活动的依据。

最后,以年度研制实施计划为依据,逐季编制,它是各科室开展当季度科研活动的指南,依据季度计划,还可以继续细化为月计划和周计划,但周计划已不作为公司的进度考核内容。

从网络计划的工作流程上看,航空型号项目的网络计划是一种分级网络计划,依据研制项目总目标和 WBS 内容,由 0 级网络计划入手,以此制订里程碑计划、1 级网络计划、2 级网络计划、工作包计划,最后制订研制项目考核计划,如图 3-32 所示。

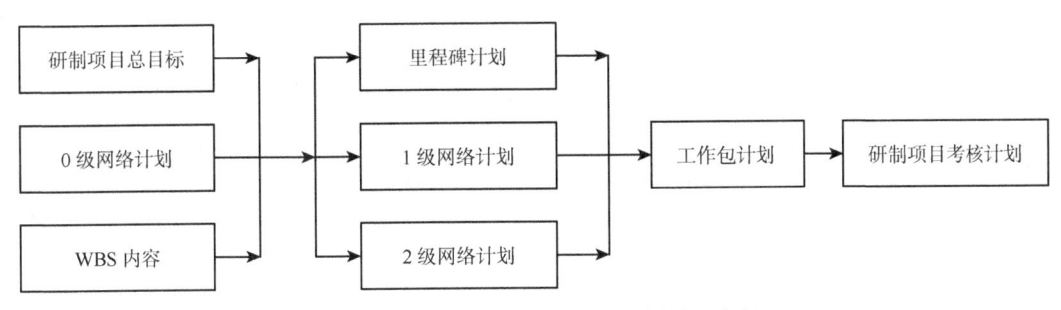

图 3-32　飞行器研制项目进度计划制订流程

1. 研制项目目标

1）项目目标的特点

项目目标，简单地说就是实施项目所要达到的期望结果。项目的实施就是一个追求项目目标的过程。因此，如同其他目标一样，项目目标的确定不仅要在客户同承约商之间达成一致，而且要具体、明确、可测量、切实可行。

项目目标具有系统性、优先性、层次性的特点。

A. 系统性

项目是一个多目标的系统，各种目标之间相互关联、相互作用，要确定项目目标，就需要对项目的多个目标进行权衡。实施项目的过程就是多个目标协调的过程，这种协调包括项目在同一层次多个目标之间的协调、项目总体目标与其子项目目标之间的协调、项目本身与组织总体目标的协调等。

项目无论大小、种类如何，其基本目标可以表现为三个方面，即时间、成本和技术性能。项目实施的目的就是要充分利用可获得的资源，使得项目在一定的时间内，在一定的预算下，获得所期望的技术性能。然而，这三个基本目标之间往往存在一定的冲突。通常，缩短工期要以提高成本为代价；而降低成本、压缩工期可能会影响技术性能的实现。因此，项目目标的确定需要在这三个方面寻求最佳的平衡。

B. 优先性

在项目的多目标系统中，不同目标对于不同项目的重要程度是不同的。例如，对于预算拮据的私人住宅装修项目，成本目标十分重要；对于新型战机的研制项目，技术性能目标的重要性要大于成本目标；而对于生命周期较短的产品的开发项目，时间目标则显得尤为重要。在项目管理中，识别目标的优先顺序对于指导项目规划和实施是一项十分重要的工作。

C. 层次性

项目目标是一个从抽象到具体的层次结构。项目目标的最高层是总体目标，指明要解决的问题的总的依据和原动力，它可能是一个抽象的概念。这个抽象的概念被层层分解，最终形成针对具体技术问题的具体目标。在项目目标的层次结构中，上层目标是下层目标的目的，下层目标是上层目标的手段。上层目标一般表现为模糊的、不可控的，而下层目标则表现为具体的、明确的、可测的。层次越低，目标越具体而可控。

例如，京九铁路建设项目，其最高目标是改善我国交通基础设施，带动东部地区的经济发展。对该目标进行分解可以得到交通设施建设目标和促进经济增长目标；进一步分解得到交通流量目标、财务目标、国民经济目标、社会发展影响目标、环境影响目标等；再进一步分解，最终形成施工建设的具体技术目标。

2）项目目标的描述

在项目建议书中，项目目标的描述应是一项非常重要的内容。在理想状况下，项目建议书的起草人是项目经理，因此，项目经理是确定项目目标的重要主体。项目经理对项目目标的正确理解和正确定义决定了项目的成败。项目目标的描述应该做到能定量描述的，不要定性描述；应使每个项目组成员都明确目标；目标应该是现实的，不应是理想化的；目标的描述应尽量简化。

2. 研制项目分解

项目目标明确后，要制订出完善的项目进度计划，就必须对项目进行分解，以明确项目所包含的各项工作，这些工作可以视为活动，这些活动是在项目进程中单独计划的工作部分。项目分解是编制进度计划、进行进度控制的基础。

项目分解先把复杂的项目逐步分解成一层一层的要素（工作），直到具体明确为止，得到一系列活动，这些活动具有以下特点：明确的起点和终点；便于估计和控制所需的资源；每项活动都有具体的专人负责。

项目分解的工具是 WBS 原理，它是一个分级的树形结构，是一个对项目工作由粗到细的分解过程。

1）WBS 的类型

A. 按产品的物理结构分解

总的来说，飞行器研制项目的 WBS 都是以产品为导向按照产品分解结构（product breakdown structure，PBS）进行分解的。这样的好处是清晰地定义项目的最终目标产品，反映了项目整体关系和产品集成路径，有利于产品工作包的集成管理和验证。

图 3-33 提供了按产品物理结构分解的一种飞机研制项目的 WBS，其明确区分了"提供产品"的工作和"支持产品"的工作，并可在产品中继续按照产品分解结构向下进行分解。

B. 按产品或项目的功能分解

飞行器研制项目可按产品或项目的功能进行分解，这种工作分解方式的特点是重视结果而忽略过程，有助于项目的分包、结果检查。但缺点是在较低层次上的分解结构不容易被理解，并且难以掌握项目的进展过程。

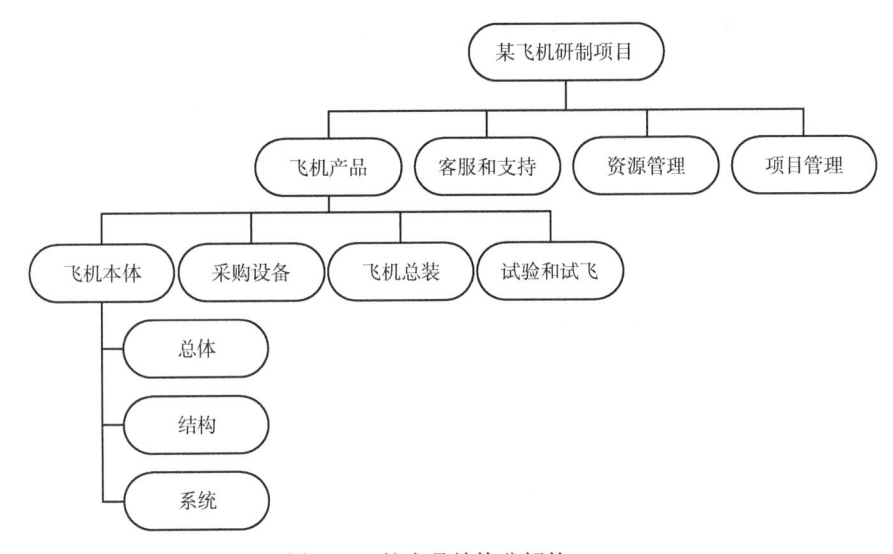

图 3-33 按产品结构分解的 WBS

图 3-34 提供了按产品或项目的功能分解的某在运飞机改装项目的 WBS，其可根据实际改装的内容及数量进行调整。

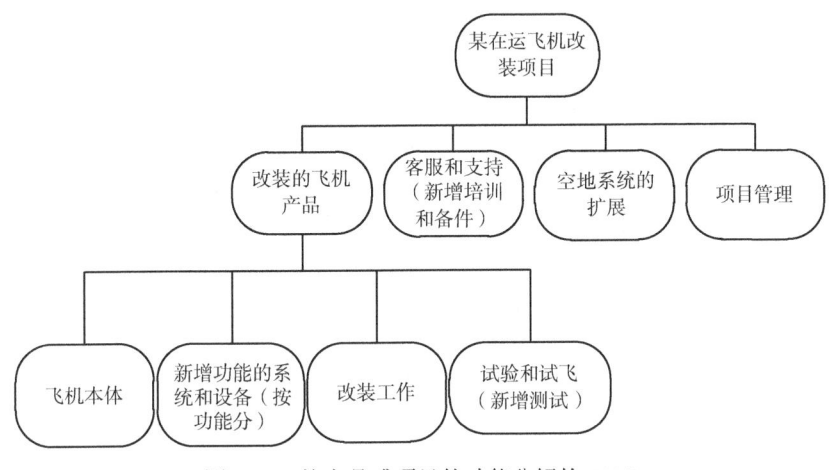

图 3-34 按产品或项目的功能分解的 WBS

C. 按项目的研制阶段分解

飞行器研制项目的投资方在进行可行性论证或立项评审时，更适合从研制程序的角度去看待项目的阶段分解，这样有利于投资方了解项目的概貌和发展，预估资金的分批投入情况以及进行评审和检查。

图 3-35 提供了按项目研制阶段分解的一种便于投资方理解的飞机研制项目的WBS，其更像研制程序的另一种形式，用于支持可行性论证或立项评审。

D. 按项目的实施过程分解

审查方或监管方在看待飞行器研制项目如商用飞机项目时，除了关注项目的研制阶段，还会关注飞机的持续运营，因此照顾到审查方或监管方的 WBS 应是更接近于如

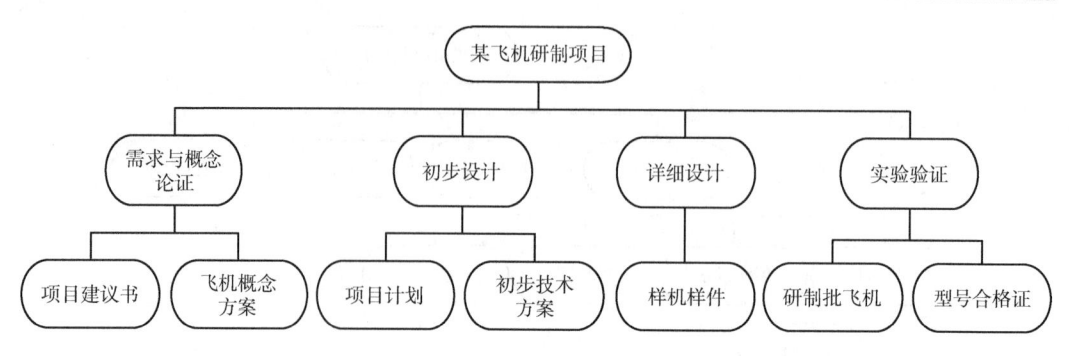

图 3-35 按项目研制阶段分解的 WBS

图 3-36 所示的形式。

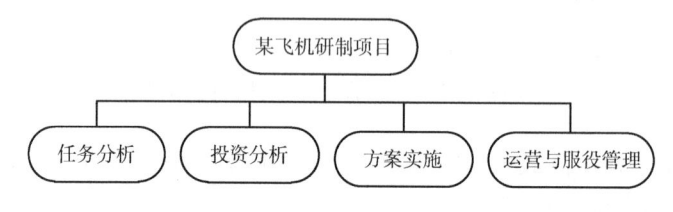

图 3-36 按项目实施过程分解的 WBS

E. 按项目的地域分布分解

当两家以上的主制造商合作研制或制造飞行器时（或者主制造商由原有多个厂商合并而成），往往出现多个地域分工协作的情况，这时的 WBS 往往会照顾到分工实际，在第一层虚拟地分为几个"工作包"，用于合作各方的分工、控制和监控

图 3-37 提供了一个按项目主制造商（厂）地域分布分解的 WBS 案例。

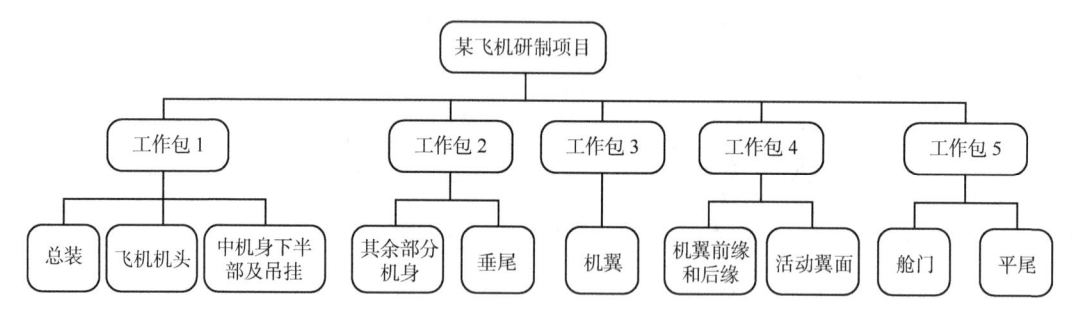

图 3-37 按项目地域分布分解的 WBS
各工作包还有管理类工作，本图未表示

F. 按职能/部门分解

由于与飞行器研制有关的学科是分专业的，而研制项目往往根据产品进行集成，所以在基层产品项目团队组建时，为了工作包的专业完整性，基层项目经理可能用到按职能/部门分解的 WBS 逻辑，如图 3-38 所示。

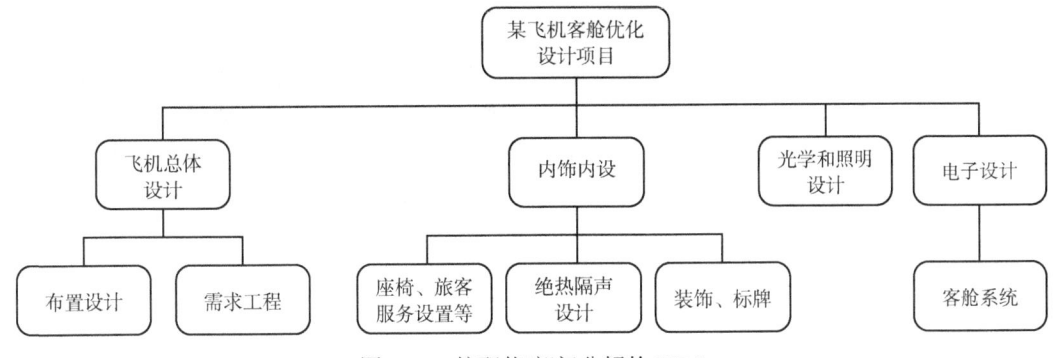

图 3-38 按职能/部门分解的 WBS

当设计部门组织逐渐发展为按照产品系统配置专业人员时，这种 WBS 在项目中可能将不再适用。

基于项目职能/部门或项目的地域分布进行工作分解无法反映产品整体关系和集成路径，不利于落实产品责任，且 WBS 框架的应用性和继承性较差，易受项目组织因素的影响。

上面介绍的几种分解依据，可根据项目的实际情况按需选用，也可以混合使用，如 WBS 不同分支分别依据不同的方法。大多数情况下飞行器研制项目是依据飞行器的产品逻辑并在其中的某些层次结合实施过程进行分解，同时由于涉及转包给供应商、不同的合作伙伴，也一定会出现某些工作包与整体的逻辑不同（甚至出现"黑盒"工作包），这种混合使用的方式是常见且可行的。

2）飞行器研制项目 WBS 的步骤

飞行器研制同样以 WBS 为工具进行项目的范围界定。由于研制项目具有规模庞大、参与单位众多、分布式协作以及管理组织结构复杂的特征，因此确定飞行器研制项目 WBS，需要遵循以下步骤。

A. 飞行器研制项目组织分解结构确定

组织分解结构（organization breakdown structure，OBS）描述负责每个项目活动的具体组织单元，它是将工作包与相关单位或部门分层次、有条理地联系起来的一种项目组织安排图形。对于复杂的、基于分布式开发的航空飞行器研制项目，往往需要不同地区的多个单位协同工作才能完成。例如，"飞豹"战斗机由西安飞机设计研究所设计，西安飞机工业（集团）有限责任公司生产，中国飞行试验研究院试飞鉴定，是我国航空、航天、兵器等 10 多个部委、80 多个单位长期攻关的成果。因此，必须首先明确研制项目的组织结构，明确负责分解 WBS 中各个单元的责任单位。

利用研制项目的组织分解结构，参与项目研制的相关单位和部门只需找到自己在其中的位置，就可洞悉其承担的所有工作，这样才能在协同环境下实施 WBS 构建。

B. 飞行器研制项目 WBS 构建

航空飞行器研制项目作为一种结构极其复杂的项目，其 WBS 层次结构与编制过程也非常复杂。航空飞行器研制项目 WBS 层次结构以项目研制作为顶层（第一层）工作单元，按研制工作的隶属关系，结合项目研制特点，自上而下按层次进行分解，每层由若干工作单元组成。在 WBS 编制过程中，由于每层的编制者都不同，因而在本层的工作结构编制过程中，必须指明负责继续细化每个单元的下一层责任单位以及各个单元之间的时间约束条件和前后置任务关系，再将本层 WBS 中编制的各个单元下发到对应的下一层责任单位，这个过程反复循环直到形成整个 WBS 和所有的 WBS 工作包。

飞行器研制项目部分 WBS 如图 3-39 所示，其具体层次结构划分如下。

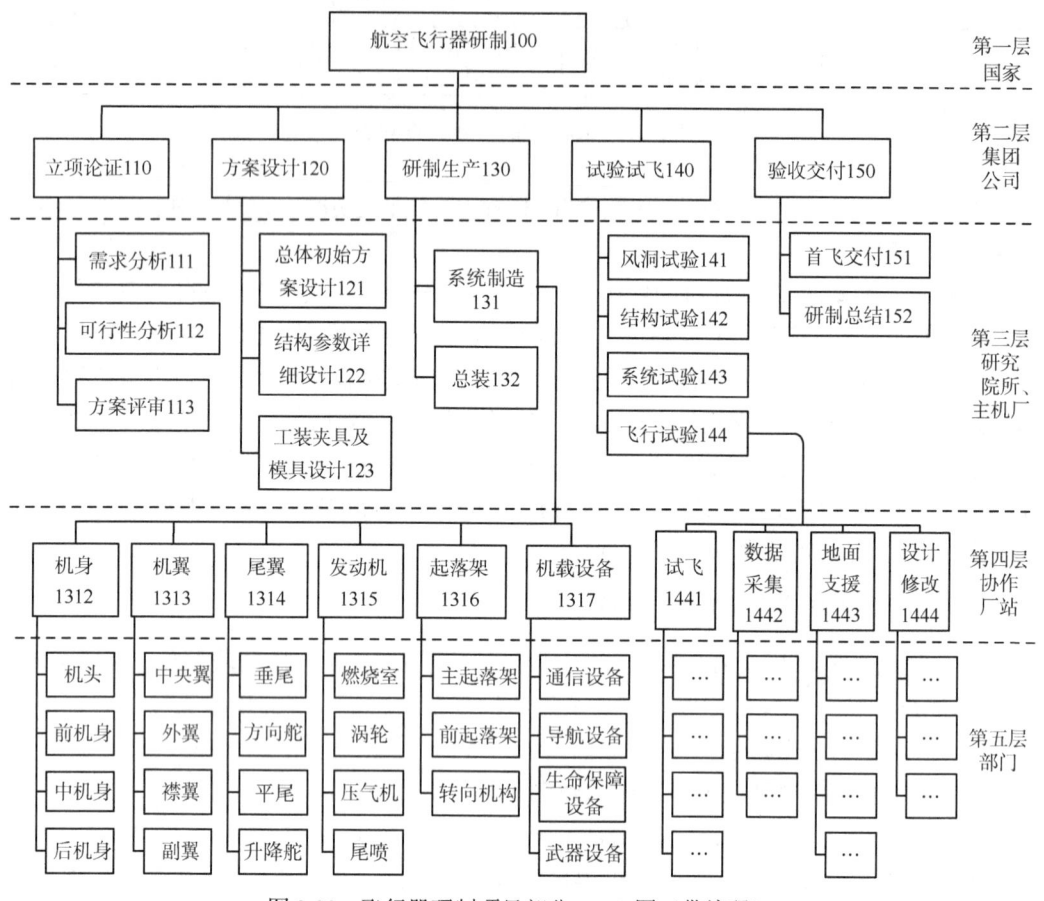

图 3-39　飞行器研制项目部分 WBS 图（带编码）

（1）第一层：项目层，即航空飞行器研制项目本身作为第一层工作单元。

（2）第二层：工作分类层，包括立项论证、方案设计、研制生产、试验试飞以及验收交付。它们是航空工业集团公司层面考虑项目研制涉及的五项主要工作，是项目实施的主要节点和任务里程碑。

（3）第三层：系统层，隶属于第二层的工作，主要是对第二层的各项工作进行分解。例如，研制生产包括系统制造和总装。该层次工作主要由主机研究院所和各主机厂承担制定。

（4）第四层：工作包，隶属于第三层的工作分解。例如，系统制造划分为机身、机翼、尾翼、发动机、起落架以及机载设备等各主要系统的生产。该层次工作主要由飞行器研制的主要协作厂站制定。

(5) 第五层：子工作包，可根据项目管理和使用部门的实际需要，对在实际工作中确有必要作为最低级工作包的子项目，即对上层工作包的内容范围继续进行分解和定义。例如，发动机系统包括燃烧室、涡轮、压气机、尾喷等工作包。该层次工作主要由各单位相关职能部门负责制定。

在航空飞行器研制项目 WBS 层次结构中，如图 3-39 所示，第四、五层为 WBS 的底层，称为工作包级。工作包面向可交付的产品，它下面的活动级包含活动的持续时间、资源以及成本等信息。航空飞行器研制项目的工作包作为一种独立的工作单元，可以分包给其他研制厂所协作研制，以加速型号项目的研制过程。而航空飞行器研制项目 WBS 结构的第一层、第二层以及第三层为工作单元级，可以划分为不同的工作包。

3. 研制项目活动关系的确定

任何工作的执行必须依赖于一定工作的完成，也就是说它必须在某些工作完成之后才能执行，这就是工作的先后依赖关系。依赖关系既可以是强制性的，也可以是自由性的。强制性的依赖关系是合同要求或者工作性质内在固有的关系，自由式的依赖关系是建立在最佳实践基础上，期望一种特定顺序的依赖关系。项目团队应考虑所有的强制性关系，判断包括哪些自由式依赖关系，大多数团队不喜欢包括更多依赖关系的项目，因为随着项目的进展，越多的依赖关系会带来越少的选择。

如图 3-40 所示，项目网络图通常用来作为计算活动时间和表达进度计划的管理工具。通过 WBS 可以知道完成项目需要进行哪些具体的工作，显然这些工作之间必然存在一个先后顺序关系，即逻辑关系或称时序关系。

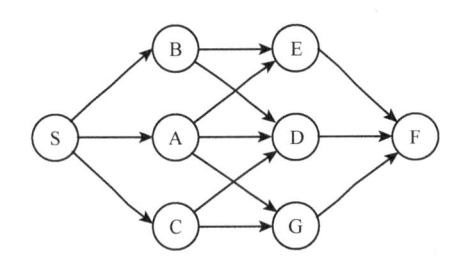

图 3-40　单代号网络图示例

4. 研制项目活动时间的估算

工作延续时间是指在一定的条件下，直接完成该工作所需时间与必要停歇时间之和。工作延续时间的估计是项目计划制订的一项重要的基础工作，它直接关系到各事项、各工作网络时间的计算和完成整个项目工作所需要的总时间。若工作时间估计得太短，则会在工作中造成被动紧张的局面；相反，若工作时间估计得太长，就会使整个工程的完工期延长。

网络中所有工作的进度安排都是由工作的延续时间来推算的，因此，对延续时间的估计要做到客观正确。这就要求在对工作做出时间估计时，不应受到工作重要性及工程完成期限的影响，要在考虑各种资源、人力、物力、财力的情况下，把工作置于独立的正常状态下进行估计，要做通盘考虑，不可顾此失彼。工作时间估计结果形成了各项工作时间的估计、基本的估计假设及工作列表的更新，图 3-41 展示了项目活动时间估算的基本过程。

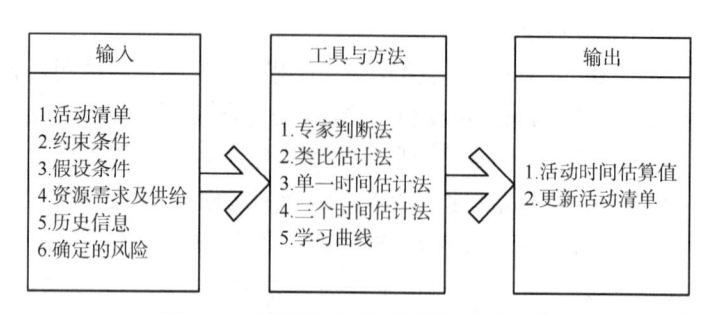

图 3-41　项目活动时间估算的基本过程

1）工作时间估计主要依赖的数据资料

工作时间估计主要依赖的数据资料包括五个方面。

（1）工作详细列表。

（2）项目约束和限制条件。

（3）资源需求。大多数工作的时间将受分配给该工作的资源情况以及该工作实际所需要的资源情况的影响，比如当人力资源减少一半时工作的延续时间一般来说将会增加一倍。

（4）资源能力。资源能力决定了可分配资源数量的大小，对多数工作来说其延续时间将受分配给它们的人力及材料资源的明显影响，比如一个全职的项目经理处理一件事情的时间将会明显地少于一个兼职的项目经理处理该事情的时间。

（5）历史信息。许多类似的历史项目工作资料对于项目工作时间的确定是很有帮助的，主要包括项目档案、公用的工作延续时间估计数据库、项目工作组的知识。

2）确定工作时间的主要方法

（1）专家判断法。当项目涉及新技术的采用或某种不熟悉的业务时邀请专家来评定估算。专家判断法主要依赖于历史的经验和信息，当然其时间估计的结果也具有一定的不确定性和风险。

（2）类比估计法。类比估计法以先前类似的实际项目的工作时间来推测估计当前项目各工作的实际时间。在项目的一些详细信息获得有限的情况下，这是一种最常用的方法，类比估计法可以说是专家判断法的另一种形式。

（3）单一时间估计法。估计一个最可能的工作实现时间，对应于 CPM 网络。

（4）三个时间估计法。估计工作执行的三个时间：乐观时间（t_o）、悲观时间（t_p）、最可能时间（t_m），对应于 PERT 网络。其公式如下：

$$t = \frac{t_o + 4t_m + t_p}{6} \tag{3-18}$$

5. 飞行器研制项目工作责任分配

责任分配矩阵（responsibility assignment matrix，RAM）是一种将所分解的工作落

实到项目有关部门或个人,并明确表示他们在组织工作中的关系、责任和地位的方法和工具。它是在 WBS 的基础上建立的,以表格形式呈现完成 WBS 中每项活动或工作所需要的人员。责任分配矩阵可使项目组织中各部门或个人充分认识和理解各自的基本责任以及他们之间的相互关系。

分析飞行器研制项目的 WBS 可知,项目 WBS 包括多个层次和众多研制参与单位,因此采用一个表格清晰表述整个项目的工作责任分配情况显然不太合适。鉴于飞行器研制项目 WBS 归类为工作单元级与工作包级的情况,根据研制工作的隶属关系,逐次构建工作单元级责任分配矩阵和工作包级责任分配矩阵。

1) 工作单元级责任分配矩阵

飞行器研制项目 WBS 结构中的第一至三层为工作单元,工作单元主要依据飞行器研制过程或飞行器主要系统构成进行划分。因此,建立责任分配矩阵时,工作责任主要落实到研究院所和制造企业的这一组织层面。

下面以我国大飞机研制项目 WBS 的第二层为例,说明如何构建工作单元级责任分配矩阵。工作责任分配矩阵的责任划分和标识符分为四级:一级指任务的直接责任者,用符号"1"表示;二级指任务的参与者,用符号"2"表示;三级指任务的审批者,用符号"3"表示;四级指任务的监督者,用符号"4"表示,具体情况如表 3-8 所示。

表3-8 大飞机研制项目工作单元级责任分配矩阵

工作	责任部门/责任人						
	国务院	大型飞机重大专项领导小组	大型客机联合工程队	中国商飞上海飞机设计研究院	中国航空工业集团有限公司	上海飞机制造有限公司	中国飞行试验研究院	航空公司
立项论证 110	3	4	1	2	2	2		2
方案设计 120		3	2	1	2			2
研制生产 130		3		2	1	1		
试验试飞 140		3		2	2	2	1	
验收交付 150		3				2	2	1

2) 工作包级责任分配矩阵

在航空飞行器研制项目 WBS 中,工作包位于 WBS 的底层。构成工作包的每项活动都包含特定的持续时间、所需资源以及成本等相关信息,是项目进行各项进度、成本等研究的基础。因此,工作包级责任分配矩阵是将每项工作责任落实到参研单位下属的具体职能部门或个人。

下面以我国大飞机研制项目的尾翼制造为例,说明工作包级责任分配矩阵构建,具体情况如表 3-9 所示。

表 3-9 大飞机研制项目尾翼制造工作包级责任分配矩阵

工作	责任部门/责任人							
	上海飞机制造有限公司				沈阳飞机工业（集团）有限公司			
	生产控制部	项目处	制造工程部	质量管理部	生产控制部	项目处	制造工程部	质量管理部
尾翼 1314								
垂尾 13141					1	3	2	4
方向舵 13142					1	3	2	4
平尾 13143	1	3	2	4				
升降舵 13144	1	3	2	4				

6. 飞行器研制项目进度计划

项目进度计划就是在 WBS 的基础上，根据项目进度管理过程的活动定义、活动排序及活动持续时间估算的输出结果和所需的资源，对项目所有活动进行的一系列进度计划安排。其主要工作是要确定项目各活动的开始时间和结束时间、具体的实施方案和措施。

1）进度计划编制的依据

进度计划编制时依据的信息包括项目网络图、活动时间估算、资源需求、假设条件、资源库描述、日历、约束条件以及风险管理计划——提前或滞后的逻辑关系和活动特征等。

2）里程碑计划

项目计划与行军路线相似：它们不仅表示了怎样到达目标，而且表示了所经历的路程。在达到目标的道路上，要标上一些路标，以表明已经行进了多远的路程。这种路标称为里程碑。项目的里程碑计划就是以项目中某些重要事件的完成或开始时间作为基准所形成的计划，它是项目的一个战略计划或框架，以中间产品或可实现的结果为依据，显示了项目为达到最终目标必须经过的条件或状态序列。描述了项目在每一个阶段应达到的状态，而不是如何达到。表 3-10 显示了某产品开发项目的里程碑计划。

表 3-10 某产品开发项目的里程碑计划

重大事件	1月	2月	3月	4月	5月	6月	7月	8月
签订子承包合同			△▼	▽				
完成产品规范								
产品设计评审				△				
子系统测评						△		
产品首件提交							△	
完成生产计划								△

注：正三角表示当月开始的里程碑事件，是计划安排；黑色倒三角表明这个事件当月必须完成；白色倒三角表示计划完成时间

里程碑计划是编制详细进度计划的基础。里程碑计划的编制方式主要有两种。

（1）编制进度计划以前，根据项目特点编制里程碑计划，并以该里程碑计划作为编制项目进度计划的依据。

（2）编制进度计划以后，根据项目特点及进度计划编制里程碑计划，并以此作为项目进度控制的主要依据之一。

编制里程碑计划的基本程序有以下六个步骤。

（1）从达成最后一个里程碑，即项目的终结开始反向进行。

（2）运用"头脑风暴法"产生里程碑的概念草图。

（3）复查各个里程碑。有些里程碑可能是另外某个里程碑的一部分，而有些则可能是将产生新的里程碑概念的活动。

（4）尝试每条因果路径。

（5）从最后一个目标开始，顺次往前，找出逻辑依存关系。以便可以复查每个里程碑，增加或删除某些里程碑，或者改变因果路径的定义。

（6）画出最后的里程碑计划图。

里程碑计划是项目进度管理的重要工具之一，科学设置的里程碑显然可以用来管理和监控项目进程。表 3-11 显示了某轻型飞机研制项目的里程碑计划。

表 3-11　某轻型飞机研制项目的里程碑计划

里程碑事件	1月	2月	3月	4月	5月	6月	7月	8月	9月	10月	11月	12月
立项论证	△	△										
方案设计			△	△								
飞机制造					△	△	△	△	△	△		
试验试飞											△	
总结交付												△

注：正三角表示当月开始的里程碑事件

3）甘特图

甘特图（Gantt chart）是进度计划常用的一种工具，最早由亨利·L. 甘特（Henry L. Gantt）于 1917 年提出。由于其简单、直观，易于编制，因此成为小型项目管理中编制项目进度计划的主要工具。即使在大型工程项目中，它也是高级管理者了解全局、基层安排进度时有用的工具。但是由于传统甘特图不表示各项活动之间的关系，也不指出影响项目工期的关键所在，因此，对于复杂的项目来说，传统甘特图就显得不太适用。后来，产生了带有时差的甘特图和具有逻辑关系的甘特图。图 3-42 就是一个改进甘特图示例，既带有时差又具有逻辑关系。改进甘特图实际上是将网络计划与甘特图两种表达方式进行有机结合的产物，既具有甘特图的直观性，又兼备网络图表示的各活动的关联性。

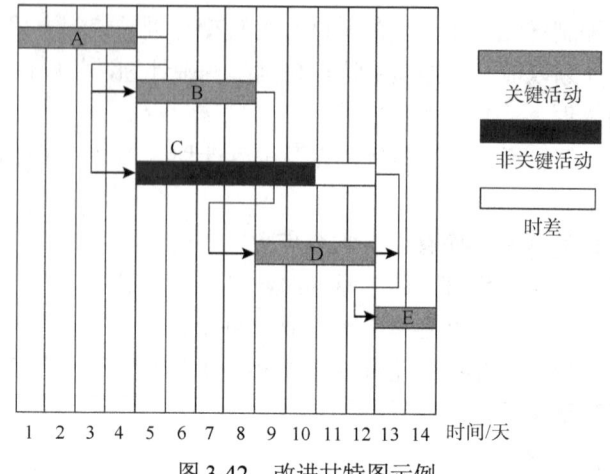

图 3-42　改进甘特图示例

4）网络图

根据飞行器研制项目的管理维度，项目 WBS 主要划分为工作单元与工作包两级。因此，飞行器研制项目的网络构建过程分为两个步骤。

首先，根据 WBS 结构的工作单元节点，采用单代号网络计划由 WBS 向网络计划进行映射，形成整个项目的指导性的里程碑计划。

其次，根据 WBS 中的工作包节点，采用双代号网络计划实现由项目工作包相关活动向具体可行的网络计划的转变。

上面两种计划相结合，就形成了一个层次清晰、易于控制的层次网络计划体系，其示意图如图 3-43 所示。项目的高层管理者可以通过单代号网络计划从宏观的层面把握整个项目，底层具体任务的执行者可以参考双代号网络计划进行科研和生产活动。

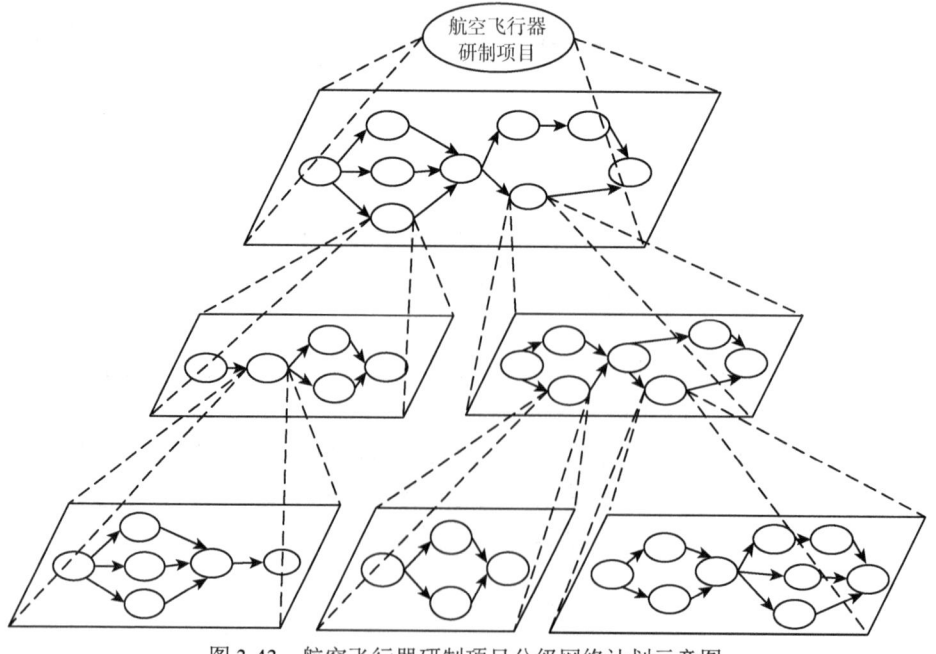

图 3-43　航空飞行器研制项目分级网络计划示意图

A. WBS 工作单元层映射网络计划

WBS 中的工作类别和工作单元节点都定义了时间约束条件，以及与其兄弟节点之间的前后任务关系，其中部分是为了方便结构划分而形成的节点，并无实际任务的实施，故应先将该部分节点剔除；然后根据各工作节点间的逻辑关系或工艺要求，将具有前后任务关系的节点，用有向箭线连接起来并加以整理，消除交叉线和虚节点，就形成一个单代号网络计划图，由此形成的网络计划相当于里程碑计划，便于各层的主管对计划进行宏观调控。网络图中，每层的所有节点都有相同的父节点，所以这个网络就是隶属该父节点的子网络，形成一种分层的网络计划。按照这种方法构建的网络体系由 WBS 树形结构转换而成，具有清晰的层次性，如图 3-44 所示。

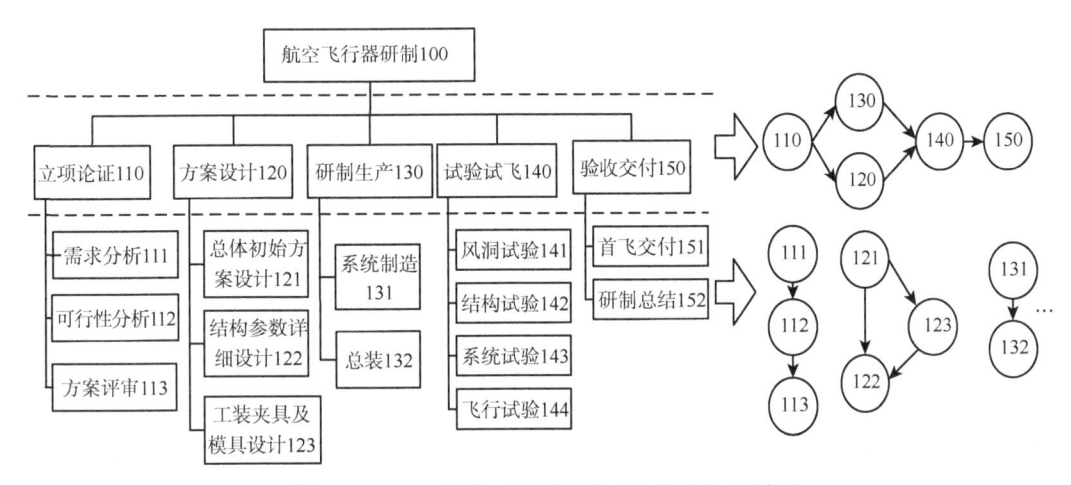

图 3-44 WBS 结构工作单元构建分级网络计划图

B. WBS 结构工作包构建网络图

航空飞行器研制项目 WBS 在工作包这一层以后，对具体的活动进行了定义，依据这些活动，制订如图 3-45 所示的可实施项目网络计划，具体过程包括四个步骤。

图 3-45 WBS 结构工作包构建分级网络计划图

步骤一：根据工作包的内容安排任务活动，即确定工作包的任务集合。

步骤二：确定工作任务之间的逻辑关系。任务确定后，必须确定这些任务的逻辑关系，即确定该任务的紧前任务和紧后任务。一般说来，首先在前期设计分析的工作基础上从工艺要求上确定任务的工艺关系，然后在组织关系上从时间、项目的资金和设备等方面来考虑该任务的安排，合理确定其紧后任务。

步骤三：列出任务明细表。把调查研究的结果列出任务明细表，任务明细表包括以下几项内容：任务代号、任务名称、紧前任务、紧后任务、持续时间。

步骤四：绘制网络图。在绘制网络图时，首先根据任务明细表，从起点节点出发将任务的逻辑关系正确地表示出来，接着检查一下网络草图是否正确反映任务的逻辑关系，纠正错误。在确认草图的正确性后，进行整理，尽可能地消除那些不必要的交叉线，将曲线形状的箭线改为直的或折的箭线，删去多余的虚任务和节点。对整理后的草图给节点编号，从整体布局上确定网络图。

经过以上两个过程，得到了一个分级网络计划体系。该体系的最底层是根据工作包制订的具体执行计划，包含了非常具体的计划信息，而其他层次对应了WBS的信息，相对粗略，作为项目的里程碑计划。由此形成的分级网络计划，其层次性分明，便于项目管理组织各个层面对计划的控制。

3.4 航空飞行器研制项目进度计划优化

项目进度计划编制完成，以此为基础进行资源分配和进度控制，同时依据项目的主观和客观条件，在满足项目完成时间要求的同时，合理安排时间与资源、时间与成本，力求达到资源消耗合理和经济效益最佳这一目的，这就是项目进度计划优化。

在实际工作中，未经优化的项目进度计划只是一个初始方案，它提供了最早时间安排和最迟时间安排两个极端的计划方案以及在这两个极端方案之间进行计划调整的众多可能性。进度计划方案是否满足工期要求？各项资源消耗强度能否得到保障？怎样在有限工期和费用的条件下调整计划安排使工作负荷和资源消耗连续、均衡而达到工期短、费用低的目标？这些问题都属于进度计划优化的研究范畴。

当采用项目进度计划优化时，可利用项目活动所具有的时差进行相关的平衡和调整，从而使项目进度计划的优化得以实现。网络计划的优化按优化的目标通常可分为三类：工期优化、资源优化和费用优化。

3.4.1 工期优化

工期优化（time optimization）就是调整项目进度计划的估算工期，使其在满足项目完成时间要求的前提下，达到项目工期最为合理的目的。具体来说，工期优化就是在进度计划估算工期超过要求工期时，按一定原则选择持续时间可以缩短的关键活动压缩其持续时间，以达到缩短工期、满足工期要求的目的。进行工期优化要考虑两点：一是工期优化后，项目进度计划的总工期满足所要求的工期；二是工期优化并不是单纯追求缩短工期，使工期越短越好，而是要使工期保持在合理的范围内，项目工期要求过紧，就可能造成项目成本的大量增加。

1. 工期优化的步骤

项目进度计划的总工期是由网络图的关键路径和关键活动所决定的，因此，网络计划工期的优化要通过改变关键活动的持续时间来实现，主要步骤如下：

（1）找出网络计划中的关键路径，并计算工期 T。计算工期经优化后的工期称为计划工期 T_p，也就是项目完成所要求的工期 ΔD。

（2）根据计划工期，求出压缩工期，有

$$\Delta D = T_c - T_p \tag{3-19}$$

式中，T_c 为计算工期；T_p 为计划工期。

（3）在关键路径上选择优先压缩的关键活动。

关键路径上的所有活动都是关键活动，选择优先压缩关键活动的原则：①缩短持续时间所增加的费用相对少的活动；②缩短持续时间后对项目质量和安全影响不大的活动；③现有的技术和组织力量能够缩短持续时间的活动。

（4）对优先压缩的关键活动，确定合理的压缩时间 ΔT。这里合理的压缩时间是指尽量保持其关键活动的地位，同时能够达到最短工期。这是因为，如果优先压缩的关键活动压缩的持续时间过多，其有可能变成非关键活动，该活动对缩短项目工期已没有意义。

（5）上述过程可以多次重复进行，以达到计划工期的要求。

如果压缩一个关键活动的工期无法满足项目计划工期的要求，则选择另一个关键活动，重复步骤（3）和（4），直至达到项目计划工期的要求。

2．工期优化的策略

如果将关键路径上的所有关键活动都压缩到了合理工期，仍不能满足项目计划工期的要求，则可以依次采取三种方法来解决。

方法一：将关键活动压缩为非关键活动，然后重新确定网络计划的关键路径，重复前面的步骤（2）～（4）的方法优化工期。

方法二：原网络计划、组织方案不尽合理，重新进行修正和调整。

方法三：项目计划工期不合理，重新进行审定。

在优化过程中，若出现多条关键路径，则应将各关键路径的持续时间同时压缩到同一数值，否则，无法压缩项目的总工期。

3.4.2　资源优化

任何一个项目都需要消耗一定的资源才能完成，而在一定时间内，由于某些客观因素的影响，能够提供的各种资源的数量往往是有限的，这就存在一个如何合理利用这些有限资源的问题。对于一个项目来说，如果安排得不合理，就可能在计划工期内的某些时段出现资源需求的"高峰"，而在另一些时段则可能出现资源需求的"低谷"。在"高峰"期，如果计划的某些时段资源需求量超出最大可供应量，则会造成"供不应求"，导致工期延误；而当出现资源需求"低谷"时，就可能造成资源的大量积压；这种资源消耗的不均衡，必然会影响项目目标的实现。网络计划的资源优化，就是力求解决这种资源的供需矛盾，实现资源的均衡利用。

资源优化通常有两个目标：一是对于一个确定的网络计划，当可供使用的资源有限时，如何合理安排各项工作的进展，使得完成计划的总工期最短，即"资源有限，工期最短"的目标；二是对于一个确定的网络计划，当总工期一定时，如何合理安排各项工作，使得在整个计划期内所需要的资源比较均衡，即"工期一定，资源均衡"的目标。

1. "资源有限，工期最短"的优化

"资源有限，工期最短"，是指通过优化，使单位时间内资源的最大需求量小于资源限量，而为此需延长的工期最少，使"工期最短"。

"资源有限，工期最短"的优化，必须在网络计划编制后进行，并且这种优化不能改变各工作之间的先后顺序关系，因而使用数学方法求解的问题变得复杂。目前，解决这类问题的计算方法往往只能得到一个较优的方案，难以得到最优方案。

"资源有限，工期最短"的优化应逐步对各"时间单位"进行资源检查，当出现第t个时间单位资源需求量R_t大于资源限量R_q时，就要进行计划调整。资源调整时，应对资源冲突的各项工作的开始和结束时间做出新的安排。其选择标准是"工期延长，时间最短"。

"资源有限，工期最短"的优化一般分为五个步骤。

（1）计算网络计划每时间单位的资源需求量。

（2）从计划开始之日起，逐个检查每个时间单位的资源需求量是否超出资源限量。若在整个工期内每个时间单位的资源需求量均能满足资源限量要求，可行优化方案即编制完成；否则必须进行计划调整。

（3）分析超过资源限量的时段，即每时间单位资源需求量大于资源限量的时间区段，确定新的安排顺序。

（4）若最早完成时间最小值和最迟开始时间值或最大值同属一个工作，应找出最早完成时间为次小，最迟开始时间为次大的工作，分别组成两个顺序方案，再从中选取较小者进行调整。

（5）绘制调整后的网络计划，重复上述步骤，直到满足要求为止。

2. "工期固定，资源均衡"的优化

"工期固定"，是指严格要求项目在规定的工期指标范围（国家颁布的工期定额、甲乙双方签订的合同工期或上级机关下达的工期）内完成。"资源均衡"是在可用资源数量充足并保持工期不变的前提下，通过调整部分非关键工作进度的方法，使资源的需求量随着时间的变化趋于平稳的过程。随着情况的不同，资源本身的性质不同，资源平衡的目标亦有区别。但就一般情况而言，理想的资源计划安排应是平行于时间坐标轴的一条直线，即使资源需求量保持不变。

实际上，资源计划安排难以达到理想状态，但可以通过调整工作的时间参数使资源需求量在理想情况的上下范围内波动。常用的资源均衡方法是一种启发式方法，称为削峰填谷法，也称为削高峰法。

削峰填谷法有五个基本步骤。

（1）计算网络计划每时间单位资源需求量。
（2）确定削峰目标，其数值等于每时间单位资源需求量的最大值减去一个单位量。
（3）确定高峰时段的最后时间点及相关工作的最早开始时间和总时差。
（4）计算有关工作的时间差值。
（5）若峰值不能再减少，即求得均衡优化方案；否则，重复以上过程。

3.4.3 费用优化

一个项目是由许多必须完成的工作或工序所组成，而每项工作或工序都有着各自的实施方案、资源使用和持续时间，并且不同的实施方案、资源使用和持续时间之间存在着一定的内在联系。因此，根据这些因素和实际条件，一个项目可以有多种实现方式。在一定范围内，项目费用随着不同实现方式的变化而变化。网络计划的费用优化，就是应用网络计划方法，在一定的约束条件下，综合考虑费用与时间之间的相互关系，以求费用与时间的最佳组合，达到费用低、时间短的优化目的。因此，网络计划的费用优化的核心是在时间与费用之间寻求一个最佳的平衡点。

1. 项目时间与费用间的关系

一般来说，项目费用包括直接费用和间接费用两部分。直接费用包括材料费、人工费、设备购置及使用费等。通常情况下，直接费用随工期的缩短而增加，但工期不正常延长时，其费用也会增加。间接费用包括项目实施、组织管理等工作所需要的费用。间接费用与项目工期大致成正比。

由图 3-46 可见，项目总费用曲线是由直接费用曲线和间接费用曲线叠加而成的，曲线的最低点就是项目费用与时间的最佳组合点，表示在合适的工期下项目总费用最低。

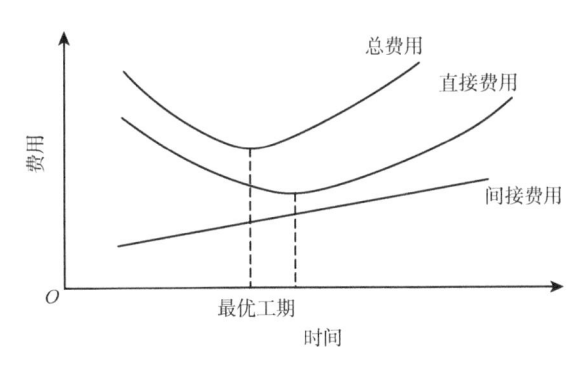

图 3-46 项目费用与时间的关系

项目费用与时间的关系是由工作的费用与其持续时间的关系所决定的。关于工作的费用与持续时间的关系，前面已经叙述，在此不再重复。

2. 费用优化方法

费用优化的方法主要有线性规划法、动态规划法和网络流算法。动态规划法和网络流算法需要更专业的图论和运筹学知识。本节重点介绍线性规划法。

线性规划法假设直接费用呈线性变化，则直接费用率为

$$f_{(i\text{-}j)} = \frac{\mathrm{CL}_{(i\text{-}j)} - \mathrm{CN}_{(i\text{-}j)}}{\mathrm{DN}_{(i\text{-}j)} - \mathrm{DL}_{(i\text{-}j)}} \qquad (3\text{-}20)$$

式中，$f_{(i\text{-}j)}$ 为压缩活动 $i\text{-}j$ 的持续时间的直接费用率；$\mathrm{CL}_{(i\text{-}j)}$ 和 $\mathrm{CN}_{(i\text{-}j)}$ 分别为活动 $i\text{-}j$ 的持续时间为最短时间和正常时间时所需的直接费用；$\mathrm{DN}_{(i\text{-}j)}$ 和 $\mathrm{DL}_{(i\text{-}j)}$ 分别为活动 $i\text{-}j$ 的正常持续时间和最短持续时间。

对各活动的时间进行调整，使总费用最小。据此，构造目标函数为

$$\min C = C_0 + \sum \{\Delta t_{(i\text{-}j)} \times [f_{(i\text{-}j)} + \mathrm{CI}_{(i\text{-}j)}]\} \qquad (3\text{-}21)$$

式中，C_0 为初始项目进度计划的总费用；$\Delta t_{(i\text{-}j)}$ 为活动 $i\text{-}j$ 的压缩时间；$\mathrm{CI}_{(i\text{-}j)}$ 为活动 $i\text{-}j$ 的间接费用率，指该活动缩短单位持续时间所减少的间接费用，它一般由项目实施单位根据活动的实际情况加以确定。

在一定的约束条件下，对目标函数（3-21）求解 $\Delta t_{(i\text{-}j)}$，找出各活动的最佳调整时间，使得项目的总费用最小。

3. 费用优化步骤

在项目进度计划费用优化中，一般逐次选取增加直接费用最少的活动来压缩其持续时间，使工期缩短的代价最小，同时再考虑缩短工期所带来的间接费用的节约和工程提前的收益，根据成本-收益分析来确定成本最低的最佳工期或指定工期的最低的成本。

具体求解步骤如下。

（1）绘制网络计划图，并计算初始项目总费用

$$C_0 = C_\mathrm{d} + C_\mathrm{I} \qquad (3\text{-}22)$$

式中，C_d 为项目总直接费用；C_I 为项目总间接费用。

（2）根据式（3-20）计算各活动的直接费用率 $f_{(i\text{-}j)}$。

（3）确定目标函数（3-21）中各活动的间接费用率 $\mathrm{CI}_{(i\text{-}j)}$。

（4）确定关键路径并计算总工期。

（5）确定优先压缩的关键活动，选取直接费用率最低的关键活动为优先压缩的对象。

（6）对优先压缩的活动，确定合理的压缩时间 $\Delta t_{(i\text{-}j)}$。压缩关键活动后，要尽量保持其关键活动的地位，同时其持续时间要大于最短工期要求。

（7）计算压缩后的项目总费用

$$C = C_0 + \Delta t_{(i\text{-}j)} \times [f_{(i\text{-}j)} + \mathrm{CI}_{(i\text{-}j)}] \qquad (3\text{-}23)$$

式中，等式右边的第一项为初始总费用，右边第二项为缩短一项活动的持续时间后所增加的总费用。

（8）重复步骤（5）～（7），直到总费用不能再降低为止，从而得到最优工期、最小费用的计划方案，或者得到一系列的工期与之相应的总费用的计划方案，从中选取满

意的最优方案。

3.5 航空飞行器研制项目进度控制

项目运行过程复杂多变，能够对其造成不良影响的因素众多，找出这些因素的共同特点，对进一步提高飞行器研制项目进度控制水平有着重要的指导作用和参考价值。一般来说，飞行器研制项目进度控制与普通项目相比，既有相当程度的共性，又有其自身的特点。飞行器研制项目进度控制主要具有以下特征。

1. 控制要素的多样性与过程的复杂性

进度控制是一项系统工程，其基本任务是按照工程总体计划目标，分阶段制订合理的进度计划，并对实际执行情况进行检查、分析、比较、调整，从而保证项目总体目标的实现。飞行器研制项目的技术复杂程度高、投入资金量大，又有很大的创新性，因此，想要保证项目的成功，在项目的运行阶段不但要控制项目的工期，还要紧密地结合项目的成本计划、质量计划等一系列影响项目成败的关键因素，这就是进度控制要素的多样性。

此外，进度控制是反复循环的过程。由于飞行器研制项目大多采用分级管理的方式，进度控制首先经历进度计划的下发，由执行部门具体实施，发生进度偏差时，及时上报并做出相应调整，调整后重新交回执行部门执行。通常，在不影响总工期的前提下，进度控制的各个执行过程可以控制在执行部门内部完成。但是，如果项目的关键工作出现了问题，就需要层层上报，然后再层层下发，因此，飞行器研制项目的进度控制具有过程复杂性。

2. 组织协调的高难度性

飞行器研制项目参与单位众多，相互制约关系复杂，项目所包含的任务数量庞大，组织协调与实施相对困难。因此，在飞行器研制项目的运行过程中，进度控制具有组织协调的复杂性，这主要包含两方面内容。一方面，对于飞行器研制项目，任何一个分承包商都无法完成整个项目的进度控制。通常，飞行器研制项目的总体进度控制都由主要责任单位来组织、控制和协调，而进度控制不仅仅是进度计划的编制、实施问题，更多的是组织、管理和协调问题，这在项目运行阶段显得尤其突出。另一方面，飞行器研制项目的微观活动也有复杂的逻辑关系，对资源和费用的协调要求比较高。

例如，典型的飞机结构设计工作就有上千个设计单元活动，而这些活动之间又有紧密的前后关系，如果设计工作的组织不力，或者某项关键设计活动协调出现问题，就会造成项目进度滞后。

3. 干扰因素的不确定性

飞行器研制项目干扰因素不确定性体现在进度控制的各个阶段。项目运行阶段中的任何一个干扰因素都可能导致进度滞后的发生，如在项目的研制阶段，管理因素、技术问题、材料质量都有可能引起进度延缓、费用增加等事件的发生。另外，在项目运行过程中，由于诸多隐性因素共同且长期作用，在每一因素的作用时间、作用地点、作用方向、作用强度、作用顺序等都满足一定的条件时，将会导致飞行器研制项目的失败。

从飞行器研制项目进度控制干扰因素具有不确定性的特点出发，分析航空项目进度控制频发的阶段和地点，预测和控制造成进度滞后的隐性因素，建立有效的进度控制执行计划，对飞行器研制项目进度控制有着重要的意义。

对于飞行器研制项目，项目进度计划主要由综合计划部门制订，而项目进度实际由科研生产部门控制，所以经常出现进度与计划脱节的现象，因此，进度控制对于真正实现项目管理至关重要。建立完善的进度控制体系，能够加快飞行器研制项目管理现代化、规范化进程，为我国飞行器研制项目管理与国际管理模式接轨打下良好的基础，同时，对缩短飞行器研制周期、降低成本、增强产品的竞争力也有着十分重要的现实意义。

3.5.1 飞行器研制项目进度控制的类型

在飞行器研制项目中，按照不同管理层次对进度控制的要求，可将进度控制分为三类，即总进度控制、主进度控制和详细进度控制。

1. 总进度控制

总进度控制是指项目经理等高层次管理部门对飞行器研制项目中各里程碑事件的进度控制。

2. 主进度控制

主进度控制主要是项目部门对项目中每一主要事件的进度控制。在飞行器研制项目这种多级项目中，这些事件可能就是各个分项目。通过控制项目主进度使其按计划进行，就能保证总进度的如期完成。

3. 详细进度控制

详细进度控制主要是各个作业部门对各具体作业（工作包）进度计划的控制。这是多级项目进度控制的基础，只有详细进度得到较强的控制，才能保证主进度按计划进行，最终保证项目总进度，使项目目标得以顺利实现。

3.5.2 飞行器研制项目进度控制流程

飞行器研制项目进度控制基本流程如图 3-47 所示，其进度控制主要分为三个步骤。

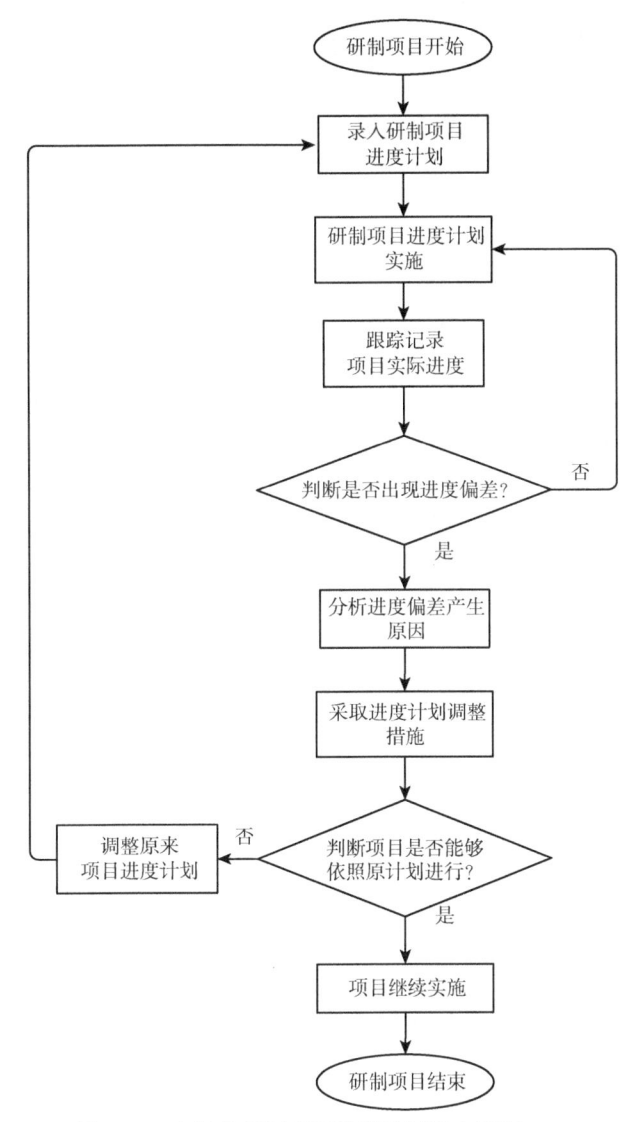

图 3-47　飞行器研制项目进度控制基本流程

首先，对项目进度进行监控，获取项目实际进度的信息。

其次，判断实际进度和计划进度的偏差，分析进度偏差产生的原因并采取进度计划调整措施。

最后，分析和判断调整后项目进度计划能否实施，并采取相应实际措施推动项目进度，实现进度的控制。

由图 3-47 可以看出，飞行器研制项目进度控制是一个不断进行的动态控制，也是一个循环的过程。项目运行开始时，项目的实际进度就出现了运动轨迹，也就是计划进入了执行的状态。当实际进度按照计划进度运行时，两者相吻合；当实际进度与计划进度不一致时，便产生超前或滞后的偏差。进度控制人员的工作就是识别偏差、分析偏差产生的原因、采取相应的措施、调整原来的计划，使两者在新的起点上吻合，继续进行后续的项目活动，并且尽量发挥组织管理的作用。

3.5.3 项目进度计划的实施

1. 项目实施环境

项目实施环境是指项目运行系统赖以生存和发展的内部与外部条件的总称。具体地，项目实施环境包括项目实施周围的一切有关事物，如项目所需要的技术、资源、产品性质、购买者与竞争对手，还有项目的自然因素等。项目实施环境因素的存在，特别是它们的变化情况，对项目实施计划的制订、组织机构的设置、施工技术的选择、人员的配备、经营方向的确定等都将产生重要的影响。因此，要想使项目实施卓有成效，必须做到项目与周围环境中的各种因素相互适应、密切配合。在制订项目实施计划时，既要考虑项目实施对外界环境所提供的物力、财力、人力和技术等方面的要求，还要考虑项目外部社会成员对项目实施的需求与欲望。

2. 进度计划实施保障

项目进度受到了众多因素的制约，因此，必须采取一系列措施，以保证项目能满足进度要求。

1）进度计划的贯彻

计划实施的第一步是进度计划的贯彻，也是关键的一步。其工作内容主要有以下三点。

（1）检查各类计划，形成严密的计划保证系统。为保证工期的实现，应编制各类计划。高层次计划是低层次计划的编制依据；低层次计划是高层次计划的具体化；在贯彻执行这些计划时，应首先检查计划本身是否协调一致，计划目标是否层层分解、互相衔接。在此基础上，组成一个计划实施的保证体系，以任务书的形式下达给项目实施者，以保证实施。

（2）明确责任。项目经理、项目管理人员、项目作业人员，应按计划目标明确各自的责任、权限和利益。

（3）计划全面交底。进度计划的实施是项目团队全体成员的共同行动，要使相关人员都明确各项计划的目标、任务、实施方案和措施，使管理层和作业层协调一致，将计划变为项目人员的自觉行动。要做到这一点，就应在计划实施前进行计划交底工作。

2）调度工作

调度是通过监督、协调、调度会议等方式实现的。其主要任务是掌握项目计划实施情况，协调各方面关系，采取措施解决各种矛盾，加强薄弱环节，实现动态平衡，保证完成计划和实现进度目标。

3）抓关键工作

关键工作是项目实施的主要矛盾，应紧抓不懈，可采取以下措施。

（1）集中优势资源按时完成关键工作。

（2）专项承包。对关键工作可采用专项承包的方式，即定任务、定人员、定目标。

（3）采用新技术、新工艺，技术、工艺选择不当，就会严重影响工作进度。

（4）保证资源的及时供应。

（5）加强组织管理工作。根据项目特点，建立项目组织和各种责任制度，将进度计划指标的完成情况与部门、单位和个人的利益分配结合起来，做到责、权、利一体化。

（6）加强进度控制工作。进度控制贯穿于项目进展的全过程，是保证项目工期必不可少的环节。

3.5.4 项目进度监控

1. 进度监控基本方法

项目进度监控就是在项目实施过程中，收集反映项目进度实际状况的信息，对项目进展情况进行分析，掌握项目进展动态，对项目进展状态进行观测。

通常采用日常监控和定期监控的方法对项目进度进行监控，用项目进展报告的形式描述观测的结果。

1) 日常监控

随着项目的进展，要不断地监控进度计划中所包含的每一项工作的实际开始时间、实际完成时间、实际持续时间、目前状况等内容，并加以记录，以此作为进度控制的依据。

2) 定期监控

定期监控是指每隔一定时间对项目进度计划执行情况进行一次较为全面、系统的观测、检查。间隔的时间因项目的类型、规模、特点和对进度计划执行要求程度的不同而异。

2. 项目进展报告

项目进度监控的结果通过项目进展报告的形式向有关部门和人员报告。项目进展报告是记录观测检查的结果、项目进度现状和发展趋势等有关内容的书面形式报告。

1) 项目进展报告分类

项目进展报告根据报告的对象不同，一般分为项目概要级进度控制报告、项目管理级进度控制报告和业务管理级进度控制报告。

项目概要级进度控制报告是以整个项目为对象说明进度计划执行情况的报告；项目管理级进度控制报告是以分项目为对象说明进度计划执行情况的报告；业务管理级进度控制报告是以某重点部位或重点问题为对象所编写的报告。

2) 项目进展报告的内容

项目进展报告的内容主要包括：项目实施概况、管理概况、进度概要；项目实际进度及其说明；资源供应进度；项目近期趋势，包括从现在到下次报告期之间将可能发生的事件等内容；项目费用发生情况；项目存在的困难与危机等。

3）项目进展报告的形式

项目进展报告的形式可分为日常报告、例外报告和特别分析报告。

4）项目进展报告的报告期

项目进展报告的报告期应根据项目的复杂程度和时间期限以及项目的监控方式等因素确定，一般可考虑与定期监控的间隔周期相一致。一般来说，报告期越短，及早发现问题并采取纠正措施的机会就越多。如果一个项目远远偏离了控制，就很难在不影响项目范围、预算、进度或质量的情况下实现项目目标。

3.5.5 项目进度更新

由于各种因素的影响，项目进度计划的变化是绝对的，不变是相对的。进度控制的核心问题就是能根据项目的实际进展情况，不断地进行进度计划的更新。可以说，项目进度计划的更新既是进度控制的起点，也是进度控制的终点。

1. 比较分析

将项目的实际进度与计划进度进行比较分析，以评判其对项目工期的影响，确定实际进度与计划不相符合的原因，进而找出对策，这是进度控制的重要环节之一。进行比较分析的方法主要有以下几种。

1）甘特图比较法

甘特图比较法是将在项目进展中通过观测、检查、收集到的信息，整理后直接用横道线与原计划的横道线并列标出，进行直观比较的方法，如表 3-12 中某轻型飞机研制项目实际进度与计划进度的比较。

表 3-12 某轻型飞机研制项目实际进度与计划进度比较

主要工作	1月	2月	3月	4月	5月	6月	7月	8月	9月	10月	11月	12月
立项论证												
方案设计												
飞机制造												
试验试飞												
总结交付												

注：表中细实线表示计划进度，粗实线表示实际进度

在第 5 月末检查时，立项论证已按计划完成，方案设计比计划进度拖后近一

个月;飞机制造比计划进度拖延近一个半月。通过上述比较,项目管理者就明确了实际进度与计划进度之间的偏差,为采取调整措施提出了明确任务。

2)实际进度前锋线比较法

根据前锋线与工作箭线交点的位置判断项目实际进度与计划进度偏差,如图 3-48 所示。实际进度前锋线可用于判断相关工作的进度状况,同时也可用于判断整个项目的进度状况。

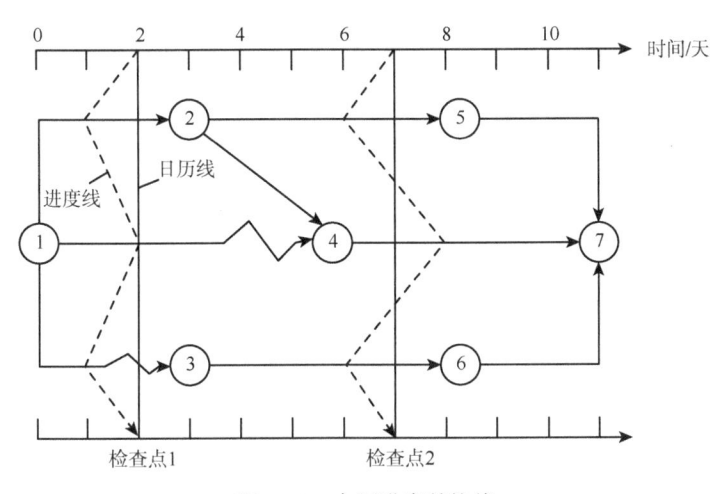

图 3-48 实际进度前锋线

(1)判断相关工作的进度状况。由实际进度前锋线图可以直接观察出工作的进展情况并做出判断。如图 3-48 所示,在第 7 天进行检查时,工作 2-5 和 3-6 比原计划拖后 1 天,工作 4-7 比原计划提前 1 天。

(2)判断项目的进度状况。某工作的提前或拖后对项目工期会产生什么影响,这是项目管理人员最关心的。根据实际进度前锋线可以判断该工作的状况对项目的影响。如果该工作是关键工作,则其提前或拖后将会对项目工期产生影响,如图 3-48 所示。工作 2-5 是关键工作,所以该工作拖后 1 天,将会使项目工期拖后 1 天;如果该工作是非关键工作,则应根据其总时差的大小,判断其提前或拖后对项目工期的影响。

3)"S"形曲线比较法

"S"形曲线比较法是以横坐标表示进度时间,纵坐标表示累计完成的任务量,绘制出一条按计划时间累计完成任务量的"S"形曲线,将项目在各检查时间实际完成的任务量与"S"形曲线进行实际进度和计划进度相比较的一种方法。

(1)"S"形曲线绘制。"S"形曲线反映了随时间进展累计完成任务量的变化情况,如图 3-49 所示。

图 3-49 "S"形曲线

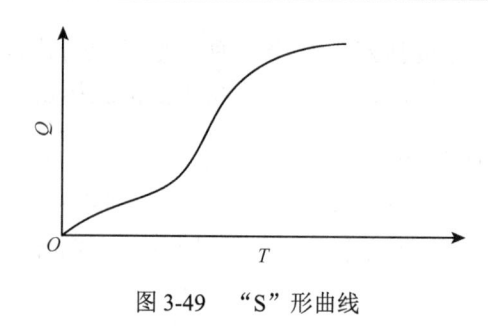

"S"形曲线的绘制步骤如下。

第一步：计算每单位时间内计划完成的任务量 q_i。

第二步：计算时刻 j 计划累计完成的任务量，即

$$Q_j = \sum_{i=1}^{j} q_i \tag{3-24}$$

式中，Q_j 为某时刻 j 计划累计完成的任务量；q_i 为单位时间的计划完成任务量。

第三步：按各规定时间的 Q_j 值，绘制"S"形曲线。

（2）"S"形曲线比较法。"S"形曲线比较法是在图上直观地进行项目实际进度与计划进度的比较。通常，在计划实施前绘制出计划"S"形曲线，在项目进行过程中，按规定时间将检查的实际完成情况，绘制在与计划"S"形曲线同一张图中，即可得出实际进度的"S"形曲线，如图 3-50 所示。比较两条"S"形曲线，可得到相关信息。

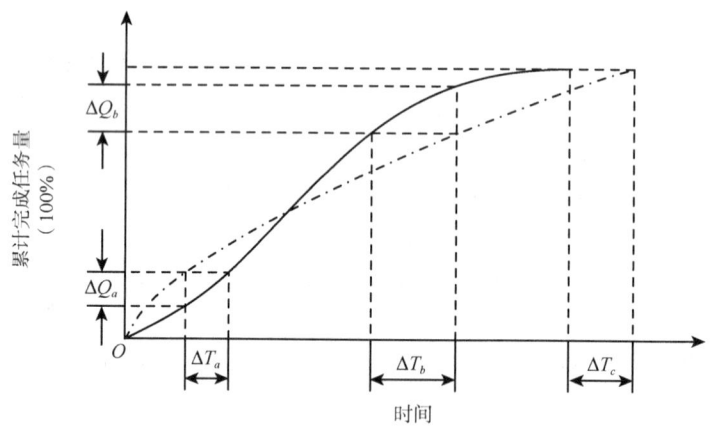

图 3-50 "S"形曲线比较图

①项目实际进度与计划进度比较。当实际进展点落在计划"S"形曲线左侧时，表明实际进度超前；若在右侧，则表示拖后；若正好落在计划曲线上，则表明实际与计划一致。

②项目实际进度与计划进度之间的偏差。如图 3-50 所示，ΔT_a 表示 T_a 时刻实际进度超前的时间；ΔT_b 表示 T_b 时刻实际进度拖后的时间。

③项目实际完成任务量与计划任务量之间的偏差。如 3-50 所示，ΔQ_a 表示 T_a 时刻超额完成的任务量；ΔQ_b 表示在 T_b 时刻少完成的任务量。

④项目进度预测。如图 3-50 所示，项目后期若按原计划速度进行，则工期拖延预

测值为 ΔT_c。

4)"香蕉"形曲线比较法

"香蕉"形曲线是两条"S"形曲线组合而成的闭合曲线。对于一个项目的网络计划,在理论上总是分为最早和最迟两种开始和完成时间。因此,任何一个项目的网络计划,都可以绘制出两条"S"形曲线,即以最早时间和最迟时间分别绘制出相应的"S"形曲线,前者称为 ES 曲线,后者称为 LS 曲线。如图 3-51 所示,"香蕉"形曲线的绘制方法与"S"形曲线相同。

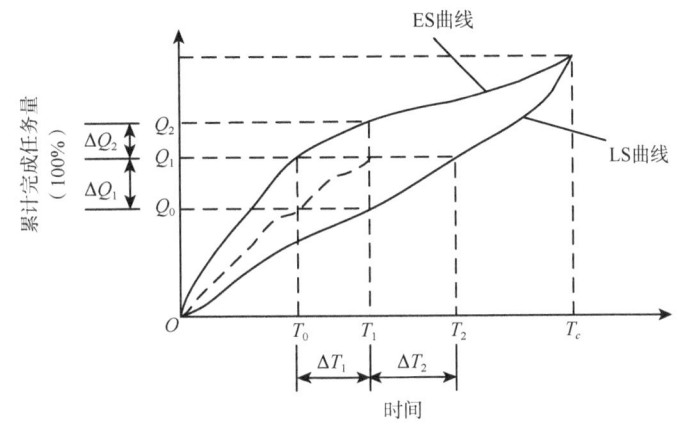

图 3-51 "香蕉"形曲线比较图

在项目实施过程中,根据每次检查的各项工作实际完成的任务量,计算出不同时间实际完成任务量的百分比,并在"香蕉"形曲线的平面内绘出实际进度曲线,即可进行实际进度与计划进度的比较。

"香蕉"形曲线比较法主要进行如下两个方面的比较。

(1)时间一定,比较完成的任务量。当项目进展到 T_1 时,实际完成的累计任务量为 Q_1,若按最早时间计划,则应完成 Q_2,可见,实际比计划少完成:$\Delta Q_2 = Q_1 - Q_2 < 0$。若按最迟时间计划,则应完成 Q_0,实际比计划多完成:$\Delta Q_1 = Q_1 - Q_0 > 0$。

由此可以判断:实际进度在计划范围之内,不会影响项目工期。

(2)任务量一定,比较所需时间。当项目进展到 T_1 时,实际完成累计任务量 Q_1,若按最早时间计划,则应在 T_0 时完成同样的任务量,所以,实际比计划拖延,其拖延的时间是:$\Delta T_1 = T_1 - T_0 > 0$。若按最迟时间计划,则应在 T_2 时完成同样的任务量,所以,实际比计划提前,其提前量是:$\Delta T_2 = T_1 - T_2 < 0$。

可以判断:实际进度未超出计划范围,进展正常。

5)图上记录法

当采用非时标网络计划时,可直接在图上用文字或符号记录。如用虚线代表其实际进度并在网络图中标出,如图 3-52 所示;在箭线下方标出相应工作的实际持续时间,或在箭尾节点下方和箭头节点下方分别标出工作的实际开始和实际结束时间,如图 3-53 所示;在网络图的节点内涂上不同的颜色或用斜线表示相应工作已经完成,如图 3-54 所示。

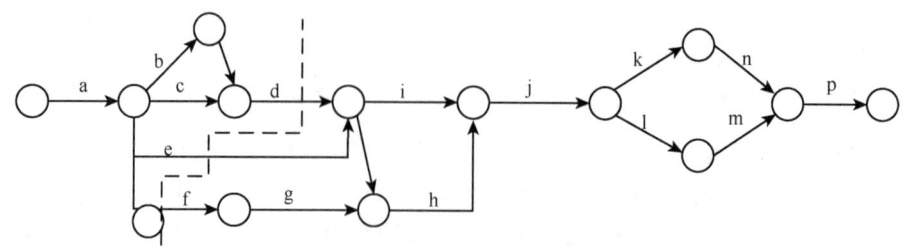

图 3-52 非时标网络实际进度的记录

字母表示项目各项工作

图 3-53 实际工时记录

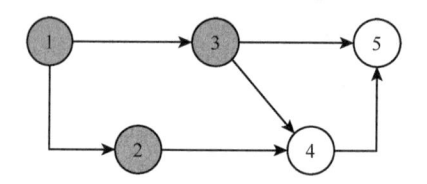

图 3-54 已完成工作的记录

若进度计划是甘特图，则可在图中用不同的线条分别表示计划进度和实际进度。随着项目的完成，可绘制实际进度网络图，该图表达了各工作实际开工、完工时间，并将项目进度中出现的问题、影响因素等反映在图中。绘制实际进度网络图，可明显表达实际与计划不相符的情况，有助于计划工作的总结和资料的积累。

2. 进度计划调整

项目进度计划的调整，一般有以下几种方法。

1）关键工作的调整

关键工作无机动时间，其中任一工作持续时间的缩短或延长都会对整个项目工期产生影响。因此，关键工作的调整是项目进度更新的重点。

（1）关键工作的实际进度较计划进度提前时的调整方法。若仅要求按计划工期执行，则可利用该机会降低资源强度及费用。实现的方法是，选择后续关键工作中资源消耗量大或直接费用高的予以适当延长，延长的时间不应超过已完成的关键工作提前的时间；若要求缩短工期，则应将计划的未完成部分作为一个新的计划，重新计算与调整，按新的计划执行，并保证新的关键工作按新计算的时间完成。

（2）关键工作的实际进度较计划进度落后时的调整方法。为保证项目按期完成，就要缩短后续关键工作的持续时间。要在原计划的基础上，采取组织措施或技术措施缩短后续工作的持续时间以弥补时间损失，通常采用网络计划法进行调整。

2）改变某些工作的逻辑关系

若实际进度产生的偏差影响了总工期，则在工作之间的逻辑关系允许改变的条件下，改变关键路径和超过计划工期的非关键路径上有关工作之间的逻辑关系，达到缩短工期的目的。但这种调整应以不影响原定计划工期和其他工作之间的顺序为前提，调整的结果不能形成对原计划的否定。例如，可以将依次进行的工作变为平行或互相搭接的关系，以缩短工期。

3) 重新编制计划

当采用其他方法仍不能奏效时，则应根据工期要求，将剩余工作重新编制网络计划，使其满足工期要求。以神舟七号飞船研制为例，如采取纠偏措施后，进度仍不能满足基准计划，则启动计划调整程序。对计划流程的更改，需要提高审批级别。影响整船研制进度的调整，必须就调整原因提出专题申请报主管院领导批准，并报上级单位和相应部门通过后才能调整。下级单位计划流程中不影响主线和其他单位工作的项目，本单位可以调整，但必须书面上报项目办公室。影响其他单位但不影响主线的计划更改，可以与有关单位协调确定，形成纪要后按新确定的流程执行。影响主线的项目必须充分研究，提交计划流程更改申请单，报请"两总"批准。

综合协调研制过程中的进度、质量、经费、范围等指标的冲突，控制研制的里程碑。建立变更控制机制，对技术状态、质量指标、进度指标、经费指标的变更进行控制。若发生突发事件、项目变更及实施中出现了偏差等情况，需要对原计划进行补充说明，促使项目目标的更好实现。

神舟七号飞船编制补充计划过程如图 3-55 所示。

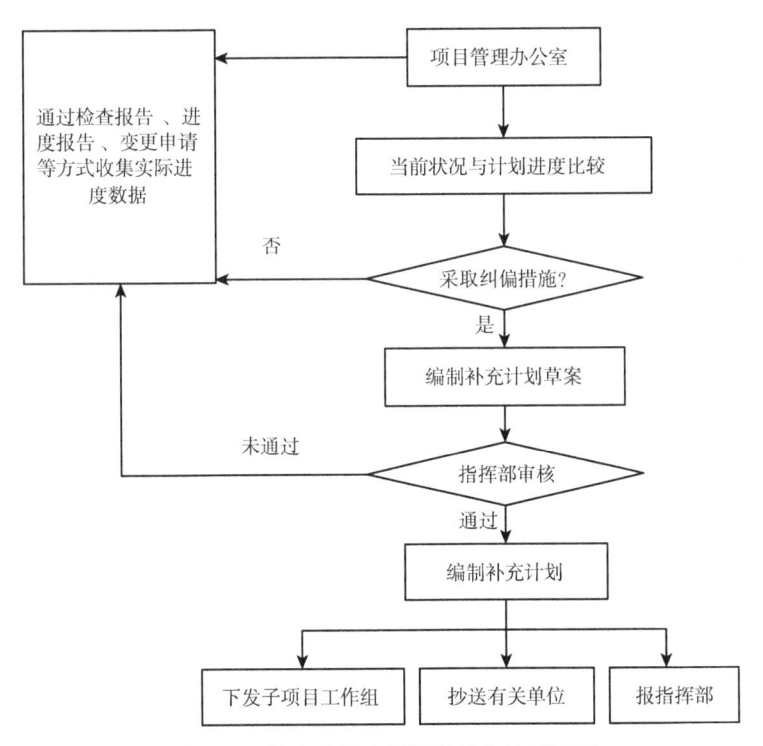

图 3-55 神舟七号飞船编制补充计划过程

4）非关键工作的调整

当非关键路径上某些工作的持续时间延长，但不超过其时差范围时，则不会影响项目工期，进度计划不必调整。为了更充分地利用资源，降低成本，必要时可对非关键工作的时差做适当调整，但不得超出总时差，且每次调整均需进行时间参数计算，以观察每次调整对计划的影响。

当非关键路径上某些工作的持续时间延长而超出总时差范围时，则必然影响整个项目工期，关键路径就会转移。这时，其调整方法与关键路径的调整方法相同。

5）增减工作项目

由于编制计划时考虑不周，或因某些原因需要增加或取消某些工作，则需重新调整网络计划，计算网络参数。增减工作项目只能改变局部的逻辑关系，而不应影响原计划总的逻辑关系。

6）资源优化

当供应满足不了需要时，应进行资源调整。资源调整的前提是保证工期不变或使工期更加合理。

3.6 项目控制要素的权衡分析

在项目控制过程中，进度、成本和质量这三项控制指标通常是相互矛盾和冲突的。例如，加快进度往往会导致成本上升和质量下降；降低成本会影响进度和质量；同样过于强调质量也会影响工期和成本。因此，在项目的进度、成本和质量的控制过程中，要进行权衡分析。

3.6.1 权衡分析的步骤

对控制要素进行权衡分析的步骤如下。首先，理解和认识项目中存在的冲突，寻找和分析引起冲突的原因。冲突原因可能来自人的差错、不准确的预算、关键信息有误等；或来自不肯定问题或未想到问题，如项目领导关系的变化、资源分配的变化、市场变化等。其次，展望项目的各个方面、各个层次的目标，分析项目的环境和形势。然后确定多个替代方案，分析和优选最佳方案。最后，审批及修改项目计划。更新计划要报送业主和上级领导批准后方能实施。选择新的行动路线后，项目组要致力于实现新的项目目标，这需要更新项目详细计划，包括新进度、PERT 图、WBS 以及其他一些关键基准等。

3.6.2 图解分析法

图解分析法是一种常用的权衡分析法。应用图解分析法，首先要决定质量、成本和进度三要素中哪个要素必须保持不变，再对可变要素进行权衡分析。

当三要素中有一个固定不变时,那么另两个要素可建立相互间的二维函数关系。

(1) 质量不变前提下的权衡。图 3-56 给出的是当质量保持不变时,完成任务成本对完成任务时间的函数曲线。区域 CT 代表目标成本和时间,但遗憾的是该任务已不可能在目标成本和时间内完成。如只满足目标时间,完成任务将大大增加成本到 N 点,要减少成本的增加,可延长任务完成时间,这就是对成本和时间的权衡。M 点为增加成本的最低点。

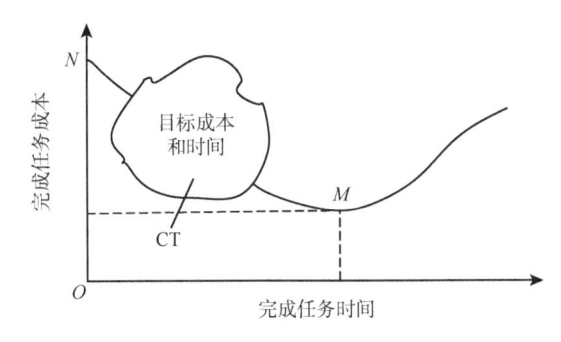

图 3-56 质量不变下的成本-时间权衡

当质量标准不变时,可以用下面四种方法建立进度/成本曲线。①获得额外资源,追加项目预算,以解决成本突破预算的问题。②重新定义项目工作范围,删减一部分工作量。③改变资源分配,支持正在跟踪的关键路径活动。④改变活动流程,这很可能导致对资源的重新计划和分配。

保持质量不变意味着公司绝不能提供不符合合同或业主质量要求的产品或服务而牺牲公司的声誉这一最宝贵的资源。因此在进行质量不变前提下的权衡时,要考虑公司对业主的依赖程度、本项目在公司项目群中的优先程度及对公司未来业务的影响。

(2) 成本不变前提下的权衡。图 3-57 给出的即是成本不变时,质量对时间的函数关系曲线。A、B、C 三条曲线代表三种不同的技术路线。

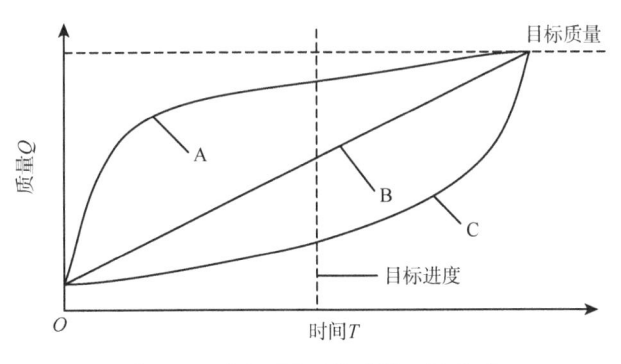

图 3-57 成本不变下的质量-时间权衡

三条曲线的斜率发展情况不一样,对于曲线 A,$\Delta Q/\Delta T$ 开始最大,随着时间 T 的增大 $\Delta Q/\Delta T$ 逐渐减少,因此在开始时增加时间可获得较大的性能提高。而随着时间的增加,性能提高的程度越来越弱。目标进度是否坚持,取决于质量达到的水平,对于曲线 A,在目标进度点时质量水平已达到 90%左右,可以坚持目标进度而牺牲 10%的质量要求。对于路径 C，性能随时间增加而增加的趋势变化正好与 A 相反，必须延长时间。因为业主不可能接受不到 50%的原质量要求的项目产出。对于路径 B，则取决于业主能接受的最低质量是多少。

（3）时间固定前提下的权衡。图 3-58 是时间固定时，完成任务成本对任务质量的变化，同样给出 A、B、C 三种情况。图 3-58 和图 3-57 相似，权衡方法也基本相同。

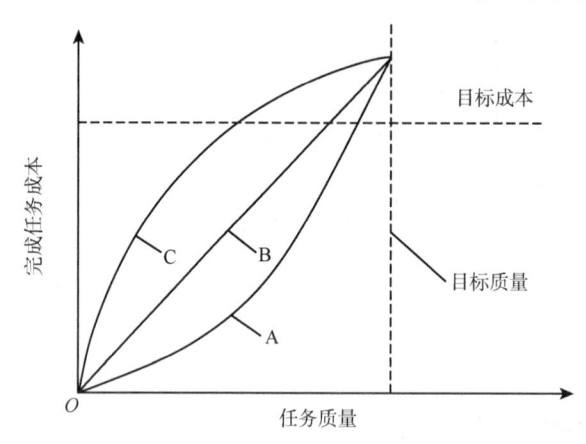

图 3-58　时间不变下的成本-质量权衡

（4）无要素固定不变情况的权衡。

三维图解分析法用于不存在某一要素固定不变的情况。这也是一种常见的情况。由于在三维立体空间坐标上建立曲线，复杂而又难以表示清楚，我们可将某一要素坐标等级化，或固定几个特殊点。以图 3-59 为例，可能有几种不同的路线实现进度和质量要求。成本 C 路线取决于合同责任者对风险的承受力。

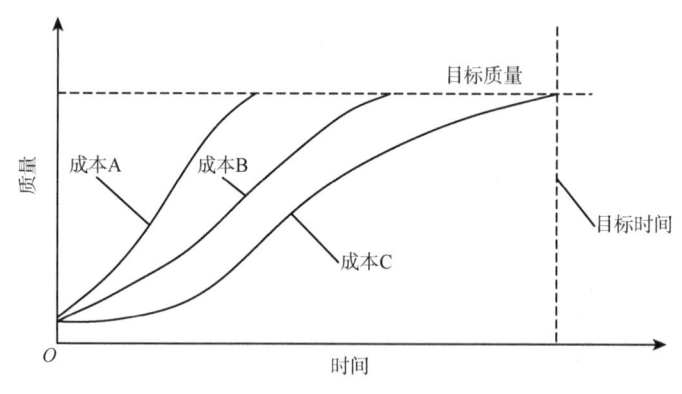

图 3-59　三维图解分析法的权衡

3.6.3　控制循环：一个通用模型

组织控制的通用模型包括四个组成部分，这四个部分以持续循环的方式运作，具体如下。

（1）设立目标。在确定项目范围前就要进行目标的设定，包括制订项目基准计划。项目基准计划是以准确的 WBS 过程为依据的。WBS 确定了项目所有可交付的成果和工作包，以及负责每项任务的人员，并形成一个从最高层到基本任务层、子任务层的层级分明的图表。在网络图中，项目基准计划的确立表现为每项任务都被安排下去并且分配了资源和时间。

（2）衡量进展。高效的控制系统需要准确的衡量机制。项目经理必须拥有适当的机制使他们能够对进行中的各种项目活动的状况进行实时衡量。因此他们需要一套衡量系统，它能够尽可能快地提供信息，还要对衡量的对象进行清晰定义。许多机制能够对项目的一个或多个方面进行衡量，但最大的问题在于得到的信息是否真正有用。

（3）比较实际绩效与计划绩效。当了解了最初的基准计划和准确衡量进展的方法后，下一步是对两类信息进行比较。缺口分析（gap analysis）可被用作衡量项目状况的基础。缺口分析代表了一种衡量过程，首先确立目标，然后衡量实际完成目标的程度。实际绩效与计划绩效的差距越小越好。如果发现二者存在明显的差异，该分析方法就会发出明确的警告信号。

（4）采取行动并再次进行循环控制。一旦发现与项目计划存在巨大偏差，就有必要采取某种形式的纠正措施去减少或消除偏差。采取纠正措施的过程一般是直接的。纠正措施可能较小，也可能会涉及重要的补救措施，纠正措施甚至可能包含撤销一个没有执行的项目。采取了纠正措施后，监控系统再次开始循环。

如图 3-60 所示，控制循环（control cycle）是一个不断循环的过程。在制订计划后，就开始衡量进展，将实际阶段与基准计划相比较。对任何一个重大的计划偏差都应该给予及时的回应，如重新制订计划、重新评估进程等。项目监控是一个从项目开始到结束的持续的循环过程，它包括目标设立、衡量、修正、改进和重新衡量。

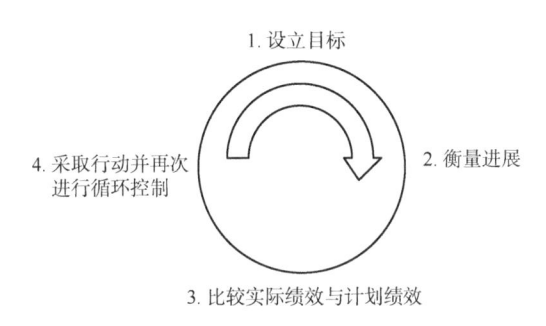

图 3-60 项目控制循环

思考题

1. 什么是项目计划，什么是项目控制？
2. 单代号网络图的绘制方法是什么？
3. 关键链项目管理方法的基本思想是什么？
4. 进度计划编制的方法有哪些？
5. "资源有限，工期最短"的资源优化基本步骤是什么？
6. 削峰填谷法的步骤是什么？
7. 进度计划调整有哪几种方法？

第 4 章

航空飞行器研制项目费用管理

提高经济效益是企业的中心任务，经济效益，就是经济活动中投入和产出之间的数量关系，即生产过程中劳动占用量和劳动消耗量同劳动成果之间的比较。由于飞行器研制造价昂贵，因此，项目费用管理是飞行器研制项目管理中最重要的任务之一。

■ 4.1 项目成本估算与预算

成本（cost）与费用（expense）在经济分析中是作为同义词使用的。实际上在描述型号工程项目的不同阶段的消耗过程中，两者却是不同的，主要体现在其组成内容及分析角度上的不同。工程的价值由三部分组成。

（1）已耗费的物资资源价格。
（2）人员的报酬和维持经营所必要的费用等。
（3）企业向财政缴纳的税金和税后留存的利润。

工程成本是产品形成过程中所必需的耗费，指的是第一部分和第二部分耗费的总和。工程费用则包括了全部三部分耗费，是这三部分耗费的总和。

费用是指企业在日常活动中发生的、会导致所有者权益减少的、与所有者分配利润无关的经济利益的总流出。从费用的含义可知：费用是为获得营业收入而发生的相应的耗费，不以取得营业收入为目的各种耗费都不能作为费用，如捐赠支出、罚款支出等。一般情况下，费用可分为应计入产品成本的生产费用和不应计入产品成本的期间费用两大类。

成本是指企业为生产某种特定产品而支出的各项费用之和，即项目施工过程中各种耗费的总和。一般情况下，成本有广义和狭义之分。广义的成本（即管理成本）是指所有能为企业内部经营管理提供信息的成本。狭义的成本（即产品成本）是指企业为生产一定种类和一定数量的产品所发生的各项费用之和。

从费用的角度来讲，项目成本是企业发生的全部费用中的一部分。

4.1.1 项目成本估算的常用方法

成本估算是从费用的角度对项目进行规划。这里的费用应理解为一个抽象概念，它可以是工时、材料或人员等。

成本估算是对完成项目所需费用的估计和计划，要实行成本控制，首先要进行成本估算。项目管理过程中，开发出了不少成本估算方法，以尽量得到较好的估算。

1. 经验估算法

经验估算法的本质是一种专家意见法，它依靠有专门知识和丰富经验的人对各种资源的费用进行估计。这种办法的好处是简单、快速。但是这种方法从本质上讲只是一种近似的猜测，其估算的准确性往往难以保证。经验估算法一般适用于项目概念阶段的成本估算，或者定义不明的新型项目的成本估算，这种项目没有先前的类似项目用以参考。

2. 类比估算法

类比估算法是依据过去类似项目对未来项目成本进行估算的一种方法。该方法可以用于项目任一级别的成本估算：既可以用于项目的全部成本的估算，也可以用于子项目成本的估算，还可以用于某一工作或任务成本的估算。类比估算法的基本前提是新项目与原有项目的相似性。通常，新旧项目的相似性越高，成本估算的准确性也越高。

类比估算法中的不确定性归根结底是由技术人员和费用估算人员所做的主观评价引起的。在多数情况下，应首先由技术人员对新项目和原有项目的技术进行比较，发现其中的差异，再由费用估算人员对技术差异所导致的费用差异进行估算，建立技术差异的费用关系。最后，依据项目工期、规模、位置、复杂程度以及其他影响因素对初步估算的费用进行必要的调整。

即使技术人员做出的所有决策都可以定量客观评价，费用估算人员还需要确定有关技术发现的费用影响。通常，这些费用影响是非常主观的，因而类比估算法的不确定性还是非常大的。

类比估算法适用于项目的采办早期，此时还没有系统的实际费用数据，也没有相似系统的大型数据库，只有此种方法的估算更为准确。

3. 参数估算法

参数估算法利用项目特性和项目费用之间的关系来估算待建项目的费用，这种估算可以是依据经验的，但更多的是依赖数学模型。用于估算的模型可以是简单的，如商业住宅以居住空间的平方米的金额估算；也可以是复杂的，如软件开发费用模型一般要用十几个参数，每个参数可能包括五六个方面。

由于参数估算法建立了项目费用和项目特性之间的量化模型，所以其基础条件是必须要初步确定项目的性能参数。参数估算法可以很容易地适应设计、性能和计划特性等方面的更改，应用较为广泛，尤其是在频繁更改设计和需要进行快速成本估算时。

参数估算法的基础是建立一个有关性能与费用关系的数据库，以为两者关系模型的建立提供依据。

4. 基于 WBS 的全面费用估算

基于 WBS 的全面费用估算是利用 WBS 方法，先把项目任务进行分解，直到可以确认的程度，如某种材料、某种设备、某一活动单元等，然后估算每个 WBS 要素的费用，并由此确定整个项目的估算费用。采用这一方法的前提条件是对项目需求做出一个完整的界定；制定完成任务所必需的逻辑步骤；编制 WBS 表。

项目需求的完整界定应包括工作报告书、规格书以及总进度表。工作报告书是指实施项目所需的各项工作的叙述性说明，它应确认必须达到的目标。如果有资金等限制，该信息也应包括在内。规格书是对工时、设备以及材料标价的依据，它应该能使项目人员和用户了解工时、设备以及材料估价。总进度表应明确项目实施的主要阶段和分界点，其中应包括长期订货、原型试验、设计评审会议以及其他任何关键的决策点。如果可能，用来指导成本估算的总进度表应含有项目开始和结束的日历时间。

一旦项目需求被勾画出来，就应制定完成任务所必需的逻辑步骤。在现代大型复杂项目中，通常用网络图来表示。

WBS 表是项目工作分解的结果，它详细列出了项目所包含的工作以及各项工作所需要的资源。WBS 表和网络图一道形成了费用估算的基本依据。

基于 WBS 的项目费用估算方法需要进行大量的计算，工作量较大，所以其估算工作本身也需要花费一定的时间和费用。但这种方法的准确度较高，用这种方法做出的费用估算结果还可以用来作为项目控制的依据。最高管理层则可以用这些报表来选择和批准项目，评定项目的优先性等。

在项目费用估算中，应加入不可预见费用以抵消不确定性的影响。一般来说，项目的不确定性越高，不可预见费用就越多。通常，项目的不可预见费用占整个项目费用的 5%～10%。未经批准项目经理不得擅自使用不可预见费用。

4.1.2 项目费用预算

费用预算是给每一项独立工作分配全部费用，以获得度量项目实际执行的费用基线的计划过程。费用预算的依据是费用估算、WBS 和进度计划等，其主要技术和方法与费用估算相同。与费用估算不同的是，费用预算是项目费用的正式计划，费用基线也将作为今后项目执行和监控的基本依据，图 4-1 为累计费用线示例。

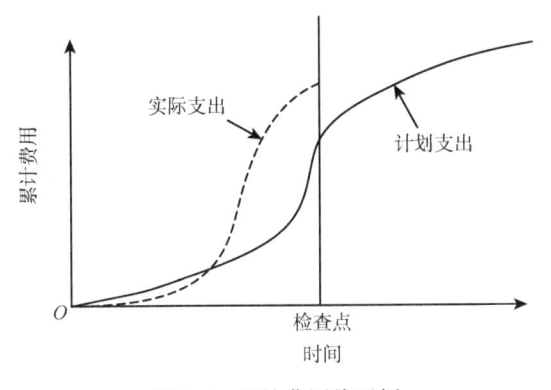

图 4-1 累计费用线示例

1. 费用预算的主要特征

1) 计划性

在项目计划过程中,项目首先被逐步分解为各项可执行的、独立的工作或任务,然后对每项独立的任务进行费用估算,最后根据费用估算和进度计划要求对各项工作或任务的费用进行批准、确认和汇总就可以形成项目的费用预算。可以说,费用预算是另一种形式的项目计划。

2) 约束性

预算又可以看成一种分配资源的计划,预算分配的结果可能并不能满足所涉及的管理人员的利益要求,而表现为一种约束,所涉及人员只能在这种约束的范围内行动。因此从某种程度上讲,预算既体现了公司的政策和倾向,又表达了对项目各项活动的重要性的认识和支持力度。合理的预算应尽可能"正确"地为相关活动确定必要的资源数量,既不过分慷慨,以避免浪费和管理松散;也不过于吝啬,以避免无法在既定的工期下确保质量。

3) 控制性

在项目执行过程中,预算可以作为一种执行标准而使用。因此,预算的制定一方面应体现项目对效率的追求,强调管理者必须小心谨慎地控制资源的使用。另一方面,由于进行预算时不可能完全预计到实际工作中所遇到的问题和环境的变化,所以对项目计划的偏离总有可能出现,这就需要依据项目预算所提供的基准对项目的执行进行监控,及时发现偏离,并采取有效的措施修正偏离,确保项目目标的实现。

2. 费用预算的结果

费用预算的主要结果是获得项目费用预算表、费用负荷图和费用基线等。在费用预算表中,应列出项目所有工作或任务的名称、费用预算值、需要时间等,如表 4-1 所示。而费用负荷曲线图是费用预算表的一种图形表达形式,如图 4-2 所示。费用基线一般是指项目费用累计负荷曲线,它是项目费用的预算基准线,将作为度量和监控项目实施过程中费用支出的依据,如图 4-3 所示。通常,费用基线随时间的关系是一个"S"形曲线。

表 4-1　某项目费用预算表　　　　　　单位：万元

工作名称	预算值	进度日程预算（项目日历表）										
		1月	2月	3月	4月	5月	6月	7月	8月	9月	10月	11月
A	400	100	200	100								
B	400		50	100	150	100						
C	550			50	100	250	150					
D	450			100	100	150	100					
E	1100					100	300	300	200	200		
F	600								100	100	200	200
月计	3500	100	300	400	500	500	400	300	300	300	200	200
累计		100	400	800	1300	1800	2200	2500	2800	3100	3300	3500

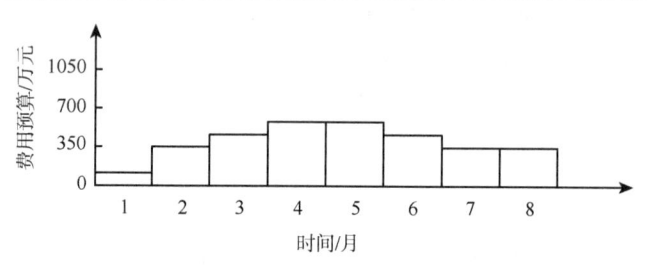

图 4-2　某项目费用负荷曲线

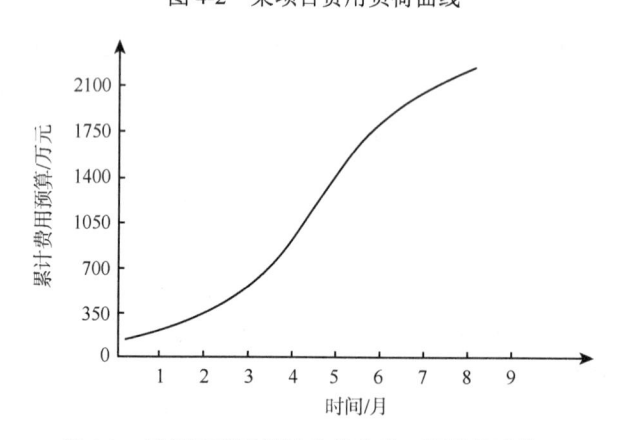

图 4-3　某项目费用累计负荷曲线（预算基准线）

■ 4.2　项目费用控制

4.2.1　项目费用控制内容和依据

项目费用控制就是在整个项目的实施过程中，定期地、经常性地收集项目的实际费用数据,进行费用的目标值和实际值的动态比较分析,并进行费用预测,如果发现偏差,则及时采取纠偏措施,包括经济、技术、合同、组织管理等综合措施,以使项目的成本目标尽可能好地实现。

项目费用控制的内容主要包括对造成费用基准变化的因素施加影响,以保证这种变化向有利的方向发展;确定实际发生的费用是否已经出现偏差;在出现费用偏差时,分析偏差对项目未来进度的影响,并采用适当的管理措施。费用控制还应包括寻找费用向正反两方面变化的原因,同时还必须考虑与其他控制过程相协调。例如,不合适的费用变更可能导致质量、进度方面的问题或者导致不可接受的项目风险。

费用管理不能脱离技术管理和进度管理独立存在,相反要在费用、技术、进度三者之间做综合平衡。及时、准确的费用、进度和技术跟踪报告,是项目经费管理和费用控制的依据。

费用控制就是要保证各项工作在它们各自的预算范围内进行。费用控制的基础是事先对项目进行的费用预算。

项目费用控制的依据主要是费用基准计划和实施执行报告。项目费用基准计划将项目的成本预算与进度预算联系起来,可以用来测量和监督成本的实际情况,也是进行项目成本控制最基础的依据。实施执行报告通常包括了项目各工作的所有费用支出,同时也是发现问题的最基本的依据。

4.2.2 挣得值分析法

挣得值分析法,简称挣得值法或挣值法,是对项目进度和费用进行综合控制的一种有效方法。挣值法通过测量和计算已完成工作的预算费用与已完成工作的实际费用以及计划工作的预算费用得到有关计划实施的进度和费用偏差,达到判断项目预算和进度计划执行情况的目的。因而它的独特之处在于以预算和费用来衡量项目的进度。挣值法的取名正是因为这种分析方法中用到的一个关键数值——挣值(即已完成工作的预算费用,earned value,EV),故得名。

1. 三个基本参数

(1) 计划工作量的预算费用(budgeted cost for work scheduled,BCWS)。BCWS是指项目实施过程中某阶段计划要求完成的工作量所需的预算费用。计算公式为

$$BCWS = 计划工作量 \times 预算定额$$

BCWS主要反映进度计划应当完成的工作量,而不是反映应消耗的费用。

(2) 已完成工作量的实际费用(actual cost for work performed,ACWP)。ACWP是指项目实施过程中某阶段实际完成的工作量所消耗的费用。ACWP是主要反映项目执行的实际消耗的指标。

(3) 已完成工作量的预算费用(budgeted cost for work performed,BCWP)。BCWP是指项目实施过程中某阶段实际完成的工作量按预算定额计算出来的费用,即挣值。BCWP的计算公式为

$$\text{BCWP} = 已完成工作量 \times 预算定额$$

2. 四个评价指标

（1）费用偏差（cost variance，CV）。CV 是指检查期间 BCWP 与 ACWP 之间的差异，计算公式为

$$\text{CV} = \text{BCWP} - \text{ACWP}$$

当 CV<0，表示执行效果不佳，即实际消耗人工（或费用）超过预算值，即超支。见图 4-4（a）。

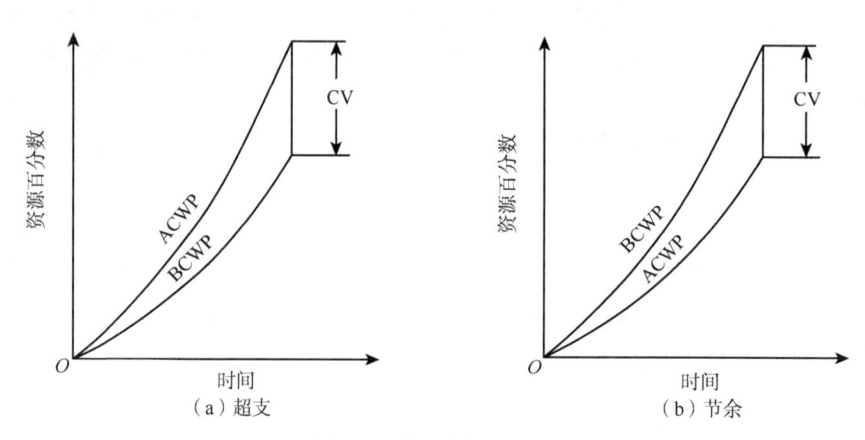

图 4-4 费用偏差示意图

当 CV>0，表示实际消耗人工（或费用）低于预算值，即有节余或效率高，见图 4-4（b）。

当 CV=0，表示实际消耗人工（或费用）等于预算值。

（2）进度偏差（schedule variance，SV）。SV 是指检查日期 BCWP 与 BCWS 之间的差异。其计算公式为

$$\text{SV} = \text{BCWP} - \text{BCWS}$$

当 SV>0，表示进度提前，见图 4-5（a）。

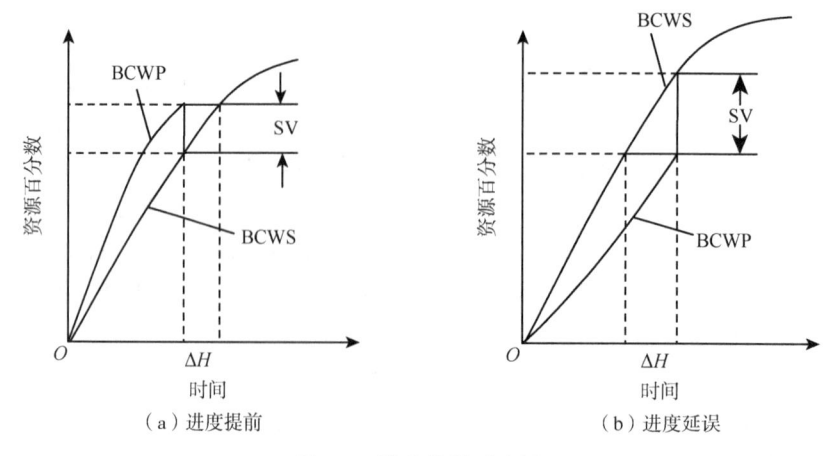

图 4-5 进度偏差示意图

当 SV<0，表示进度延误，见图 4-5（b）。

当 SV=0，表示实际进度与计划进度一致。

（3）费用绩效指标（cost performed index，CPI）。CPI 是指 BCWP 与 ACWP 之比（或工时值之比）。计算公式为

$$CPI = BCWP/ACWP$$

当 CPI>1 时，表示低于预算，即实际费用低于预算费用。

当 CPI<1 时，表示超出预算，即实际费用高于预算费用。

当 CPI=1 时，表示实际费用与预算费用吻合。

（4）进度绩效指标（schedule performed index，SPI）。SPI 是指 BCWP 与 BCWS 之比，即

$$SPI = BCWP/BCWS$$

当 SPI>1 时，表示进度提前，即实际进度比计划进度快。

当 SPI<1 时，表示进度延误，即实际进度比计划进度慢。

当 SPI=1 时，表示实际进度等于计划进度。

【例 4-1】某项目经理部在对某施工项目进行成本管理过程中，对各月的费用进行了统计，项目费用发生情况见表 4-2。

表 4-2 项目费用发生情况表

月份	计划工作量的预算费用 BCWS/万元	已完工作量	实际发生费用 ACWP/万元
1	200	100%	190
2	280	105%	290
3	310	90%	290
4	470	100%	470
5	620	50%	300
6	430	110%	440
7	600	40%	240
8	290	50%	130
9	300	80%	220
10	260	120%	300
11	210	90%	180
12	180	100%	170

问题：

（1）求出 12 个月的挣值。

（2）求出 12 个月的 CV 和 SV。

（3）求出 12 个月的 CPI、SPI 并分析成本和进度情况。

解：（1）挣值计算结果如表 4-3 所示。

表 4-3 挣值计算表

月份	计划工作量的预算费用 BCWS/万元	已完工作量	实际发生费用 ACWP/万元	挣值 BCWP/万元
1	200	100%	190	200
2	280	105%	290	294
3	310	90%	290	279
4	470	100%	470	470
5	620	50%	300	310
6	430	110%	440	473
7	600	40%	240	240
8	290	50%	130	145
9	300	80%	220	240
10	260	120%	300	312
11	210	90%	180	189
12	180	100%	170	180
合计	4150		3220	3332

（2）12 个月的 BCWS 为 4150 万元，ACWP 为 3220 万元，BCWP 为 3332 万元。

费用偏差：CV = BCWP − ACWP = 3332 − 3220 = 112 万元，CV 为正，说明费用节支。

进度偏差：SV = BCWP − BCWS = 3332 − 4150 = −818 万元，SV 为负，说明进度延误。

（3）费用绩效指数：CPI = BCWP/ACWP = 1.035，由于 CPI＞1，故费用节支；

进度绩效指数：SPI = BCWP/BCWS = 0.803，由于 SPI＜1，故进度延误。

3. 评价曲线

挣值法评价曲线如图 4-6 所示。图的横坐标表示时间，纵坐标则表示费用（以实物工程量、工时或金额表示）。图中 BCWS 按"S"形曲线路径不断增加，直至项目结束达到它的最大值。可见 BCWS 是一种"S"形曲线。ACWP 同样是进度的时间参数，随项目推进而不断增加，也是"S"形曲线。利用挣值法评价曲线可进行费用进度评价，如图 4-6 所示。CV＜0，SV＜0，表示项目执行效果不佳，即费用超支，进度延误，应采取相应的补救措施。

图 4-6 给出了工程项目预算费用 BCWS、实际费用 ACWP、挣值 BCWP 三条曲线的比较。在实际执行过程中，最理想的状态是 BCWS、ACWP、BCWP 三条曲线靠得很近、平稳上升，表示项目按预定计划目标前进。如果三条曲线离散度不断增加，则预示可能发生关系到项目成败的重大问题。

经过对比分析，发现某一方面已经出现费用超支，或预计最终将会出现费用超支，则应对其作进一步的原因分析。原因分析是费用责任分析和提出费用控制措施的基础，费用超支的原因是多方面的，有宏观因素、微观因素、内部原因、外部原因，以及其他技术、经济、管理、合同等方面的原因。

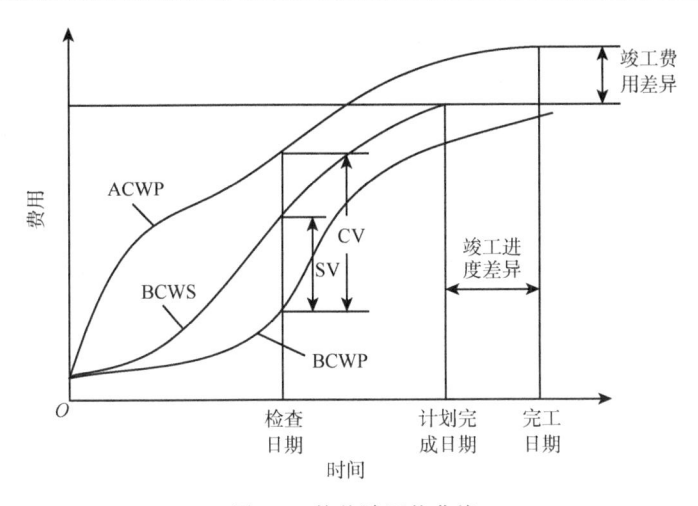

图 4-6 挣值法评价曲线

通常要压缩已经超支的费用，而不损害其他目标是十分困难的，一般只有当给出的措施比原计划已选定的措施更为有利，或使工程范围减少，或生产效率提高时，成本才能降低。

4. 预测项目完成时的费用

项目完工估算（estimate at completion，EAC）就是在项目目前的完成和实施情况下，估算的最终完成项目所需的总费用。有以下三种情况。

（1）当目前的变化可以反映未来的变化时，EAC = 实际支出 + 按照实施情况对剩余预算所做的修改。即

$$EAC = 实际费用 + (总预算成本 - BCWP) \times (ACWP/BCWP)$$

或

$$EAC = 总预算成本 \times (ACWP/BCWP)$$

（2）当过去的执行情况显示了所有的估计假设条件基本失效，或者由于条件的改变原有的假设不再适用时，EAC = 实际支出 + 对未来所有剩余工作的新的估计。

（3）当现在的变化仅是一种特殊情况，项目经理认为本来的实施不会发生类似的变化时，EAC = 实际支出 + 剩余的预算。

5. 进行挣值管理的五个步骤

（1）清楚地定义项目将要执行的每项活动或任务，包括所需的资源以及一份详细的预算。如前所述，WBS 使得项目团队能够定义所有项目任务，并为每一个任务分配相应的项目资源，包括设备和材料、成本以及人员。最后，伴随着任务的分解和资源的分配，就可以为每项任务制定预算数据或成本估算。

（2）制订活动和资源使用进度计划。这将确定在整个项目日历中整体预算分配给每项任务的百分比。在项目计划开发周期内，确定每月（或其他合适的时间期间）每项活动的预算。项目预算一旦制定就应与项目进度联系起来。确定分配多少预算资金给项目

任务是非常重要的。而在项目开发周期内，弄清什么时候使用这些资源也同样重要。

（3）建立一个阶段性预算以显示整个项目生命周期内的支出。总的（累计的）预算是项目的基准，也被称为计划值（planned value，PV）。按实值计算，PV 仅仅意味着能够在项目的任一阶段确定累计的计划预算支出。PV 作为一个累计值，是将前面每一个时期的计划预算成本相加。

（4）执行每项任务的实际成本总和等于已完成工作实际成本（actual cost，AC）。同时也可以计算已完成工作的预算成本。这两个值是计算挣值（EV）的必要条件，也是控制过程的初始步骤。

（5）计算项目成本偏差和进度偏差。一旦收集到三个数据（PV、EV 和 AC），就可以计算偏差了。进度偏差由公式 $SV = EV - PV$ 计算得出，即当时的挣值减去计划工作预算成本。预算或成本偏差的计算公式为：$CV = EV - AC$，即挣值减去已完成工作实际成本。

如图 4-7 所示的简单模型表示了挣值的三个主要部分（PV、EV 和 AC）。起初的基准数据，包括所有项目任务的进度和预算，图底部的左下角表示计划值（PV）。从最初计划值开始，任何进度偏差都可以通过挣值（EV）表现出来。最后，挣值计算是基于对项目任务完成程度的评估，可以得出项目的已完成工作实际成本（AC）。那么，项目活动的预算和实际成本之间的差异就有了直接的联系。

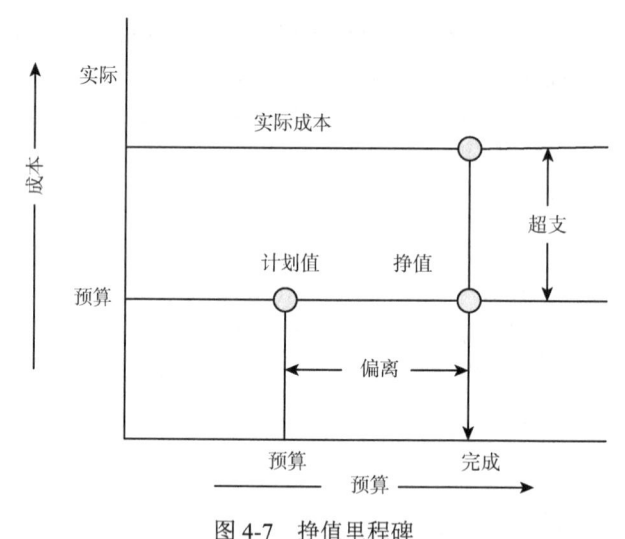

图 4-7 挣值里程碑

4.3 航空飞行器研制项目费用估算

4.3.1 飞行器研制项目费用及影响因素

以航天型号工程为例，航天型号的研制费用是指到能提供一套正样为止的航天型号全部费用，包括论证、设计、试制、试验以及定型等阶段。正确估算研制费用对于方案选优以及加强型号研制全过程费用管理都有十分重要的意义。研制阶段经费估算直接影响了型号预算以及总体、分系统等不同层面单位的成本控制。因此，综合分析研制经费与技术参数之间的关系，研究经费使用的规律，有助于科学预测研制各阶段的经费使用，并进行科学、合理的分配。

飞行器研制项目费用的影响因素主要有六个方面。

1）飞行器研制项目范围因素

飞行器研制项目范围规定了项目所需要完成的工作内容，这些工作要消耗相应的资源。因此要实际地确定项目范围，剔除与项目无关的工作内容，防止因项目范围边缘模糊、项目范围的盲目扩大而增加资源的分配量，加大费用成本，造成资源浪费。

2）飞行器研制项目质量因素

飞行器研制项目质量的高低与项目费用的多少有直接的联系。质量方面的成本可分为质量故障成本和质量保证成本。其中，质量故障成本是指由项目的质量低引起故障，造成的返工费、维修费。可见项目质量越低，则故障成本越高；反之，则故障成本越低。

3）飞行器研制项目工期因素

飞行器研制项目工期，是指项目从开始到完工所用的全部时间。在这一时间段中有一个最佳进度期。由于各种原因，迫使项目提前完工，这就需要采取赶工时的措施，加班加点，增加人员的加班费；如果赶工期急需原材料，那么就会增加材料价格。这势必会影响费用成本投入。反之，当进度安排时间长于最佳安排时间时，拖延工期造成的人员工资及其他费用项目成本也要增加。在计算最低成本时，一定要确定出实际的持续时间分布状态和接近可以实现的最低成本。

4）飞行器研制项目资源价格因素

在项目范围确定情况下，资源数量可以确定，单位资源价格越高，项目成本也会越高。

5）飞行器研制项目管理因素

在项目的全过程管理中，项目的各个部门及人员责任心强，管理水平高，可以减少失误，降低项目成本。

6）飞行器研制项目环境因素

飞行器研制项目的实施中存在的项目运行环境变化、宏观政策调控、意外事件的发生，都会对项目成本费用有所影响。

4.3.2　国内外航空飞行器研制项目费用管理

1. 国外航空飞行器研制项目费用管理

国外航空飞行器研制项目费用估算方法主要有全生命周期费用法、定费用设计法、费用作为独立变量法三个方面。

1）全生命周期费用法

全生命周期成本（life cycle cost，LCC），也被称为全生命周期费用，是指产品在生命周期内所发生的与该产品有关的所有成本，它包括产品设计成本、制造成本、试验成本、采购成本、使用成本、维修保养成本、废弃处置成本等。

LCC 管理源起于美国军方，主要用于军事物资的研发和采购，适用于产品使用周期长、材料损耗量大、维护费用高的产品领域。1999 年 6 月，美国总统克林顿签署政府命令，各州所需的装备和工程项目，要求必须有 LCC 报告，没有 LCC 估算、评价，一律不准签约。

LCC 技术自 20 世纪 80 年代初期引入我国。1987 年 11 月中国设备管理协会成立了设备寿命周期费用委员会，致力于推动 LCC 理论方法的研究和应用。对项目、产品进行评价时，在 LCC 最小的基础上，提出费用效益、LCC 效益比等作为决策的依据，使决策更加科学。随着设备维护成本在全生命周期费用中的比例的增加，在国内外的设备招标评标中，LCC 必将成为用户的一项基本要求，即用户在购置商品时，不仅考虑购置费，而且要认真考虑全生命周期中预期的使用费和维修费的大小，在招标、签约文件中将出现对 LCC 指标的要求，并将作为今后追究经济责任的依据。

A. LCC 管理的核心理念

LCC 管理的核心理念在于单件产品的研制和生产成本（采购费用）不足以说明产品总费用的高低，决策人员不应把采购费和使用维护费分割开来考虑，而必须把这几者结合起来，作为产品的全生命周期费用进行总体考虑。

飞行器研制项目工程全生命周期是指该型飞行器从论证开始直到退役为止的全生命周期，可分为设计研制阶段、试飞定型和适航取证阶段、采购阶段、使用保障阶段、退役处置阶段等。飞行器研制项目工程 LCC 是指在预期的寿命周期内，为工程项目的论证、设计、研制、试飞、生产、使用、维修与保障、退役所付出的一切费用之和。该费用按时间段可划分为：并行设计费用、研究发展费用、试验与鉴定费用、生产费用、地面保障设施与最初的备件费用、专用设施费用、使用保障费用、处置费用等。

B. LCC 管理的作用

LCC 管理克服了传统企业成本管理仅注重降低生产制造成本的局限性，将企业成本管理的视角向前延伸至研发设计阶段，拓宽了成本管理的视野。它强调"产品成本是研发设计的结果"，统筹考虑产品的可生产性、可靠性、可维修性等要求，减少在设计后期发现错误而导致的返工，从而达到大大缩短产品开发周期、降低制造成本、节约使用与维护费用的目的。

LCC 管理将重点放在产品的开发设计阶段。在激烈竞争的买方市场中，企业要在市场竞争中获胜，必须坚持以市场为导向，注重产品的客户化，将成本管理的重点放在面向市场、面向客户的设计阶段。LCC 管理正是从这一角度出发，强调以客户为中心的思想，即 LCC 的计算是从客户的角度进行的，不仅考虑了生产，同时也考虑了使用者的耗费，确定有利于提高成本效果的最佳设计方案。

2）定费用设计法

随着宏观军事需求和国防经费的不断变化，从 20 世纪 70 年代开始，美国开始推行定费用设计（design to cost，DTC）法。旨在通过设定费用目标，以费用控制管理来对费用进行控制，实现型号研制费用的可控。DTC 法将"费用"确定为方案设计参数，确定了从采购到使用全过程的费用估算方法。

3）费用作为独立变量法

从 1995 年开始，美国国防部又提出把费用作为独立变量（cost as an independent variable，CAIV）作为航空飞行器研制项目费用评估的基本方针和政策。这种方法已经成为现阶段美军航空飞行器研制项目费用的普遍性管理方法。它将经济性参数和性能参数同等对待，并将"费用"作为独立设计目标，综合权衡性能和进度，使项目费用受控和可承受。CAIV 中最重要的组成部分是"独立变量"。它有两个特点，一是强调费用是项目方案设计需求和目标的组成部分，开始将费用作为一种输入变量而不是输出变量；二是强调费用和性能指标的重要一致性，二者具有相同的权重，要权衡二者之间的综合最优。

近些年，NASA 又提出了持续成本风险管理（continuous cost-risk management，CCRM）模式，以 CAIV 作为基本理念，使用误差矢量幅度（error vector magnitude，EVM）作为成本风险监控管理指标，在全生命周期内开展成本风险管理。

2. 国内航空飞行器研制项目费用管理

在计划经济条件下，我国航空飞行器研制项目基本实行计划管理，比较关注性能指标和时间进度，而忽视了费用估算和费用管理，由此带来的费用超预算现象经常出现。

改革开放以来，国家决定改变军品研制经费拨款的办法，航空飞行器研制项目任务逐步由实行单项任务研制经费承包转变为经费全面承包，逐步核减科研事业费，实行经济承包责任制。在这一体制下，我国开始了航空飞行器研制项目费用的研究和应用。例如，《武器装备寿命周期费用估算》（GJBz 20517—1998）于 1998 年 12 月实施；陈英武和廖良才（1998）应用可视化开发工具 VB5.0 完成了武器装备费用估算的参数分析法计算机程序；刘建（2004）把航天型号 LCC 估算分为 3 个阶段，针对每个阶段的费用构成提出了相应的估算模型；任少龙等（2002）比较分析了国内外武器装备 LCC 研究现状，并提出了武器装备 LCC 管理的 3 项措施。

由于航空飞行器研制项目费用记录较为片面，不够准确和详细，上述费用估算分析方法多侧重于定性分析，定量分析过程不多，即使有，其结果准确度也不高。因此，不能准确地对费用总量、各项费用之间的关系以及经费使用规律进行翔实有效的把握，给科学安排经费、管理经费也带来较大挑战。

从国内外航空飞行器研制项目的费用管理中可以看出，受宏观环境和政策影响，费用管理方法和费用管理应用效果存在较大差别。

首先，在管理过程方面，我国的研制过程大致对应国外工程研制前的内容，国外实行全过程管理；我国实行分部门、分阶段管理。

其次，在工作内容方面，国外更重视前期的研究与论证，各阶段决策指标明确；我国则更重视工程实现过程,文件的说明性内容多于评审指标内容。

再次,国外将费用作为管理指标贯穿整个研制过程,操作性强。

最后,国外全面分析了型号研制的影响因素,包括影响装备研制的环境、目标及可承受能力,并将这些指标全面纳入全生命分析体系,以此建立模型和评价指标体系;我国在论证阶段也要求对研制经费、研制周期等进行预测,建立量化指标体系。

4.3.3 航空飞行器研制项目费用

1. 飞行器研制项目寿命周期费用

飞行器的费用估算与其寿命周期息息相关。从使用方来讲,武器装备系统的寿命概念有物质寿命、技术寿命和经济寿命。

物质寿命也称自然寿命,是指由物质磨损导致武器装备老化、损坏,直到报废为止所经历的时间。

技术寿命是指由于技术更先进装备的出现,现有装备在技术上相对落后导致使用价值相对降低,产生无形损耗。当这种无形损耗发展到必须为新型装备所替代时,装备的这段使用时间就是其技术寿命。

经济寿命是指从武器装备以全新的状况投入部队训练与作战开始,到最低年均费用的使用年限,这段时间就是武器装备的经济寿命,如图4-8所示。

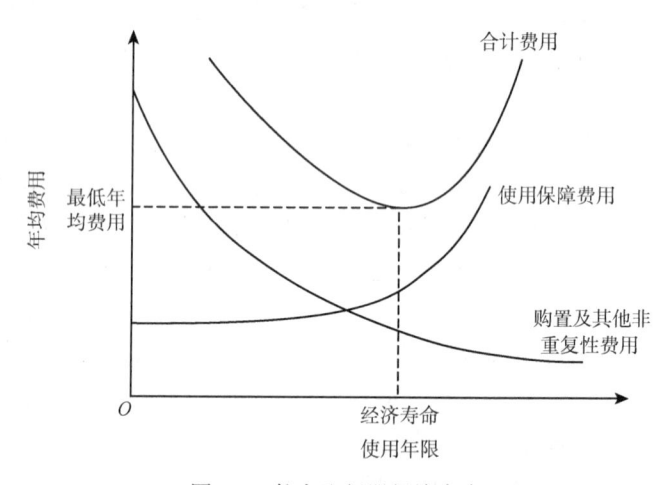

图4-8 航空飞行器经济寿命

对于飞行器研制项目,寿命周期是针对型号的,指整个型号从产生到终结所经历的所有时间阶段,诸如需求调查、可行性论证、方案论证、系统设计、工程研制、生产制造、使用保障、产品支援以及退役处置阶段。寿命周期费用是指在型号寿命周期内各阶段发生的所有费用的总和LCC,或总体拥有成本(total cost of ownership,TCO)。

寿命周期费用的发展经历了三个阶段。

(1)寿命周期费用管理准备实施阶段。1971年7月美国国防部颁发第一份DODD5000.01指令《重大防务系统的采办》(Acquisition of Major Defense Systems),

在该指令中明确提出了 DTC 的思想和要求。1973 年发布的《采办的寿命周期费用分析和估算指南》(Life Cycle Costing Guide for System Acquisitions)，为实施寿命周期费用管理从法规、程序直到具体工作流程做好了准备工作。

（2）寿命周期费用管理的试行和完善阶段。这一阶段的主要工作是对武器系统的作战使用与保障费用进行了比较深入细致的研究，费用设计正式发展成为寿命周期费用设计，同时，寿命周期费用管理的一些基本概念、方法和程序进一步得到完善和改进。

（3）成熟阶段。20 世纪 80 年代中期以来，美国和其他西方国家武器装备的寿命周期费用管理已处于成熟阶段，主要武器装备都通过寿命周期费用分析、设计和监控来完成研制和生产，寿命周期费用管理已成为美国和西方国家武器装备的重要采办管理手段。目前，美国国防部关于寿命周期费用管理的政策还在不断发展。

作为飞机寿命周期费用研究内容之一，费用估算问题在美国很早就受到了重视。由于飞机设计初期使用维护费用估算十分复杂，研究工作主要集中于研制和生产费用的估算，并取得了一批卓有成效的研究成果。

图 4-9 表示了武器装备寿命周期费用。

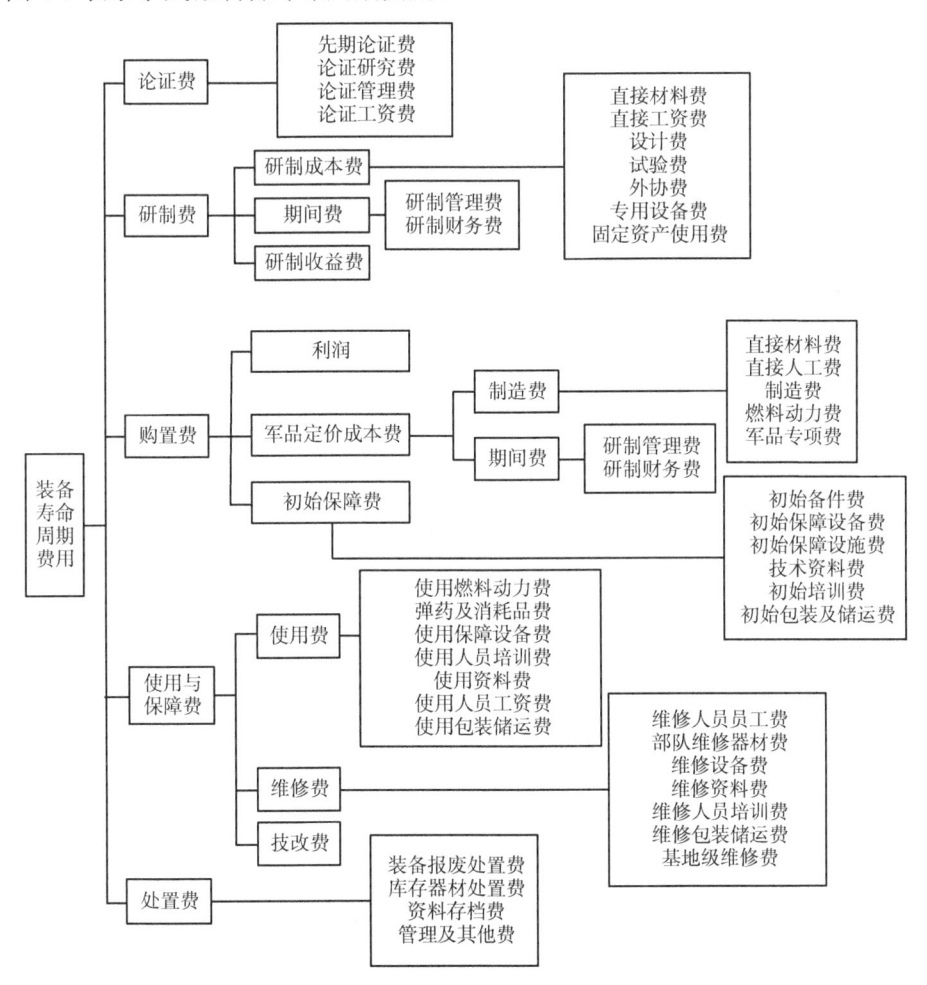

图 4-9 武器装备寿命周期费用

有经验表明,飞行器型号的论证研制费(包括论证、方案、研制和定型)约占全生命周期费用的 10%,生产费约占 30%,而使用与保障费可达到 60% 左右,退役处置费较少。飞行器寿命周期费用分布如图 4-10 所示。

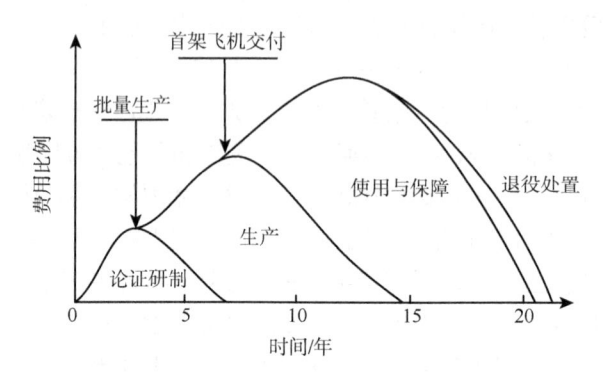

图 4-10 飞行器寿命周期费用分布图

尽管在型号的前期论证研制阶段所投入费用相对较少,但是对整个寿命周期费用的影响程度是巨大的,如图 4-11 所示。

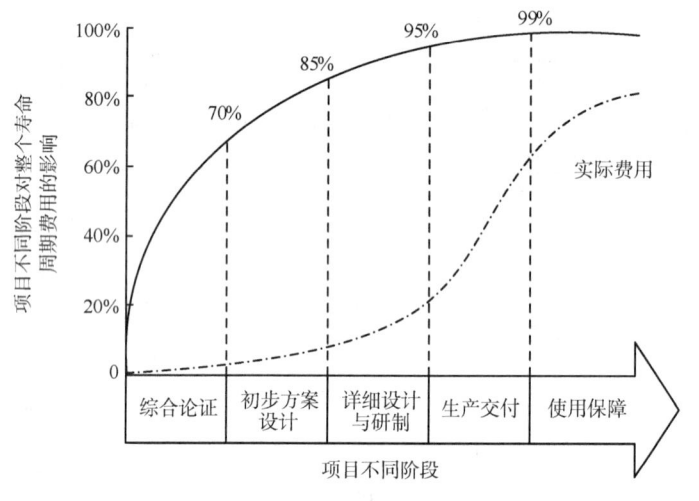

图 4-11 项目不同阶段对寿命周期费用的影响(帕累托曲线)

2. 费用估算的内容和方法

1)费用估算的方法

美国政府问责局(Government Accountability Office,GAO)推荐的估算程序——费用估算的方法是比较完善的航空飞行器研制项目估算方法之一,该方法分为 12 个步骤。

第一步:确定评估目的。包括确定估算目的、所需要的详细程序、估算由谁来接收、估算的整体范围。

第二步:制订评估计划。包括确定成本估算小组,概述成本估算方法,确定估算期限，决定谁将要做独立的成本估算，编制小组的总计划进度。

第三步：定义项目特征。需要在技术基线描述文档中给出以下定义。

（1）项目目的。

（2）该项目成果特点。

（3）任一技术含义。

（4）所有系统结构。

（5）项目采购计划。

（6）采购战略。

（7）与其他现存系统的关系。

（8）支持（人力、训练等）和安全需要。

（9）风险项。

（10）系统的制定、测试和生产数量。

（11）部署和维护计划。

（12）原有的或者类似的旧系统。

第四步：决定评估方法。确定任务分解结构和成本估算结构，并定义每个元素；选择最适合每一个任务分解结构元素的估算方法；对可能出现的成本和进度因素尽可能进行交互核对；编制成本估算清单。

第五步：识别基准和假设。

（1）定义估算中包括什么；排除什么；明确项目中的假设。

（2）估算基准年，包括时间阶段和生命周期。

（3）分阶段的项目进度信息。

（4）项目采购战略。

（5）任何时间限制和预算限制。

（6）通货膨胀假设。

（7）差旅费用。

（8）政府供应的设备。

（9）总承包人和主要的分包人。

（10）现有设备的使用，或者新更改和研发设备的使用。

（11）技术更新周期。

（12）技术假设和新技术制定。

（13）旧系统和剩余部分的通用性。

（14）新方法的效果。

第六步：获得数据。

（1）创建数据采集计划，以收集相关技术、成本和风险的数据。

（2）调查数据可能的来源。

（3）收集数据并将其规范化。

（4）审查数据来源和记录所有相关信息，包括数据的准确性和可靠性。

（5）分析数据、寻找成本驱动因素、趋势和框架。

（6）为将来的估算存储数据。

第七步：建立点估算。

（1）通过估算每个任务分解结构要素，制定成本模型。

（2）涵盖成本模型中所有估算假设。

（3）在项目进度基础上，把成本分摊到年度成本中。

（4）汇总任务分解结构要素以便开展全面的点估算。

（5）查找重复计算和遗漏成本等错误，使估算有效。

（6）将估算与独立成本估算相比较，检查不同之处和原因。

（7）对成本驱动因素进行反复核对，检查结果是否相似。

（8）随着有效数据增加或者情况发生变化来更新模型。

（9）与以前的估算结果做对比。

第八步：进行敏感分析。测试成本估算的敏感性，以便改变估算输入值和重要假设；明确改变项目进度或者整体估算的数量所带来的影响；以分析为基础，确定哪些假设是关键的成本驱动因素，哪些成本元素最易受变化的影响。

第九步：进行风险不确定性分析。

（1）确定与每个任务分解结构因素相关的成本、进度和技术风险水平。

（2）分析风险的严重性和发生的可能性。

（3）研究每一风险因素最低限度、最大可能性、最大范围。

（4）使用适当统计分析方法（如蒙特卡罗模拟），围绕点估算编制一个置信区间。

（5）确定风险分布类型和使用该种风险类型的原因。

（6）明确点估算的置信水平。

（7）明确应急资金的总量，并且将其添加到点估算里，以便确立风险。

（8）调整的成本估算。

（9）建议工程或项目办公室编制一个风险管理计划来跟踪和减少风险。

第十步：文档记录评估。

（1）记录所有用于开展估算的步骤，为下一项目开展积累经验。

（2）记录估算目的、编制小组、估算批准者以及日期。

（3）描述项目，包括进度和用于编制估算的技术基线。

（4）给出项目分时间段的生命周期成本。

（5）讨论所有基本规则和假设。

（6）每个成本元素都要包括可审计和可追踪的数据来源。

（7）对所有数据来源以及数据规格进行记录，管理规划数据方法。

（8）详细描述结构元素成本的估算方法和基本原理。

（9）描述风险、不确定因素和敏感性分析的结果及应急资金。

（10）记录所估算数额与实际资金相比较的差别。

（11）对此估算与以前估算相比较的差别进行追溯。

第十一步：向管理层报批评估。

（1）编制生命周期成本估算报告。

（2）简要地对最大成本元素和成本驱动因素进行介绍。
（3）要求内容明晰和完整，容易理解构成估算结果基础的能力。
（4）制作备份以便进一步查明问题。
（5）记录管理方的反馈，并按之采取行动。
（6）成本估算小组应具备估算能力。

第十二步：以实际情况更新评估。更新估算，用挣值管理 EVM 实现成本控制，对满足成本估算和进度估算方面取得的进步做出报告，进行事后剖析，并记录估算不准确的教训，记录项目中的所有变化以及这些变化如何影响成本估算。

2）一般的估算程序

基于国家军用使用标准《武器装备寿命周期费用估算》（GJBz 20517—1998），并结合实际操作，制定适用于航空飞行器研发项目的估算程序，如图 4-12 所示。

```
制订估算工作计划
       ↓
明确估算目标和范围
       ↓
明确假设和前提条件 ←──┐
       ↓              │
费用分解结构           │
       ↓              │
数据准备               │
       ↓              │
实施估算               │
       ↓              │
  ◇估算结果是否可信?──否┘
       │是
       ↓
估算结果分析
       ↓
编写评估报告
       ↓
   实时更新评估
```

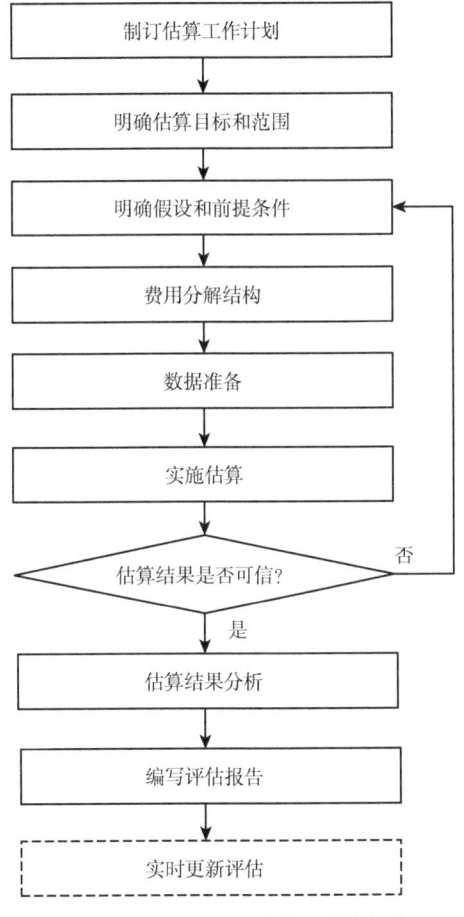

图 4-12 飞行器研制项目估算程序

A. 制订估算工作计划

制订估算工作计划，遵循计划开展各项估算工作和进度控制。明确估算工作的目的与要求，确立估算工作小组成员组成及责任人，确立任务分工和进度计划，确立问题协调机制、开展定期会议。

B. 明确估算目标和范围

从时间跨度（纵向），明确所估算的费用是型号全部寿命周期费用，还是某几个阶段所发生的。即从时间角度明确估算范围包含了哪些阶段的费用，如初期论证阶段、方案设计阶段、研制试飞阶段、生产阶段、使用阶段、存储保障阶段或是退役处置阶段等。从费用类型（横向），明确所估算成本包含了哪些成本/费用类型，且对纳入估算的费用类型进行范围描述。

C. 明确假设和前提条件

随着设计、研制、生产的进展，信息量增大，原有假设可能要转换为前提条件，从而使不确定性范围缩小，使估算结果更加准确。

D. 费用分解结构

费用分解结构（cost breakdown structure，CBS），面向过程：根据工作任务由粗到细分解展开，按照工作开展的自然过程，对工作任务由粗到细分解（如论证研制费、使用保障费、退役处置费）。面向产品：强调成果控制，按照工作完成后需要交付的产品或服务，由粗到细地进行逐层分解（生产费用）。面向费用：支持对项目实施费用估算，分解结构的详细程度是以是否能支持开展足够准确的费用估算目标为依据的。

E. 数据准备

收集系统设计方案数据、研制计划数据、CBS、历史成本数据、经济环境数据，并进行过滤、筛选、填补、修正、标准化，确定不确定性范围或分布方式。

F. 实施估算

运用各类估算方法，对 CBS 末端节点逐一实施估算，汇总估算结果，得到汇总费用，点估算过程如图 4-13 所示。

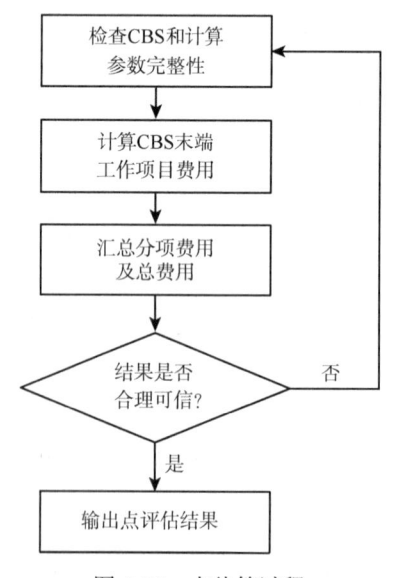

图 4-13 点估算过程

G. 估算结果分析

估算结果分析包括费用分析、敏感性分析、不确定性分析和风险分析。

H. 编写评估报告

3）寿命周期分析的一般方法

A. 工程估算法

工程估算法是比较接近实际工程活动的一种方法。该方法先对估算对象进行费用结构分解，获得足够详细的、树形的 CBS。然后自下而上地估算各级费用单元，逐层向上归集，最终估算出项目总费用。工程法估算寿命周期费用的通用数学表达式为

$$C_T = \sum_{i=1}^{n} C_i \qquad (4-1)$$

式中，C_T 为寿命周期费用；n 为底层工作（费用）单元的数目；C_i 为第 i 项工作单元的费用。

此方法以 WBS（或 CBS）为基础，需要比较详细的信息，估算的结果也比较准确。

工程估算法首先明确估算对象，建立 CBS；工程估算法 CBS 的底层单元类型如表 4-4 所示。

表 4-4 工程估算法 CBS 的底层单元类型

标识	类别	说明	资源清单
W	自制产品	自制加工某项产品	原料、人工、费用、能源设备
O	外协/外购产品	军品专用件的外协、外包采购	采购费用
S	组装与试验	产品组装、测试与试验等工程活动过程	原料、人工、费用、能源设备
B	标准产品	标准件或货架产品市场采购	采购费用
D	直接费用	直接投入费用	生产费用
P	间接费用	包括管理费、车间费、财务费、军品专项费等期间费用	期间费用

CBS 是 WBS 的一个部分。工作分解是将项目或产品按照其内在结构或实施过程进行逐层分解，它直接按等级将项目或产品分解成子项目或部件，然后将子项目或部件分解为更小的工作单元或零件，直到最后分解成具体的工作或工作包。

面向费用的分解方法（CBS）是以成本估算或成本控制为目的，对产品或项目展开结构分解，分解的详细程度以是否能对末端节点开展费用估算为依据，分解结果为 CBS。CBS 的分解流程如图 4-14 所示。

在明确估算对象后要对底层费用单元按工程分解估算资源消耗，然后估算底层费用单元的资源费用，最后汇总底层费用单元，计算总费用。

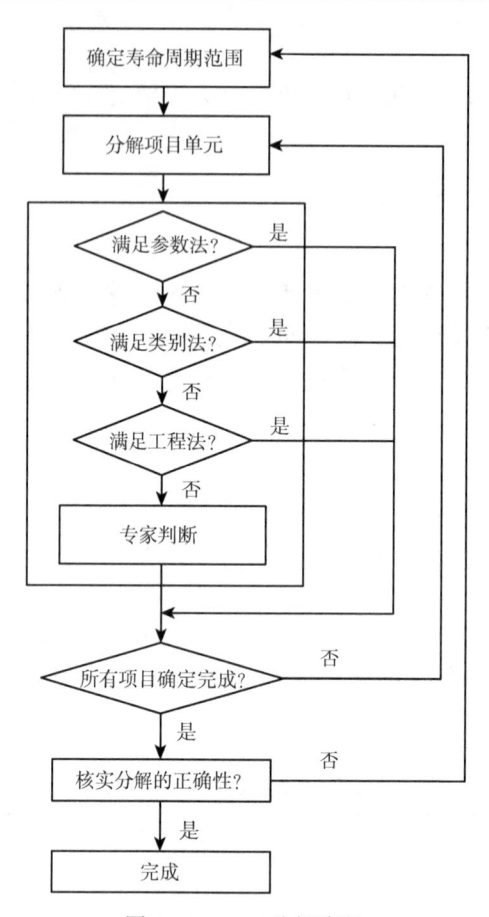

图 4-14　CBS 分解流程

B. 参数估算法

参数估算法是根据同类产品的历史成本，选取对成本敏感的若干主要物理与性能特征参数（如重量、体积、射程、探测距离、平均故障间隔时间等，一般不超过 5 个参数），运用回归分析法建立成本与这些参数的数学关系式，从而用以估算该类产品的寿命周期费用。成本估算关系（cost estimation relation，CER）的通用数学表达式为

$$C_T = f(t_1, t_2, \cdots, t_n) \quad (4\text{-}2)$$

式中，C_T 为寿命周期费用；f 为关系模型函数；$t_1, t_2, \cdots, t_n$ 为特征参数。

该方法要求具有多个同类产品的历史费用数据，不需要较多的产品信息。

参数估算法的基本步骤：确定估算对象，假设前提；确定参数和估算对象的参数值；收集历史费用和参数数据，并将费用折算到基年；确定费用估算关系模型 CER；估算费用。

【例 4-2】参数估算法的步骤。评估 2014 年投产的 A-10 型飞机的生产费用。

第一步，评估目标，评估 2014 年投产的 A-10 型飞机的生产费用。

第二步，确定参数，3 个关键技术指标，分别是发动机台数 x、最大起飞重量 y、座位数 z。

第三步，收集该类产品的历史生产成本和对应的参数值，假设年均通货膨胀率为

8%，进行费用测算，结果如表 4-5 所示。

表 4-5　费用估算参数

机型	年份	发动机 x/台	最大起飞重量 y/磅	座位数 z/个	生产费用/万美元	折算到2014年/万美元
A-1	1983	3	160 000	134	300	3 261.00
A-2	1992	3	209 500	192	712	3 873.28
A-3	2004	2	124 500	149	2 700	5 832.00
A-4	2010	2	133 500	130	2 800	3 808.00
A-5	1989	4	710 000	490	1 900	13 015.00
A-6	2003	4	833 000	550	8 550	19 921.50

注：1 磅 = 0.453 592 37 千克

第四步，确定 CER。通过线性回归方法，确定参数与费用之间的估算关系模型：
$$C = f(x, y, z) = -3495.54x + 0.038y - 14.70z + 9158.20$$

第五步，估算费用。估算对象 A-10 型飞机的参数为：发动机台数 $x = 2$，最大起飞重量 $y = 515\,500$，座位数 $z = 400$。估算对象基年生产费用的估算结果为
$$C = f(2, 515\,500, 400) = 15\,876.12\,(万美元)$$

参数估算法中的参数选择需要遵循费敏感性最大、历史数据的拟合误差（样本方差）最小、模拟预测误差最小、线性显著性检验的标准。

C. 类比估算法

类比估算法是将待估算产品或单元与已经有标准费用的基准产品或单元进行类比，在系统容量、规模、关键系统参数等方面进行比较，分析两者的异同点及对费用的影响，利用经验判断求出待估产品相对于基准比较产品的费用修正系数，从而计算出待估产品的费用，具体设计步骤如下。

（1）明确评估目标、假设和约束条件。
（2）明确新装备的定义。
（3）确定基准比较系统，收集历史成本数据。
（4）比较分析，确定费用修正系数。
（5）估算新研装备费用。

【例 4-3】类比估算法案例。设某 X 型运输机是在 10 型飞机基础上的重大改进。其中部分系统与 A 型相似，另外部分系统与 B 型和 C 型飞机相似。年均通货膨胀率为 8%，基年设为 2015 年，其步骤如下。

第一步，相似装备比较（表 4-6）。

表 4-6　相似装备比较

装备分系统	A 型飞机	B 型飞机	C 型飞机	X 型运输机
机体与推力装置	大型*	中型	民用	大型
导航与控制设备	半自动导航	半自动导航	全能自动导航*	全能自动导航

续表

装备分系统	A 型飞机	B 型飞机	C 型飞机	X 型运输机
中央综合监测系统	模拟监控系统	模拟监控系统	数字监控系统*	全智能监控系统
武器投放设备	无	有*	无	有

*为相似部分

第二步，确定相似装备成本（表 4-7）。

表 4-7 相似装备成本

项目	A 型飞机的机体与推力装置	B 型飞机的武器投放设备	C 型飞机的导航与控制设备	C 型飞机的中央综合监测系统
年份	2008	2010	2012	2012
成本/万元	1300	260	3200	1700

第三步，将相似装备的成本修正到基年（2015 年）价格（表 4-8）。

表 4-8 修正到基年价格

项目	A 型飞机的机体与推力装置	B 型飞机的武器投放设备	C 型飞机的导航与控制设备	C 型飞机的中央综合监测系统
修正到基年价格/万元	2227.97	382.03	4031.08	2141.51

第四步，由专家组成员对相似部分的相似系数进行打分，或根据系统容量、能力指标按比例设定相似系数（表 4-9）。

表 4-9 相似系数表

项目	A 型飞机的机体与推力装置	B 型飞机的武器投放设备	C 型飞机的导航与控制设备	C 型飞机的中央综合监测系统
相似系数	1.3	1.0	1.1	1.5

第五步，运用类比法估算 X 型运输机的生产费用，即

$$生产费用 = 2227.97 \times 1.3 + 382.03 \times 1.0 + 4031.08 \times 1.1 + 2141.51 \times 1.5$$
$$= 10\,924.844(万元)$$

D. 专家判别法

专家判别法是由单个或多个专家根据经验判断估算出估算对象的费用。多个专家判断时，可按级别、领域熟悉程度设置先验权重，提高估算的可信度；按 Delphi（德尔菲）法则实施多轮专家判断。

在开始评估之前设置专家的权重分值，是基于专家过去的先验信息（如历史数据）计算得出，是对专家知识、经验、能力、水平、期望及偏好等的综合考虑。例如，按职称、级别、专业接近程度、从事年限等加权设置权重；根据级别、职称、专业等综合加

权；根据专家之间相互评价设置权重。

这样可以充分利用专家的历史信息，权重越大表示专家的评价对结果的影响越大，但存在专家临场判断失误的可能。

在评估之后设置专家的权重分值。将专家决策结果与实际比较（常采用简单多数原则），确定前者相对于后者的偏离程度，通过反馈信息、逆判进行赋权。

E. 各方法的适用阶段对比

各方法适用阶段如表 4-10 所示。

表 4-10　各方法适用阶段

方法	综合论证	初步方案设计	详细设计与研制	生产阶段	使用阶段	退役阶段
工程估算法			√√	√√	√√	√
参数估算法	√√	√√	√	√		
类比估算法	√	√√	√	√		
专家判别法	√	√	√	√		

注：√表示该阶段的次要方法，√√表示该阶段的主要方法。

4.4　航空飞行器研制项目费用控制

项目费用控制是项目成本管理的重要环节。项目费用控制是在满足工程承包合同条款要求的前提下，根据项目的费用计划，对项目实施过程中所发生的各种费用支出，采取一系列措施来进行严格的监督和控制，及时纠正偏差，总结经验，保证项目成本目标的实现。

费用控制的基本方法是规定各部门定期上报其费用报告，再由控制部门对其进行费用审核，以保证各种支出的合法性，然后再将已经发生的费用与预算相比较，分析其是否超支，并采取相应的措施加以弥补。

4.4.1　航空飞行器研制项目费用控制的原则

飞行器研制项目的费用控制，通常是指在项目成本的形成过程中，对生产经营所消耗的人力资源、物资资源和费用开支，进行指导、监督、调节和限制，及时纠正已经发生和将要发生的偏差，把各项生产费用控制在计划成本的范围之内，以保证成本的实现。

飞行器项目的成本目标，有研发单位下达或内部承包合同规定的，也有项目自行规定的。但这些成本目标，一般只有一个成本降低率或降低额，即使加以分解，也不过是相对明细的成本指标而已，难以具体落实，以致目标管理往往流于形式，无法发挥控制成本的作用。因此，项目经理部必须以成本目标为依据，联系项目的具体情况，制订明细而又具体的成本计划，使之成为"看得见、摸得着、能操作"的实施性文件。这种成本计划，应该包括每一个分部分项工程的资源消耗水平，以及每一项技术组织措施的具体内容和节约数量（金额），既可指导项目管理人员有效地进行成本控制，又可作为对项目成本检查考核的依据。

由于项目管理是一次性行为，它的管理对象只有一个工程项目，且将随着项目建设的完成而结束其历史使命。在研发期间，项目成本能否降低，有无经济效益，得失在此一举，别无回旋余地，有很大的风险性。为了确保项目成本必盈不亏，费用控制不仅必要，而且必须做好。

从上述观点来看，飞行器研制项目费用控制的目的，在于降低项目成本，提高经济效益。然而项目成本的降低，除了控制成本支出以外，还必须增加工程预算收入。因为，只有在增加收入的同时节约支出，才能提高飞行器研制项目成本的降低水平。

飞行器研制项目费用控制原则可以从六个方面分析。

1. 开源与节流相结合的原则

前面已经说过，降低项目成本，需要一面增加收入，一面节约支出。因此，在费用控制中，也应该坚持开源与节流相结合的原则。要求做到：每发生一笔金额较大的成本费用，都要查一查有无与其相对应的预算收入，是否支大于收，在经常性的分部分项工程成本核算和月度成本核算中，也要进行实际成本与预算收入的对比分析，以便从中探索成本节超的原因，纠正项目成本的不利偏差，提高项目成本的降低水平。节流即节约，是提高项目经济效益的核心，是成本控制的一项基本原则。节约绝不是消极的限制与监督，而是要积极创造条件，从提高项目的科学管理水平入手。在实际工作中，不少企业或项目只注重严格执行成本开支范围和有关规章制度，强调事后的分析和检查，这实际上是"亡羊补牢"式的成本控制。这种做法对具有一次性特点的飞行器研制项目组织来说，在成本控制方面造成的危害较大。为了更好地贯彻开源与节流相结合的原则，我们不但要加强成本的反馈控制和事后检查分析，还应着眼于成本的事前控制，优化实施方案，深入研究项目的设计文件和具体实施条件，拟定预防成本失控的技术、组织和措施，消灭成本控制的先天不足，做到防患于未然，有效地发挥前馈控制的作用。

2. 全面控制原则

飞行器研制项目费用中要遵循的全面性原则，有两方面含义。

（1）飞行器研制项目费用全员成本控制。项目成本是一项综合性很强的指标，它涉及项目组织中每一个部门、单位和班组的工作业绩，也与每个职工的切身利益有关。因此，项目成本的高低需要大家关心，飞行器研制项目费用成本管理（控制）也需要项目建设者群策群力。要降低成本、实现成本计划，就必须充分调动每个部门或单位以及每个职工（从项目经理到技术人员、管理人员和工人）控制成本、关心成本的积极性和主动性，仅靠项目经理和专业成本管理人员等少数人的努力是无法收到预期效果的。在加强专业成本管理的基础上，要求在项目实施过程中，人人、处处、事事都要按照费用标准、定额、预算或计划来进行成本控制，做到专群结合控制成本，才能有效地降低成本，全面完成飞行器研制项目的成本计划。项目成本的全员控制，并不是抽象的概念，而应该有一个系统的实质性内容，其中包括各部门、各单位的责任网络和班组经济核算等，防止成本控制人人有责又都人人不管。

（2）飞行器研制项目费用全过程控制。系统工程的思想给飞行器研制项目费用控制工作的启迪之一就是费用控制工作的全过程性，即飞行器研制项目费用的全过程控制，是指在项目确定以后，自研发准备开始，经过项目实施和制作，到项目完成交付使用后的保修期结束，其中每一项经济业务，都要纳入成本控制的轨道。也就是说，首先，成本控制工作要随着项目实施进展的各个阶段连续进行，既不能疏漏，又不能时紧时松，使飞行器研制项目成本自始至终在有效控制之下，不能等到花钱的时候才想到或才进行成本控制；其次，成本控制工作要考虑项目整个寿命周期的总成本，如在飞行器制造阶段制订最佳的实施方案，按照设计要求和技术规范制造，不但能充分利用项目组织现有的资源，减少实施过程中的成本费用支出，而且，由于工程质量得到保证，减少了项目完成移交后的保修费用，甚至可能减少了用户在使用阶段的维修保养费用，这样的节约才是真正的节约。

3. 动态控制原则

动态控制原则又称中间控制原则，对于具有一次性特点的飞行器研制项目成本来说，应该特别强调项目成本的中间控制。因为项目准备阶段的成本控制，只是根据上级要求的具体内容确定成本目标、编制成本计划、制订成本控制的方案，为今后的成本控制做好准备。而项目交付维护阶段的成本控制，由于成本盈亏已基本成定局，即使发生了偏差，也来不及纠正。因此，把成本控制的重心放在设计、制造等主要实施阶段上是十分必要的。

4. 责、权、利相结合的原则

要使成本控制真正发挥及时有效的作用，必须严格按照经济责任制的要求，贯彻责、权、利相结合的原则。在项目实施过程中，一方面，项目经理、工程技术人员、管理人员以及各单位和生产班组都有一定的成本控制责任，从而形成整个项目的成本控制责任网络。另一方面，各部门、各单位、各班组在肩负成本控制责任的同时，还应享有成本控制的权利，即在规定的权利范围内可以决定某项费用能否开支、如何开支和开支多少，以行使对项目成本的实质性控制。此外，为充分调动每个成本中心的主动性和积极性，项目经理还必须定期对各部门、各单位、各班组在成本控制中的业绩进行检查和考评，并与工资分配紧密挂钩，实行有奖有罚。实践证明，只有责、权、利相结合的成本控制，才是名实相符的项目成本控制，才能收到预期的效果。

5. 目标管理原则

目标管理是贯彻执行计划的一种方式，它把计划的方针、任务、目的和措施等逐一分解，提出进一步的具体要求，并分别落实到执行计划的有关部门、单位甚至个人。目标管理的内容包括：目标的设定和分解，目标的责任到位和执行，检查目标的执行结果，修正目标和评价目标。成本控制作为目标管理的一项重要内容，其工作的开展要遵循目标管理的原理。必须以目标成本为依据，将其作为对项目各种经济活动进行控制和指导的准绳，力求做到以最小的成本支出获得最佳的经济效益。

目标管理的基本思想和工作方法是 PDCA 循环，如图 4-15 所示，PDCA 是 plan（计划）、do（实施）、check（检查）和 action（行动）四个单词的首字母缩写。一个飞行器研制项目是一个大 PDCA 循环，下属的工段、班组或个人，都有各自的 PDCA 循环，上一级的 PDCA 循环是下一级 PDCA 循环的依据，下一级的 PDCA 循环又是上一级 PDCA 循环的具体贯彻。通过这些大环套小环、大小循环一起运行，一层一层解决问题，把项目成本管理的各项工作有机地联系起来，彼此协同，互相促进，如图 4-16 所示。PDCA 循环的四个阶段，周而复始，循环一次，改善一次，提高一步，螺旋上升，如图 4-17 所示。在 PDCA 循环中关键是抓住 A 阶段，把成功的经验制定成技术或管理的标准、规范，防止以后再出现同样的缺陷、错误，遗留的问题则转入下一循环加以解决。

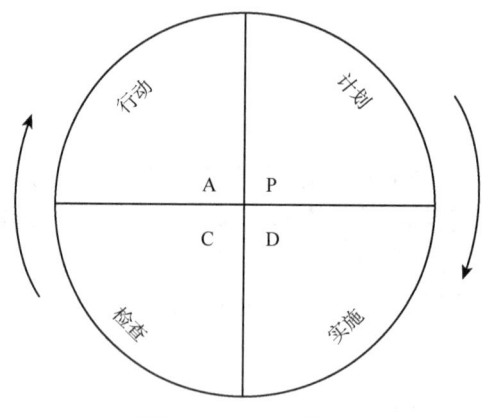

图 4-15　PDCA 循环

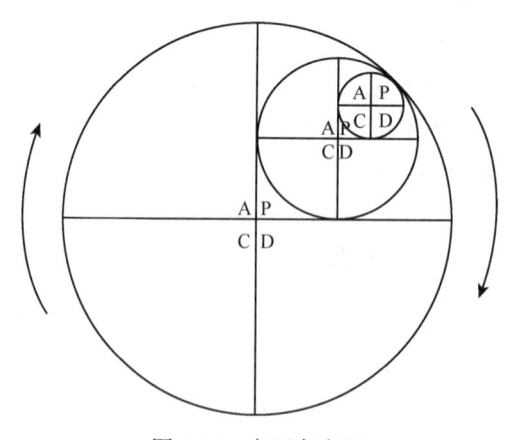

图 4-16　大环套小环

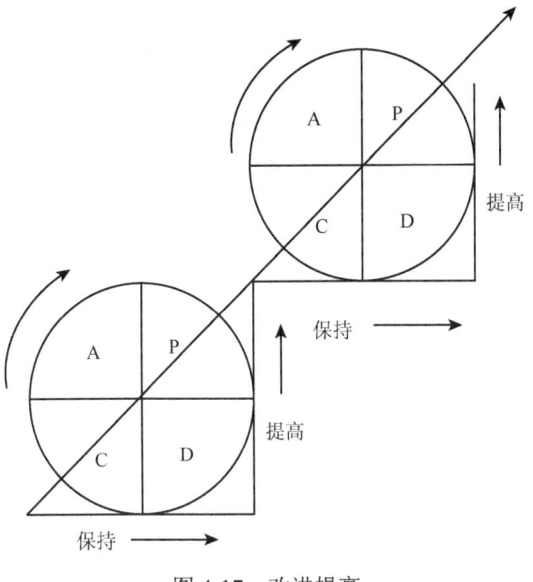

图 4-17　改进提高

6. 例外管理原则

例外管理是一种管理制度或原则，它起源于决策科学中的"例外"原则，目前则被更多地用于成本指标的日常控制。

在项目实施过程的诸多活动中，有许多活动是例外的，如研发任务单和限额领料单流转程序等，这些活动通常是通过制度来保证其顺利进行的。对于那些不经常出现的问题，我们称之为"例外"问题。这些例外问题，往往是关键性问题，对成本目标的顺利完成影响重大，必须予以高度重视。在成本管理中，属于例外问题的通常有以下四种。

1）重要性

重要性是根据成本差异金额的大小来决定的。一般来说，只有在金额上具有重要意义的差异，才是例外问题，才需要给予特别重视。这个金额的确定，应当根据飞行器研制项目的具体情况规定，如差异额达到目标成本10%以上即视为例外。必须指出，这里所说的差异，既包括有利差异又包括不利差异。实际成本低于目标成本过多并不一定是好事，它可能给后续分部分项工程或作业带来不利影响，或者导致工程质量低，除了可能带来返工和增加保修费用支出外，还会影响企业的信誉。当然，在达到设计文件和承包合同要求的前提下，追求成本的有利差异，是飞行器研制项目成本管理工作的最终目标。

2）一贯性

尽管有些成本差异未达到或超过规定的百分率或最低金额，但一直在控制线的上下限附近徘徊，也应视为例外。因为这可能表示，原来的成本标准已经过时或不准确，应该根据实际情况及时进行调整。

3）控制能力

凡是项目管理人员无法控制的成本项目,即使发生较大的差异,也不应视之为例外。如实验失败损失、临时租赁费用的上升以及通货膨胀的发生等。

4）成本项目的特殊性

凡对项目实施全过程都有影响的成本项目,即使差异没有达到重要性的地位,也应受到成本管理人员的密切注意。如片面强调节约飞行器设计费用,在短期内虽然可以降低成本,但由于设计不足可能造成未来的停工重设计,从而影响正常实施,导致延长工期,这些损失可能远比节约的设计费用大得多。

对于以上例外问题,应进行重点、深入检查和分析,并采取相应的积极的措施加以纠正。

4.4.2 航空飞行器研制项目费用控制的方法与工具

以航空飞行器为例,航空飞行器研制项目费用控制的方法较多,在已有的关于费用控制方面的方法中,费用控制方法多为偏差控制法和成本分析表法。费用控制是一个综合性问题,涉及项目实施的方方面面,不仅仅是财务问题。所以,我们以控制论的基本思想为指导,系统阐述航空飞行器研制项目成本控制的主要方法。

1. 常用的航空飞行器研制项目控制方法

1）时间、进度、费用法

航空飞行器研制项目的实施过程,从时间上看,可以分为三个阶段:开始施工阶段、全面实施阶段和收尾阶段。每个阶段有不同的费用支出特点,单位时间内成本支出情况如图4-18所示。

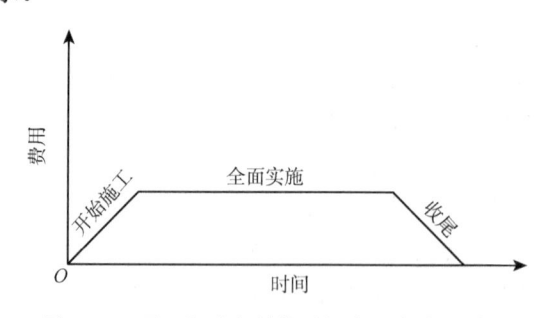

图 4-18 项目各阶段单位时间内成本支出情况

由图 4-18 可以看出:在航空飞行器研制项目开始施工阶段,成本支出呈线性上升趋势,同时,单位时间完成的工程量也呈线性上升趋势;当项目进入全面实施阶段后,成本支出趋于稳定,完成的工程量也相应稳定;进入收尾阶段,需完成的工程量逐渐减少,把图 4-18 中的单位时间成本支出曲线用累计数来表示,那么它就成了一条拉长的"S"形曲线,又称"成长曲线",如图 4-19 所示。

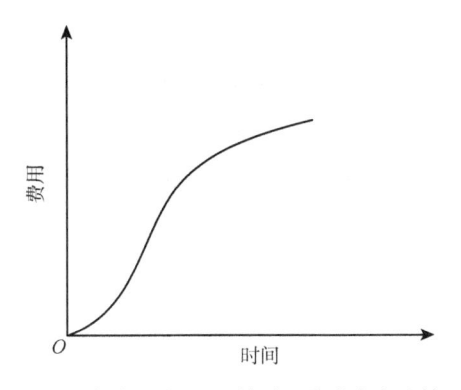

图 4-19 航空飞行器研制项目总成本支出情况

图 4-19 是我们进行航空飞行器研制项目总成本支出情况控制的理论基础。根据"S"形曲线原理，利用工时成本与进度关系图（图 4-20）、成本估算和进度计划综合图（图 4-21），结合工程进度进行成本控制。

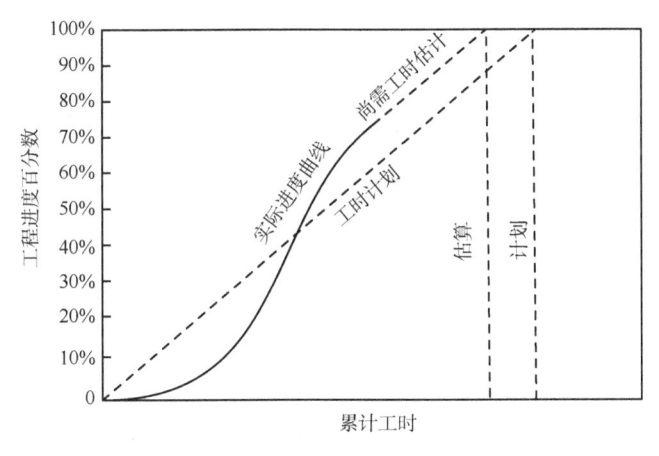

图 4-20 工时成本与进度关系

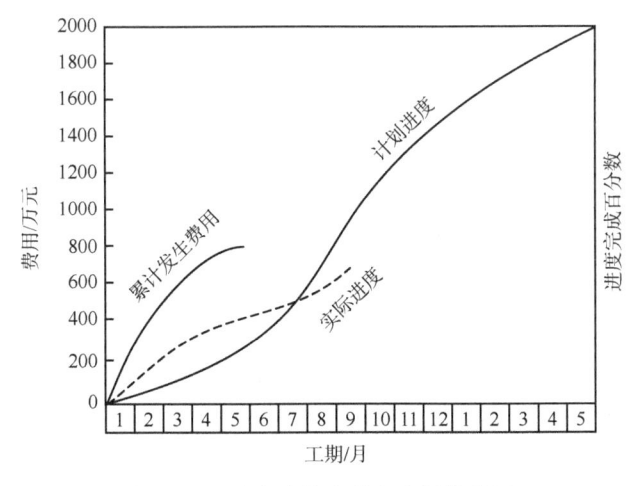

图 4-21 成本估算和进度计划综合图

图 4-20 仅表示工时成本的支出问题，而图 4-21 中却能表示航空飞行器研制项目的总成本支出和进度情况，以作为项目管理中成本控制和进度控制措施制定、实施的依据。图 4-21 中绘有项目进度的计划曲线和实际曲线，以及项目成本支付的累计发生费用曲线，由此可以看出项目进度、成本的现状和发展趋势，为结合进度控制成本提供了依据。

2）成本控制图法

在现有的关于费用控制方法的文献中，最常介绍的是偏差控制法。我们认为，这种方法有值得改进之处，于是，将全面质量管理方法中的质量控制图法原理引入成本的日常控制之中，称为成本控制图法，作为成本形成过程控制中的一种常用方法。

在航空飞行器研制项目中，有关成本的偏差有三种：实际偏差、计划偏差和目标偏差。它们的计算公式如下。

（1）实际偏差 = 实际成本 − 预算成本。
（2）计划偏差 = 预算成本 − 计划成本。
（3）目标偏差 = 实际成本 − 计划成本。

航空飞行器研制项目费用控制的目的是力求减少目标偏差，目标偏差越小，说明成本控制的效果越好，表明了航空飞行器研制项目系统运行的状态是正常的。计划成本、预算成本和实际成本三者之间的关系如图 4-22 所示。

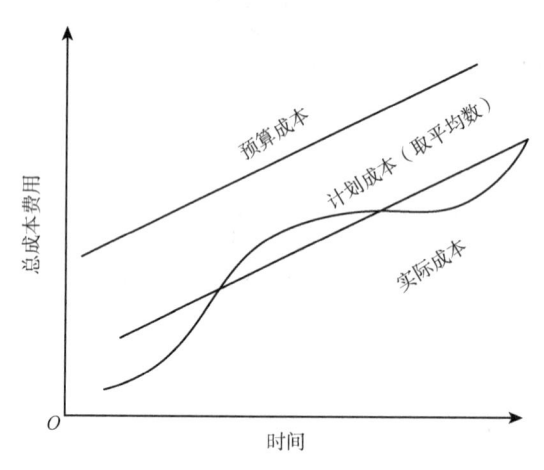

图 4-22 计划成本、预算成本和实际成本关系图

航空飞行器研制项目成本控制图法的基本程序如下。

（1）根据计划成本、预算成本以及最低成本，确定实际成本的变化范围，并在成本控制图中绘出各自相应的曲线。

（2）根据成本核算资料，及时在图中描点连线，绘制实际成本曲线。

（3）对实际成本曲线进行分析。偏差分析留待后面讨论，下面对实际成本曲线的变化趋势做一些说明。

（4）实际成本线并未超过预算成本线，见图 4-23（a），但实际成本数据点连续呈上升趋势排列,这表示成本控制过程已出现异常,应迅速查明原因,采取相应措施,否则就会出现亏损。

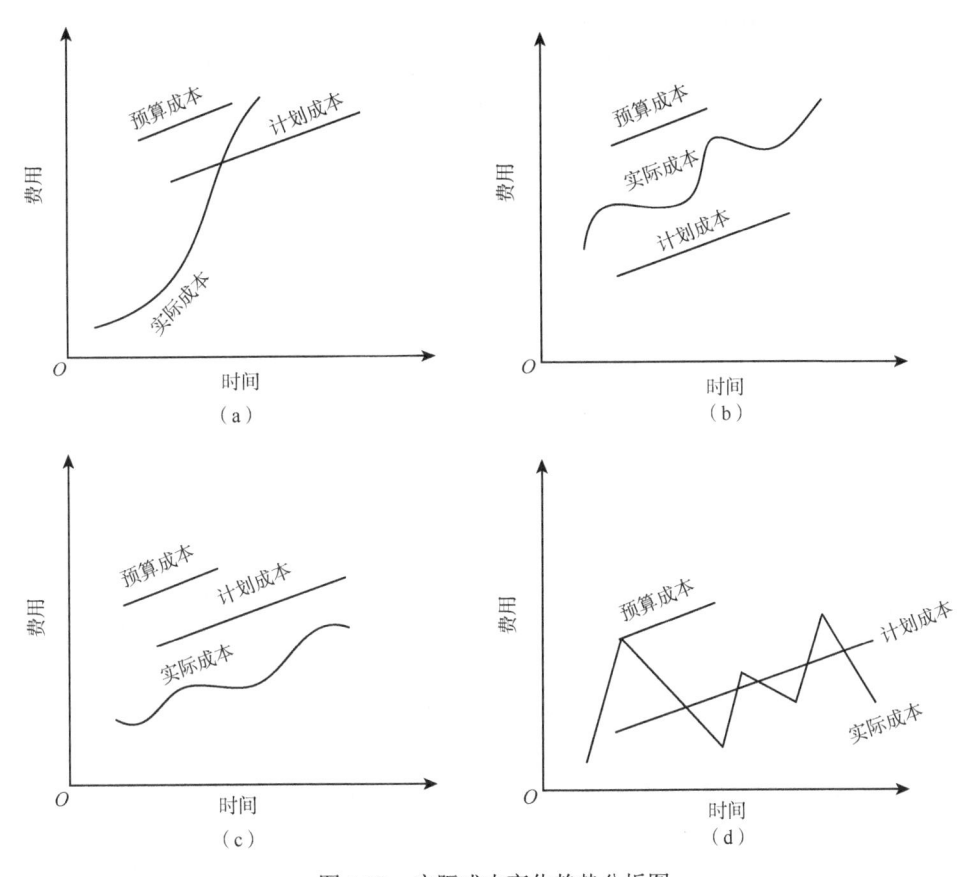

图 4-23　实际成本变化趋势分析图

(5) 实际成本线始终位于计划成本线的一侧,见图 4-23(b)和(c)。如果实际成本数据点连续位于计划成本线的上方,见图 4-23(b),则可能存在两种问题:一是预算成本偏低而导致计划成本制定得不合理;二是计划成本制定得不合理与预算成本无关。不管哪种情况,都要及时进行调整,否则会影响成本控制工作的深入开展。如果实际成本数据点连续排列于计划成本线的下方,见图 4-23(c),要注意两个问题:一是计划成本制定的合理性问题;二是会不会造成质量低劣而导致返工或影响后续作业的问题。

(6) 实际成本线超出预算成本线,要迅速查明原因;或虽未超越界限,而数据点的跳动幅度大,出现忽高忽低的现象,见图 4-23(d),也应深入追查其原因。

3) 成本计划评审法

网络计划技术是 20 世纪 50 年代在美国首先发展起来的。由于这种方法是建立在网络模型的基础上,主要用于计划和控制,故称为网络计划技术。

在我国,不少人认为,网络计划方法主要用于进行进度控制,与费用控制的关系不大,即使在进行网络计划优化时,也不过是寻找最少的赶工成本。然而,在日常费用控制中，结合网络计划进行费用控制，有其独到之处，能充分发挥网络计划法的优点。成本计划评审法是在网络计划图上标出各工序的计划成本和工期，如图 4-24 所示。箭线下方的数字为工期，字母 C 表示成本，其后的数字为计划成本额。应用成本计划评审法，从网络图中能清楚地看出每一项工序的计划进度与实际进度、计划费用与实际费用的对比情况，也能清楚地看出控制进度、控制费用的方向。

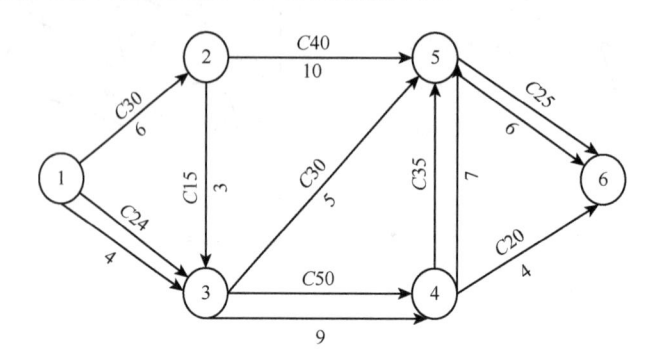

图 4-24　网络计划图（一）
两条箭线表示的是关键工作，构成关键路径

在计划开始执行后，将实际经过的时间和开支的成本（主要是直接成本）累计计算，并定期将实际时间、实际成本和计划相比，发现偏差，及时采取措施加以纠正。图 4-25 为图 4-24 的网络计划执行 4 周后的情况。方框中的数字为实际值。由图 4-25 可知，当计划执行 4 周后，工序 1-3 为关键路径，按期完成，成本也正好与计划成本相等；工序 1-2 为非关键路径，工期延后了 1 周，虽然不影响总工期，但按单位时间计算的成本却超过了计划值，其超支额为

$$\left[\frac{(30\times1000)\times3}{6}-20\times1000\right]=-5000(元)$$

应及时查明原因，如属异常，要采取措施予以纠正。

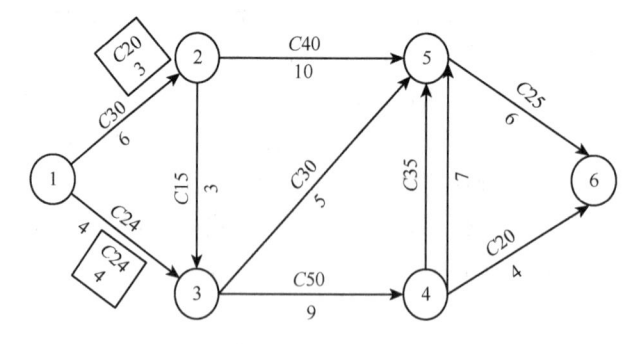

图 4-25　实际与计划对比网络计划图

4）时间成本优化法

时间成本优化法又称费用优化法，是寻求最低成本时的最短工期安排，或按要求工期寻求最低成本的计划安排的方法。

航空飞行器研制项目的总成本由直接成本和间接成本组成，其中，直接成本随着工期的缩短而增加，间接成本则随着工期的缩短而减少。这样，必定有一个总成本最少的工期，这就是时间成本优化法所要寻求的目标。上述情况如图 4-26 工期-成本曲线所示。

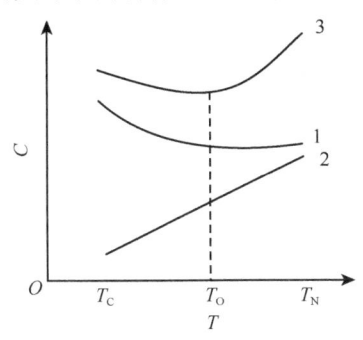

图 4-26 工期-成本曲线

曲线 1 表示直接成本，2 表示间接成本，3 表示总成本；T_C 为最短工期，T_N 为正常工期，T_O 为优化工期

一般用 α 表示某项作业（或工序）的直接费率，则有

$$\alpha = \frac{C_C - C_N}{D_N - D_C} \tag{4-3}$$

式中，C_C 为在最短持续时间下，作业所需的直接成本；C_N 为在正常持续时间下，作业所需的直接成本；D_N 为作业的正常持续时间；D_C 为作业的最短持续时间。

一般用 β 表示某工程的间接费率。则有

$$\mathrm{TC} = \sum C + \beta \cdot t \tag{4-4}$$

式中，TC 为计算工期为 t 的工程的总成本；$\sum C$ 为计算工期为 t 的工程的直接成本之和。

下面举例说明时间成本优化法的应用步骤。

【例 4-4】 已知网络计划如图 4-27 所示，图中箭线下方为正常持续时间和最短持续时间（括号内），箭线上方为正常时间直接成本和最短时间直接成本（括号内），间接费率为 0.8 万元/天，试对其进行时间成本优化。

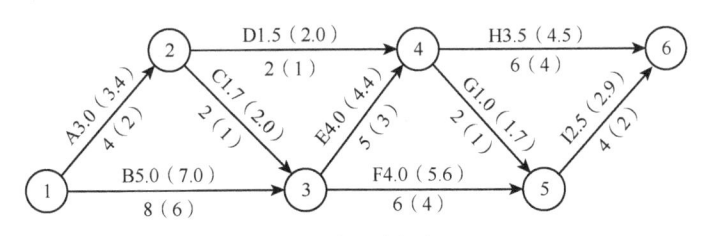

图 4-27 网络计划图（二）

解：
（1）算出工程总直接成本

$$C_1 = 3.0 + 5.0 + 1.7 + 1.5 + 4.0 + 4.0 + 1.0 + 3.5 + 2.5 = 26.2 (万元)$$

（2）算出各项工作的直接费率

$$\alpha_A = \frac{3.4 - 3.0}{4 - 2} = 0.2 \,(万元/天)$$

同理可以求得 B-I 的直接费率为 1.0, 0.3, 0.5, 0.2, 0.8, 0.7, 0.5, 0.2。

（3）用标号法找出网络计划中的关键路径并求出计算工期。如图 4-28 所示，计算工期为 19 天。图 4-28 中箭线上方括号内为直接费率。

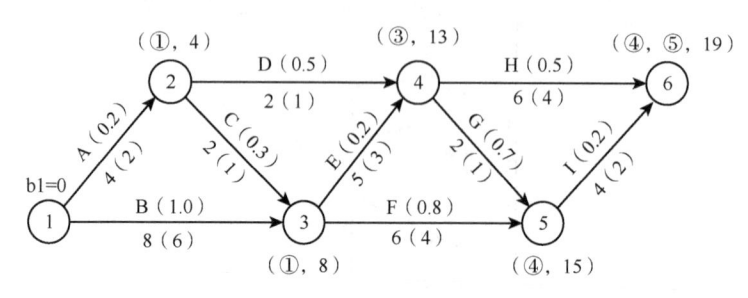

图 4-28 初始网络计划图

圈码数字代表网络图中的节点，如（①, 8）代表从节点①到节点③，工期 8 天，而不是从节点②到节点③，这是寻找关键路径的过程体现

（4）算出工程总成本：
$$TC = 26.2 + 0.8 \times 19 = 41.4 (万元)$$

（5）进行压缩。

进行第一次压缩：有 2 条关键路径 B-E-H 和 B-E-G-I，直接成本最低的关键工作为 E，其直接费率为 0.2 万元/天，小于间接费率 0.8 万元/天，将其压缩至最短持续时间 3 天，找出关键路径，如图 4-29 所示。

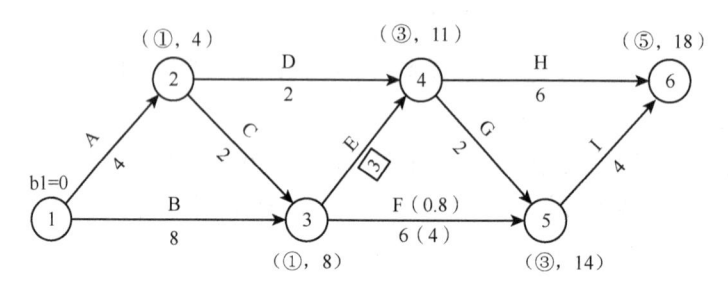

图 4-29 将 E 压缩至最短持续时间的网络计划

图 4-29 中 E 工作被压缩成了非关键路径。故将其松弛至 4 天，使之仍为关键工作，且不影响已形成的关键路径 B-E-H 和 B-E-G-I。第一次压缩后的网络计划如图 4-30 所示。

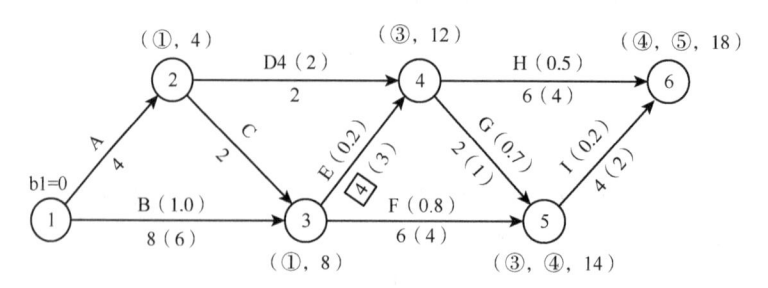

图 4-30 第一次压缩后的网络计划

进行第二次压缩：图 4-30 有 3 条关键路径 B-E-H、B-E-G-I 和 B-F-I。共有 5 种压缩方案：①压 B，直接费率为 1.0；②压 E、F，组合直接费率为 0.8 + 0.2 = 1.0；③压 E、I，组合直接费率为 0.2 + 0.2 = 0.4；④压 H、I，组合直接费率为 0.5 + 0.2 = 0.7；⑤压 F、G、H，组合直接费率为 0.8 + 0.7 + 0.5 = 2.0。决定采用诸方案中直接费率或组合直接费率最小方案③，尚不能判断是否已出现优化点，故应继续压缩。第二次压缩后的网络计划如图 4-31 所示。

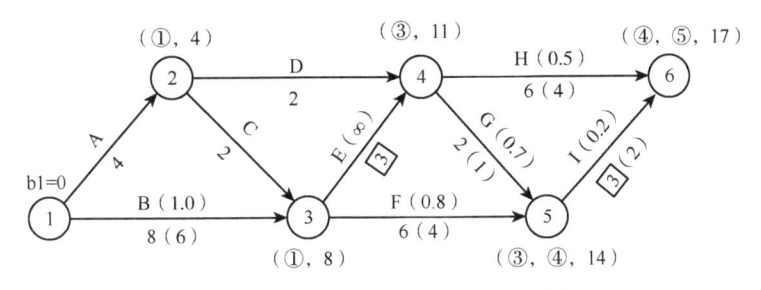

图 4-31 第二次压缩后的网络计划

进行第三次压缩：图 4-31 有 4 种压缩方案，与第二次压缩时的方案相同，只是方案②（压 E、F）和方案③（压 E、I）的组合费率由于 E 的直接费率已变为无穷大而随之变为无穷大。此时最好的是方案④（压 H、I），组合直接费率为 0.5 + 0.2 = 0.7，小于间接费率 0.8，尚不能判断是否已出现优化点，故应继续压缩。

进行第四次压缩：由于方案②、③、④的组合直接费率因 E、F 的直接费率不能再缩短而变成无穷大，故只能选用方案①（压 B），由于 B 的直接费率 1.0 大于间接费率 0.8，故已出现优化点。优化网络计划即为第三次压缩后的网络计划，如图 4-32 所示。

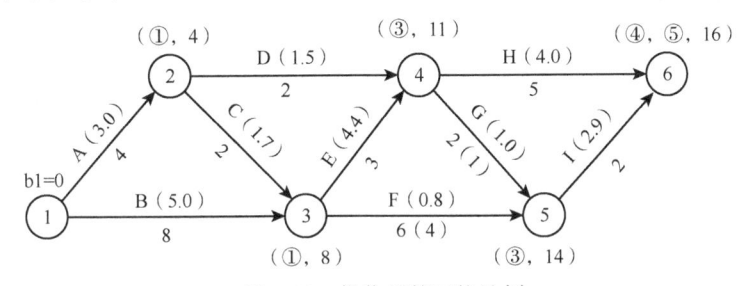

图 4-32 优化后的网络计划

工期优化过程如表 4-11 所示。

表 4-11 工期优化表 单位：万元

缩短次数	被缩工作代号	被缩工作名称	直接费率或组合直接费率/万元	费率差	缩短时间/天	成本变化	工期/天	优化点
①	②	③	④	⑤	⑥	⑦=⑤×⑥	⑧	⑨
0							19	
1	3-4	E	0.2	−0.6	1	−0.6	18	
2	3-4 5-6	E、I	0.4	−0.4	1	−0.4	17	

续表

缩短次数	被缩工作代号	被缩工作名称	直接费率或组合直接费率/万元	费率差	缩短时间/天	成本变化	工期/天	优化点
3	4-6 5-6	H、I	0.7	-0.1	1	-0.1	16	优
4	1-3	B	1.0	+0.2				
				成本变化合计		-1.1		

注：费率差 = 直接费率或组合直接费率 - 间接费率，成本变化合计只合计负值

（6）计算优化后的总成本：

$$TC = 41.4 - 1.1 = 40.3 \text{（万元）}$$

（7）绘出优化网络计划，如图 4-32 所示。

图 4-32 中被压缩工作压缩后的直接成本确定如下。

工作 E 已压至最短持续时间，直接成本为 4.4 万元。

工作 H 压缩 1 天，直接成本为：$3.5 + 0.5 \times 1 = 4.0$ 万元。

工作 I 已压至最短时间；直接成本为 2.9 万元。

（8）计算出总成本为

$$TC = (3.0 + 5.0 + 1.7 + 1.5 + 4.4 + 4.0 + 1.0 + 4.0 + 2.9) + 0.8 \times 16 = 40.3 \text{（万元）}$$

和（6）计算出的成本一致。

5）成本分析表法

成本分析表法是进行航空飞行器研制项目成本控制的主要财务方法之一。

作为成本分析控制手段之一的成本分析表，包括成本日报、周报、月报、分析表和成本预测报告等。这种方法是目前在进行航空飞行器研制项目成本控制时经常采用的方法，它要求准确、及时和简单明了，分析表可以每日、每周或每月填制一次，依实际需要而定。常见的成本分析表有以下几种。

月成本分析表格式见表 4-12 和表 4-13，既可用于航空飞行器研制项目的综合成本分析，也可用于每个责任中心的成本分析。

表 4-12 成本分析表

| 编号 | 工程部位名称 | 实物单位 | 工程量 || | | 预算成本 || 计划成本 || 实际成本 || 实际偏差 || 目标偏差 ||
| | | | 计划 || 实际 || | | | | | | | | | |
			本期	累计	本期	累计	本期	累计	本期	累计	本期	累计	本期	累计	本期	累计
①	②	③	④	⑤	⑥	⑦	⑧	⑨	⑩	⑪	⑫	⑬	⑭=⑧-⑫	⑮=⑨-⑬	⑯=⑩-⑫	⑰=⑪-⑬

表 4-13 成本项目分析表

编号	成本项目	完成工程量	预算成本	计划成本	实际成本	差异		本月计划单位成本	本月实际单位成本	上月实际单位成本
						实际差异	目标差异			
①	②	③	④	⑤	⑥	⑦=④−⑥	⑧=⑤−⑥	⑨=⑤÷③	⑩=⑥÷②	⑪

成本日报或成本周报格式见表 4-14 和表 4-15。为了便于准确掌握项目实施的动态情况，航空飞行器研制项目各级管理人员需要及时了解自己责任范围内项目的进度与成本情况，及时发现工作中的难点和弱点，并据此采取有效措施。因此，良好的成本控制，应该每日、每周进行成本核算和分析。成本日报的主要内容是记录人工的投入，成本周报则要求反映人工、材料和机械使用费的计划与实际支出情况。

表 4-14 成本日报

分部分项工程名称	月 日		月 日		月 日		月 日	
	数量	单位	数量	单位	数量	单位	数量	单位

表 4-15 成本周报

编号	工程部位名称	间接成本	数量		单价		成本			比较	
			单位	总计	本周数	预算	实际	总计	实际总计	最终预测	节约	超支

月成本计算及最终成果预测报告是飞行器项目成本控制的重要内容之一，它应报告记载的主要内容有：已支出金额、到完工时尚需金额预计、盈亏估计等。月成本计算及最终成果预测报告要求在月末编制会计报表的同时完成，一般先由会计人员根据各会计账簿将"已支出金额"填好，其余由成本工程师完成。

2. 成本差异分析方法

常用的成本差异分析方法主要有因果分析图法和成本项目分析表法。

1）因果分析图法

因果分析图又称鱼刺图，是全面质量管理中的常用方法，是一种分析问题、查找原因的系统方法。它主要用于分析质量问题产生的原因。

我们知道，成本发生差异，即出现目标偏差的原因是多方面的，如人工费超支，可能是由质量事故造成的返工，劳动组织不善形成窝工、工程变更，待料，机械故障等诸多因素导致的停工，气候恶劣造成的停工，以及非生产用工等许多原因造成的。为了准确地查明成本超支的根源，可以采用因果分析图这种科学和系统的方法。

通常航空飞行器研制项目成本差异原因分析的因果分析图如图 4-33 所示。

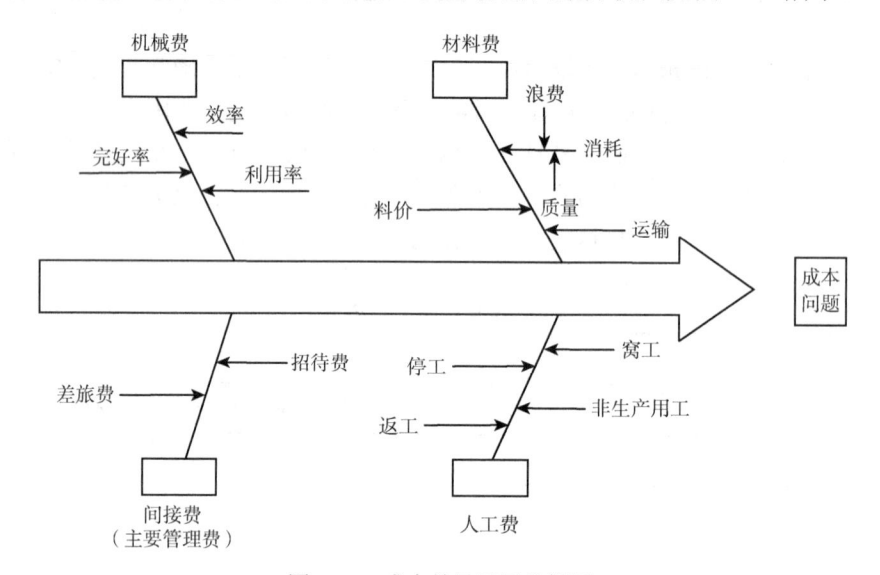

图 4-33 成本差异因果分析图

2）成本项目分析表法

以上介绍的成本分析表，主要是用于成本控制过程中的问题发现。为了分析出现成本差异的原因，有必要按成本项目、归属对象进行进一步的分析。成本项目分析表分人工费、材料费、机械使用费、工班工费成本考核和工班材料费考核等，人工费和材料费成本分析表格式见表 4-16 和表 4-17。这些分析表有助于深入分析成本节约或超支的责任和根源，从而便于制定和采取相应的措施。

表 4-16 人工费成本分析表

工程部位名称	完成工程量	工费定额成本				工费实际成本			备注
		定额标准	定额天数	工资标准	工费责任成本	实际用工	实际工资	实际工费成本	

表 4-17　材料费成本分析表

工程部位名称	完成工程量	材料名称	材料定额成本			材料实际成本		
			定额标准	消耗量	材料责任成本	实耗量	材料实际单价	材料成本

4.4.3 项目费用控制的结果

经过分析，根据实际情况可对项目费用文件进行修正，如与利害关系方协商后调整设计概算、变更合同价格等。

实际工作中纠偏的主要对象是业主原因和设计原因造成的费用偏差，可以采取组织措施、经济措施、技术措施和合同措施等。例如，寻找新的、更省的、效率更高的设计方案；对外采购部分产品；重新选择供应商；改变实施过程；变更工程范围；进行索赔等。

偏差的产生原因、选择的纠偏措施以及从费用控制中吸取的经验教训都应该形成书面文字材料，并进行归档，以供其他项目参考。

思考题

1. 成本估算的常用方法有哪些？
2. 什么是不可预见费？
3. 挣得值分析法的评价指标有哪些？
4. 寿命周期分析的一般方法有哪些？
5. 简述费用控制原则中的例外管理原则。
6. 简述费用控制有哪些结果。

第 5 章

航空飞行器研制项目质量管理

在航空事业日益发展的今天,航空飞行器研制项目质量管理也逐渐成为一个热门的问题,本章对于航空飞行器研制项目质量管理的介绍可以分为三部分:首先阐述了航空飞行器研制项目质量管理的基本概论,从内容、必要性和产生质量问题的原因等方面整体介绍航空飞行器研制项目质量管理;其次通过解释质量管理体系标准及相关术语和质量管理原则等来介绍航空飞行器研制项目质量管理体系;最后着重介绍几种重要的项目质量管理的工具和方法,如 PDCA 循环、质量功能展开(quality function deployment,QFD)、六西格玛方法等,并通过一些案例来介绍航空飞行器研制项目质量管理中的一般性流程。

■ 5.1 航空飞行器研制项目质量管理概论

5.1.1 航空飞行器研制项目质量管理内容

《PMBOK 指南》把项目质量简要定义为:一组固有的特性能够满足要求的程度。我国航空飞行器研制项目管理主要是基于军工管理模式,航空飞行器研制生产的质量管理是在我国军标质量管理体系基础上进行的。航空飞行器研制项目质量管理的主要内容包括确保项目满足客户要求所需的过程,包括项目质量方面的指挥和控制活动。首先,必须为航空飞行器研制项目制定质量目标,再进行项目质量管理,过程包括质量策划、质量保证、质量控制和质量改进。航空飞行器研制项目质量管理过程框架如图 5-1 所示。

要完全理解航空飞行器研制项目质量管理的概念以及实现途径,需要理解由上述来源发展而来的 4 个现代质量的核心概念:干系人的满意度;过程管理;基于事实的管理;有效地执行。

质量改进
列出所有项目质量问题点，编制质量改进计划并制定质量改进目标，实施改善

质量控制
监控项目每一步具体结果，判断是否达到质量目标

质量保证
确保项目实施满足要求所需的所有过程、质量管理体系、过程管理

质量策划
航空飞行器研制项目相关质量标准、客户需求、技术需求

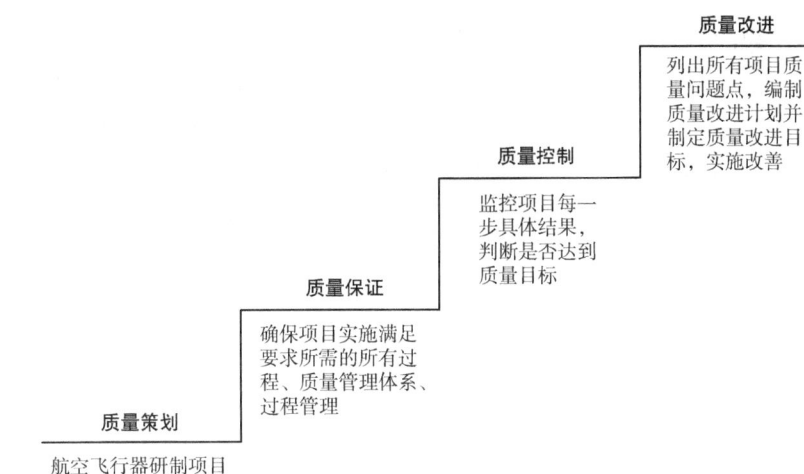

图 5-1　质量管理过程框架

1. 干系人的满意度

航空飞行器研制项目是涉及多学科领域、多单位协作、综合性强、工程实施难度高的大规模系统工程，各相关部门或单位必须以实现飞机产品为目标，进行有效的组织、协调和监督。通常，航空飞行器研制项目将有一个由总工程师单位组成的项目管理团队，做好项目干系人管理是飞机开发项目质量管理的重要环节。干系人的满意度包括干系人识别，使用结构化过程确定相关质量标准以及了解干系人最终质量目标。项目的内部干系人包括项目当事人以及组织内担任职务的工作人员；外部干系人包括客户、政府有关部门、供应商、公众以及其他团体。

基于干系人的要求制定质量标准，制定项目相关质量标准的决策过程分为以下步骤。

（1）识别所有干系人。

（2）根据干系人的优先级将其排序。

（3）获悉具有优先权的干系人的要求。

（4）制定满足这些要求的标准。

（5）权衡取舍、做出决策。

干系人一般都积极参与质量标准的制定过程，他们会从自己的角度对质量管理过程进行判断，这样，他们评判的范围既包括工作过程的质量，又包括可交付成果的质量。在进行权衡取舍时，项目总工程师起促进作用，实际上要由干系人做出决策，此时提醒干系人考虑成本、进度、范围和质量的相对重要性，这些对确定合理的标准是很有价值的。

在获得干系人满意的问题上，有几句格言是很有价值的。第一句是一位老木匠的建议："多次测量才能保证一次切割准确无误。"也就是说精密的计划有助于减小偏差，进而消减成本，缩短工期，这些都可以使干系人更加满意。第二句格言是："达到要求并且超出预期。"正如合同所规定，项目必须达到干系人的具体要求，但是如果能向干系人展示优化的工作过程并进行良好的沟通，那么项目的可交付成果会超出预期使他们

更满意。这里所说的达到要求与超出预期源自两个不同的出发点。有效的项目管理能够在成本范围内按期完成项目,达到合同要求,而合格的项目管理,不仅要达到合同要求,而且要增加顾客的满意度。第三句格言是:"明智的项目总工程师懂得开发顾客的潜能。"意思是顾客使用项目的可交付成果更好地完成工作,由此可能增加合作、培训、客户支持的机会进而增加项目的收益。敏捷项目管理的建议是经常(可能是每天)与业主和其他干系人进行沟通。这对任何项目都是一条好的建议。

2. 过程管理

航空飞行器研制项目的过程是"为完成"既定的飞行器研制目标、成果或服务所实施的一系列相互关联的活动。

1) SIPOC 模型

对项目进行深入了解的第一部分是明确由供应商经项目到顾客的所有工作的过程。完成上述内容的有效工具是供应商(supplier)—输入(input)—过程(process)—输出(output)—客户(customer)模型,即 SIPOC 模型,如图 5-2 所示。

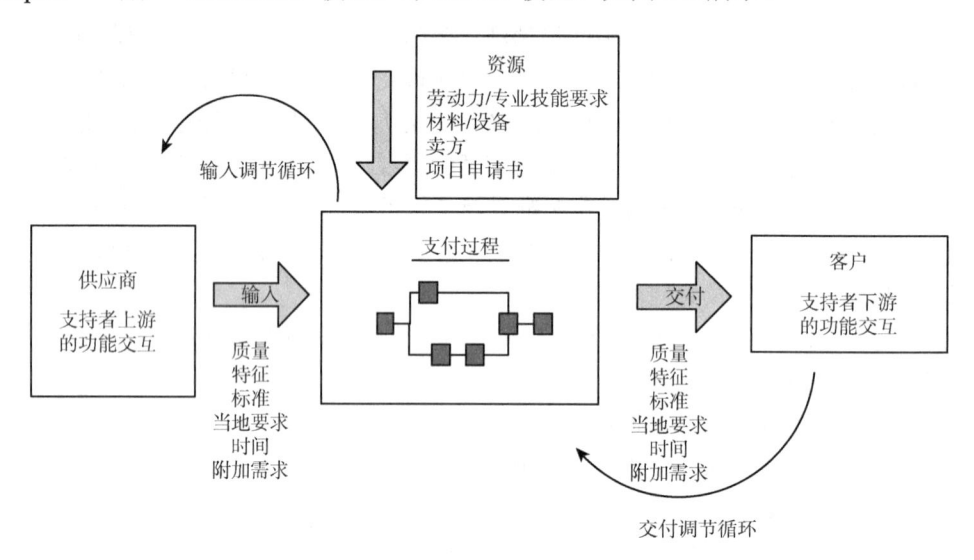

图 5-2 SIPOC 模型

在图 5-2 中,过程边界定义得非常清晰。这样可以有效防止由取消过程中靠前或靠后的步骤所导致的范围蔓延。上述 SIPOC 模型也对向过程提供输入(供应商)、从过程中获得收益的关键干系人(客户)进行识别,而且显示出反馈循环,进而提供有用的信息。

从项目客户开始向前思考可以对 SIPOC 模型做出解释。正如前面干系人的满意度一节所述,项目总工程师识别出相关项目的全部客户以及他们期望的输出是很有价值的。此输出清单包含的期望通常过于广泛,需要做出优先化决策。此时项目总工程师及核心团队可以为创造这些输出成果界定必要的工作过程,进而识别出完成这些活动所需要的输入，最终确定供应商。

当供应商-顾客的观点明确后，下一步就要确定该过程是否能够创造项目的可交付成果。这个问题在项目章程的制订时就应该进行讨论，如对里程碑进度计划、风险、约束条件进行讨论，把可能存在的严重问题提出来。在部分小型项目中，这可能足以确定创造可交付成果所计划的方法是否可行；而在其他项目中，可能还需对进度、资源、风险进行更详细的分析。当考虑项目的过程是否可行时，项目总工程师要明确项目运行的可能情况，并确保过程的方法足够有弹性应对可能发生的各种意外情况。

经验丰富的项目总工程师懂得，在过程中控制质量，要远远优于检测时再发现问题。原因如下：第一，生产不合格产品，然后重新生产合格的输出产品造成严重的成本浪费；第二，任何返工都会加剧很多项目本来已很紧迫的工期压力；第三，即便是最优秀的检验员也不可能检测出全部问题，一些劣质品很可能流入顾客手中。

2）过程管理的过程控制

控制是"将实施结果与计划结果进行比较，分析偏差、估计趋势以便改进过程，评价可行的替代方案，并且根据需要采取适当的纠正措施的过程"。过程控制的目标是保证输出成果能够被正确预测。如果输出成果无法预测，或者预测结果不令人满意，那么此时，项目总工程师就会进行过程管理的第三部分：过程改进。

3）过程改进的 PDCA 模型

过程改进，既可以用持续渐进的方式，也可以用突破性的方式。并不是所有的项目核心团队成员以及相关专家在任何时候都可以得出过程的改进方法。缓慢而稳定的改进是项目过程控制良好的基础，然而在一些情况下必须进行大幅度的改进，此时就需要突破性方式发挥其作用。无论改进幅度大还是小，都可以使用模型使改进工作有章可循。改进模型，如六西格玛改进模式 DMAIC［定义（define）、测量（measure）、分析（analyze）、改进（improve）、控制（control）］，通常都是以计划—实施—检查—行动循环即 PDCA 循环为基础的。

3. 基于事实的管理

航空飞行器研制项目涉及国家国防安全，任何活动都要基于事实进行决策。这是许多项目总工程师所面临的一个挑战。原因包括：个人观点的影响；难以判断信息收集的范围；通常项目运作过程中时间紧迫，项目总工程师必须迅速做出决策。

基于事实管理的四个方面也包括理解偏差、测度范围的确定、正确地使用数据以及适当地运用已知信息。

1）理解偏差

项目决策者要明确两种偏差的区别。常见原因（common cause）表现为在可预测的限制内由随机因素导致的产品设计与制作方法的偏差。而特殊原因（special cause）表现为一种由非流程固有、无法预见的外部因素引起的偏差。确定以下内容是重要的：项目出现偏差的时间,是否超出特定工作活动以及可交付成果的预期范围(常见原因);是否有异常事件发生(特殊原因)。如果偏差是源于常见原因,而结果仍然达不到预期标准,那么就需要对该系统进行变更,改进完成工作的方式。如果偏差是由特殊原因引起的,那么改进时只需对特殊原因进行变更而非整个系统。据很多质量倡议者估计,大部分偏差是由常见原因引起的,而很多项目总工程师却立即试图将其归咎于某个员工或某个问题(特殊原因)。当真正的原因出自系统的某部分时,问题是多方面复合而成的,但原因却被错误地归咎于某一点,这样,问题没有得到解决,却增加了员工对工作的恐惧感。基于事实的管理要求项目总工程师能够辨别偏差是由常见原因还是特殊原因所引起的,而后在此基础上采取适当的解决措施。

2)确定测度的范围

项目总工程师要避免两个极端,一个极端是由于时间紧迫无暇对项目进行任何测度,另一个极端是测度很多方面以确保万无一失。经验丰富的项目总工程师会弄清楚有多少有用的数据可供收集以及如果没有这些数据应该什么时候采取行动。质量度量(quality metric)是项目或产品属性及其测度的描述。测度包括项目属性,如按时在预算内完成,也包括产品属性,如缺陷频率。如果项目章程制订得很完善,那么其中应包括里程碑进度表,表中规定了每个里程碑的验收标准,这些都是很有价值的测度。历史经验告诉我们,项目哪方面运转得很好可以在以后继续保持,或者哪方面很糟今后要加以避免,这些都可以作为有价值的测度提供参考。项目总工程师与发起人应该就测度的范围、测度的时间以及测度的环境方面达成一致。很多项目发起人会因此非常繁忙,但是达成的协定越具体,收集的数据就越有价值。

3)正确地使用数据

基于事实的管理第三方面的内容是如何收集、处理以及存储这些已识别数据。数据是测度过程中收集的对事实的简要表述。一般来说,最接近现场的人是最有利的数据收集者,他们应尽力准确无误且及时地完成数据收集工作。项目团队使用组织现有的模板进行数据收集,也可以创建自己的数据收集表单,当该工作不止一人参与时,要保证一致性。数据收集完成后要对其进行分析,使用简易的工具得出数据所代表的状态和趋势可以使我们获得大量的有用信息。大型复杂的项目以及使用六西格玛管理的精密项目通常会进行更加详细的统计分析,把这些未经过处理的数据转化为对决策有价值的信息。

4)适当地使用已知信息

基于事实决策的最后一方面内容是如何使用上述得出的信息。信息由数据推导而来,并需要结合项目环境进行理解,项目沟通计划通常会阐明信息是如何传播的。即使在难度很大的情况下,最好的项目文化仍强调沟通的真实性和透明度。团队鼓励项目成员使用信息对观点和决策提出疑问,因为基于事实做出决策通常需要很大的勇气,同时需要具备一定的判断力,虽然基于事实的质疑是有价值的,但是如果质疑并非基于事实而是源于个人观点,会对项目造成不利的影响。

4. 有效地执行

航空飞行器研制项目中有效地执行其目标是在项目内各层级、各职位培养有能力且工作积极的专业化人才。项目领导者通过发展组织文化来实现这个目标。而项目中要求项目发起人以及项目总工程师发展项目文化。组织文化包括拥有共同价值观的组织成员共同遵守的正式和非正式的规则。有效地执行的项目文化包括：提倡项目总工程师允许并鼓励员工承担一定的风险，并且把风险事件视为学习的机会而非惩罚的预兆；对员工进行培训和辅导使他们愿意承担风险；项目总工程师应放弃部分决策权而允许组织中底层成员进行决策。有效地执行的另一方面内容是培养专家以帮助项目内其他成员，比如组织培训六西格玛黑带指导项目改进工程。

1）对个性的认可

培养有工作能力且积极主动的专业化人才最基本的出发点是把每个人都看成一个个体。隔层领导者都应该提倡包容精神，并懂得差异性不但可以接受，而且非常有利于项目的发展。

2）用人之所长

杰出的项目总工程师不仅要组建一支优秀的团队，而且要使每个成员发挥自己的长处。每个人都有自己独特的才能，使个人取得进步并且实现自我价值的最好的机会就是善用他们独特的才能。当项目成员认为总工程师很赏识自己某方面的才能，而且创造机会使他能够从事最期望并且最擅长领域的工作，那么他会发挥最高水平来完成工作。

3）强调个人责任

有效的执行要求每个人了解并承担自己的责任。大部分责任落在项目总工程师以及核心团队成员身上。但是相关专家负责他们特定的活动；职能经理是相关专家的技术主管，负责选择最优的工作方法；项目发起者与项目总工程师共同承担项目实施的责任；客户代表负责监控他们对项目总工程师提出的要求所产生的影响。总之，每个人必须明确自己的责任，知道怎样做有利于总体目标的实现，而且保证正确地完成自己的工作并且对自己的决策承担责任。

4）适当的协作

最后，适当的协作是实现有效执行的关键，这里的协作既包括组织内协作，也包括组织外协作。跨职能团队要完成大量的项目工作，当个人、团队以及组织的经验总结得较好时，跨职能团队才能达到最高的效率。鼓励项目内经验总结的有效方法是在项目里程碑完成或项目收尾时进行经验教训总结，这些总结是公开的，与其他团队共勉。当然，由于航空飞行器研制项目的技术保密性，一些东西不能共享，但有大量信息是可以分享的，团队可以在经验的互相交流中受益，这种外部分享的途径有召开会议、项目间职务调换或其他方式。一个需要有效执行才能成功的经典案例就是老式飞机运输项目，如下所示。

案例

老式飞机运输项目

全球航运公司（Global Shipping Company，GSC）由个人成立，将 1942 年的旧飞机以 100 万美元的价格销售，从辛辛那提运到澳大利亚。由于旧飞机易碎，需要制订运输计划，以达到既经济又避免损害的目的。

他们面临的一个挑战是仅使用公司的人员、设备与资源来处理整个项目，另一个挑战是要设计出一个运输这件不寻常货物的定制解决方案。

GSC 的组织文化是鼓励交叉培训、部门间合作、风险承担和用最小成本创造性地解决问题，因为旧飞机很大又易碎，一个策略是将飞机拆卸，用集装箱海运。该项目被分解为五个部分：举起、拆卸、打包、装载、运输。

为举起整个飞机，不得不安排设备、配备许可证与护卫队，用平板货车将旧飞机完整地拖离机场，沿着一个主干道运到仓库，为了满足标准海运货柜的要求，必须在美国联邦航空管理局（Federal Aviation Administration，FAA）的监管下拆卸旧飞机，并满足 FAA 的监管要求。为了避免损害，每个部件都要单独包装。要检测不同类型的布料和泡沫，选择合适的，避免划伤旧飞机。由于高度的限制，仓库管理人员需要设计并建造出定制的轮床，将旧飞机滚入集装箱中，得到保护。打包好之后，每一部分都要进行装载，放入集装箱中，避免运输途中的损害。然后就开始运输旧飞机。进行拆卸、文档编制和打包过程，应该使得新的所有者能够重新组装，将旧飞机用于航展。

项目成功首先源于承担项目的勇气，创造性、有效利用公司资源的能力与在意料之外的事件发生时调整计划的能力。结果既成功完成项目，满足所有 FAA 标准，又超出干系人预期，开发出一套能够重新组装的运输流程。

5. 核心概念总结

航空飞行器研制项目质量核心概念小结，如表 5-1 所示。

表 5-1　项目质量核心概念小结

概念	具体指导
干系人的满意度	识别所有内外部干系人 将干系人按照优先级排序 获悉具有优先权的干系人的要求 制定满足这些要求的标准 权衡取舍，做出决策 认识将对工作过程和可交付成果进行质量判断的干系人 多次测量保证结果精确（计划并检查计划），满足需求并超出预期 开发客户潜能

续表

概念	具体指导
过程管理	学习 SIPOC 模型流程 设计质量流程远远好于仅仅发现错误 保证项目过程的可用性和灵活性 控制项目过程使其按照一定的轨道运行 使用基于 PDCA 概念的模型改进质量
基于事实的管理	理解偏差的一般原因和特殊原因之间的差别 选择关键且容易定义的部分进行测量 仔细收集数据并用适当的项目分析工具将其转变为有用的信息 在制定项目决策时，主张进行基于真实、透明并充分发挥能力的沟通
有效地执行	在项目各层级各部门培养工作能力强且积极努力的员工 培养勇于承担风险的项目文化 对个性的认可 尽可能使每个人做自己喜欢的工作，尽可能做到用人之长 确保每个人明确并接受自己的责任 尽可能广泛地分享知识、经验或其他信息

5.1.2 航空飞行器研制项目质量管理的必要性

近年来，我国航空航天事业取得了令人瞩目的成就，我国具有自主知识产权的航空飞行器研制项目迅猛发展，并受到广泛关注，尤其是项目质量管理。项目质量管理不仅关系到项目能否取得如期成果，还关系到整个航空航天行业的发展甚至国家安全。但是，从目前的情况来看，国内航空飞行器研制项目的质量管理还存在一些问题和不足。第一，部分项目仍固守传统的质量管理模式，但是传统的质量管理模式已经与现代先进的航空飞行器研制工业体系不匹配，风险控制和流程驱动效率相对较低，难以实现飞行器研制项目的高质量管理目标。第二，有的项目为了降低成本，提高项目进度，老项目的质量管理方法和系统模式在新项目上直接套用，这样的项目质量管理方式是不科学、低效的，还会导致行业内整体的项目质量管理缺乏创新。此外，这种单调落后的质量管理体系也阻碍了项目信息化质量管理体系的建立。第三，某些项目缺少产品的全生命周期管理系统。全生命周期管理系统中的关键建模技术、集成数据环境、设计制造协同、工作流管理都是现代航空飞行器研制应当具备的。比如，如果在某航空飞行器研制项目的生产制造过程中，在参数变更的时候没有相应的变更流程，就很容易造成项目质量管理的混乱，对最终产品也埋下了一定质量安全隐患。

根据国家顶层规划，航空飞行器研制是中国未来重点发展聚焦领域。一方面，飞行器质量与可靠性专业被确定为国防紧缺专业，说明中国航空飞行器研制项目对质量管理方面人才的渴望。另一方面，中国具有强大的航空需求市场。据波音与空客市场预测，2016～2035 年新增 3.3 万～3.96 万架飞机，总价值约 5.2 万亿～5.93 万亿美元，其中波音预测中国将需要总价值达 1.025 万亿美元的新飞机。目前，航空制造业形成欧美两分天下的格局，全球市场航空产业版图形成以波音与空客为龙头的欧美格局，中国C919、ARJ21等自主创新机型加入市场，有望改变全球航空制造格局。随着中国经济的快速发展，国内航空运输市场增长迅速，包括大飞机总装、航空发动机、航空维修、通航制造、航空快递等产业领域通过合资形式加速进入中国。因此，中国航空飞行器研制不能闷头自己干，也要参与到全球化中去，与优秀的企业学习合作，学习他们先进的项目质量管理经验，同时也要保持竞争，多培养质量管理方面的人才，航空飞行器研制关系到国防安全，形成自己的项目质量管理体系才是重中之重。

为了更好地理解航空飞行器研制项目质量管理的必要性，我们对项目的核心产品飞行器的品质管理重要性进行了深入的研究和分析。飞行器质量管理工作是航空飞行器研制项目、航空企业产品开发及生产应用的重要内容，其质量是否达标的影响远大于现阶段地面设施对航空飞行器工程的影响。因此，探究飞行器质量管理的特性对进一步实施项目，乃至整个航空工程质量管理有着重要作用。

第一，在实际生产航空飞行器产品过程中，航空飞行器产品具有订单量较小，设计开发难度大，外界环境的不确定性以及生产周期比较长的特点，直接加大了航空飞行器研制项目质量管理的难度。通常，飞行器产品设计、生产、加工和装配等工艺技术难度大，产品加工流程多且加工秩序影响大，在此过程中某一个细小的环节出现质量问题，都会直接导致后续产品生产质量不达标。质量保证和质量控制不到位就需要从头开始，严重浪费人力物力资源。

第二，航空飞行器研制的特殊性直接决定了对产品精度和灵敏度的要求远高于普通产品，同时对工艺技术和生产环境规定非常严格。此外，航空飞行器的多种用途，尤其是载人用途，不仅要求准确度和准确性，还要求产品在后续应用过程中的安全性和可靠性。航空航天的空难事故屡见不鲜，如果我们分析近年来全球航空事故的数据，不难发现许多航空事故都是由航空航天器的小质量问题造成的。因此，航空飞行器研制项目中对其产品的质量管理要求必须进一步提高。

第三，航空飞行器产品研制项目需要满足现代社会信息化和智能化发展的要求，使产品设计开发、生产制造和使用维护过程中的相关参数信息可以相互关联并且在一定程度上可进行正向、逆向或不定向追踪，而现代信息软件可以合理高效地记录整个项目过程中的相关数据信息，并保存一定时间，为产品数据信息的信息化跟踪降低风险、降低成本，为后期经验的总结与整合奠定基础。

5.1.3 航空飞行器研制项目产生质量问题原因以及提高质量的途径

航空制造业的发展水平与国家的国防先进制造技术水平息息相关，是中国制造业发展的重要一环，在航空飞行器项目的研制过程中，产生质量问题的原因有很多，如何提高产品的质量更是当前所面临的重要课题。本节主要从质量管理的阶段性和质量管理中，结合人、材料与设备、方法和环境等易产生质量问题的因素来介绍质量问题，以及给出一些提高质量的途径。

航空飞行器研制项目产生质量问题的原因有如下四点。

1. 操作环境恶劣

飞行器在大气层内飞行时所处的环境条件，称为大气飞行环境。包围地球的空气层（大气）是航空器的唯一飞行活动环境，也是导弹和航天器的重要飞行环境。大气层无明显的上限，它的各种特性在铅垂方向上的差异非常明显。例如，空气密度和压强随着高度增加快速减少。在 10 千米高度，空气密度只相当于海平面的三分之一，压强约为海平面的四分之一；在 100 千米高度，空气宽度只有海平面的百万分之 0.4，压强只有海平面的百万分之 0.3。以大气中温度随高度的分布为主要依据，可将大气层划分为对流层、平流层、中间层、热层和散逸层（外大气层）等 5 个层次。航空器的飞行环境是对流层和平流层。大气层对飞行有很大影响，恶劣的天气条件会危及飞行安全，大气属性（温度、压力、湿度、风向、风速等）对飞机飞行性能和飞行航迹也会产生不同程度的影响。因此在如此恶劣的操作环境下，航空飞行器很容易发生质量问题，产生安全隐患。

2. 系统本身复杂，零件精度要求高

航空飞行器的系统是一个非常复杂的系统，包含维生系统、飞行控制系统、燃料系统、安全维护系统、重力及辅助动力系统、武器系统等，每一个系统中又包含许多小的系统，在飞行器研制中，要保证每一个系统都能通过安全测试，不出现质量问题是一个很重要的课题，所涉及的学科和知识覆盖面很广，因此很容易出现质量问题；航空零部件的质量是决定航空飞行器性能的因素之一，航空飞行器零部件要求严格，具有高精度、高复杂度的特点，以此来满足航空飞行器在恶劣环境中的正常使用，同时零部件的制作涉及材料、冶金、机械加工等多学科技术，是一种集多家所长于一身的多学科、多领域综合技术的"高科技产品"。航空制造业作为一种典型的"合作型工业"，在研制的不同阶段、不同环节、不同过程，影响因素不尽相同。这些因素有些是可知的，有些是不可预见的；有些因素对质量的影响程度较小，有些对质量的影响程度较大，而有些对质量的影响可能是致命性的。所有这些，都给项目的质量控制造成了难度。研制过程是动态的，影响质量的因素也是动态的，人、材料与设备、方法和环境等部分都有可能产生质量问题。所以，质量控制的一项重要内容就是加强对影响质量的因素的管理和控制。

3. 易产生质量变异

质量变异就是质量参数的不一致性，偶然因素和系统因素是产生这种变异的原因。偶然因素是随机发生的、客观存在的，是正常的；系统因素是人为的、异常的。偶然变异是偶然因素造成的，这种变异对质量的影响较小，是经常发生的，是难以避免、难以识别也难以消除的；系统变异是系统因素造成的，这类变异对质量的影响较大，易识别，通过采取措施可以避免，也可以消除。由于航空飞行器研制项目的特殊性，在项目进行过程中，易产生这两类变异，从而可能导致出现质量问题。所以在质量控制中，应采取相应的方法和手段对质量变异加以识别与控制。

4. 易产生判断错误

航空飞行器项目的复杂性、不确定性，造成质量数据的采集、处理和判断的复杂性，这往往会导致对质量状况做出错误判断。例如，将合格判为不合格，或将不合格判为合格；将稳定判为不稳定，或将不稳定判为稳定；将正常判为不正常，或将不正常判为正常。在质量控制中，经常需要根据质量数据对项目实施的过程或结果进行判断。这就需要在项目的质量控制中，采用更加科学、更加可靠的方法，尽量减少判断错误。

提高质量的一个重要途径就是有效进行质量控制。质量控制是通过认真规划，不断进行观测检查，以及采取必要的纠正措施，来鉴定或维持预期的质量水平的一种系统。质量控制不仅局限在质量本身这种狭窄的范围内，而且包括为保证和提高质量的理想水平而进行的一切工作。提高航空飞行器研制项目质量的途径如下。

1）在不同的阶段进行质量控制

A. 决策阶段的质量控制

项目决策阶段包括项目的可行性研究和项目决策。项目的可行性研究直接影响项目的决策质量和设计质量。所以，在项目的可行性研究中，应进行方案比较，提出对项目质量的总体要求，使项目的质量要求和标准符合项目所有者的意图，并与项目的其他目标及项目环境相协调。项目决策是影响项目质量的关键阶段，项目决策的结果应能充分反映项目所有者对质量的要求和意愿；在项目决策过程中，应充分考虑项目费用、时间、质量等目标之间的对立统一关系，确定项目应达到的质量目标和水平。

B. 设计阶段的质量控制

项目设计阶段是影响项目质量的决定性环节，没有高质量的设计就没有高质量的项目；在项目设计过程中，应针对项目特点，根据决策阶段已确定的质量目标和水平，使其具体化。

C. 实施阶段的质量控制

项目实施是项目形成的重要阶段，是项目质量控制的重点。项目实施阶段所实现的质量是一种符合性质量，即实施阶段所形成的项目质量应符合设计要求。

2）影响质量的因素

影响质量的因素有人、材料与设备、方法和环境。对这四个方面因素的控制，是保证项目质量的关键。

A. 人的控制

人是指直接参与项目的组织者、指挥者和操作者。人作为控制的对象，是要避免产生失误；作为控制的动力，是要充分调动人的积极性，发挥人的主导作用。因此，应提高人的素质，健全岗位责任制，改善劳动条件，公平合理地激发劳动热情；应根据项目特点，从确保质量出发，在人的技术水平、生理要求和心理行为等方面控制人的使用；更重要的是提高人的质量意识，形成人人重视质量的项目环境，对于员工的质量管理方面的技术能力，要做到推广质量工具的应用，如管理的七种工具①的应用，提高质量问题分析能力。

B. 材料与设备的控制

航空飞行器产品的复杂性、零部件要求的高精度性都对生产材料和生产设备有着严格的要求，为了提高质量，对材料与设备的控制是必不可少的。对材料的控制主要通过严格检查验收、正确合理地使用、杜绝使用不合格材料等环节来进行控制。设备包括项目使用的机械设备、工具等。对设备的控制，应根据项目的不同特点合理选择，正确使用、管理和保养。

C. 方法的控制

项目的实施方案、工艺、组织设计、技术措施等都是方法。对方法的控制，主要通过合理选择、动态管理等环节加以实现。根据项目特点合理选择技术可行、经济合理、有利于保证项目质量、加快项目进度、降低项目费用的实施方法。在项目进行过程中正确应用各种方法，并随着条件的变化不断对其进行调整。同时应当学习质量管理方法的应用，如使用 PDCA 循环、六西格玛方法来进行质量管理流程的优化和改进。

D. 环境的控制

影响项目质量的环境因素较多，有项目技术环境，如地质、水文、气象等；项目管理环境，如质量管理体系、质量管理制度等；劳动环境，如劳动组合、作业场所等。根据项目特点和具体条件，应采取有效措施对影响质量的环境因素进行控制，如在建筑工程项目中，就应建立文明施工和文明生产的环境，保持材料工件堆放有序，道路畅通，工作场所清洁整齐，施工程序井井有条，为确保工程质量、安全创造良好条件。

5.2 航空飞行器研制项目质量管理体系

5.2.1 航空飞行器研制项目质量管理体系标准和相关术语

最早从 20 世纪 90 年代开始，国际上就发布了航空基础质量体系标准 AS 9000，国内修订了 GJB 9001A 质量管理体系标准，它们发展至今，与时俱进，不断更新迭代，是指导建立和实施航空飞行器研制项目质量管理体系的重要基础和指导标准。

航空基础质量体系标准 AS 9000，是在 ISO 9000 的基础上发展而来的航空工业标准，是国际航天产业与组织共同努力的一项重要成果，是由国际标准化组织航空航天技术委员会（ISO/TC 20）与美洲航空航天质量协调组织（Americas Aerospace Quality Group，AAQG）、欧洲航空航天工业协会（European Association of Aerospace Industries，AECMA）以及日本航空宇宙工业会（Society of Japanese Aerospace Companies，SJAC）等单位合作发展的国际质量体系，并获得国际航空航天质量协调组织（International Aerospace Quality Group，IAQG）的认可，于 1999 年正式公布，2001 年修改为 SAE AS 9100:2000

---

① 七种工具包括层别法、直方图、检查表、因果图、帕累托图、散点图和控制图。

版标准。SAE AS 9100:2000 是航天质量体系要求的标准，建立在 ISO 9001:2000[①]的基础上，并增加航天产品在安全、可靠度及质量上的特殊要求，期于合理成本下确保顾客的满意与创造世界级的产品。SAE AS 9100:2000 标准化的要求，将使航天厂商有单一的航天质量体系可循，节省了过去为应对不同顾客所需付出的庞大的体系建立与后续审核的成本。

GJB 9001A 质量管理体系标准是由国防科技技术工业委员会于 20 世纪 90 年代末发布，后经中国人民解放军总装备部牵头组织总参谋部通信部、海军装备部、空军装备部、二炮装备部、总装备部电子信息技术部技术基础局、总装备部技术基础管理中心，中国新时代质量体系认证中心，北京理工大学，航天科技集团七〇八研究所、核工业标准化研究所、航空工业第一集团公司三〇一研究所、航天机电集团二〇三研究所等部门，在等同采用 GB/T 19001 的基础上，根据军工产品的特殊要求修订而成。对于承担军用产品研制、生产、试验和维修任务的组织此标准是必须执行的质量管理标准，并可作为对体系进行评定的依据。

其中与军工质量管理有关的 27 个术语分别是：过程能力、厂（所）际质量保证体系、批次管理、技术状态管理、关键过程、特殊过程、可用性、可靠性、维修性、安全性、保障性、适用性、可生产性、可检验性、单元件、关键特性、重要特性、关键件、重要件、不合格品、多余物、故障、质量问题归零、首件鉴定、首件三检、定型、质量会签。

5.2.2 航空飞行器研制项目质量管理原则

质量管理八项原则是 ISO 9000:2000 质量管理和质量保证系列标准的理论基础，主要内容是关注用户、领导作用、全员参与、过程方法、管理的系统方法、持续改进、基于事实的决策和互利的供应商关系，从以下八个方面具体阐述质量管理八项原则在航空飞行器研制项目中的运用。

（1）关注用户方面，质量政策和质量目标要与用户的需求和期望相互关联。同时，质量政策应能够明确规定义务，并满足航空飞行器设计和制造过程的质量控制要求。同时，应在组织结构中进行沟通和实施，通过各种方式确保飞行器质量。

（2）领导作用主要体现在项目总设计师应参与实现规定目标和推进项目进展的工作，改革管理体制、组织和运行机制，通过深入设计飞行器研制系统，加强质量意识管理，领导层应能充分、合理地调动设计师提高质量，形成合力推动项目的发展。

（3）全员参与方面，质量管理首先要以人为本。航空飞行器研制项目的发展具有大规模生产、系统化和大规模参与的特点。项目由一系列活动组成，涉及项目的所有活动，要求每个岗位的所有员工都要认真负责。项目质量管理不仅需要领导者的合理领导，还需要全体员工的积极参与。

（4）过程方法主要是在管理的基础上对相关资源做到相互交互，以便有效管理相关资源和活动。这一过程需要强调管理过程的合理化和标准化。对于项目的进展，需要结合人、材料与设备、方法和环境因素，通过及时监控确保设计质量，并进行一定的质量

---

① 现已废止，最新版是 ISO 9001：2015。

管理。

（5）管理的系统方法上要做到知识、时间、逻辑三维结构的相互统一，对飞行器研制项目的质量进行系统相关管理，并进行开发进度、设计、测试、设备和情报工作分析。主要实施方式是利用管理系统方法对飞机模型进行一定的质量管理，以确保管理活动的完整性。

（6）持续改进方面，主要是追求更高的质量目标活动，体现国际质量管理理念，使质量管理更加区域化和意识形态化，融入国际先进的质量管理理念。为了解决航空飞行器研制项目设计、生产和使用中的问题，必须不断提高飞机的长期竞争优势。

（7）基于事实做出合理决策，分析和判断航空飞行器研制过程中的信息和数据，通过客观分析进行一定的数据研究。项目总设计师应能发挥直觉判断与综合权衡相结合的能力，创造性的基础是各种知识和经验的结合。

（8）正确原则是与供应商建立互利关系，以提高双方创造的价值。对于潜在合作伙伴，应采取合理的优化措施，遵循互利共赢的原则，并且项目总承包应对项目产品的可持续性进行稳定性分析。

5.2.3 航空飞行器研制项目质量管理体系的建立

在航空飞行器研制项目中，质量管理体系的建立是为了实现项目质量管理的方针目标，有效地开展项目的质量管理活动。质量管理体系的定位是否处于项目的重要位置，决定项目最终能否成功。

本节从以下四个阶段来阐述在航空飞行器研制项目中质量管理体系是如何建立和实施的。

（1）体系策划。首先质量管理体系的策划是建立航空飞行器研制项目质量管理体系的前期准备工作，应成立由项目总工程师参与的质量体系推进小组，小组的主要职责是编制体系建设计划，制定质量方针和目标，编制和审核体系文件，确定体系范围以及是否邀请相关科研咨询机构等。其次是开展培训，在计划建立质量管理体系时，需要同步项目中高层领导和各部门关键工程师的质量管理体系标准和内审员培训计划，以确保各部门在编制体系文件时不违反标准条款。必要时，公司可普及全面质量管理知识和质量意识。为避免体系文件缺乏系统性和完整性、脱离实际，在编制体系文件前应进行标准术语培训。

（2）体系建立。质量体系推进小组根据项目开发计划、组织结构和各部门职责，采用 COP（customer oriented processes，顾客导向过程）、MOP（management oriented processes，管理导向过程）、SOP（support oriented processes，支持导向过程）等过程方法识别质量管理体系。各过程之间的关系可以用矩阵图的形式表示。除质量手册统一编制外，其他文件先由相关质量责任部门分别编制初稿，再由相关业务部门共同评审，这样做有利于文件的后续实施。为确保质量体系文件的协调统一，应建立"质量体系文件目录"，避免文件的重复和删除。编制质量体系文件的关键是不仅要满足质量管理体系标准，还要结合项目的实际情况。文件按以下顺序编制：质量手册、程序文件和操作文件。

（3）体系试运行。第一版质量系统文件应在生效后投入试运行，试运行周期一般为3个月。在体系文件试运行过程中，质量体系推进小组负责进行全面检查，并与责任部门沟通，对发现的问题进行整改。文件试运行后，质量体系推进小组应总结各部门在运行中存在的问题，并制订统一的整改计划。然后对质量管理体系进行内部审核。审核员对审核过程中发现的问题出具不符合项报告，责任部门限期整改。如果在审查过程中发现文件与标准条款不一致或文件不可操作，则应与文件调试问题一起进行纠正。

（4）体系审核与维护。认证机构确定后，应向认证机构提交认证申请，双方应签署认证合同。对认证机构进行初步审核，并跟踪所审核问题的纠正措施，确定正式审核时间和审核人员，实施正式审核，审核问题整改完成后获得证书。为避免体系文件与项目实际执行不匹配，应当进行体系的日常维护，主要内容有：质量部门每季度或每隔规定时间对各部门体系文件的运行情况进行检查，并通过反复检查督促各部门落实，通过检查优化文档，更方便操作；营造全员参与的氛围，通报各类质量活动（如质量月活动、方案改进等）和质量宣传牌，动员全员参与、了解质量的重要性；系统内部审核、过程审核、管理评审、日常过程纪律检查等。

计算机技术、信息技术、网络技术的迅速发展，以及信息化技术的引入为航空飞行器研制项目注入了新的活力。企业管理解决方案［SAP（System Applications and Products，系统应用程序和产品）］、企业资源计划（enterprise resource planning，ERP）、产品数据管理（product data management，PDM）、办公自动化（office automation，OA）、计算机辅助工艺设计（computer aided process planning，CAPP）等众多系统的集成，尤其是项目质量管理的信息化技术的长足发展，线上平台建立流程完成对质量信息的收集、统计、分析，助推了航空飞行器研制项目能力水平的持续改进。信息化平台作为新经济时代最重要的产业组织形式将极大地推进航空飞行器研制项目质量管理体系的建立和发展。

思考题

1. 什么是干系人满意度？其主要包括哪些内容？
2. 除了本章提出的航空飞行器研制项目产生质量问题的原因，能否从人、材料与设备、方法和环境等方面找出一些具体问题产生的原因？
3. 信息化时代背景，给航空飞行器研制项目的质量管理体系建立带来了哪些新的思考。
4. 飞行器研制项目质量管理原则有哪些？
5. 简要说明飞行器研制项目的质量管理体系。

第6章

航空飞行器研制项目风险管理

大型飞行器研制所涉及的不确定因素日益增多，面临的风险也越来越多，因风险导致的损失也越来越大，有些风险甚至蔓延到飞行器的使用环节，造成灾难性的后果。飞行器研制项目风险管理（risk management）就是通过研究研制过程中风险发生的规律对其进行控制，即采取必要的措施和方法，促使风险事件向有利的方向转化，使风险损失降到最低，以最低的成本取得对项目安全保障的满意结果，保障项目的顺利进行。

■ 6.1 航空飞行器研制项目风险管理概述

6.1.1 风险的含义

风险通常包括两方面的含义：一是风险意味着损失的出现，或者是未实现预期的目标；二是这种损失出现与否是一种不确定性随机现象，一般可以用概率表示出现的可能程度，但是不能对出现与否做出确定性判断。

任何项目在立项、计划和实施的全过程中都存在不能预先确定的影响因素，这些影响因素的综合作用便形成项目的风险。从数学意义上，项目风险可以定义为不确定事件发生的概率及其影响的函数，即

$$R = f(P,U) \tag{6-1}$$

式中，R 为风险；P 为不确定事件发生的概率；U 为事件发生后产生的影响。

6.1.2 风险的特征

对于飞行器研制项目而言，其风险既具有一般项目的风险特征，如风险的存在具有客观性，风险的发生具有偶然性，等等；又具有其特殊性，如风险的多样性和多层次性。

1. 风险存在的客观性

项目都是由人组成的团队在一定的客观条件下进行，以达到预期的目的，这些客观

的物质因素和人为因素都构成潜在的风险因素，这种存在是不以人的意志为转移的，人们可以在有限的空间和时间内改变风险存在和发生的条件，降低其发生的频率，减轻损失程度，而不能也不可能完全消除项目风险。

2. 风险存在的普遍性

飞行器研制项目具有探索性强、技术含量高、经费投入大、持续时间长、组织管理复杂等典型特征，因此在其研制过程中所面临的不确定因素也多而复杂，因此项目的风险无处不在、无时没有。随着科技的发展和社会的进步，这样的风险不减反增，风险事故造成的损失也越来越大。飞行器研制项目的新技术含量越高、技术结构越复杂，其总体就越脆弱，潜在风险越大，造成的事故损失也越大。

3. 某一具体风险发生的偶然性

项目风险是客观存在的，但对于某具体风险的发生来说，并不是必然的，它具有随机性。风险何时发生，以及发生的后果都无法准确预测。这意味着风险的发生在时间上具有突发性，在后果上具有灾难性。这种偶然性程度也称不确定性程度可以用概率来描述。

4. 总体风险发生的必然性

虽然个别项目风险的发生是偶然的、无序的、杂乱无章的，然而总体上来说，风险的发生具有一定的规律性，人们可以通过对大量风险事故资料的观察和分析，揭示其中的规律，可以利用概率论与数理统计方法计算风险发生的概率和损失程度，从而为项目风险管理提供基础。

5. 风险的动态性

飞行器研制项目在不同阶段存在不同的风险，而各个阶段的风险都有一个孕育、发生和发展的过程。随着时间的推移，项目重点、科研条件及科研环境在不断变化，因此与项目有关的技术风险、保障风险、组织风险以及费用和进度风险等都会在质和量上发生改变。而且随着项目的进行，有些风险会得到控制，有些风险会发生并得到处理，同时在项目的每一阶段都可能产生新的风险，尤其是大型研制项目，由于风险因素众多，风险的动态性更加明显。针对风险的动态性特征，可从型号研制程序和研制阶段两方面进行风险控制。

6. 风险的多样性和多层次性

飞行器研制项目的研制周期较长、规模大、涉及范围广、风险因素数量多且种类繁杂，使项目在寿命周期内面临的风险多种多样，而大量风险因素之间的内在关系错综复杂，各风险因素之间交叉影响并与外界因素相互交织使风险显示出多层次性。

6.1.3 风险管理概念

人们在一切社会经济活动中，面临着种种风险。从总体上看，风险是一种客观存在，是不可避免的，而且在一定的条件下还有某些规律性。因此，人们只能把风险缩减到最小的程度,而不可能将其完全消除。这就要求社会经济各部门、各行业主动地认识风险,积极地管理风险,有效地控制风险,把风险减至最小的程度,以保证社会生产和人民生活的正常运行。在这种背景下,随着生产力和科学技术的不断发展,20 世纪 30 年代产生了风险管理。风险管理是一门新兴学科,但发展很快,已成为一种国际性的运动,受到了世界各国经济界的重视,在企业管理中得到了广泛而迅速的运用。对于飞行器研制这样大型、研制周期长、耗资大的项目而言,研制过程充满了各种不确定性,因此研制过程中会产生各种各样的风险,尤其需要进行风险管理。

具体来讲,风险管理,是指经济单位对风险进行识别、衡量、分析,并在此基础上有效地处置风险,以最低成本实现最大安全保障的科学管理方法。风险管理是项目管理不可缺少的一部分,是处理由不确定性产生的各种问题的一整套方法。风险管理具有向前看、有组织、有信息支持和持续不断的特点。

6.1.4 风险管理的意义

一方面,总体来说通过整个风险管理的过程,尤其是通过风险识别与评估,可加深对飞行器研制项目及其风险的认识和理解,澄清各种方案的利弊,可及时分析硬件、软件、人为差错与环境因素对系统可靠性、安全性及维修性等的影响,以便减少或分散风险;通过检查和考虑所有已有的信息、数据和资料,可明确与项目有关的前提和假设,预测各种风险事件发生的概率,确定其发生的概率等级,并判断每种故障模式对系统的危害程度;在此基础上,提出消除各故障模式的优先次序;编制应急计划会更有针对性;能够将处理风险后果的各种方式更灵活地组合起来,在项目管理中减少被动、增加主动,为以后的规划和设计工作提供反馈,也能明确项目到底应该采取何种措施防止和避免风险损失。风险即使无法避免,也能明确项目到底应该承受多大的损失和损害;因此通过风险管理可以对项目面临的各种风险进行有效的预防与控制,妥善地处理风险所造成的不利后果,将风险损失减到最小,从根本上提高飞行器研制项目抵抗风险的能力,以最小的成本获得最大的风险管理效益。而且风险管理的过程还可以促进飞行器研制项目决策的科学化与合理化,降低决策的风险性与不确定性,从而提高飞行器研制项目的决策水平。

另一方面,对飞行器研制项目来说,一般研制周期都比较长,投资巨大,有些项目的投资甚至会达到上百亿元,涉及的层次非常高,影响非常大。因此在项目的实施过程中会遇到各种各样的风险,这些风险对飞行器的研制影响巨大,处理不好可能导致整个研制计划的失败。因此,对飞行器研制项目来说,更加需要实施完善的、多方位的风险管理,以保证飞行器研制项目的顺利实施。

6.2 航空飞行器研制项目风险识别

6.2.1 航空飞行器研制项目风险识别的含义

风险识别是指对未发生的、潜在的以及客观存在的各种项目风险进行系统地连续性识别，并进行风险事故的原因分析。风险识别是项目风险分析的第一步，如果不能准确地识别项目面临的潜在风险，就失去了处理这些风险的最佳机会。风险识别通常要从多角度、多方面进行，形成对项目系统风险的多方位的透视，通常采用结构化分析方法，即由总体到细节、由宏观到微观，层层分解。对于飞行器研制项目而言，风险的识别往往很复杂，不能单靠某一种识别技术来完成识别任务，识别的过程可能需要结合不同的识别技术与方法。

6.2.2 航空飞行器研制项目风险识别的主要内容

1. 识别的依据

项目风险识别的依据主要有：项目规划、风险管理规划、历史资料、制约因素与假设条件等。

1）项目规划

项目规划中的项目目标、任务、范围、进度计划、费用计划、资源计划、采购计划以及承包商、业主方和其他利益相关方对项目的期望值等都是项目风险识别的依据。

2）风险管理规划

项目风险管理规划是规划和设计如何进行项目管理的过程，它定义了项目组织成员风险管理的行动方案及方式，指导项目组织选择风险管理方法。项目风险管理规划是针对整个项目生命期，如何组织和进行风险识别、风险评估、风险应对及其监控的规划。

3）历史资料

从本项目或其他相关项目的档案文件、公共信息渠道中可以获得对本项目有借鉴意义的风险信息。项目管理班子还可以翻阅过去项目的档案，征集有关资料，这对本项目的风险识别极有帮助。

4）制约因素与假设条件

不管项目管理班子和其他有关各方是否意识到，项目的建议书、可行性研究报告、设计或其他文件一般都是在若干假设、前提和预测的基础上做出的。这些前提和假设在项目实施期间可能成立，也可能不成立。因此，项目的前提和假设中隐藏着风险。任何项目都处于一定的环境之中，受到许多内外因素的制约。其中法律、法规和规章等因素都是项目活动主体无法控制的。为了找出项目的所有前提、假设和制约因素，应当对项目其他方面的管理计划进行审查。例如，范围管理计划中的范围说明书能揭示项目的成本、进度目标是否定得太高，而审查其中的 WBS，可以发现以前或别人未曾注意到的机会或威胁。审查人力资源与沟通管理规划中的人员安排计划，会发现哪些人员对项目的顺利进展有重大影响。项目采购与合同管理计划中有关于采取何种计价形式的合同的说明。不同形式的合同，将使项目管理班子承担不同的风险。

2. 分类

按风险源的性质可将飞行器研制项目的风险划分为以下几种类型。

1）技术风险

技术风险是指在研制过程中使用新技术、新材料、新工艺、新设计对飞行器提出前所未有的性能要求所承担的风险。该类风险与性能密切相关。在飞行器研制项目的众多风险因素中，技术风险对项目实施过程产生的影响是非常大的。

2）计划风险

计划风险是指飞行器项目本身无法控制但又可能影响项目方向的各种因素所带来的风险，如由政策改变、计划不周、任务变化、预见性不强或能力不足造成研制中断等风险。

3）保障性风险

保障性风险是指正在研制或已完成研制的飞行器部署时可能出现的保障性问题，它是指与飞行器系统的部署和维修有关的风险，如可靠性与维修性、训练、人力、保障设备、共用性、运输性、安全性、技术资料等因素。保障性风险包含技术风险与计划风险两方面的特征。

4）费用风险

费用风险是指增加项目费用有关的风险。该类风险源与技术、计划、保障性、进度等风险敏感性有关，比如因技术风险未能缓解导致项目不能满足费用目标的风险。

5）进度风险

进度风险是指因给系统的研制、生产和部署所估算和分配的（工作）时间不足而产生的风险。该类风险源与技术、计划、保障性、进度等风险敏感性以及关键路径数有关，比如因技术风险未能缓解导致项目不能实现其进度目标的风险，进度估算和进度目标在切合实际和合理性方面存在的风险。

6）管理风险

飞行器研制项目的管理风险主要指在项目实施过程中，与项目有关的管理因素不适应项目管理而产生的风险。

3. 识别的结果

风险识别需要确定三个相互关联的因素：一是风险来源，包括时间、费用、技术、法律等；二是风险事件，指会给项目带来积极或者消极影响的事件；三是风险征兆（症状），实质上是风险事件的间接表现，又称为"风险触发器"。

风险识别之后要把结果整理出来，写成书面文件，为风险分析的其余步骤和风险管理做准备。风险识别的成果应包含下列内容。

1）风险来源表

风险来源表中应列出所有的风险。罗列应尽可能全面，不管风险事件发生的频率和可能性、收益或损失有多大，都要一一列出。对于每一种风险来源，都要有文字说明。说明中一般要包括：风险事件的可能后果；对预期发生时间的估计；对该来源产生的风险事件预期发生次数的估计。

2）风险的分类或分组

风险识别之后，应该将风险进行分类或分组。分类结果应便于进行风险分析的其余步骤和风险管理。

3）风险症状

风险症状就是风险事件的各种外在表现，如苗头和前兆等。项目管理班子成员不及时交换彼此间的不同看法，就是项目进度出现拖延的一种症状。

6.2.3 航空飞行器研制项目风险识别的方法和工具

在进行风险识别的过程中，应有一个连续的风险识别计划，因为对飞行器研制项目而言，风险常常是动态的。另外，不能只采用唯一的识别方法，必须将几种方法结合起来，相互补充。对于特定的风险，识别的方法和过程也会截然不同。总体来说，飞行器研制项目的风险识别可以有以下几种方法。

1. 检查表法

检查表是管理中用来记录和整理数据的常用工具，用它进行风险识别时，将项目可能发生的许多潜在风险列于一个表中，供识别人员进行检查核对，用来判别某项目是否存在表中所列或与其类似的风险，检查表中所列的内容都是历史上类似项目曾发生过的风险，它可以包括很多方面的内容。

由于飞行器研制项目投资巨大、周期长，面临的风险也是多种多样。检查表可以包含多种内容，如以前项目成败的原因或经验、项目其他方面规划的结果（范围、成本、质量、进度、采购与合同、人力资源与沟通等计划成果）、项目产品服务的说明书、项目团队成员的技能、项目可用资源等。还可以研究国外同类项目的资料，这些资料可以提醒项目管理人员还有哪些风险事件未进行考虑。

2. 绘制流程图

流程图是将项目的全部过程，按其内在的逻辑联系绘制成作业流程图，针对流程中的关键环节和薄弱环节调查和分析风险。流程图分析法是项目用于风险分析的常用方法之一。而且项目的规模越大，工艺越复杂，流程图分析法越能体现其优越性。

3. 分解分析法

分解分析法就是利用分解原则，将复杂的事物分解成较为简单的、容易被识别的事物，将大系统分解成若干小系统，从而识别可能存在的各种风险与潜在的损失。对于飞行器研制这样的大型系统项目，必须进行分解才能更加高效地识别现在的各种风险。

4. 鱼刺图法

鱼刺图法也叫因果分析法，它是根据检查表等方法分析风险的存在，或在假设风险存在的基础上，经常使用的确定风险起因的方法。

5. 头脑风暴法、面谈法和德尔菲法

头脑风暴法、面谈法和德尔菲法统称为问询法，它是集思广益的过程，通过营造一个无批评的自由环境，对所要预测的问题征得专家或有经验的与会者的意见，再进行整理、归纳与统计，得到大量创造性的意见。

具体地，头脑风暴法是由专家组成的专家小组举行座谈会，采用民主的方式，鼓励发表意见。专家讨论的问题可以是：项目实施的过程中会遇到哪些风险？危害程度如何？而德尔菲法是一种反馈匿名函询法。在征得专家的意见之后，进行归纳、统计，再匿名反馈给各专家，再次征求意见，再集中，再反馈，直至得到稳定的意见。

6. WBS 法

风险识别要减少项目的结构不确定性，就要弄清项目的组成及各个组成部分的性质、它们之间的关系、项目与环境之间的关系等。项目 WBS 是完成这项任务的有力工具。项目管理的其他方面，如范围、进度和成本管理，也要使用项目 WBS。

通过对工作进行分解，仔细识别各个环节的可能风险。WBS 的实质就是把较大的工作任务根据其各自不同的工作性质划分为不同的组成部分。利用 WBS，根据实际管理的需要，项目管理人员可以把目光聚焦于任何一个层次的工作任务上，以便尽快解决当前需要解决的问题；但是必须记住一个基本原则：在 WBS 中，最低层次的工作任务也是你在项目实施中将要运行的最小工作任务。

7. 现场调查法

现场调查法对于识别风险非常重要，因为项目风险管理者很难了解整个项目各个方面的具体情况，通过直接考察现场可以发现许多客观存在的静态因素，有助于预测、判断某些动态因素，对于现场考察所获取的信息，还应认真研究以便去伪存真。调查的内容如下。

（1）哪些环节容易出现事故或其他问题？
（2）潜在的风险会导致什么后果？
（3）潜在的风险对项目的其他部分有何影响？
（4）风险发生的频率或可能性有多大？
（5）应该采取什么措施？这种措施所需的成本如何？
（6）风险什么时候最可能发生？

8. 历史资料法

历史资料法即从本项目或其他相关项目的档案文件中，从公共信息渠道中获取对本项目有借鉴作用的风险信息。

9. SWOT分析法

SWOT［优势（strengths）、劣势（weaknesses）、机会（opportunities）、威胁（threats）］分析法是一种环境分析方法，其基准点是对企业项目内部环境之优劣势的分析，在了解项目自身特点的基础上，判明项目外部的机会和威胁，然后对环境做出准确的判断，继而制定项目发展的战略和策略。

10. 情景分析法

情景分析法就是通过相关数字、图表和曲线等，对项目未来的某个状态或某种情况进行详细的描述和分析，从而识别引起项目风险的关键因素及其影响程度的一种风险识别方法，它注重说明某些事件出现风险的条件和因素，并且还要说明当某些因素发生变化时，又会出现什么样的风险，产生什么样的后果等。

案例

利用核对表与鱼刺图的结合来识别飞行器的风险

基于核对表的风险识别方法的优点：首先，简单易懂，操作可行性高；其次，使用这种方法的工作效率较高，可以准确地识别风险的表现及风险的种类。

在某型号项目的制定阶段，项目的风险管理人员进行项目的实际调研后，总结出对该项目实际有影响的和潜在的风险。经过详细的比较和论证后，将各种风险归纳为两大类：内部风险和外部风险；可控制风险和不可控制风险。将各种表现明显的和潜在的风险填入核对表中，从而构成该型号项目的风险识别核对表，如表6-1所示。

表6-1 某航空企业某型号项目风险识别核对表

分类	内部风险					外部风险
	研发风险	技术风险	生产风险	管理风险	财务风险	环境风险
可控制风险	开发投入大，资金不到位；重复开发，研发资源浪费；研发过程安全措施不到位，使对手获取研发意向，进行相同的研发	技术方案有失误；设计不够合理，未进行优化；技术泄密，遭到窃取	生产人员操作失误；生产人员操作水平低下；原材料质量不合格；生产者偷工减料，不负责任	管理负责人失职，未能生产出合格的产品；安全保卫工作不到位；管理过程不规范，未能调动研发和生产人员的积极性	研发生产资金短缺；生产合同条款不完善；劳动力纠纷；资金周转不畅	竞争对手争夺本企业的人才，造成企业人才流失；造成周围生态环境污染或恶化

续表

分类	内部风险					外部风险
	研发风险	技术风险	生产风险	管理风险	财务风险	环境风险
不可控制风险	突然出现更先进的研究方向，而终止现阶段的研究	设备自身存在的缺陷；产品达不到预先的技术要求；设备故障	原材料突然出现供应短缺；生产设备故障，生产受到影响	管理人员出现人员调整，使得管理工作出现真空	发生全球金融危机；国家进行货币、财政、税收等政策调整	技术标准改变；国家战略或者经济产业结构调整

鱼刺图在项目的质量管理中运用得非常成熟，结合我国航空企业实际情况，在航空项目的风险管理中，使用鱼刺图也能对项目的风险进行识别。它能从有关问题追溯到有责任的行为，能够帮助发现导致风险出现的根本原因。

图 6-1 是某航空企业型号项目风险识别鱼刺图，某型号项目的风险管理人员经过调查后，结合项目实际情况，将某项目分为项目的硬件和项目的软件两大部分。项目的硬件又可以分为企业硬件和安全措施两个分项，项目的软件可以分为研发、生产人员和管理人员两个分项，各个分项中有若干风险因子。

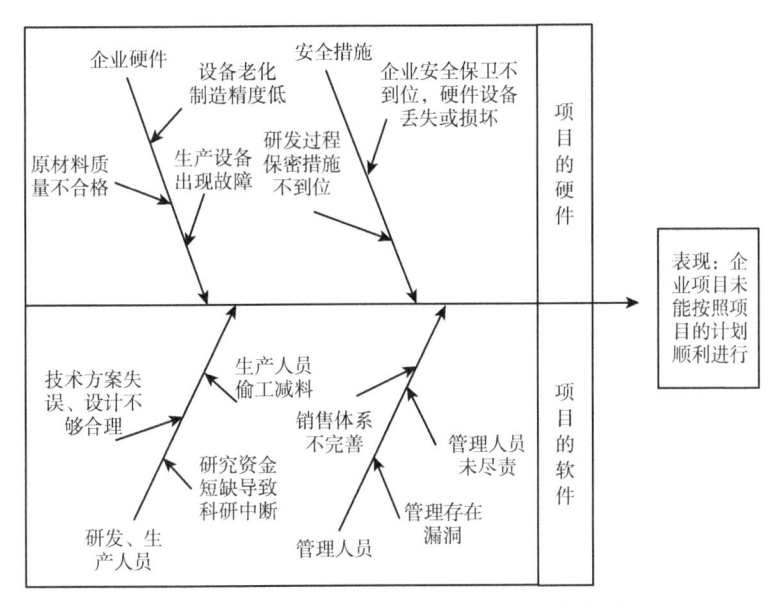

图 6-1　某航空企业型号项目风险识别鱼刺图

利用核对表能够根据表中所列举的风险以及项目的运行表现，识别出项目风险的产生并判断风险的类型，方法简单、实用，但无法识别出项目风险产生的根本原因。利用鱼刺图不仅可以识别风险类型，而且可以识别产生这种项目风险的根本原因，这是使用鱼刺图对风险进行识别的优势所在，但仅仅利用鱼刺图对航空项目进行风险识别的工作量大、结构复杂，风险识别的效率低、可操作性不高，这是利用鱼刺图进行航空项目风险识别的劣势。

那么结合我国航空项目规模大、结构复杂的实际，就可以结合二者的优点综合运用核对表与鱼刺图来识别飞行器研制项目的风险,首先根据航空项目的运行表现,利用风险核对表对风险进行初步的识别。在此基础上,对应不同的已经初步识别出来的风险,进一步利用鱼刺图对风险进行更高层次的识别,识别出项目风险的原因。风险可能是因为项目的硬件,如原材料、设备等出了问题;或者是因为项目的软件,如技术方案设计不合理、生产人员偷工减料等原因。管理人员可以对上述原因进行分析,找出造成项目没能按时实施的深层原因。这样不仅达到了识别项目风险的目的,而且也为风险量化、风险对策等后续工作提供了依据。结合某型号项目的一个部件,风险管理人员将核对表与鱼刺图进行结合,识别出该部件的风险如图 6-2 所示。

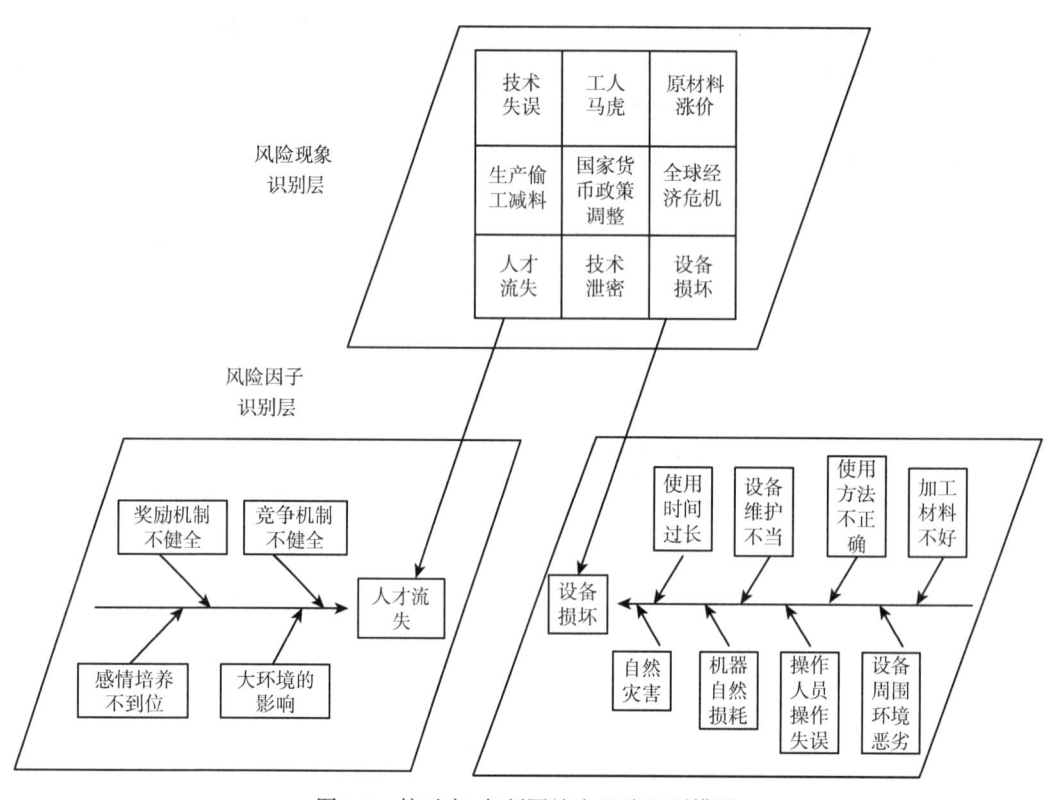

图 6-2 核对表-鱼刺图综合风险识别模型

充分发挥核对表以及鱼刺图各自的优点,不仅可以根据项目运行的外在表现,初步识别出项目的风险,同时也能够进一步识别出项目风险的深层原因,更好地为航空项目风险管理的后续工作提供依据。适应了航空项目规模大、结构复杂、风险表现及风险因素众多的特点,提高了风险识别的可靠性以及风险识别的效率,能够很好地为航空项目的风险管理服务。

■ 6.3 航空飞行器研制项目风险估计与评价

在进行风险识别之后,下一步就要对风险进行估计。风险估计的对象是项目的各单个风险，非项目整体风险。进行风险估计，就是衡量风险的大小，必须综合考虑风险事件发生的概率和后果大小。航空飞行器研制项目的风险估计就是要确定项目风险发生的概率和对飞行器研制项目的影响程度。一般来说，航空飞行器研制项目风险发生的概率和后果的计算均要通过对大量已完成的类似工程项目的数据进行分析和整理得到。

6.3.1 航空飞行器研制项目风险估计的依据

风险估计是对风险进行定性或定量分析，并依据风险对项目目标的影响程度对项目风险进行分级排序的过程。风险估计的依据如下。

（1）风险管理规划。

（2）风险识别的成果，包括已识别的项目风险及风险对项目的潜在影响。

（3）项目进展状况。风险的不确定性常常与项目所处的生命周期阶段有关，在项目初期，项目风险症状往往表现得不明显，随着项目进程的推进，项目产生风险及发现风险的可能性会增加。

（4）项目类型。一般来说，普通项目或重复率较高的项目的风险程度比较低。技术含量高或复杂性强的项目的风险程度比较高。

（5）数据的准确性和可靠性。应估计用于风险识别的数据或信息的准确性和可靠性。

（6）概率和影响的程度，用于估计风险的两个关键方面。

6.3.2 航空飞行器研制项目风险估计的方法和工具

1. 概率分布分析法

风险估计的首要工作是确定风险事件的概率分布。一般来讲风险事件的概率分布应当根据历史资料来确定。当项目管理人员没有足够的历史资料来确定风险事件的概率分布时可以利用理论概率分布进行风险估计。常用的理论概率分布包括正态分布、梯形分布、三角形分布等形式。

正态分布适用于许多随机现象，在风险估计中还可用于信息量不充足时的近似估计。正态分布在经济风险及投资风险估计中得到很多应用。对变量最可能的取值有所估计，但又估计不准，只知道一个区间（相当于在正常情况下的取值），另外又估计出在极端情况下的最小值和最大值，这时可用梯形分布来描述。三角形分布是梯形分布的一种特殊情况。为获得此分布，只需知道最可能的数值及上下极限值。

2. 外推法

外推法分为前推、后推及旁推三种，都是风险估计的好方法。从预测理论来分析，后推和旁推的应用效果一般较差，故较少用，大量运用的是前推方法。前推方法即趋势外推法，是一种时间序列法，其基本原理是利用取得的按时间顺序排列的历史信息数据推断出未来事件发生的概率和后果，是一种定量预测方法。

外推法简单易行，前提是有足够的历史资料。但是这种方法也有缺陷：首先，历史记录不可能完整或者没有错误；其次，历史事件的前提和环境已发生了变化，不一定适用于今天或未来；最后，外推法没有考虑事件的因果关系。由于这些缺陷的存在，外推结果可能产生较大偏差。为了修正这些偏差，有时必须在历史数据的处理中加入专家或集体的经验修正，有时必须与理论概率分布配合使用。

外推的具体方法有简单平均法、移动平均法、加权移动平均法、指数平滑法、季节变动分析法、线性趋势法等。

3. 主观概率法

项目风险的客观概率是很难得到的，可以采取模糊综合评价和专家主观估计相结合的方法，将风险的概率估计予以主观量化。这种主观概率一般是本行业项目专家根据自身的专业素质以及丰富的实践经验依照项目的具体情况进行合理判断得出的。在得到多个专家的主观评价后可以结合模糊判定法确定最终的估计值。

有时，风险的概率无法通过估计或计算得到，可以用"高、中、低"来定性描述风险量。有时为了更精确，会采用"高、较高、中上、中、中下、较低、低"等级别描述。

4. 贝叶斯推断法

贝叶斯一词源于18世纪英国的一个牧师托马斯·贝叶斯（Tomas Bayes），他发现带有主观经验性的知识信息可以被用于统计推断和决策中。当未来决策因素不完全确定时，必须利用所有能够获得的信息，包括样本信息和先于样本的所有信息，如来自经验、直觉、判断的主观信息，来减少未来事物的不确定性，这就是贝叶斯推断法。

贝叶斯公式又称为贝叶斯定理表达式。设 n 个事件 $B_1, B_2, \cdots, B_n$ 是一组互斥的完备事件集，即所有的 B_i 互不相容，并且 $\sum_{i=1}^{n} B_i = \Omega$，又设 $P(B_i) > 0$，则对任意事件 A，$P(A) > 0$，由条件概率的定义有

$$P\left(\frac{B_i}{A}\right) = \frac{P(B_i A)}{P(A)} = \frac{P\left(\frac{A}{B_i}\right) \times P(B_i)}{P(A)} = \frac{P\left(\frac{A}{B_i}\right) \times P(B_i)}{\sum_{i=1}^{n} P\left(\frac{A}{B_i}\right) \times P(B_i)} \quad (6-2)$$

式中，$P(B_i)$ 为先于采样的概率，即在实验前就获得的概率称为先验概率；$P(B_i/A)$ 为待求概率，表示在事件 A 发生的条件下，引起事件 B_i 发生的概率，由于它发生在实验后，所以称为后验概率。贝叶斯公式实质就是根据先验概率和与先验概率相关的条件概率，推算出所产生后果的某种原因的后验概率。

将其应用于飞行器研制项目，当众多风险因素引起风险事件产生，各种风险因素发生的概率和在每个风险因素条件下风险事件发生的概率均可以确定时，可确定各种风险因素的影响程度。

由此我们可以看出，当将贝叶斯推断法用于风险评估时，可在众多的风险因素中抓住主要因素，提高风险分析的效率，但运用这种方法时，先验概率和条件概率确定难度较大。

5. 马尔可夫随机过程分析法

在一个随机过程中，对于每一 t_0 时刻，系统的下一时刻状态概率仅与 t_0 时刻的状态有关，而与系统是怎样和何时进入这种状态以及 t_0 时刻以前的状态无关，这种随机过程称为马尔可夫随机过程。

从定义中可知，确定某一时刻的风险状态后，该风险转移的下一个状态所服从的概率规律，可以用马尔可夫过程的数学描述估计出来。马尔可夫风险过程的重要假定是在一定时间和客观条件下，风险状态的转移概率固定不变。转移概率是在给定时刻风险状态相关之下的下一时刻条件概率；转移概率构成的矩阵称为转移矩阵，矩阵中各元素具有非负性，而且行值的和为 1。

例如，某雷达每次开机状态记录如表 6-2 所示。由于雷达下一次开机状态只与现在的开机状态有关，而与以前的状态无关，所以它就形成了一个典型的马尔可夫链。取 P_{11} 表示开机连续正常状态的概率，P_{12} 表示由正常状态转为不正常状态的概率，P_{21} 表示由不正常状态转为正常状态的概率，P_{22} 表示开机连续不正常状态的概率。由表 6-2 可知，在 23 次开机状态统计中，11 次开机正常，3 次连续正常，7 次由正常转不正常；12 次开机不正常，4 次连续不正常，8 次由不正常转正常；由于最后一次统计状态是开机正常状态，没有后继状态，所以 $P_{11} = 3/(11–1) = 0.3$，$P_{12} = 7/(11–1) = 0.7$，$P_{21} = 8/12 = 0.67$，$P_{22} = 4/12 = 0.33$，因为最后一次统计是正常状态，所以不正常状态的总数不减 1。

表 6-2　某雷达每次开机状态记录表

状态	1	2	3	4	5	6	7	8	9	10	11	12	13	14	15	16	17	18	19	20	21	22	23
开机状态	不正常	正常	正常	不正常	正常	不正常	不正常	不正常	正常	不正常	正常	不正常	正常	不正常	正常	不正常	正常	不正常	不正常	正常	正常	不正常	正常
状态取值	2	1	1	2	1	2	2	2	1	2	1	2	1	2	1	2	1	2	2	1	1	2	1

由此产生出一步转移概率矩阵：

$$P = \begin{bmatrix} 0.3 & 0.7 \\ 0.67 & 0.33 \end{bmatrix} \qquad (6\text{-}3)$$

这种依据初始状态的结果，利用固定的转移概率推算出下次结果的过程称为一阶马尔可夫过程，以此类推有二阶、三阶……乃至 n 阶马尔可夫过程。这一连串的转移过程就是马尔可夫链。n 阶马尔可夫过程的结果概率向量等于最初结果概率向量乘以转移概率的 n 次幂：

$$S^{(n)} = S^{(0)} \times P^{(n)} \qquad (6\text{-}4)$$

转移概率矩阵 P 为

$$P = \begin{bmatrix} P_{11} & P_{12} & \cdots & P_{1N} \\ \vdots & \vdots & & \vdots \\ P_{N1} & P_{N2} & \cdots & P_{NN} \end{bmatrix} \qquad (6\text{-}5)$$

显然，第 24 次开机状态就是下一轮统计的初始状态，假设第 24 次统计为开机正常状态，正常状态取值 $k=1$，不正常状态取值 $k=2$；则 $S_1^{(0)}=1$（概率为 1），$S_2^{(0)}=0$（概率为 0）。所以，第 25 次统计状态为

$$S^{(1)} = S^{(0)} \times P = (1,0) \begin{bmatrix} 0.3 & 0.7 \\ 0.67 & 0.33 \end{bmatrix} = (0.3, 0.7) \qquad (6\text{-}6)$$

第 26 次统计状态为

$$S^{(2)} = S^{(1)} \times P = (0.3, 0.7) \begin{bmatrix} 0.3 & 0.7 \\ 0.67 & 0.33 \end{bmatrix} = (0.559, 0.441) \qquad (6\text{-}7)$$

以此类推，在转移概率固定不变的条件下，当转移次数 n 足够大时，统计结果概率向量趋于稳定状态，当 n 继续增大时，稳定的概率向量基本保持不变，显然在渐进过程中稳定的概率向量取决于固定的转移概率而与初始概率向量大小无关。示例中固定的转移概率大小源于该雷达研制和生产过程的可靠性。

由此可求出稳定的概率向量。

设 $S^{(\infty)} = (x_1, x_2)$，则有

$$S(\infty) = (x_1, x_2) \begin{bmatrix} 0.3 & 0.7 \\ 0.67 & 0.33 \end{bmatrix} = (x_1, x_2) \qquad (6\text{-}8)$$

根据矩阵乘法规则可得到下列联立方程组：

$$\begin{cases} 0.3x_1 + 0.67x_2 = x_1 \\ 0.7x_1 + 0.33x_2 = x_2 \\ x_1 + x_2 = 1 \end{cases} \qquad (6\text{-}9)$$

求解得：$x_1 = 0.49$，$x_2 = 0.51$，$S^{(\infty)} = (0.49, 0.51)$。也就是说，该雷达的可靠性决定了它的每次开机状态平均正常状态（$k=1$）的概率为 0.49，不正常状态（$k=2$）的概率为 0.51。

从以上示例可以看出，飞行器研制项目在论证、研制和生产中形成的可靠性、维修性等因素，在一些方面具有重复性，其转移概率是基本固定的一类风险，应用该方法十分有效。而对于需求类风险和绝大多数风险来说，转移概率并不固定，只是在不同时期具有一定的阶段固定性，我们可以分阶段地运用此方法进行分析。这对于研究长远发展战略、规划、计划等预测过程中，带有阶段性转移概率特征的风险是非常有用的。

6. 蒙特卡罗模拟法

蒙特卡罗模拟法由法国数学家约翰·冯·诺依曼（John von Neumann）创立并推广

到科学研究中，由于该方法与轮盘掷骰子等赌博原理类同，所以采用欧洲著名的赌城 Monte-Carlo 命名。蒙特卡罗模拟法是确定型模拟和概率型模拟中最常用的方法之一。模拟是运用系统或方案或问题的描述模型进行试验，从而找出它们未来可能发生的变化和变化规律。确定型模拟是指其模型的内在因素是确定的，即模型的输出与输入之间存在确定的关系曲线；而概率型模拟模型的内在因素是不确定的，反复进行模拟时得到的结果可能是不同的曲线，曲线上每个时点对应值的平均值表示现象的平均状态，其分布表示现象的离散程度，模拟重复次数越多，其平均值就越接近实际平均状态。蒙特卡罗风险模拟法的基本思想是将待求的风险变量当作某一特征随机变量，通过某一给定分布规律的大量随机数值，解出该数字特征的统计值，作为所求风险变量的近似解。具体方法是通过随机变量函数发生器产生一定随机数的概率模拟，从中进行 n 组随机抽样并将其输入模型进行统计试验处理，以取得风险问题近似数值解的结果，因此又称为统计模拟法、统计试验法或概率模拟法。理论上试验次数越多，分布越接近真实值，但实践中达到 50~300 次后分布函数便不再有显著变化了。

对于飞行器研制而言，其实验的代价一般是相当大的，对于某些风险，现实中可能也没有多少可供分析的数据资料，因此使用蒙特卡罗模拟法也是一种不错的选择。

7. 模糊数学法

风险的不确定现象常常是模糊的，所以模糊数学法可以用于风险分析。在风险评估过程中，有很多影响因素的性质和活动无法用数字来定量地描述，他们的结果也是含糊不清的，无法用单一的准则来判断。为了解决这一问题，美国学者 L. A. Zadeth 于 1965 年首次提出模糊集合的概念，对模糊行为和活动建立模型。对于复杂事物来说，边界往往具有很大的模糊性。在日常生活中也常听到"似……又似……"这类模糊的判断语言。

模糊数学法处理这类问题的优势在于：它为现实世界中普遍存在的模糊不清晰的问题提供了一种充分的概念化结构，并以数学的语言去分析和解决它们，它特别适合用于处理那些模糊、难以定义的，难以用数字描述而易于用语言描述的变量，正因为这种特殊性，模糊数学法已广泛应用于各种经济评价中。飞行器研制项目中隐含的各种风险因素很大一部分难以用数字来准确地加以定量描述，但都可以利用历史经验或专家知识，用语言生动地描述出它们的性质及其可能的影响结果。并且，现有的绝大多数风险分析模型都是基于数学的定量技术。而与风险评估相关的大部分信息都是很难用数字表示的，却易于用文字或句子来描述，这种性质最适合采用模糊数学法来解决问题。模糊数学法处理非数学化、模糊意义的变量具有独到之处，并能提供合理的数学规则去解决变量问题，相应得到的数学结果又能通过一定的方法转为语言描述，这一特征极适合于评估与分析飞行器研制项目中普遍存在的潜在风险。因此，模糊理论给不清晰的问题提供了一种充分的概念化结构，并以数学的语言去分析和解决它们，使模糊问题可以量化处理，以致风险评估更加科学化和准确化，但模糊集合中各元素对应于模糊关系的隶属度仍然以专家的经验确定。

8. VERT

VERT是用来进行风险估计和评价的随机网络仿真技术。它通过相应的计算机软件对工程研制方案或计划的随机网络模型，进行蒙特卡罗等数种节点逻辑仿真计算，给出有关费用、时间和性能风险的概率型指标评估。

运用网络风险分析可以对风险的来源和程度，有一个直观和深入的了解，其过程的每一结果都提供了风险处理各阶段所需的信息。因此，国外一些有经验的项目经理认为：完成一项正式的网络风险评估与分析所带来的好处足以补偿其所付出劳动的数倍。

6.3.3 航空飞行器研制项目风险评价的方法

1. 等风险图法

等风险图法是一种较新的项目风险管理的定量分析方法。等风险图法包括两个因素：失败的概率和失败的后果。用 P_S、P_f 分别表示项目成功和失败的概率；用 C_S 和 C_f 分别表示某种失败导致的后果并不严重和严重的程度。这种方法把已识别的风险分为高、中、低三类。其中低风险是指对项目目标仅有轻微不利影响，发生概率也小（一般小于 0.3）的风险；中等风险是指发生概率较大（一般在 0.3 到 0.7 之间），并且影响项目目标实现的风险；而高风险则是指发生概率很大（一般大于 0.7），对项目目标的实现有非常不利影响的风险。

等风险图法是应用风险系数来评价项目风险水平的，设项目风险系数为 R，则

$$R = 1 - P_S C_S = 1 - (1 - P_f)(1 - C_f) = P_f + C_f - P_f C_f \quad （6\text{-}10）$$

让 R 取不同的值，就可以画出如图 6-3 所示的等风险图。

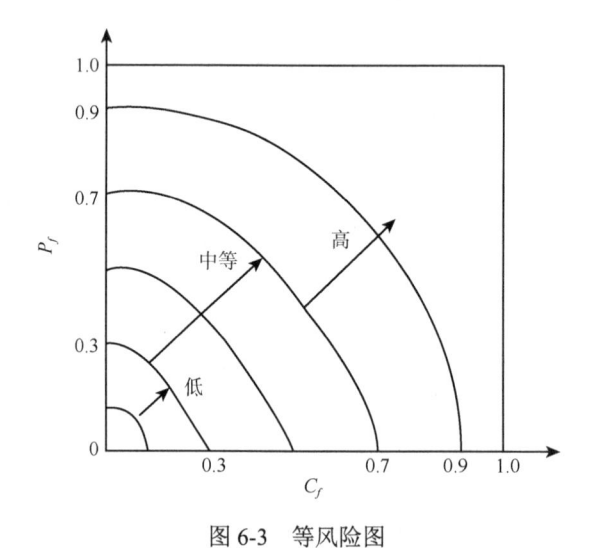

图 6-3 等风险图

式（6-10）中的 P_f 和 C_f 的计算可见下面两式。

$$P_f = \frac{P_{f1} + P_{f2} + P_{f3} + \cdots + P_{fn}}{n} \qquad (6\text{-}11)$$

式中，$P_{f1}, P_{f2}, P_{f3}, \cdots, P_{fn}$ 分别为项目各个风险发生的概率；n 为风险个数。

$$C_f = \frac{C_{f1} + C_{f2} + C_{f3} + \cdots + C_{fm}}{m} \qquad (6\text{-}12)$$

式中，$C_{f1}, C_{f2}, C_{f3}, \cdots, C_{fm}$ 分别为项目各个风险后果的非效用值；m 为风险后果的个数。

2. 决策树法

决策树用树表示项目所有可供选择的行动方案、行动方案之间的关系、行动方案的后果以及这些后果发生的概率。利用决策树可以计算出可供选择的行动方案后果的数学期望，进而对项目的风险进行评价。

3. 设计评审

设计评审就是对产品设计所做的正式全面和系统的审查，并把审查的结果形成文件，其目的是评价设计满足质量要求的能力，找出问题，提出建议。设计评审作为风险评价的方法，主要用于飞行器研制项目技术风险分析，也可以应用于勘察风险分析；在风险管理中，由风险管理人员利用记录单的形式，在各层次设计评审过程中，对涉及的风险事项逐一记录有关风险，及对风险的评估分析、对策等。

飞行器研制项目风险的评价可以采用的方法很多，每一种方法都有自己的优缺点，在实际工作中，为了避免片面性和不确定性，应该运用两种以上的方法进行综合评价，以达到切合实际的作用。

通过分析我国下一代先进作战飞机研制的特点，按照研制风险类型的划分，根据风险评价指标体系构建的基本原则和系统工程方法论的思想，采取由粗到细、由表及里、从全局到局部逐步深入的分层递阶方法，进行下一代先进作战飞机研制风险评估指标体系的构建。按照目标层、子目标层、准则层、系统层、技术层的递阶多层次结构，把整个飞机研制风险评估系统结构分为 5 个层次、4 个因素级别。

我国下一代先进作战飞机研制风险评估指标体系如图 6-4 所示。图 6-4 中，下一代先进作战飞机研制技术性能风险分析可以分解为一个 4 层次评价指标体系，如图 6-5 所示。

在飞机研制风险评估中，不同类型的风险及其风险因素在同一个项目中处于不同的地位，对评判对象的影响程度也不同。考虑到飞机研制风险评估指标体系多层次结构的特点，采用层次分析法（analytic hierarchy process，AHP）确定风险因素/指标的权重集。

飞机研制风险评估涉及许多影响因素，其中很多因素具有模糊性，无法进行精确判断和量化，评估时常常带有经验性的判断。另外，风险评估时的不确定性因素很多。风险评估问题的综合性、复杂性和多层次性，使得风险评估问题变得很复杂，用经典数学方法解决风险评估问题显得很困难。同样使得风险分析与评估的程序、方法、技术等变得丰富多彩、层出不穷，风险评估应运用多指标、多准则决策方法。因此，采用模糊综合评判法对飞机研制风险进行综合评估。

```
┌──────┐     ┌──────┐      ┌──────┐
│目标层│     │子目标层│    │准则层│
│(第一层次)│  │(第二层次)│ │(第三层次)│
└──────┘     └──────┘      └──────┘
```

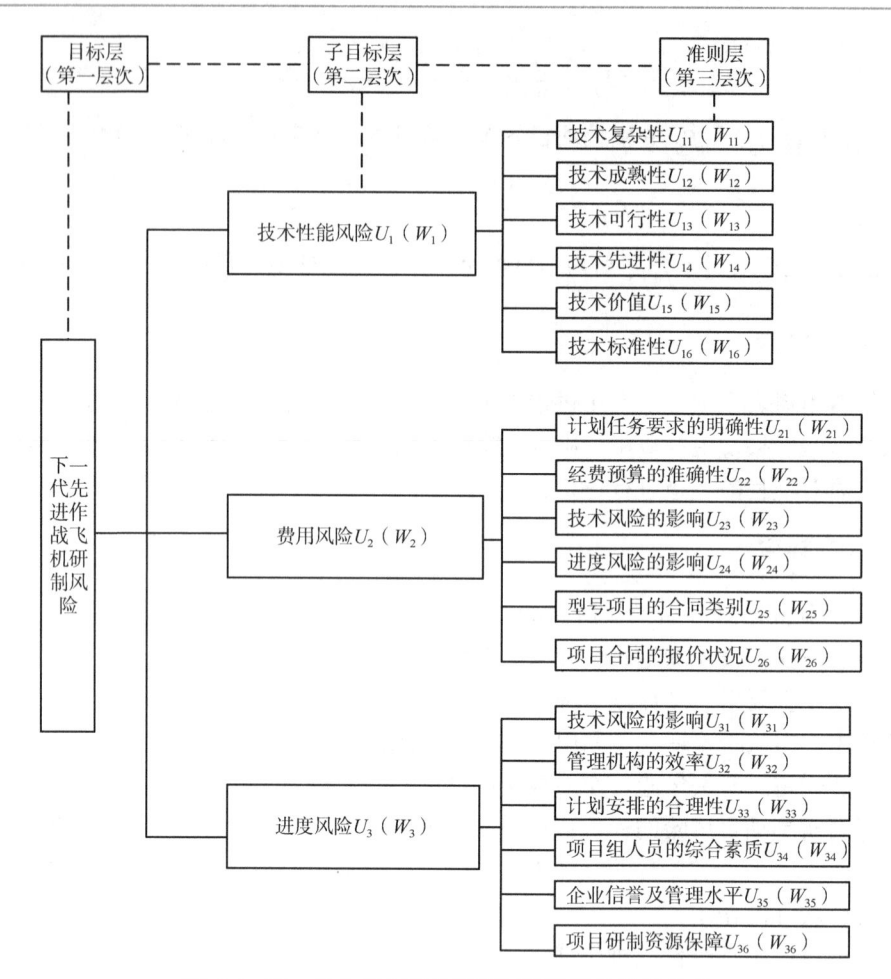

                                       ┌─────────────────────┐
                                       │ 技术复杂性 U_{11} (W_{11}) │
                                       ├─────────────────────┤
                                       │ 技术成熟性 U_{12} (W_{12}) │
                    ┌──────────────┐   ├─────────────────────┤
                    │技术性能风险 U_1(W_1)├──│ 技术可行性 U_{13} (W_{13}) │
                    └──────────────┘   ├─────────────────────┤
                                       │ 技术先进性 U_{14} (W_{14}) │
                                       ├─────────────────────┤
                                       │ 技术价值 U_{15} (W_{15})   │
                                       ├─────────────────────┤
                                       │ 技术标准性 U_{16} (W_{16}) │
                                       └─────────────────────┘

                                       ┌─────────────────────────┐
                                       │ 计划任务要求的明确性 U_{21} (W_{21}) │
                                       ├─────────────────────────┤
                                       │ 经费预算的准确性 U_{22} (W_{22}) │
  下一代先进作战飞机研制风险   ├─────────────────────────┤
                    ┌──────────────┐   │ 技术风险的影响 U_{23} (W_{23}) │
                    │ 费用风险 U_2(W_2) ├──├─────────────────────────┤
                    └──────────────┘   │ 进度风险的影响 U_{24} (W_{24}) │
                                       ├─────────────────────────┤
                                       │ 型号项目的合同类别 U_{25} (W_{25}) │
                                       ├─────────────────────────┤
                                       │ 项目合同的报价状况 U_{26} (W_{26}) │
                                       └─────────────────────────┘

                                       ┌─────────────────────────┐
                                       │ 技术风险的影响 U_{31} (W_{31}) │
                                       ├─────────────────────────┤
                                       │ 管理机构的效率 U_{32} (W_{32}) │
                                       ├─────────────────────────┤
                    ┌──────────────┐   │ 计划安排的合理性 U_{33} (W_{33}) │
                    │ 进度风险 U_3(W_3) ├──├─────────────────────────┤
                    └──────────────┘   │ 项目组人员的综合素质 U_{34} (W_{34}) │
                                       ├─────────────────────────┤
                                       │ 企业信誉及管理水平 U_{35} (W_{35}) │
                                       ├─────────────────────────┤
                                       │ 项目研制资源保障 U_{36} (W_{36}) │
                                       └─────────────────────────┘

图 6-4　下一代先进作战飞机研制风险评估指标体系

下一代先进作战飞机研制风险的多因素多层次模糊综合评判过程如下。

根据模糊综合评判法的原理，多层次模糊综合评判的数学模型由因素集、评判集、因素权重集、单因素评判、一级模糊评判、多级模糊评判6个要素组成。

（1）根据下一代先进作战飞机研制风险评估指标体系，确定各层次的因素集。

第一层次的因素集为：$U = \{U_1, U_2, U_3\}$，其中 U_1 表示技术性能风险，U_2 表示费用风险，U_3 表示进度风险。

第二层次的因素集为：$U_i = \{U_{i1}, U_{i2}, \cdots, U_{ij}, \cdots, U_{ip}\}(i=1,2,3; j=1,2,\cdots,p)$，其中 U_{ij} 表示隶属于子风险 U_i 的第 j 个因素，详见图6-4。

第三层次的因素集为：$U_{ij} = \{U_{ij1}, U_{ij2}, \cdots, U_{ijk}, \cdots, U_{ijt}\}(i=1,2,3)$，其中 U_{ijk} 表示隶属于 U_{ij} 的第 k 个因素。第三层次因素共有 6 个（$t=6$），主要指下一代先进作战飞机研制的6个领域或分系统，详见图6-5。

第四层次的因素集为：$U_{ijk} = \{U_{ijk1}, U_{ijk2}, \cdots, U_{ijks}, \cdots, U_{ijkq}\}$，其中 U_{ijks} 表示隶属于 U_{ijk} 的第 s 个因素。第四层次因素主要指下一代先进作战飞机研制的6个领域或分系统采用的关键技术，详见图6-5。

第6章 航空飞行器研制项目风险管理

```
                                    ┌─ 多学科综合优化设计技术的不确定性 D₁₁（0.15）
                    ┌─ 总体设计      ├─ 先进总体方案及气动外形设计技术的不确定性 D₁₂（0.2）
        技术        │  技术的不      ├─ 火/飞/推综合控制技术的不确定性 D₁₃（0.25）
        复杂性      │  确定性 D₁     ├─ 先进布局控制技术的不确定性 D₁₄（0.2）
        A₁₁         │  （0.1）       └─ 作战动力学仿真技术的不确定性 D₁₅（0.2）

                                    ┌─ 推重比为10的涡扇发动机的总体技术和部件匹配技术的不确
                                    │  定性 D₂₁（0.15）
        技术        ┌─ 动力系统      ├─ 高推重比涡扇发动机结构、强度和可靠性技术的不确定
        成熟性      │  的不确定性    │  性 D₂₂（0.15）
        A₁₂         │  D₂（0.2）     ├─ 先进叶轮机械关键技术的不确定性 D₂₃（0.2）
                                    ├─ 先进燃烧室设计、冷却技术的不确定性 D₂₄（0.15）
                                    ├─ 先进矢量推力控制技术的不确定性 D₂₅（0.2）
                                    └─ 主要部件和全台发动机数值仿真系统的不确定性 D₂₆（0.15）

                                    ┌─ 超视距多目标攻击技术的不确定性 D₃₁（0.2）
        技术        ┌─ 航空电子      ├─ 多机协同多目标攻击技术的不确定性 D₃₂（0.2）
        可行性      │  与机载武      ├─ 空空反辐射导弹攻击技术的不确定性 D₃₃（0.2）
 先进    A₁₃         │  器系统的      ├─ 大机动格斗和火控系统的敏捷性技术的不确定性 D₃₄（0.2）
 作战                │  不确定性      └─ 空空导弹越肩发射的火控关键技术的不确定性 D₃₅（0.2）
 飞机                │  D₃（0.1）
 研制
 技术        技术        ┌─ 结构强度      ┌─ 先进结构型式综合优化设计技术的不确定性 D₄₁（0.32）
 性能        先进性      │  技术的不      ├─ 结构可靠性和寿命预测技术的不确定性 D₄₂（0.24）
 风险        A₁₄         │  确定性        ├─ 高生存力设计技术的不确定性 D₄₃（0.15）
 评估                    │  D₄（0.25）    ├─ 动强度设计与振动控制技术的不确定性 D₄₄（0.15）
 A₁                      │               └─ 分析与实验一体化技术的不确定性 D₄₅（0.15）

        技术        ┌─ 材料与制      ┌─ 机体结构材料关键技术的不确定性 D₅₁（0.18）
        价值        │  造技术的      ├─ 发动机结构关键材料技术的不确定性 D₅₂（0.24）
        A₁₅         │  不确定性      ├─ 关键零件部件先进制造工艺与技术的不确定性 D₅₃（0.3）
                    │  D₅（0.15）    └─ 材料与零件制造数字化融合技术的不确定性 D₅₄（0.28）

        技术        ┌─ 隐身技术      ┌─ 红外隐身技术的不确定性 D₆₁（0.25）
        标准性      │  的不确定      ├─ 隐身外形与气动外形一体化设计的不确定性 D₆₂（0.25）
        A₁₆         │  性 D₆（0.2）  └─ 等离子隐身技术的不确定性 D₆₃（0.5）
```

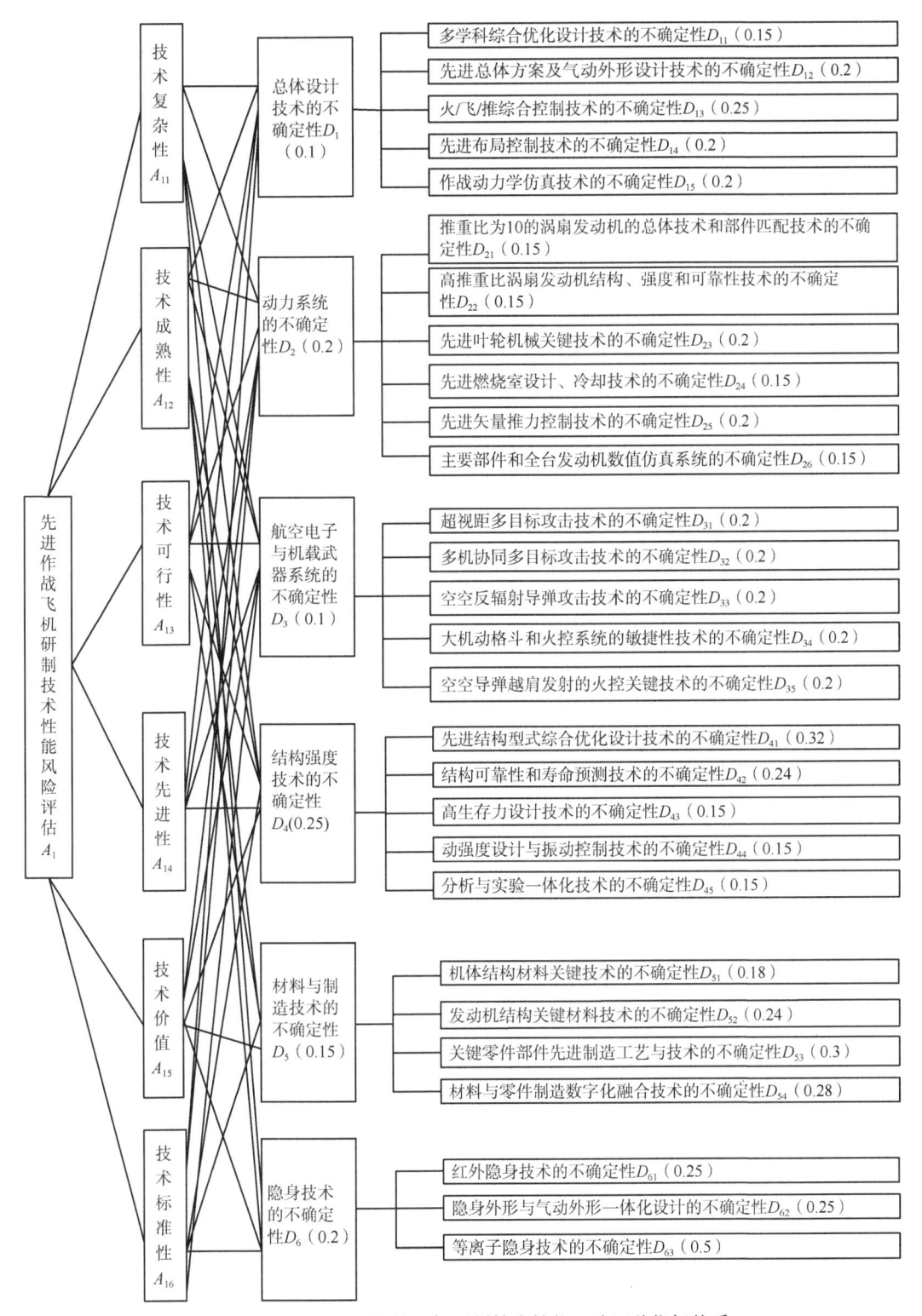

图 6-5　下一代先进作战飞机研制技术性能风险评估指标体系

权重合计不为1是四舍五入修约所致

（2）确定评判集。根据本书的风险等级划分标准，下一代先进作战飞机研制风险等级评判集为：$V=$\{高风险，较高风险，中等风险，较低风险，低风险\}。

（3）根据层次分析法，确定 4 个层次风险评价指标/风险因素的权重体系 W。

（4）按照划分的风险等级评判集，评估各风险因素隶属于各风险等级的隶属度，构造单因素评判矩阵。

假定第四层次因素 D_i 中总体设计技术的不确定性 D_1、动力系统的不确定性 D_2 的隶属度分析结果如表 6-3 所示。

表 6-3　风险因素隶属度调查分析表

系统及因素 D_i	技术层 D_{ij} 级风险因素	风险因素对风险评判各等级的隶属度				
		高	较高	中等	较低	低
总体设计技术的不确定性 D_1	多学科综合优化设计技术的不确定性 D_{11}	0.1	0.1	0.15	0.25	0.4
	先进总体方案及气动外形设计技术的不确定性 D_{12}	0.05	0.05	0.15	0.25	0.5
	火/飞/推综合控制技术的不确定性 D_{13}	0.05	0.1	0.15	0.15	0.55
	先进布局控制技术的不确定性 D_{14}	0.5	0.3	0.1	0.05	0.05
	作战动力学仿真技术的不确定性 D_{15}	0.1	0.2	0.5	0.15	0.05
动力系统的不确定性 D_2	推重比为 10 的涡扇发动机的总体技术和部件匹配技术的不确定性 D_{21}	0.1	0.2	0.4	0.2	0.1
	高推重比涡扇发动机结构、强度和可靠性技术的不确定性 D_{22}	0.05	0.05	0.1	0.2	0.6
	先进叶轮机械关键技术的不确定性 D_{23}	0.1	0.1	0.1	0.2	0.5
	先进燃烧室设计、冷却技术的不确定性 D_{24}	0.5	0.3	0.1	0.05	0.05
	先进矢量推力控制技术的不确定性 D_{25}	0.4	0.3	0.2	0.1	0
	主要部件和全台发动机数值仿真系统的不确定性 D_{26}	0	0.1	0.15	0.25	0.5

根据表 6-3，可以构造出总体设计技术的不确定性 D_1、动力系统的不确定性 D_2 进行一级模糊综合评判时的单因素评判矩阵 R_1 和 R_2。同理，可求得航空电子与机载武器系统的不确定性 D_3、结构强度技术的不确定性 D_4、材料与制造技术的不确定性 D_5、隐身技术的不确定性 D_6 的单因素评判矩阵。

（5）进行多级模糊综合评判。

第一级模糊综合评判（第五层次因素模糊综合评判），指对技术层各因素/指标 $U_{ijks,5}$ 以上一层次因素 U_{ijk} 为评判参照物，进行综合评判，得到分系统级因素/指标 $U_{ijk,4}$ 对于评语集 V 的隶属向量：

$$B_{ijk} = A_{ijk} \times R_{ijk} = (a_{ijk1}, a_{ijk2}, \cdots, a_{ijkq}) \begin{bmatrix} r_{ijk11} & r_{ijk12} & \cdots & r_{ijk1m} \\ r_{ijk21} & r_{ijk22} & \cdots & r_{ijk2m} \\ \vdots & \vdots & & \vdots \\ r_{ijkq1} & r_{ijkq2} & \cdots & r_{ijkqm} \end{bmatrix} \quad (6\text{-}13)$$

$$= (b_{ijk1}, b_{ijk2}, \cdots, b_{ijkx}, \cdots, b_{ijkm})$$

式中，b_{ijkx} 为因素 U_{ijk} 隶属于评价集中第 x 个风险等级元素的隶属度。

各技术领域或分系统级层次隶属的第五层次所有技术因素 D_{ij} 的综合评判结果是

$$B_4 = \begin{bmatrix} B_{1,4} \\ B_{2,4} \\ B_{3,4} \\ B_{4,4} \\ B_{5,4} \\ B_{6,4} \end{bmatrix} = \begin{bmatrix} 0.1575 & 0.15 & 0.21 & 0.165 & 0.3175 \\ 0.1975 & 0.1775 & 0.1725 & 0.165 & 0.2875 \\ 0.06 & 0.11 & 0.104 & 0.266 & 0.46 \\ 0.1005 & 0.18 & 0.1768 & 0.2165 & 0.3262 \\ 0.0144 & 0.086 & 0.1852 & 0.2116 & 0.5028 \\ 0.05 & 0.1225 & 0.1775 & 0.2125 & 0.4375 \end{bmatrix} \quad (6\text{-}14)$$

可以看出：对于总体设计技术，其技术风险处于高、较高、中等、较低、低水平的程度分别是 15.75%、15%、21%、16.5%、31.75%。

第二级模糊综合评判（第四层次因素模糊综合评判），指对第四层次（分系统级）所有因素 $U_{ijk,4}$ 以准则层因素 $U_{ij,3}$ 为参照物，以构成 $U_{ij,3}$ 的下一层次各因素作为评判对象，进行综合评判的过程，得到准则层子因素指标 $U_{ij,3}$ 对于评判集 V 的隶属向量。

第三级模糊综合评判（第三层次因素模糊综合评判），指对第三层次（准则层）所有因素或指标 $U_{ij,3}$ 以子目标层因素 $U_{i,2}$ 为参照物，以构成 $U_{i,2}$ 的下一层次各因素 $U_{ij,3}$ 作为评判对象，进行综合评判的过程，得到子目标层因素 $U_{i,2}$ 对于评语集 V 的隶属向量

$$B_i = A_{ij} \times R_{ij} = (b_{i1}, b_{i2}, \cdots, b_{iw}) \quad (6\text{-}15)$$

通过前三级模糊综合评判，可以获得飞机研制技术性能风险、费用风险、进度风险分别隶属于风险评价集各风险等级的隶属度：

$$\begin{bmatrix} B_1 \\ B_2 \\ B_3 \end{bmatrix} = \begin{bmatrix} 0.107 & 0.143 & 0.174 & 0.248 & 0.328 \\ 0.095 & 0.162 & 0.179 & 0.267 & 0.297 \\ 0.132 & 0.154 & 0.160 & 0.263 & 0.291 \end{bmatrix} \quad (6\text{-}16)$$

基于技术性能风险、费用风险、进度风险的第四级模糊综合评判，指对子目标层所有因素或指标 $U_{i,2}$ 以目标层因素 U 为参照物，以构成 U 的下一层次各因素 $U_{i,2}$ 作为评判对象，进行综合评判的过程，得到目标层指标 U 对于评语集 V 的隶属向量：

$$B = A_i \times R_i = (b_1, b_2, \cdots, b_w) \quad (6\text{-}17)$$

各子风险因素的权重计算结果为：$A = (a_1, a_2, a_3) = (0.42, 0.31, 0.27)$，顶层目标——飞机项目研制风险的模糊综合评估结果是

$$B = AR = A \begin{bmatrix} B_1 \\ B_2 \\ B_3 \end{bmatrix} = (0.11 \quad 0.152 \quad 0.172 \quad 0.258 \quad 0.308) \quad (6\text{-}18)$$

评估结果表明：下一代先进作战飞机研制风险隶属于风险等级高、较高、中等、较低、低的程度分别是：11%、15.2%、17.2%、25.8%、30.8%。可以看出较低风险和低风险占总风险一半以上的比例（56.6%）。

按照最大隶属度原则，该研制项目从技术性能风险、费用风险、进度风险综合分析的角度讲，整体风险水平属于低风险。当对上述五个风险等级分别赋予 0.9、0.7、

0.5、0.3、0.1 的评分时，根据加权平均法思想，下一代先进作战飞机研制风险综合评估结果为 39.96%，该飞机的研制风险介于中等风险和较低风险之间，接近较低风险水平。

风险分析结果表明：下一代先进作战飞机研制项目从综合考虑技术性能、费用、进度的风险评估理论的角度讲，是个很好的研发项目，该项目可行。

6.4 航空飞行器研制项目风险控制

6.4.1 航空飞行器研制项目风险控制的步骤

航空飞行器研制项目风险控制有以下八个步骤。

第一步，建立项目风险控制体系。包括项目风险责任制度、风险信息报告制度、风险控制决策制度、风险控制的沟通程序等。

第二步，确定要控制的具体项目风险。按照项目具体风险后果严重性的大小和风险发生的概率，以及项目组织的风险控制资源情况，确定对哪些风险要进行控制，而对哪些可以容忍。

第三步，确定项目风险的控制责任。所有需要控制的项目风险都必须落实负责控制的具体人员，同时要规定他们所负的具体责任。

第四步，确定项目风险控制的行动时间。这是指对项目风险的控制也要制订相应的时间计划和安排，计划和规定解决项目风险问题的时间表与时间限制。

第五步，制订各具体项目风险的控制方案。负责具体项目风险控制的人员，根据风险的特征和时间计划，制订各具体项目风险的控制方案以及在不同阶段使用的风险事件控制方案。

第六步，实施具体项目风险控制方案。按照确定出的具体项目风险控制方案，开展项目风险控制活动，并根据项目风险的发展与变化，不断地修订项目风险控制方案与办法。

第七步，跟踪具体项目风险的控制结果。这一步的目的是要收集风险事件控制工作的信息并给出反馈，即利用跟踪去确认所采取的项目风险控制活动是否有效，项目风险的发展是否有新的变化，等等。这一步是与实施具体项目风险方案同步进行的。

第八步，判断项目风险是否已经消除。如果认定某个项目风险已经解除，则该具体项目风险的控制作业就已经完成了。若认为该风险仍未解除，就需要重新进行项目风险识别，然后重新按本方法的全过程开展下一步的具体风险控制作业。

6.4.2 航空飞行器研制项目风险控制策略

项目经理面临风险情况采取适应的措施就是风险控制，从改变风险后果的性质、风险发生的概率或风险后果大小三方面规避风险。飞行器研制项目风险控制方法主要包括风险预防、风险规避、风险转移和风险承担。

1. 风险预防

在进行风险识别及评价之后，项目领导班子对项目风险有了深入的认识。风险因素是风险发生的导火索，那么如果事先积极采取措施防止或减少风险因素的出现或者将风险因素与人、财、物在时间空间上进行隔离，就可以从源头上消灭或减轻风险，有效地预防和减少风险对飞行器研制项目产生的不利影响。

尤其是在飞行器研制项目中，存在一些出现概率小但后果严重的风险。这类风险出现的概率接近于零，一旦发生就可能带来灾难性的事故，造成人员伤亡和巨大的经济损失。因此对这类风险必须要引起足够重视，从源头上消灭。

2. 风险规避

风险规避是指当项目风险潜在威胁发生的可能性太大，或者一旦发生，损失就会很严重，又无其他策略可用时，主动放弃项目或改变项目目标与行动方案，从而规避风险的一种策略。飞行器研制项目在采用风险规避措施时可以通过更改设计方案、要求、规范及惯例，将风险降到最低水平，即取消那些不确定的要求、消除高风险源，代之以较低等级风险，同时辅以费用-效益分析。风险规避包括权衡性能风险或其他能力风险，因此，它与要求分析同时进行。要实现风险规避，就要了解各种要求和约束条件之间的先后次序。如果单纯地从处置风险的角度来看，风险规避可以将损失发生的可能性降到最低，但避免了风险，也就拒绝了利益。所以，在采取规避策略之前，必须要对风险有充分的认识，对威胁出现的可能性和后果的严重性有足够的把握。最好在项目实施前运用风险规避方法，否则就要付出高昂的代价。

3. 风险转移

风险转移是方案设计和研制过程中重新分配风险，从而降低整个系统的风险。重新分配是指将系统某个部分的风险重新分配到该系统的另一部分，或者使风险在订购方与承制方之间或政府有关部门之间进行重新分配。风险转移是功能分析与分配过程的有机组成部分，是风险分担的一种形式而不是解除风险，它可能影响费用指标。例如，将某种保障功能由硬件执行转为由软件执行，或者相反。风险转移的效果取决于能否成功地使用系统设计技术。模块化设计和可靠性、维修性分配是支持风险转移的两种设计技术。在一些情况下，风险转移可以将风险集中于某个设计领域，这样可以将管理的注意力和资源都集中于该领域。当项目的资源有限，不能实行减轻策略，或者风险发生的频率不高，但潜在风险很大时，往往采取风险转移这种措施。

4. 风险承担

风险承担是指因为风险发生概率和产生后果的严重性相当低，被合理接受而不会对研制工作产生影响，因而有意识地或有准备地承担风险。

思考题

1. 简述风险的含义、特征以及风险管理的意义。
2. 风险估计的依据是什么？
3. 简述等风险图法。
4. 风险控制分为哪些步骤？
5. 风险控制策略有哪些？

第 7 章

航空飞行器研制项目合同管理

飞行器研制项目的实施过程实际上就是一个合同执行过程，合同是工程项目实施的基本依据。通过经济与法律相结合的方法，将飞行器研制项目所涉及的各单位在平等互利的原则上依法建立起多方的权利义务关系，以保证飞行器研制项目目标的顺利实现。

7.1 合同生命周期

7.1.1 合同生命周期的定义

生命周期是指具有生命现象的有机体从孕育、出生、成长到成熟、衰老，直至死亡的整个时间过程。生物的生命周期具有以下三个特征：第一，生命周期是一个有限的时间过程；第二，生命周期具有阶段性，一个完整的生命周期包括孕育、出生、成长、成熟、衰老、死亡六个阶段；第三，生物在整个生命周期过程中都会与外界环境进行物质、能量的交换，生物都具有生命周期性。项目从其发展过程来看也具有生命周期性，一个项目通常有若干个项目阶段，至少可以分为设计立项、计划、实施、完工四个阶段。

项目管理一直依据项目的生命周期的划分方法，项目合同管理作为项目管理的一个组成部分贯穿项目始终，同样可以采用统一的项目生命周期的划分方法。一个合同从开始策划设计到最后的终止，主要经历了五个阶段，依次为合同策划设计、合同谈判授予、合同执行、合同结算、合同收尾。如果将这五个阶段看作合同的一个生命周期，可以将合同的生命周期定义为：合同策划设计期、合同谈判授予期、合同执行期、合同结算期、合同收尾期，如图 7-1 所示。

7.1.2 合同生命周期中合同管理的主要任务

合同管理在合同生命周期的五个阶段中的主要任务有所不同。

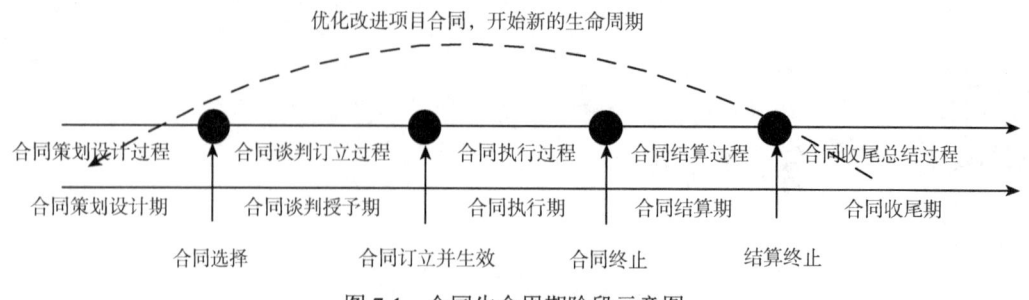

图 7-1 合同生命周期阶段示意图

（1）合同策划设计期。合同策划设计处于项目概念构思（项目立项前期或设计）期，在此阶段，项目管理人员依据项目中所使用的产品和服务的需要，制订相应的购置计划和清单，确定采购合同阶段的划分；进行合同结构类型策划，制定订立合同的策略，包括确定合同类型、设计合同体系、选择合同条件、准备合同文本、调查合同主体等。

（2）合同谈判授予期。项目正式启动后，主制造商与供应商或承包商进行技术性和经济性谈判，包括合同的价格和合同具体条款的谈判，直到签订合同。

（3）合同执行期。项目主管部门进行合同跟踪分析、监督管理、质量控制管理、合同变更管理、争议纠纷处理等，保证供应商或承包商按照合同约定履行义务。

（4）合同结算期。项目接近尾声，合同的执行已经基本完成，需要进行产品和服务的核实、合同价格支付、结算结果的校对、纠纷处理与确认等。

（5）合同收尾期。合同结算已经终止，需要进行合同文件的归档、合同执行的总结、合同的技术经济评价等工作。

合同生命周期各阶段合同管理的主要任务如图 7-2 所示。

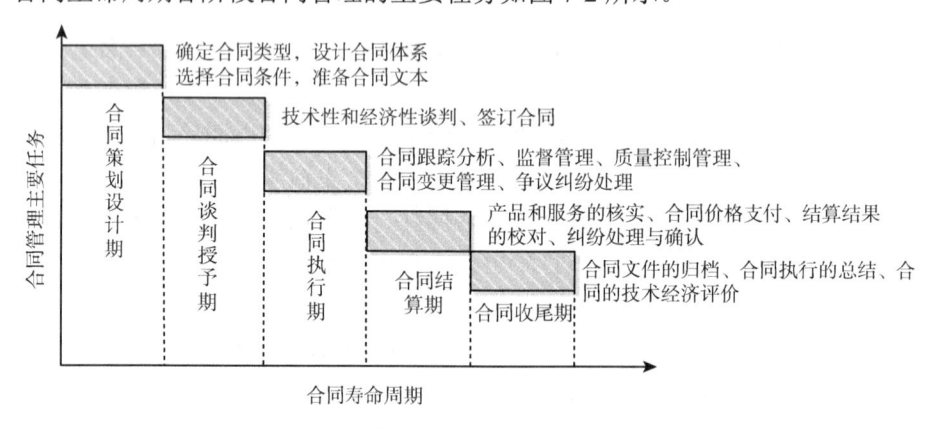

图 7-2 合同生命周期各阶段合同管理的主要任务

7.1.3 合同生命周期管理基本框架

传统的项目合同管理是对供应商或承包商合同关系的管理，合同管理工作始于合同的签订，结束于合同结算的终止，通常的合同管理往往将重点放在合同存续期间的管理，缺少或忽视对合同策划设计阶段与合同收尾阶段的管理工作。一份条款清晰、具有前瞻性的合同能够对合同双方起到有效的约束，可以减少甚至避免违约，是对整个项目能够顺利实施的有力的保证；而内容严重失衡的合同，从合同设计之初便隐藏着违约的隐患，无疑会极大地增加项目的风险和项目管理的难度。目前，缺乏有效的合同结构设计、条款起草及谈判管理而导致的争议，已成为本可以避免的项目管理风险的主要来源。合同执行与结算的终止并不意味着项目合同管理工作的结束，前一阶段的经验与教训总是会对下一阶段具有指导和借鉴作用，项目合同执行的总结与合同的技术经济评价，是企业项目合同管理不断改进和持续优化的重要依据，更是企业项目合同管理水平不断提高的保证之一。因此，在项目生命周期管理的过程中，一个完整项目合同管理工作应该是从合同的策划设计开始，完结于合同收尾阶段的总结与评价。

基于以上分析，传统的合同管理与合同生命周期管理比较如图 7-3 所示。

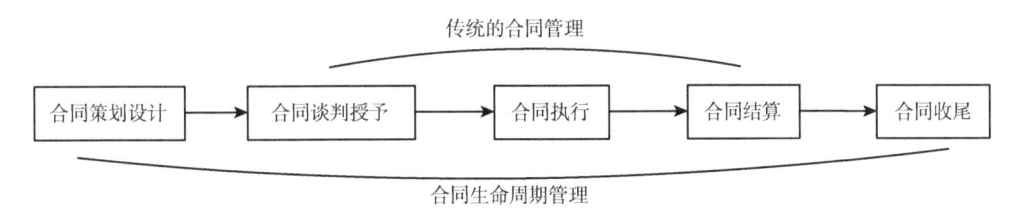

图 7-3 传统的合同管理与合同生命周期管理比较

7.2 以风险管理为基础的合同生命周期管理

7.2.1 合同生命周期管理的可行性与必要性分析

项目生命周期管理在飞行器研制项目中的广泛运用，为合同生命周期管理在飞行器研制项目中的运用提供了可能。采用合同生命周期管理，可以将合同管理工作贯穿飞行器研制项目的始终，从而实现合同管理与项目周期管理的同步和统一，如图 7-4 所示。在此意

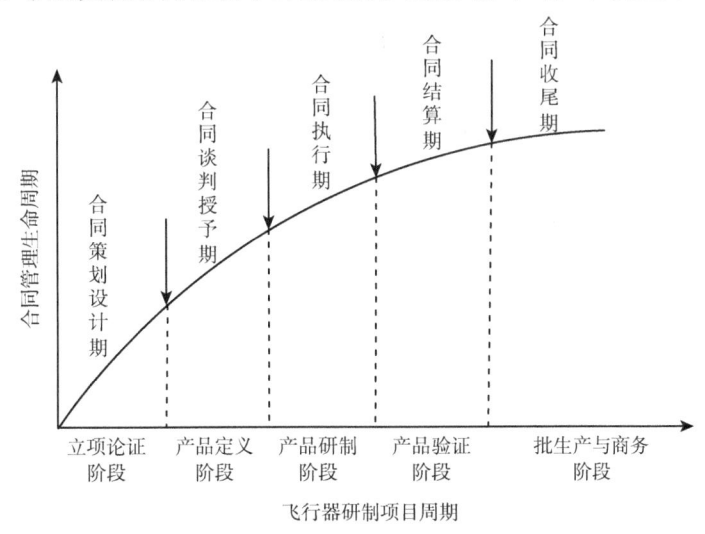

图 7-4 飞行器研制项目生命周期与合同管理生命周期

义上，合同生命周期管理，作为一种合同管理理念和具体的合同管理方法，为我们在实际的飞行器研制项目中顺利开展各项合同管理活动提供了多方面的理论依据和方法指导。

合同风险因素是合同管理中最重要、最核心的要素。合同管理的重点在于合同风险的管理，被动式的合同管理将重点放在减少不利风险，而良好主动的合同管理通常反过来会带来正面利益。合同生命周期管理强调对项目合同的主动控制，全员、全方位、全过程的管理，可以通过对整个项目合同进行合理的生命周期的划分，根据项目合同生命周期共同的一般规律与特点，引入合同风险管理策略和规划，对项目合同生命周期中风险源及其影响程度不同的各阶段制定相应的战略与策略，以对项目合同管理过程中遭受的风险以及干扰因素起预防与控制作用，从而有成效地执行各项合同管理职能，避免合同管理的低效率，减少损失，以保证整个项目合同管理目标的顺利实现。

7.2.2 合同生命周期的风险因素分析

合同管理风险是指企业对各类合同进行管理时对未来行为的决策及客观条件的不确定性引起的后果与预定合同管理目标发生多种偏离的综合，包括正偏离（收益）和负偏离（损失）两种偏离方向。该种风险观不是针对单体合同的各种风险，而是针对企业合同管理时综合各类合同抽象形成的一种管理风险。合同管理风险集中显现在合同的执行阶段，但也隐含在合同生命周期的各个阶段，尤其是合同策划设计阶段和合同收尾阶段，且是各种因素共同作用的结果。按照合同生命周期进行合同管理风险分析，可以将其分为合同策划设计期的风险、合同谈判授予期的风险、合同执行期的风险、合同结算期的风险、合同收尾期的风险，合同生命周期管理风险链示意图见图7-5。

1. 合同策划设计期的风险

合同策划设计期的风险是指在合同策划设计与准备的过程中存在的可能影响合同管理偏离目标的风险，主要包括合同策划风险、合同结构类型风险、合同对象调查风险、合同文本风险等。合同策划风险是指在合同策划设计阶段存在的不能满足企业战略目标和项目目标的风险，如合同目标与项目目标的不一致。合同结构类型风险是指不同类型的合同或不同级别的合同选择不当或主从关系不清所造成的风险。合同对象调查风险是指对合同履行主体在资格、资信、资质、能力等方面调查评价不当的风险，主要表现为将不具备履约能力的对象确定为准合同对象，将具备履约能力的对象排除在准合同对象之外等。合同文本风险是指合同内容或条款不当的风险，主要表现为合同内容和条款可能存在不合理、不严密、不完整、不齐备、不明确或表述不当，可能导致重大误解；合同内容违反国家法律法规或国家政策；合同标准文本使用范围、覆盖面不够；缺少对其交易事项的约定，合同文本质量不高。

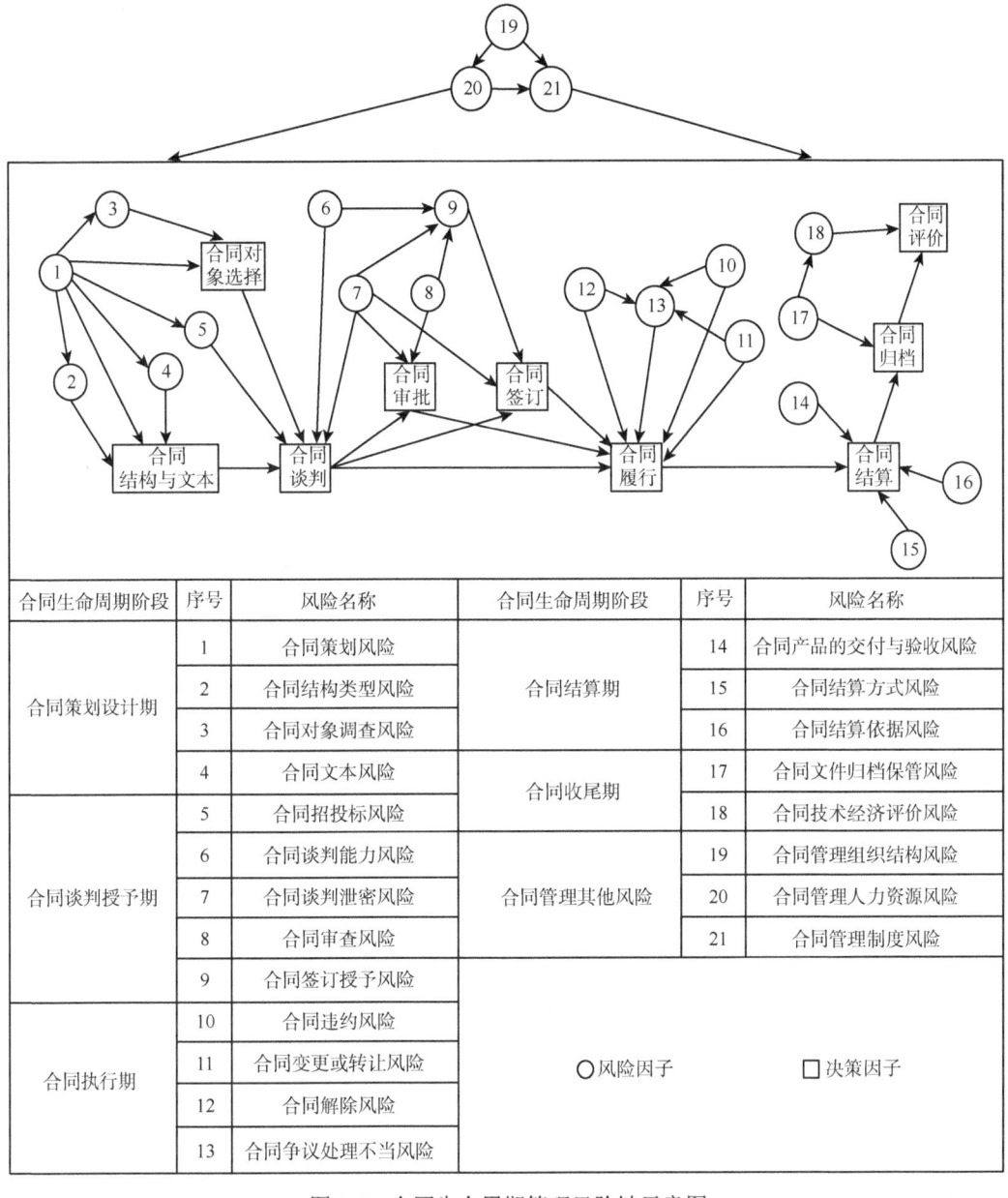

图 7-5 合同生命周期管理风险链示意图

合同生命周期阶段	序号	风险名称	合同生命周期阶段	序号	风险名称
合同策划设计期	1	合同策划风险	合同结算期	14	合同产品的交付与验收风险
	2	合同结构类型风险		15	合同结算方式风险
	3	合同对象调查风险		16	合同结算依据风险
	4	合同文本风险	合同收尾期	17	合同文件归档保管风险
合同谈判授予期	5	合同招投标风险		18	合同技术经济评价风险
	6	合同谈判能力风险	合同管理其他风险	19	合同管理组织结构风险
	7	合同谈判泄密风险		20	合同管理人力资源风险
	8	合同审查风险		21	合同管理制度风险
	9	合同签订授予风险			
合同执行期	10	合同违约风险	○风险因子　　□决策因子		
	11	合同变更或转让风险			
	12	合同解除风险			
	13	合同争议处理不当风险			

2. 合同谈判授予期的风险

合同谈判授予期的风险是指在合同谈判和授予过程中存在的可能影响合同管理偏离目标的风险，主要包括合同招投标风险、合同谈判能力风险、合同谈判泄密风险、合同审查风险、合同签订授予风险。合同招投标风险是指在项目合同招投标的过程中存在不合法或不规范的风险，主要包括招投标行为未按国家法律规定执行、招标行为不规范、投标人相互串通、招标专家选择机制不科学等。合同谈判能力风险是指在合同谈判准备过程中忽略了重大问题或在重大问题上谈判能力不足的风险，如谈判前信息收集不完整、分析不深入，合同内容与条款不熟悉，谈判方案与人员选择不当，谈判技巧把握不准等。合同谈判泄密风险是指在合同谈判过程中对涉及合同内容和条款的核心部分谈判策略等泄密的风险。合同审查风险是指对谈判形成的准合同未按规定进行审查或审查流于形式，没有发现或纠正合同不当内容和条款的风险。合同签订授予风险是指在合同正式签订授予过程中存在不当行为的风险，如不按规定签署合同、合同签约人的资格未经授权、合同印章使用不当、签署后的合同被篡改等。

3. 合同执行期的风险

合同执行期的风险是指合同在履行过程中存在的可能影响合同管理偏离目标的风险，主要包括合同违约风险、合同变更或转让风险、合同解除风险、合同争议处理不当风险等。合同违约风险是指合同一方或双方违反合同中约定的义务、法律直接规定的义务及法律原则和精神所要求的义务的风险。合同变更或转让风险是指在合同履行过程中变更或转让主体存在的法律风险，变更后的主体的信用程度和履约能力未知，一旦变更后的主体无法支付货款，就可能对供货方造成无法挽回的损失。合同解除风险是指合同当事人一方或者双方依照法律规定或者当事人的约定，依法解除合同效力的行为所产生的风险。合同争议处理不当风险是指在合同订立、履行过程中，出现合同纠纷问题，如果处理不当，可能损害单位利益、信誉和形象的风险。

4. 合同结算期的风险

合同结算期的风险是指在合同结算过程中存在的可能影响合同管理偏离目标的风险，主要包括合同产品的交付与验收风险、合同结算方式风险、合同结算依据风险等。

5. 合同收尾期的风险

合同收尾期的风险是指在合同结算后存在的可能影响合同管理偏离目标的风险，主要包括合同文件归档保管风险、合同技术经济评价风险等。

除了上述风险因素外，还有一些合同管理风险因素隐含在合同生命周期的始终，并对其他风险因素有着直接或间接的影响，这类风险主要包括合同管理组织结构风险、合同管理人力资源风险、合同管理制度风险。

合同管理组织结构风险：该项可细分为合同管理体制、专门合同管理机构的设置情况、合同管理部门功能的健全性、外聘公司法律顾问/律师的能力四个方面。合同管理体制主要考察公司合同管理体制是否与公司客观情况相符合，是否能促进公司发展，能否保障公司运营；专门合同管理机构的设置情况主要考察公司是否设置专门的合同管理机构；合同管理部门功能的健全性主要考察合同管理部门功能的完备性；外聘公司法律顾问/律师的能力主要考察法律机构中外聘人员的素质对合同管理水平的影响。

合同管理人力资源风险：该项包含公司负责人的法律意识、合同管理部门负责人的法律知识和法律工作经验、合同管理人员的业务操作能力、相关部门人员对法律工作的支持程度、法律人员配备的充足性、法律队伍的稳定性六个方面。前四项分别从公司负责人、合同管理部门负责人、合同管理人员、相关部门人员的角度,即高层决策者、中层管理者、低层操作者、相关人员的角度,来考察他们对法律工作尤其是合同管理工作的影响程度,是一个纵横交错、由上到下的评价过程。另外人员数量和人员稳定性也是影响合同管理水平的重要因素。

合同管理制度风险:该项包含合同管理制度健全程度、明确程度、动态调整性、和谐性四项内容。制度健全程度考察合同管理制度的全面性;制度明确程度考察合同管理制度的明晰性;制度动态调整性着重考察随时间发展,制度能否及时调整与持续改进,以减少制度对实践的不适应情况;制度和谐性重在考察合同管理制度有无政出多门、相互矛盾的情形。

飞行器研制项目合同管理风险因素除包含或具有一般项目合同管理风险的内容与特征外,作为一项复杂的系统工程,项目规模庞大、结构复杂、周期长、投资大、技术含量高、市场环境竞争激烈、涉及范围广。众多合同主体单位参与其中,使项目生命周期内的变化因素众多,从而合同管理风险的存在和发生环节也相对较多,远超过一般领域的风险水平。各种风险因素之间的内在联系错综复杂,彼此交叉影响,并与外部因素相互交织,因此在研制过程中的任何一个环节出现问题,都可能对产品性能、研制费用和周期造成不可挽回的损失,甚至可能导致整个项目的失败。因此,实施以风险管理为基础的飞行器研制项目合同生命周期管理对飞行器研制项目管理具有重要的现实意义,是飞行器研制项目合同管理的核心内容,是飞行器研制项目取得产品研制性能、质量和费用的最佳平衡的必要条件,是飞行器研制项目目标顺利完成和实现研制效益提升的基本保证。

7.2.3 合同生命周期管理体系

飞行器研制项目合同管理风险的多层次性、动态性特征决定了产品研制项目合同管理是一项综合性的工作,是一种全员、全过程、全方位,系统性的、动态性的、科学的管理。飞行器研制项目合同管理体系是以项目合同风险防控为基础的项目管理体系,基于项目合同管理组织结构与制度体系约束项目合同主体范围内的当事各方,以项目合同策划与管理控制体系加强项目合同主体范围内的当事各方履约行为的过程控制,在保证合同管理目标的基础上,以持续优化的合同管理绩效评价与改进体系,实现项目合同双方的双赢,其基本思路是通过在合同生命周期管理中引入风险管理的职能和目标,进一步明确和把握合同生命周期的各个阶段管理的关键点,通过实施有针对性的战略和对策,综合权衡规范性和灵活性,改进和协调合同管理的各个基础性环节,切实减少或合理规避合同本身以及合同管理中的风险,使管理贯穿合同完整生命周期的全过程,使合同风险防范从传统意义的仅停留在对合同签订阶段"点"的把关,延伸到对合同当事人的资信调查、文本策划设计、合同谈判、合同履行和纠纷处理、合同技术经济评价全过程的一条"线"的把关,并按照"计划—执行—检查—修正"的模式对合同管理体系进行持续改进与优化。以风险管理为基础的飞行器研制项目合同生命周期管理体系框架如图7-6所示。

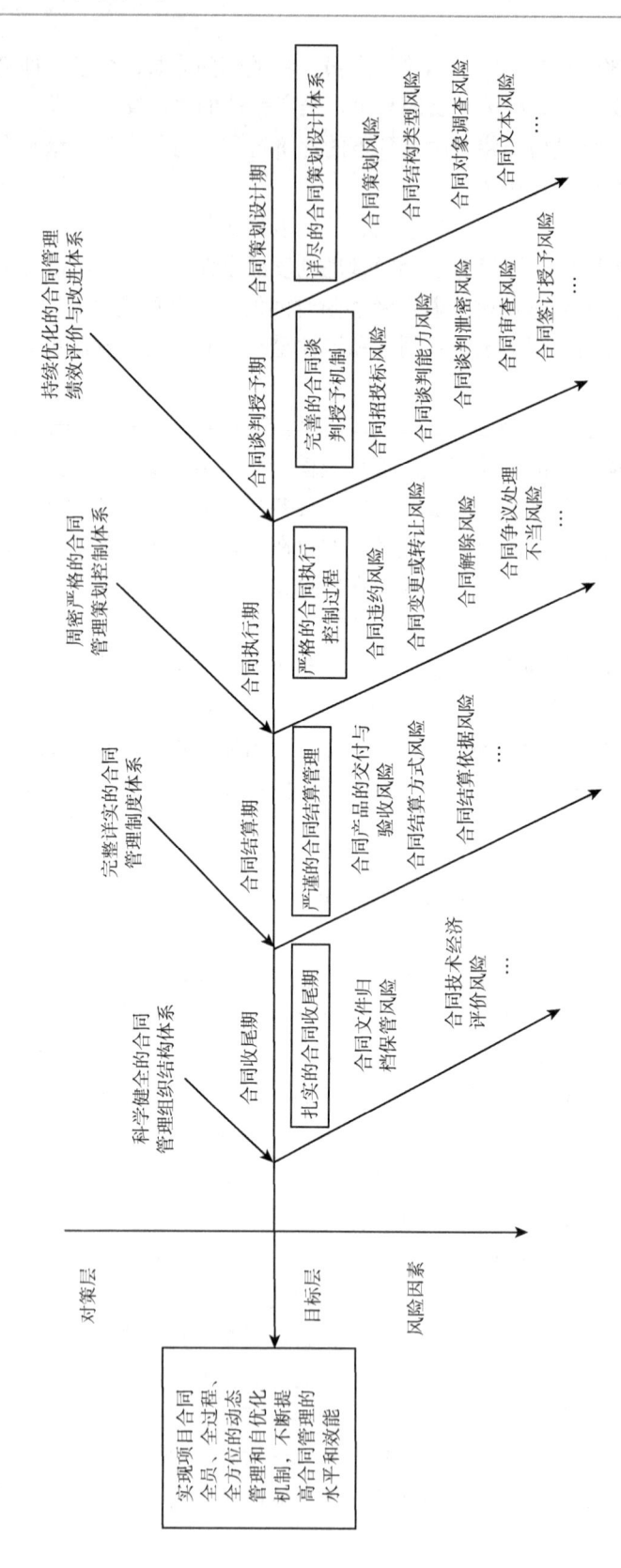

图7-6 以风险管理为基础的飞行器研制项目合同生命周期管理体系框架图

7.3 航空飞行器研制项目合同管理的组织结构体系

航空飞行器研制项目合同管理涉及设计、预算、法律、生产管理以及公关等方面的知识，是一个高智力型的、涉及全局的，同时又是专业性技术性强、极为复杂的管理工作，必须有专门的人员、专门的机构从事这项工作。合理地进行项目合同管理组织结构的设计是顺利实施项目合同生命周期管理的第一步，项目合同组织机构与管理团队的效率决定了整个项目合同的实施效果，完善的合同管理组织机构和掌握合同管理技能的专业人才是实施有效管理的基础与前提条件。

7.3.1 航空飞行器研制项目合同管理的组织结构

项目合同管理采取何种组织形式，通常由项目规模的大小、项目的技术复杂程度、业务单位的多少，以及管理人员的素质等因素决定。权力的制衡和分散是组织机构设置的基本原则，是建立高效运作的合同管理部门的重要手段。目前，国际上常见的项目合同组织管理模式主要有合同管理员制（直线式组织结构）和专业划分制（矩阵式组织结构）两种形式。飞行器因项目规模大、结构复杂、涉及领域广、生命周期长，研制过程中会涉及设计、生产、管理、采购、财务、统计等方方面面的问题，使得合同管理面广、线长，法律要求更严格，专业性更强。因此，飞行器合同管理组织结构体系的设置应该遵循决策、执行、监督"三权"分离的原则，适宜采用"统一管理、归口审查、分级审批、各负其责"的矩阵式组织结构。这是一个比较理想的也是比较通行的管理模式，在纵向上设置合同管理委员会、合同批准机构、合同审核机构、合同业务机构、合同管理办公室五个层次，在横向上把握合同策划与设计、合同授予与履行、合同审计与支付、合同技术经济评价四条管理主线，形成职能相对分开、相互制衡的飞行器研制项目合同管理组织机构。在这个合同管理组织机构中，多功能、跨职能部门的项目组（合同业务机构）处于合同生命周期管理的核心地位，实际负责从合同文本起草到合同谈判、执行完毕的全过程实施。飞行器研制项目合同管理组织机构示意图如图7-7所示。

7.3.2 航空飞行器研制项目合同管理机构的人员组成与主要职能

（1）合同管理委员会：合同管理委员会是飞行器研制项目合同管理的领导机构，一般由企业的高层领导或研制项目的主管领导、总法律顾问、项目研制办公室主管、核心职能部门负责人组成。负责项目合同管理战略的制定，领导、协调公司和各项目部重大合同的订立、履行及管理工作，指导项目合同管理制度和标准化建设，指导合同业务人员培训，指导解决合同争议，决定合同管理奖惩事宜，协调解决合同管理中的其他重大问题等。

（2）合同批准机构：负有批准合同的权利，一般不需要考虑专门的人员配置，具体由公司的高层负责人或研制项目的主要负责人构成。

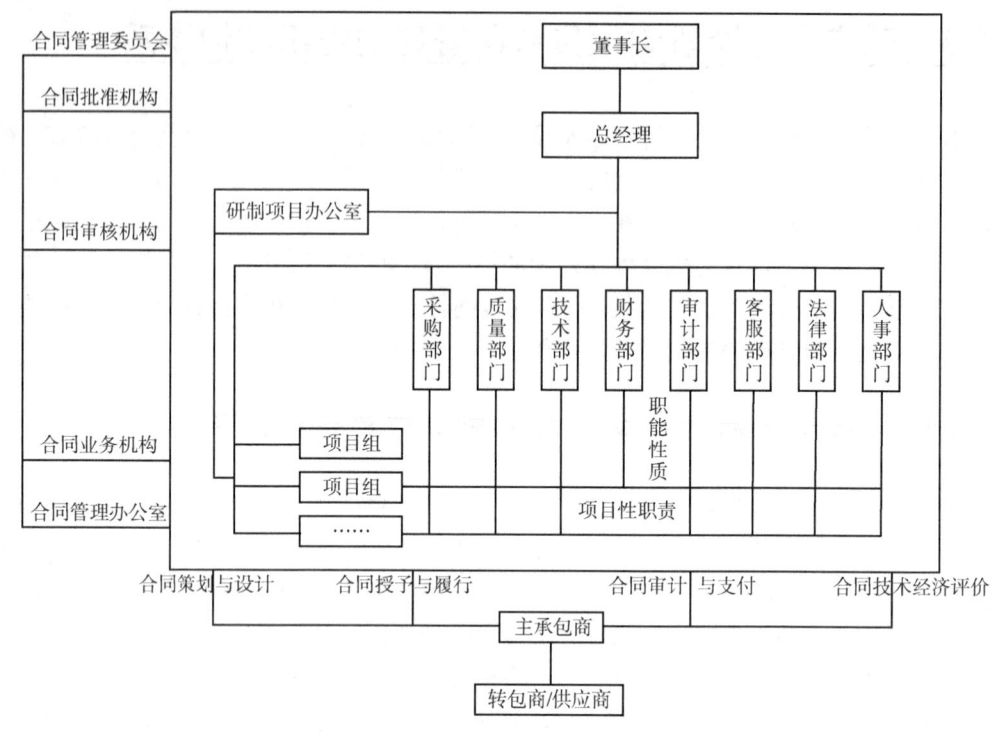

图 7-7　飞行器研制项目合同管理组织机构示意图

（3）合同审核机构：一般由项目办公室牵头，由各方技术人员、财务人员、法律顾问等共同组成。负责从国家法律、法规和政策角度（如为涉外合同，则依据合同主体所在国法律或国际法、国际惯例），对合同订立、履行、变更、解除等事项实施审查，保证所订立合同的合法性；对合同订立、履行中出现的失控点和违法情况，提出法律意见或建议；协助项目部解决合同争议。

（4）合同业务机构：一般由项目组协调，由相关技术人员、财务人员及法律顾问组成。负责调查、了解对方合同主体资格、资信和履约能力等情况；办理授权委托申请，起草合同文本，组织合同谈判；参与本项目重大合同的评审、招标、投标、商务谈判和签约活动；监督检查本项目合同的履行，办理向业主和分包商索赔的签证，处理收费付费事宜；负责协调、解决合同履行中出现的争议和违约追偿；负责本项目合同备案、台账、汇总统计。

（5）合同管理办公室：合同管理委员会的常设办公室，一般由具备一定技术知识和法律知识的专职的合同管理人员组成。负责飞行器研制项目合同的全面基础事务管理工作。在飞行器研制项目合同生命周期管理的过程中，合同管理办公室主要负责具体的协调组织工作、档案管理工作、合同管理绩效评价与研究工作、合同管理人员的培训工作等，密切关注合同策划设计、谈判、评价、改进全过程的情况，积极收集和妥善保管重要的信息和资料，为合同决策和业务部门的行为提供理论与实践上的依据。

7.3.3 航空飞行器研制项目合同管理机构间的沟通

沟通机制也是飞行器研制项目合同管理的一个重要方面，它是指在合同管理工作中，合同管理委员会、合同批准机构、合同审核机构、合同业务机构以及合同管理办公室之间相互传达、交流信息，统一认识，协调行动，实现项目合同管理目标的活动。飞行器研制项目合同管理是一项系统过程，涉及部门多，时间跨度长，工作程序复杂，要谨防信息流通不畅、工作流程脱节、部门之间扯皮。因此，做好合同管理机构之间的沟通工作具有重要的意义。飞行器研制项目合同管理机构之间的沟通主要指以下几个方面。

（1）合同管理委员会与合同管理办公室间的沟通：合同管理办公室接受合同管理委员会的直接领导，具体实施合同管理委员会的重大合同战略决策，协助保障各个相关合同管理机构各负其责，合同管理流程畅通、准确高效；负责合同管理的绩效评价和持续改进调研，形成相关的建议报告，为合同管理委员会制定合同管理战略提供准确的资料和数据；落实合同管理委员会关于合同管理人员的培训、奖惩的实施等。

（2）合同管理委员会与合同批准机构间的沟通：合同批准机构应及时向合同管理委员会汇报相关项目合同的审批情况；重大项目合同的审批应及时报经合同管理委员会讨论协商。

（3）合同批准机构与合同审核机构间的沟通：合同审核机构应将项目小组谈判形成的合同草本的审查意见与合同批准机构及时沟通，以供合同批准机构审批参考。

（4）合同审核机构与合同业务机构间的沟通：合同审核机构对合同业务机构在合同订立、履行、变更、解除等事项实施全面审查，保证所订立合同的合法性；对合同订立、履行中出现的失控点和违法情况，提出法律意见或建议，协助合同业务机构解决合同争议。

（5）合同管理办公室与合同业务机构间的沟通：合同管理办公室密切关注合同业务机构合同策划设计、谈判、执行，做好合同管理的服务和协调工作；合同业务机构通过与合同管理办公室的信息沟通，了解合同管理高层的意见与建议，规范具体的合同业务工作。飞行器研制项目合同管理组织机构沟通网络图如图 7-8 所示。

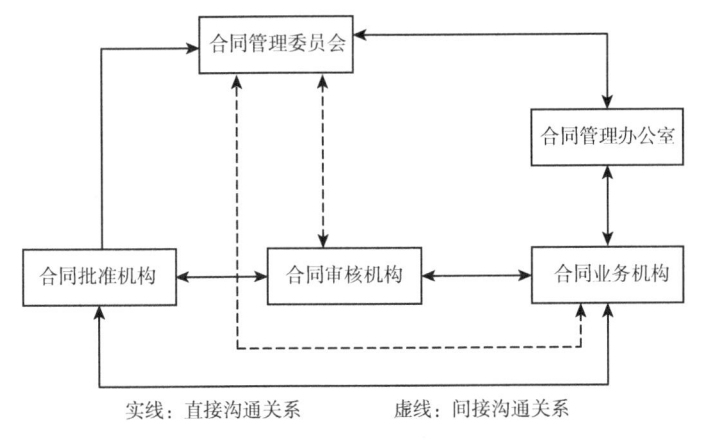

图 7-8 飞行器研制项目合同管理组织机构沟通网络图

7.4 航空飞行器研制项目合同管理制度体系

制度是防范与控制各种不可预见行为和机会主义行为的基本规则。健全和完善企业项目合同管理的各项规章制度是防控项目合同管理风险和高效实现项目合同管理目标的重要保障。目前，飞行器研制项目一般采用由"集团公司（主制造商或集成商）—主研制单位（主承包商）—分承制单位（分供应商）"构成的合作联盟式的研制、生产模式。飞行器研制项目全生命期，需要涉及多个研制单位及管理机构，各研制单位及管理机构的分布是分散的，风险是多样的，合作关系是跨部门、跨区域性，要把这些具有合同关系的参研成员有机地组织起来，并最终使飞行器成为一个完整统一体，这就需要一套与合同管理组织结构相适应的完善、合理、具有可操作性的规章制度和相应的程序，以便合同管理机构和人员在合同管理过程中做到有章可循、依章办事。

7.4.1 航空飞行器研制项目合同管理制度的基本原则

项目合同管理制度设计与制定得科学、完备与否，直接决定与影响企业项目合同管理的水平和效果，科学、规范的项目合同管理制度是其发挥权威性和有效性的前提。项目合同管理制度是企业为使其所签署的项目合同有效降低或规避风险、得到顺利全面履行，使其合法权益得到有效保障而设计的，因此在设计时要具备匹配性、预防性、可操作性和动态发展性。

1. 匹配性

匹配性是指该项制度的设计能够与项目合同管理组织机构相匹配，与合同管理目标相匹配。根据该合同管理制度，合同管理各相关机构及成员明晰其职权和职责，能够形成良好的沟通和激励机制，能够为组织成员工作创造良好的组织环境，合同生命周期管理的各个阶段都能够充分发挥底层业务部门、中层管理部门以及高层领导部门的智慧和作用，充分利用各个部门的专业知识，使得每一个合同都是业务性与完备性的结合，确保合同圆满完成。

2. 预防性

预防性是指根据该制度进行操作，可以使得不同层级的管理人员有效参与合同管理的全过程，能有效堵塞合同在签订和履行过程中的各种漏洞，保证合同在签订后得到预期而有效的履行，降低各种风险，将长远的合同管理战略目标和具体的战术结合起来，使得每一个合同都尽可能地发挥其最大的效力。例如，通过会签对合同进行专业审查，减少合同存在漏洞的机会；通过引入合同激励与责任追究制度，解决合同代理人尽职方面的问题。

3. 可操作性

可操作性是指该制度要结合该企业实际制定，能用于项目合同管理实践中并发挥应有的作用，而不是为制定制度而制定制度。要通过分析企业项目合同的种类及在合同生命周期中可能存在的管理风险，有针对性地来制定管理制度，对于重点和难点问题给予应有的重视；同时通过对管理实际中出现的问题进行分析，修订不合时宜的规定。

4. 动态发展性

动态发展性是指制度在运行中能自我发现缺陷，并通过一定的程序对该缺陷进行修复。例如，通过对签订中或履行中合同的技术经济评价，以及开展合同管理绩效评估，发现合同或合同管理制度中存在的缺陷和问题，然后通过一定程序进行修订，实现合同管理的持续改进与优化。

7.4.2 航空飞行器研制项目合同管理制度体系构成

飞行器研制项目合同具有生命周期性，因此，在其项目合同管理过程中，各种管理规章制度贯穿始终，要从合同生命周期的全过程上把握飞行器研制项目合同管理制度的制定，避免出现制度覆盖上的盲区或造成制度之间的冲突。在合同生命周期的不同阶段，项目合同管理制度呈现阶段性的特征。

1. 合同策划设计期的主要管理制度

合同策划设计期是合同生命周期管理的起始阶段，这个阶段的合同管理制度建设尤为重要，是合同管理风险防范的第一步。这一阶段的合同管理制度主要包括项目合同管理岗位责任制度、项目合同目标管理制度、项目合同管理人员学习培训制度、项目合同标准文本制度、项目合同对象资信审查制度等。

项目合同管理岗位责任制度是飞行器研制项目合同管理制度中的一项基本制度，其目的在于通过对项目合同管理各级管理机构工作范围、职能及其工作人员的岗位职责的规定，明确其权、责、利关系，具体要求合同管理专职机构及其工作人员认真负责履行其岗位职责，实现研制项目合同管理各相关部门之间的分工与协作，调动企业合同管理人员及合同履行中涉及的有关人员的积极性，促进合同管理工作正常开展，切实做好项目合同管理的各项工作。

项目合同目标管理制度是民用航空制造企业在研制项目合同管理活动中要达到一定的合同目标所形成的管理制度。企业通过制定项目合同管理目标在合同履行过程中周密计划，及时组织、指挥、督促和协调，力求使项目各参与方、各环节相互配合，充分利用人、财、机、方案、环境等有利因素，保证研制项目活动顺利进行。

项目合同管理人员学习培训制度是飞行器研制项目合同全员管理的重要保障。飞行器研制项目是高技术的结晶，几乎涉及各个学科、各个技术领域，要分析、论证技术方案，需要综合应用方方面面的知识，只有学有专长和经验丰富的专家才能胜任。项目合同管理人员的业务素质的高低，直接影响项目合同管理的质量。通过学习培训，坚持持证上岗和年检考核制度，才可以使合同管理人员掌握合同法律知识和签约技巧，增强其合同管理的风险意识和法治观念，才能不断提高合同管理人员的职业道德和专业素质，才能形成一支素质较高、法律专业能力较强的项目合同管理队伍。

项目合同标准文本制度是指飞行器的主制造商或集成商为规范飞行器研制项目，降低或规避交易行为风险，设计或提供一种未与承包商或供应商充分协商即行确定的、标准化的、大量使用或准备大量使用的基础性合同文本的制度。

项目合同对象资信审查制度是在飞行器推行主承包商制的基础上，对潜在的承包商的资质信用、生产能力、质量工艺系统等进行调查的制度，以选择潜在的合格的供应商或承包商。

2. 合同谈判授予期的主要管理制度

合同谈判授予期是合同订立与生效前的重要准备阶段，是形成合同内容和确定合同法律效力必不可少的环节。这一阶段合同管理制度主要包括项目合同招投标制度、项目合同授权委托制度、项目合同汇报制度、项目合同会签审批制度、项目合同公证制度、项目合同专用章制度等。

项目合同招投标制度是指企业通过规范招投标程序，遵循招投标法则，利用优胜劣汰的市场竞争法则选择具有竞争力和履行合同能力的飞行器研制项目的供应商或承包商的交易方式，对合同风险防范具有关键性作用。

项目合同授权委托制度是指在签订飞行器研制项目合同时，建立细致明确的授权程序和方式，从制度上保证签约人在涉及合同申报、合同审查审批、合同签订和合同履行等基本活动中的合法、合规、合格性。

项目合同汇报制度是指项目负责人或经授权的委托代理人在项目合同谈判或签订的过程中，应按照相关规定向研制项目办公室或合同管理委员会汇报，以保证项目合同战略的实施。

项目合同会签审批制度是指针对飞行器研制项目合同涉及的法律、技术、经济等方面的问题，组织不同的业务部门和职能部门参加合同会签会议，进行可行性、合法性、严密性等方面的审查，形成统一意见后报经审批机构或项目合同负责人予以审批，决定签订与否。

项目合同公证制度是指签订的飞行器研制项目合同要经过国家公证机关的公证或鉴证，以保证合同的权威性。

项目合同专用章制度是指对民用航空制造企业在对外行使权利、承担义务、签订合同专用章的登记、保管、使用等方面都要有严格的管理，形成制度。

3. 合同执行期的主要管理制度

合同执行期是项目合同实施控制的重要阶段，这一阶段的制度是实现项目合同目标的重要保障，其主要包括项目合同交底制度、项目合同责任分解制度、项目合同监督检查制度、项目合同索赔管理制度、项目合同变更管理制度、项目合同争议处理制度。

项目合同交底制度是指在飞行器研制项目合同签订以后，合同管理人员必须对各级项目管理人员和各项目小组负责人进行合同交底，组织大家学习合同，对合同的主要内容做出解释和说明，使大家熟悉合同中的主要内容、各种规定、管理程序，了解承包商的合同责任和工作范围。

项目合同责任分解制度是指飞行器研制项目合同管理人员应负责将各种合同事件的责任分解落实到各工作小组或承包商，使他们对各自的工作范围、责任等有详细的了解。通过层层合同责任分解，层层合同责任落实到人，使各项目小组都能尽心尽职，共同完美地实施合同。

项目合同监督检查制度是指在合同履行期间，飞行器研制项目办公室或项目组负责人定期对项目合同的执行情况、合同管理制度的落实情况、合同事务管理情况等进行监督检查。

项目合同索赔管理制度是指在飞行器承包商或供应商发生违约时，由飞行器研制项目办公室或合同管理委员会指定专门的机构或人员负责，依法及时向对方提出索赔的要求，追究违约方的责任，以挽回因对方违约行为造成的项目损失。

项目合同变更管理制度是指在飞行器研制项目实施的过程中，由于受到各种外界因素的干扰或影响，项目合同在履行过程中发生了与原合同的规定不相适应的变化，为应对这些变化所做出的变更沟通、谈判方式和程序的规定。

项目合同争议处理制度是指在飞行器项目合同签订后，民航航空制造企业对合同双方因对合同条件理解不一致，或某些合同条款不够严谨和设定的条件发生变化而引起的与其供应商或承包商之间可能出现的影响合同正常履行的不一致意见所采取的处理方式和程序的规定。

4. 合同结算期的主要管理制度

合同结算期的主要管理制度包括合同产品的交付与验收制度、合同审计支付制度。

合同产品的交付与验收制度是指飞行器研制主管部门通过采取合适规范的程序和方式，依据合同相关条款对供应商或承包商履约情况进行验收，主要包括交货时间和地点是否符合合同要求，交付设备的规格型号是否与合同一致，交付物品的数量和质量是否符合合同要求，交付物品的技术指标是否达到要求等。

合同审计支付制度是指在合同履行结束即将进行结算时，飞行器研制项目合同主管部门对供应商或承包商所完成工作量的真实性、准确性等进行审计，并以此通过一定的结算方式进行合同的支付结算。

5. 合同收尾期的主要管理制度

合同收尾期意味着飞行器研制项目的结束，飞行器的可靠性和质量达到要求，顶层设计得到实现。这一阶段合同管理制度设计的重点在于合同管理的总结与评价，主要制度包括项目合同归档制度、项目合同技术经济评价制度、项目合同管理考核奖惩制度、项目合同管理绩效评估制度。

项目合同归档制度是指飞行器研制项目的合同管理部门按照科学的方法、严密的标准和流程对飞行器研制项目的合同进行整理归档，建立合同档案库和管理合同档案资料，确保合同管理的各项历史资料完备，为飞行器研制项目的批量生产积累资料。

项目合同技术经济评价制度是指飞行器研制项目的合同管理部门对不同类别的飞行器研制项目合同签订和执行情况进行总结分析，从技术层面和经济层面对合同进行评价，以发现合同结构策划、合同标准文本设计、合同依据的法律规范和程序、合同谈判中的问题、合同风险控制等方面的利弊得失与经验教训，以促使项目合同更加具体和完备。

项目合同管理考核奖惩制度是指把合同管理考核标准和指标纳入飞行器研制项目组或合同管理人员绩效考核体系中，对合同管理机构与人员的专业知识、责任意识、风险防范与控制能力、合同履约情况等进行科学有效的考核，并依据考核结果对有关的项目合同管理机构与人员进行奖励和追究责任，激发其管理的工作潜能，保证合同网络各要素之间的协调性。

项目合同管理绩效评估制度是指对飞行器研制项目合同管理本身的评价，包括管理机构、管理制度、管理成果的评价等，如合同管理对飞行器研制项目的贡献程度、合同管理机构的健全程度、合同策划设计的能力、合同谈判的能力、合同管理部门与其他部门的协调程度、合同管理过程中的经验教训等。

基于合同生命周期管理的飞行器研制项目合同管理制度体系构成如图 7-9 所示。

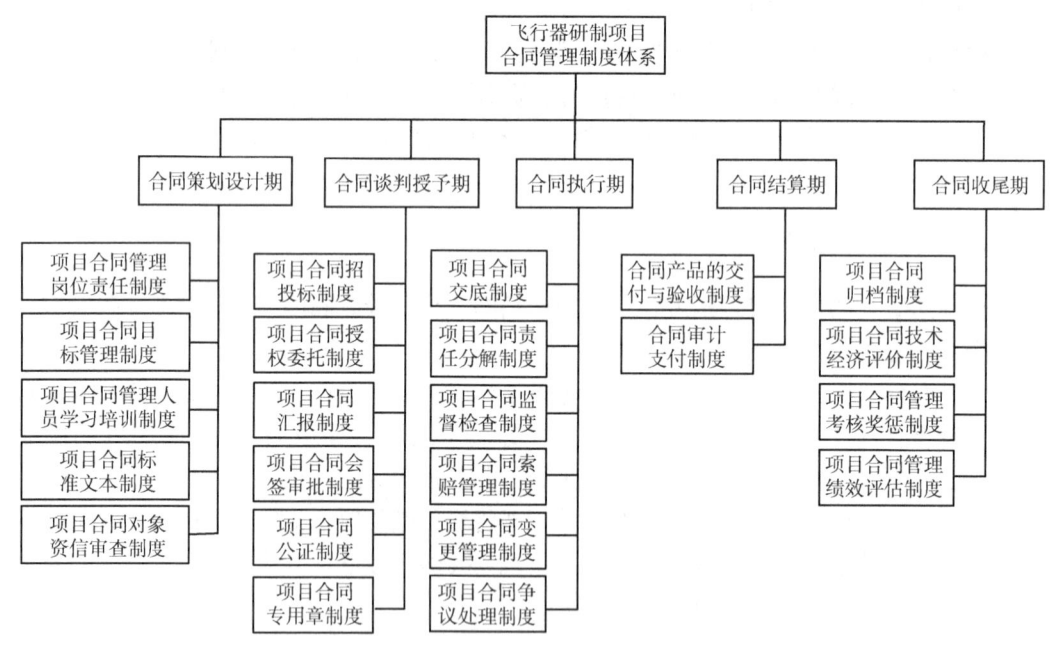

图 7-9 基于合同生命周期管理的飞行器研制项目合同管理制度体系构成

■ 7.5 航空飞行器研制项目合同管理过程的控制

航空飞行器研制项目合同生命周期管理是多环节、多阶段的过程。从合同策划、谈判到合同审查、签订，再到合同的履行、结算，直至合同的归档、评价应该是一个环环紧密相连的过程，任何一个过程中的管理风险都有可能影响预定研制目标的实现。航空飞行器研制项目合同管理过程控制体系是飞行器研制项目合同管理制度的具体化，是采用要素控制和程序控制相结合的全过程动态控制体系，通过细分各阶段的合同管理重点，强化对不同阶段关键环节的管理，有效防范与降低合同管理中的风险，使航空飞行器研制项目的质量得到根本性的保障。

7.5.1 合同策划设计期的主要合同管理工作

飞行器研制项目的立项阶段，正是项目合同生命周期的策划设计期。在此阶段，合同管理的关键点在于项目合同类型的识别和选择。

1. 飞行器研制项目合同类型及其规范化

飞行器研制项目的产品类型众多，复杂程度不同，研制合同应该区别对待，不能千篇一律使用同样的合同模式，并积极促进飞行器研制项目合同类型规范化。

1) 飞行器研制项目合同一般类型

依据不同的分类标准，飞行器研制项目合同类型主要根据以下方式进行分类。

按照承包商与主制造商所承担的风险大小分类。基本上可划分为两大类：一类是定价合同（fixed-price contracts）；一类是成本补偿合同（cost-reimbursement contracts）。这两类合同的主要区别在于，承包商与主制造商所承担的成本/利润风险的程度不同。采用定价合同，承包商要承担成本和利润的全部风险或极大部分风险，而采用成本补偿合同则相反，成本风险主要由主制造商承担，承包商对成本增加只负很小的责任，其利润或酬金较有保障。定价合同又分为固定不变的定价合同、随经济情况调整的定价合同（根据特定项目公布的价格进行调整、根据实际劳动工资和原材料成本的变化进行调整、根据劳动或原材料成本指数进行调整）与定价加奖励合同三类。成本补偿合同又称为成本加酬金合同，可分为成本加固定酬金合同、成本加定比费用合同、成本加目标奖金合同、最大成本加费用合同、成本加提成合同五种形式。

此类分类方法是确定项目合同类型的基本方法。针对此类合同最理想的选择，应是采用一种既能合理降低承包商成本/利润风险，又能最大限度推动其经济有效地完成任务从而保障主制造商利益的合同类型。为实现此目的，项目组的合同管理人员应同其他有关技术专家一起，明晰不同类型合同的使用范围，根据飞行器研制项目的不同种类、不同阶段、不同难度、不同数量等情况，针对合同的不同对象、对方的实际情况，综合考虑各种有关的因素如价格竞争、价格分析、成本分析、项目特点和承包商管理能力等，灵活地使用合同策略，既要有利于降低最终成本，保证飞行器研制项目的高质量，又要调动承包方的积极性、创造性，使承包商有利可图，尽可能做到两者兼顾，实现双赢。

按承包商与主制造商的合同关系分类。基本上可划分为两大类：一类是主合同，是指主制造商研制项目管理部门同其他单位中承担飞行器研制项目任务的主承包商签订的研制或生产加工合同；一类是转包合同，是指主承包商为完成主包合同而与转包单位或供应商签订的供货、劳务或技术服务合同。

按照飞行器研制项目的内容分类。基本上可划分为三大类：一类是飞行器研制项目产品购买合同，此类合同主要用于技术成熟的、较为可靠的设备，一般可以批量生产；一类是飞行器研制项目技术合同，此类合同包括技术开发、技术转让、技术咨询、技术服务四种类型；一类是飞行器研制项目工程合同，因为航空研制产品项目周期长、涉及面广，问题多而杂，不仅仅是简单的产品购买或技术开发问题，应该将它作为工程建设项目来看待和管理，因此单独作为一个大类来研究飞行器研制项目工程合同是相当重要的。

2）飞行器研制项目合同类型的规范化与模块化

在飞行器研制项目的初期，根据项目的特点，选择合适的合同类型，有助于合同的谈判以及顺利执行和管理。合同类型的规范化，主要表现在根据不同的研制项目内容选择合适的合同类型和文本。例如，对于系统或飞机零部件采购，因其工作量在前期往往很难确切估计，所以最好通过多家供应商竞价的方式，选择一家供应商，最好选择固定总价合同，同时规定合同变更的费用计算方式。对于供应商技术人员到现场做技术支持、培训，或者借用供应商的工程技术人员来完成总装工作的项目，当工作内容明确且为一次性的服务时，最好选择固定不变的定价合同方式；当工作内容不够明确，或者重复性高时，可以选择随经济情况调整的定价合同类型。

飞行器研制企业可以通过对各类产品系统的分析和研究，把其中相同或相似的合同单元分离处理，建立几个标准化的通用合同和协议，然后用不同的标准合同经过具体内容及条款的增删形成针对不同供应商和各种产品的实际合同。这种分解和组合合同的全过程就形成了合同的模块化处理方式。新合同＝通用合同（不变的部分）＋专用合同（变动的部分），具体优点如下。

第一，建立通用的标准化合同有利于提高管理效率，降低管理成本，将不同产品的合同进行分解、归类，降低了合同之间的耦合性，形成了固定的合同模式，从而在很大程度上提升合同的质量和管理效率。

第二，模块化处理方式使通用合同具有很强的可扩展性，在与供应商发生实际业务关系时，由于具体情况的差异，不可能始终存在完全相同的合同，在使用标准化合同时只需要将相关相应条款根据实际情况与要求进行适当增加、删除及修改即可使用。

第三，标准化和模块化合同类型体系设计提高了合同版本的可修改性，提高了合同的适用性。

3）飞行器研制项目合同的具体类型与构成

按照规范化和模块化的设计思路，飞行器研制项目的一系列合同，一般可以分为通用要求合同、标准供应商合同和特别规定。通用要求合同是所有参与飞行器研制项目的承研承制的供应商均需认可与签订的一般性合同，包括固定价格商品合同、固定价格服务合同、工时和材料合同、基于政府基本合同的费用偿还合同、研究机构和大学固定价格合同等。固定价格商品合同是基础，针对不同对象的不同需求，由固定价格商品合同衍生出的固定价格服务合同、工时和材料合同、基于政府基本合同的费用偿还合同、研究机构和大学固定价格合同并构成基本框架，在这些一般性的合同基础上再针对具体的飞行器项目需求形成各个不同的合同。这些合同一般性地规定了飞行器研制项目购买前期价格、各种材料、证明、保险等方面的要求；购买中期变更、差异性通知、分包委托、经费成本限制以及员工福利；检测服务、账务检查、报销、付款、运输以及相关资料的保密要求；一些需双方处理的特殊情况，如不可抗力，终止/取消合同等基本条款；以及基于政府的规定与我国国情的一些条款，如遵守法律、社会责任、国有资产政府采购与维护等。在上述框架的基础上，飞行器研制企业还可以根据自身特殊的要求或者采购产品的特殊条件，制定一些作为补充的合同，如软件许可合同、固定价格补充备件合同、商业采购合同、研发的非政府合同。在实际业务运作过程中，飞行器研制企业还可以根据项目的实际需要，与供应商签订标准合同，如产品可靠性协议、供应商设计产品支援协议、供应商设计产品担保协议、消耗产品支援协议以及产品运输协议等。特别规定一般包括产品陈述与认证协议、产品委托保管协议与国际规定等。

飞行器研制项目合同的主要类型与构成如图 7-10 所示。

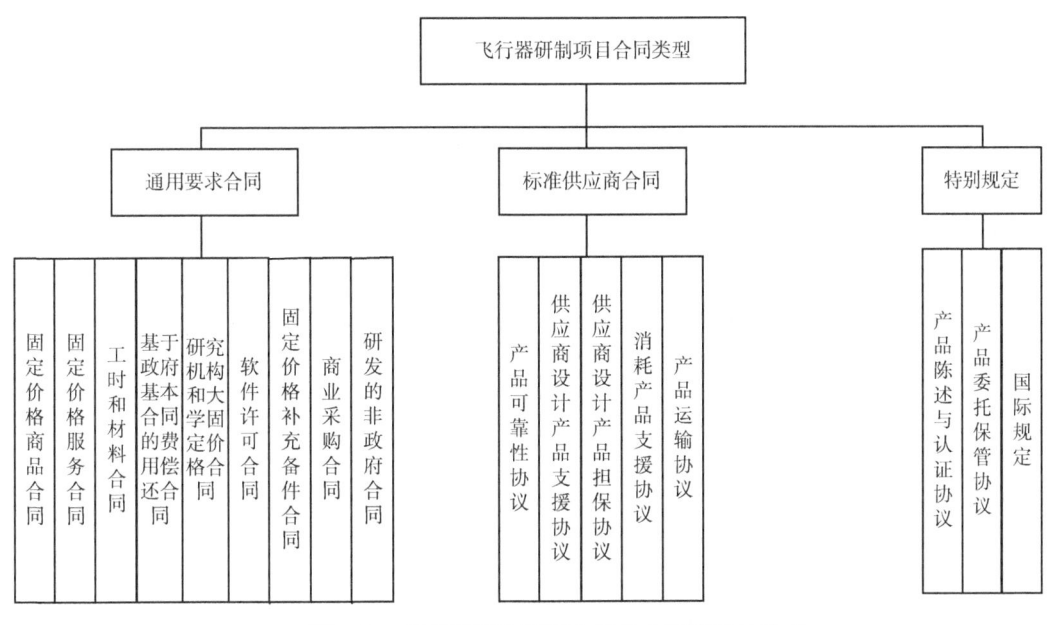

图 7-10　飞行器研制项目合同的主要类型与构成

2. 飞行器研制项目合同管理的法律依据

所有合同均受现行法律法规的约束。飞行器研制项目涉及的内容方方面面，相关的法律较多，如民法、合同法、招标投标法、产品质量法、仲裁法等。不同标的合同还涉及更为具体的法律，如技术合同法、技术进出口合同登记管理办法、加工承揽合同条例、标准化法、保险法、税法等。飞行器研制项目中的各类合同受到多种法律法规的影响，这些法律法规主要分为国内立法和国际立法两大类。这些法律法规对合同的签订和管理具有重要影响。飞行器研制项目的合同普遍涉及的国内外法律法规主要有以下内容。

1）国内立法

合同法：1999年10月1日实施的《中华人民共和国合同法》（简称《合同法》）是一部统一的较为完备的合同法典。《合同法》对各类合同的共性问题做出了统一的规定，将原来比较原则的规定具体化，同时也兼顾了法律的连续性和稳定性。《合同法》中规定了合同签订的一般程序、合同的内容、合同的成立、缔约过失的责任，以及合同的效力、合同的履行、合同的保全、合同的变更与转让、合同权利义务的终止、违约的责任等，并对买卖合同、建设工程合同、运输合同、技术合同做了更进一步的解释；对合同基本条款做了一些规定，包括标的、数量、质量、价款或酬金、履行的期限、履行地点和方式、违约责任、解决争议的方法。2020年5月28日，第十三届全国人民代表大会第三次会议通过了《中华人民共和国民法典》，自2021年1月1日起施行，《合同法》同时废止。

招标投标法：2000年1月1日起实施的《中华人民共和国招标投标法》是规范市场活动的重要法律之一，是招标投标法律体系中的基本法律。国家通过法律手段推行招标投标制度，要求基础设施公共事业以及使用国有资金投资和国家融资的工程建设项目，包括项目的勘察、设计、施工、监理以及达到国家规定的规模标准的重要设备、材料的采购必须进行招标。《中华人民共和国招标投标法》经2017年修正，共六章六十八条。

产品质量法：1993年9月1日起实施的《中华人民共和国产品质量法》是规范产品质量的监督管理，提高产品质量水平，明确产品质量责任，保护消费者的合法权益，维护社会经济秩序的重要法律。根据2018年12月29日第十三届全国人民代表大会常务委员会第七次会议《关于修改〈中华人民共和国产品质量法〉等五部法律的决定》第三次修正。

政府采购法：2003年1月1日起施行的《中华人民共和国政府采购法》是规范政府采购行为，提高政府采购资金的使用效益，维护国家利益和社会公共利益，保护政府采购当事人的合法权益的法律，对国家机关、事业单位和团体组织，使用财政性资金采购依法制定的集中采购目录以内的或者采购限额标准以上的货物、工程和业务的行为进行了规定。根据2014年8月31日第十二届全国人民代表大会常务委员会第十次会议《关于修改〈中华人民共和国保险法〉等五部法律的决定》修正。

部分民用航空法规：1987年6月1日起实施的《中华人民共和国民用航空器适航管理条例》是保障民用航空安全，维护公众利益，促进民用航空事业发展的基本法律之一，对民用航空器的设计、生产、使用和维修，实施以确保飞行安全为目的技术鉴定和监督。1992年4月1日起实施的《民用航空材料、零部件和机载设备技术标准规定》对使用于民用航空器上指定的航空材料、零部件或机载设备符合适航要求，满足工作的需要或完成预定目的而提出了技术标准规定。2024年2月6日修订的《民用航空产品和零部件合格审定规定》是保障民用航空产品和零部件的适航性的重要法律，对民用航空产品和零部件的型号合格审定、生产许可审定和适航合格审定等做出了详细规定。

2）国际立法

国际贸易的特殊性导致不同国籍的双方当事人在适用法律上可能发生纠纷或争议，

由此产生了国际贸易法统一化的普遍要求，其结果是出现了许多国际条约。

《海牙公约》，全称为《关于制止非法劫持航空器的公约》，是指关于制止非法劫持航空器的国际公约，1970 年 12 月 16 日在海牙签订，1971 年 10 月 14 日生效，共十四条。

《联合国国际货物销售合同公约》（简称《公约》）是由联合国国际贸易法委员会主持制定的，1980 年在维也纳举行的外交会议上获得通过，1988 年 1 月 1 日正式生效。《公约》的基本原则为建立国际经济新秩序的原则、平等互利原则与兼顾不同社会、经济和法律制度的原则。这些基本原则是执行、解释和修订公约的依据，也是处理国际货物买卖关系和发展国际贸易关系的准绳。《公约》2020 年 12 月已得到 96 个缔约国的通过。1986 年 12 月 11 日中国交存核准书，在提交核准书时，提出了两项保留意见：①不同意扩大《公约》的适用范围，只同意《公约》适用于缔约国的当事人之间签订的合同；②不同意用书面以外的其他形式订立、修改和终止合同。2013 年 1 月中国政府正式通知联合国秘书长，撤回对《公约》所作"不受公约第十一条及与第十一条内容有关的规定的约束"的声明，该撤回已正式生效。

不同国家对贸易术语的多种解释会引起误解，阻碍国际贸易的发展。有一个准确的贸易术语解释是很有必要的。鉴于此，国际商会（International Chamber of Commerce，ICC）于 1923 年出版了第一版国际贸易术语解释通则（International Rules for the Interpretation of Trade Terms）；又于 1999 年 7 月作了第六次修订，2000 年 1 月 1 日生效；2010 年进行修订并于 2011 年生效，最新版本是 2019 年发布并于 2020 年生效的《2020 年国际贸易术语解释通则》。中国于 1994 年 11 月正式加入了国际商会。

3）国际上的一些通用标准

IAQG 于 1998 年 12 月由美洲、欧洲和亚洲航空航天工业的一些主要制造商加入成立，其目的是在国际航空航天制造商之间建立和保持有效的合作，以提高质量和降低成本；促使供方持续改进过程，减少非增值活动，交付高质量产品，其组织结构如下。

IAQG 顶层设领导小组、委员会和全体代表大会。领导小组由每个地区的代表组成，委员会负责制订 IAQG 的政策、目的和目标，全体代表大会是世界范围内的航空航天团体交流的论坛。

IAQG 下设三个地区分支机构，分别为亚太航空航天质量协调组织（Asia Pacific Aerospace Quality Group，APAQG）、美洲航空航天质量协调组织（Americas Aerospace Quality Group，AAQG）、欧洲航空航天质量协调组织（European Aerospace Quality Group，EAQG）。三个地区分支机构由各个地区的主要航空航天制造组织和有关协会组成，APAQG 的有关事务由 SJAC 负责；AAQG 的有关事务由美国汽车工程师协会（Society of Automotive Engineers，SAE）负责；EAQG 的有关事务由 AECMA 负责，AECMA 的有关工作依托于欧洲各国家贸易协会。

IAQG 的成员如下。2021 年，美洲地区包括北美、中美和南美，共有 19 个成员：庞巴迪集团、巴西航空工业公司、美国古德里奇公司等。亚太地区包括亚洲和大洋洲，共有 13 个成员：中国航空工业集团有限公司、中国商用飞机有限责任公司、日本川崎重工业株式会社、日本三菱重工业股份有限公司等。欧洲、中东、俄罗斯和非洲，共有

35 个成员：奥地利 FACC 公司、空中客车公司、英国 BAE 系统公司、法国达索公司、以色列国际电子防务公司等。

根据收集到的部分资料分析，IAQG 发布的 9100 系列标准目录见表 7-1。

表 7-1 9100 系列标准目录

标准号	名称	美洲	亚太	欧洲
9100	航空航天质量体系——设计、开发、生产、安装和服务的质量保证模式[a]	AS 9100 Rev. D 2016-09-20	JIS Q 9100:2016 2016-09-20	EN 9100:2008 2008-05-30
9101	质量管理体系——评估	AS 9101 Rev. F 2016-10-31	SJAC 9101 Rev. F 2016-11-07	EN 9101:2018 2018-05-30
9102	航空航天首件检验要求	AS 9102 Rev. B 2014-10-06	SJAC 9102 Rev. B 2015-01-23	EN 9102:2015 2015-12-23
9103	关键特性波动管理	AS 9103 Rev. A 2012-08-16	SJAC 9103 Rev. A 2013-03-29	EN 9103:2014 2017-01-24
9104/1	航空航天质量管理体系的要求 认证/注册 计划	AS 9104/1 2012-01-31	SJAC 9104/1 2012-02-24	EN 9104-001:2013 2013-09-30
9104/2	航空航天质量体系认证/注册方案 监督要求	AS 9104/2 Rev. A 2014-06-13	SJAC 9104/2 Rev. A 2014-12-25	EN 9104-002:2016 2016-06-22
9104/3	航空航天质量体系认证/注册方案 内审员培训要求	AS 9104/3 2007-03-29	SJAC 9104/3 New 2007-06-29	EN 9104-003:2010 2010-06-09
9107	直接交货授权指导 航空航天公司	ARP 9107A 2017-11-09	SJAC 9107 Rev. A 2017-11-27	prEN 9107P2 2017-11-07
9110	质量管理体系 航空航天对维修组织的要求	AS 9110 Rev. C 2016-11-04	SJAC 9110 Rev. A 2016-11-28	EN 9110:2018 2018-05-30
9114	航空航天公司对直接货运的指南	ARP 9114 Rev. A 2014-02	SJAC 9114 Rev. A 2014-09	EN 9114:2015 2015-12-23
9115	航空航天以及国防组织可交付软件要求	AS 9115 Rev. A 2017-02-01	SJAC 9115 Rev. A 2017-04-26	prEN 9115 EdP2 2017-01-30
9116	航空航天系列 不合格更改要求	AS 9116 2014-10-30	SJAC 9116 2015-03	prEN 9116 EdP4 2014-10-01
9117	授权产品发布验证（Delegated Product Release Verfication，DPRV）	AS 9117 2016-03-29	SJAC 9117 2016-03	prEN 9117 EdP1 2016-04-01
9120	适用于库存批发商的质量体系——要求（基于 ISO 9001:2000）	AS 9120 Rev. B 2016-11-01	SJAC 9120 2016-11-28	EN 9120:2018 2018-05-30
9131	质量体系——不合格的文件要求	AS 9131 Rev. C 2012-08-16	SJAC 9131 Rev. A 2014-12-22	prEN 9131 EdP4 2012-01-09
9132	质量体系——零件标识的二维数据矩阵代码质量要求	AS 9132 Rev. B 2015-05-19	SJAC 9132 Rev. A 2003-09-05	prEN 9132 P3 2015-07-01

[a] 该标准名称如此，但同时该标准还包括另一部分《航空航天质量管理体系要求》

4) 中华人民共和国民用航空行业标准

中华人民共和国民用航空行业部分标准见表 7-2。

表 7-2 中华人民共和国民用航空行业部分标准

标准号	名称	标准编号
1	行李/货物牵引车	MH/T 6048—2020
2	机场助航灯光回路用埋地电缆	MH/T 6049—2020
3	民用机场旅客航站区无障碍设施设备配置	MH/T 5107—2009
4	航空地毯清洗剂	MH/T 6058—2017
5	民用机场水泥混凝土道面设计规范	MH/T 5004—2010
6	民用航空飞行校验技术要求 雷达	MH/T 4032—2011
7	航空运输锂电池测试规范	MH/T 1052—2013
8	民航专业工程施工监理规范	MH 5031—2015
9	民用机场航站楼能效评价指南	MH/T 5112—2016
10	绿色航站楼标准	MH/T 5033—2017
11	民用机场排水设计规范	MH 5036—2017
12	民用机场公共信息标识系统设置规范	MH/T 5059—2021
13	城市场景物流电动多旋翼无人驾驶航空器（轻小型）系统技术要求	MH/T 6126—2022
14	民用机场飞行区土石方与道面基（垫）层施工技术规范	MH/T 5014—2022
15	中国民航飞行品质监控系统参数数据帧规范	MH/T 2012—2022
16	民用无人驾驶航空器空中交通管理信息服务系统数据接口规范	MH/T 4053—2022
17	运输机场专业工程施工组织设计规范	MH/T 5061—2022
18	城市场景轻小型无人驾驶航空器物流航线划设规范	MH/T 4054—2022

5) 适航规章

(1)《民用航空产品和零部件合格审定规定》。

(2)《正常类、实用类、特技类和通勤类飞机适航规定》。

(3)《运输类飞机适航标准》。

(4)《正常类旋翼航空器适航规定》。

(5)《运输类旋翼航空器适航规定》。

(6)《载人自由气球适航规定》。

(7)《航空发动机适航规定》。

(8)《涡轮发动机飞机燃油排泄和排气排出物规定》。

(9)《螺旋桨适航标准》。

(10)《航空器型号和适航合格审定噪声规定》。

(11)《民用航空材料、零部件和机载设备技术标准规定》。

(12)《民用航空器适航指令规定》。

(13)《民用航空器国籍登记规定》。

（14）《民用航空用化学产品适航规定》。
（15）《民用航空油料适航管理规定》。
（16）《民用航空器适航委任代表和委任单位代表的规定》。
（17）《关于国产民用航空产品服务通告管理规定》。

6）适航管理程序

（1）适航规章及法规性文件的制定和修订程序。
（2）进口民用航空产品和零部件认可审定程序。
（3）型号合格审定程序。
（4）民用航空产品和零件适航证件的编号规则。
（5）仅依据型号合格证生产的审定和监督程序。
（6）批准放行证书/适航批准标签的使用程序。
（7）代表外国适航当局进行生产监督的工作程序。
（8）补充型号合格审定程序。
（9）进口民用航空器重要改装设计合格审定程序。
（10）适航指令的颁发和管理程序。
（11）民用航空器国籍登记管理程序。
（12）民用航空油料检测单位批准函合格审定程序。
（13）民用航空器改装设计委任单位代表的委任和管理程序。

3．飞行器研制项目合同主要条款构成

1）飞行器研制项目合同条款设计的基本原则

合同条款就是指双方当事人达成协议的主要内容，即双方商定的彼此能够享有的权利和承担的义务。作为飞行器研制项目的主制造商，飞行器研制企业应充分利用各个条款及相关法律法规，在合同的订立过程中建立起与供应商之间的伙伴关系，实施共赢策略，从而最大化地保护及争取自己的利益。依据飞行器研制项目中供应商充分参与的特点，飞行器研制项目合同条款设计的主要原则如下。

合同条款应反映项目的研制流程。基本流程指的是从下订单到生产再到运货交货这一系列的过程。这方面的条款主要包括：合同成立、服务范围、工作进度、包装和运输、质量控制、检验、验收、税收、担保、发票和付款、宣传、保险，财产保护和公民凭证、买方的财产、专利，商标和版权赔偿、机密的、专有的与商业秘密有关的信息和材料、财务记录和审计、买方的客户和监管机构执行检查，监测和测试的权限、对设备和性能的访问、卖方财产审核、客户服务、电子访问、完整协议。

合同条款应体现企业社会责任。飞行器研制企业的合同条款应充分体现其人文关怀和企业社会责任意识，主要包括三方面：员工福利、社会责任、环境保护。体现在条款方面为工作表现、加班、假日和假期、酬金、报销额度、行为守则、基本工作条件和人权、关注中小企业等，在特定合同中应涉及环境保护的条款。

以质量控制条款保证产品质量，以质量担保条款确保公司利益。只要有质量验收，就会有验收不合格的情况发生。如果质量验收不符合质量标准，就需要提出质量异议。飞行器研制企业在质量条款中应特别强调供应商对供应产品的质量控制程序，同时还特别强调研制企业及其顾客对产品的检验、监督和测试的权利。质量条款的内容比较复杂，既要涉及质量的内容条款又要涉及验收、异议及不符合质量条款时的补救措施（即违约责任）等条款，还需明确规定对标的质量提出异议的期限和方式。

以违约处理条款保证合同顺利执行。合同执行过程中，常常会发生没有完全按照合同要求执行的情况，或者是质量有问题，或者是交货没有按要求，等等，当发生这些情况的时候，还需要根据具体情况采取相应的对策。波音公司在违约处理条款中给出了继续履行、采取补救措施、违约金、赔偿金、免责等五种对策及其适用范围。

以争议解决条款保障公司利益。飞行器研制企业在通用条款合同中应针对本合同所发生的或相关的任何争议明确解决处理方式。在任何争端最终解决前，只要研制企业继续支付没有争议的金额，供应商应该按照研制企业的要求继续履行合同。

以保密条款保护信息安全。飞行器研制企业在通用条款合同中应对专利、商标和版权赔偿的条款做专门的规定，并对保密信息进行详细的定义。为了保证这些信息的安全性，在合同中需要做出相关规定，保密条款的内容包含：需要保密的内容或项目、违反保密条款的赔偿或补偿、转让第三方的条件等；针对专利权、商标权和版权的安全性提出明确的保证条款；针对私有的、商业的、机密的信息和材料明确规定内容和范围。

以合同激励条款建立共赢型伙伴关系。根据政府采购、招投标、公司法等相关法律，飞行器研制企业在选择供应商时将一定份额的订单分配给具有资格的正规小企业，采取诸如成本激励、进度激励、绩效激励、综合激励等一定的激励与支持措施和手段，扶植这些企业并与之建立起相互依存的共赢型伙伴关系。

2）飞行器研制项目通用合同条款主要构成

依据《中华人民共和国民法典》合同编的基本规定，我国飞行器研制项目合同中通用的条款与条件可以基本分为8类，共36个条款，具体如表7-3所示。

表7-3 飞行器研制项目合同中通用的条款

序号	基本类别	主要条款内容
1	合同解释	定义；合同订立；服务范围
2	质量	技术要求；质量保证；检验验收
3	合同履行	工作进度；工装；包装运输；适航取证；项目管理；客户服务；担保
4	合同期限	
5	合同变更	变更；转让、转包、分包；合同终止（便利终止、违约终止）；合同弃权；默认取消
6	财务	财务记录与审计；支付方式；发票；税费
7	知识产权	保密；专利、商标和版权；知识产权；信息与广告的发行（宣传）
8	争议及解决	责任义务；权利和补救；不可抗力；保险及赔偿；仲裁；依据法律主体

3）飞行器研制项目潜在供应商的资质考察与认证

目前，我国飞行器研制项目采用国际上通行的"主制造商—供应商"的管理模式。在这种模式下，项目绝大多数零部件的研制都依赖外部供应商，因而，在合同策划设计期，加强对潜在供应商的考察与认证对飞行器研制项目的顺利完成具有决定性的影响。飞行器研制企业应制定一系列对供应商的要求和标准，提供相应的质量管理工具，要求供应商必须取得由认可的认证机构颁发的质量体系认证证书。首先，应完善飞行器研制项目潜在供应商开发管理的职责、信息收集、汇总和筛选，以及潜在供应商清册的建立、维护和使用；其次，应建立合格的供应商候选评审标准。在确定候选供应商之前，应先建立一个以供应商管理为主，由质保、合同、生产、工艺、技术等部门代表组成的评审组。候选供应商资质考察与认证主要包括生产能力评审、质量/工艺系统评审等。

生产能力评审主要包括是否有充分财力执行项目合同；是否有合适的成本会计系统；在考虑各种现有承诺的前提下，能否符合所要求交付或所建议的交付进度或工作进度；是否具有良好的工作记录和信誉记录；根据所有适用法律和条例，是否具有完成项目合同所必需的组织机构、工作经验、运作管理、技术水平以及生产和技术设备与设施；能否根据某特定的采购项目或特殊采购类别要求，满足其专项能力标准；是否具有满足具体采购要求的经批准的质量保证要求。

质量/工艺系统评审主要是按有关文件和程序，评估供应商对研制产品项目合同条款规定的质量系统要求和工艺规范的符合程度。

7.5.2 合同谈判授予期的主要合同管理工作

1. 飞行器研制项目合同授予前的招投标管理

在飞行器研制项目正式立项后，就进入项目的招投标阶段。这个阶段是合同形成的阶段，招投标过程中形成的文件都是合同文件的组成部分，也是合同管理过程的重点阶段。在飞行器研制项目合同授予前的招投标管理中，除了按照国家的招标投标法的相关要求完善招投标制度和程序，健全评标专家队伍外，更要重视在招投标过程中信息不对称所造成的风险。重点做好以下几项工作。

（1）招标前，加强对承包商的资格预审，从源头上治理逆向选择问题。飞行器研制项目发包方在招标前要通过严格资格预审程序，检验承包商项目承担的资质和能力，初步淘汰一些基本不合格的承包商；在简化评标工作的同时，防止逆向选择的发生，使承包商意识到通过资格预审是获得投标资格的先决条件。

（2）适当控制最低报价中标法的应用范围。最低报价中标法隐含着这样一个假设：招标结束合同签订后，对发包方而言，履行合同过程中的交易费用较少或接近零。若履行合同过程中存在较大的交易费用，在选择中标人的标准中，不仅应考虑投标人的报价，还要考虑履约过程交易费用的大小。对于复杂的飞行器研制项目，合同履行过程中发包方的监管成本较高，承包方隐藏对自己有利而损害发包方利益的行动的机会较多，此时发包方面临的道德风险较大，采用综合评标法较为适合。

（3）建立信用激励机制化解道德风险。合同的激励和约束主要体现在飞行器研制项目质量和效益目标奖励与监督、研制费用的支付控制、责任风险的约束等方面。在飞行器研制项目中，应采用的激励与约束机制就是公平、公正的资格预审，招投标过程中选择合理的合同形式，避免合同条款的缺陷。

2. 飞行器研制项目合同谈判管理

认真严谨的合同谈判是飞行器研制项目合同管理的关键一环。在这个环节上，飞行器研制项目合同订立双方或多方当事人通过商议活动，加强相互了解，确定合同权利与义务。飞行器研制项目的合同谈判是一个连续的动态的过程，囊括了大大小小的所有合同的磋商过程，合同谈判过程是研制项目合同双方共同寻找利益平衡点的过程。这个过程是双方通过互相妥协、让步而实现的。飞行器研制项目合同谈判采取"以己为主"的方式，以本公司提供的标准合同文本为基础，在具体的协议条款中进行增删，使得条款的行文与相关的条款、合同附件中所列的条件、价格谈判的条件相呼应，与整体谈判的进程相呼应，充分体现为合同条款的一致性、互补性和协调性。合同谈判管理的主要工作如下。

（1）做好合同谈判准备。通过充分细致的信息收集和评价，正确评估本方与对方的实力和弱点，确立合同谈判的目标，选择最佳合同谈判方案和策略，组建合同谈判团队和选拔谈判人员。对合同的主要条款要事先进行商定，如价格、数量、交提货时间、质量标准等，使参加谈判的人员在谈判中心中有数，避免出现差错。例如，事先发出或者收到要约的，可针对要约研究谈判内容、谈判对策，可对原要约进行补充、修改或全部重来，预定谈判的最佳目标和基本标准。

（2）商定合同条款。决标后，合同订立双方一般须对合同的商务和技术条款进行谈判，包括对研制项目内容和范围的确认；飞行器的技术要求、技术规范和技术方案；研制价格调整条款；价款支付方式；质量保证条款；知识产权和保密条款；对争议的解决等进行协商，达成初步的协议。

（3）草签合同。在双方当事人协商一致的基础上，按照法律规定和双方约定，研制合同双方拟定书面合同文书。拟定合同文书要做到：文字工整通顺，语言表述准确，责任明确清楚，避免出现歧义和误解。合同文书拟定以后，还应该进行必要的审查把关，看是否具有可行性和科学性。若经审查，认为切实可行，据国家规定或当事人自愿约定经审批、登记备案、鉴证或公证，最后双方签字并加盖单位公章或合同专用章，合同成立并生效。

7.5.3 合同执行期的主要合同管理工作

1. 飞行器研制项目合同履行的监督与控制

飞行器研制项目合同履行的监督与控制是对合同履行进行管理的方式，是合同履行管理中的一项重要工作。飞行器研制企业应建立供应商绩效测量体系，促进供应商履行合同；明确买方客户和监管机构执行检验、监管和检测的权限，加强对供应商的合同履行情况的监管；规定多样化的沟通与响应反馈方式，及时对合同履行实际出现的或潜在的问题加强沟通与协商；基于不同项目管理要求建立执行进度、问题告知以及调查评价与措施处理机制等。对合同履行过程进行监督控制的主要内容与方法如下。

（1）加强对供应商或承包商履行合同的工作管理。飞行器研制项目办公室或相关项目组应根据合同规定，在适当的时间，以合适的方式方法，监督和控制供应商或承包商的工作，确保他们能够有效达到合同目标，保证项目产品和服务的及时供应。例如，应积极选派技术专家定期到供应商或承包商的工作现场，按照研制产品项目的技术要求对生产要素、工序、进度、节点进行直接的检查、指导和监督工作；在飞行器投入总装前，飞行器研制项目办公室或相关项目组应保持与产品供应商的有效联系和沟通，督促他们按时交货，以免延误项目的总体进度；如选择成本补偿合同时，飞行器研制项目办公室或相关项目组应及时了解产品供应商或承包商的成本情况，当实际成本大幅超过计划成本时，双方就必须及时对产品供应情况进行调整，以保证项目成本目标的实现。

（2）加强飞行器的质量控制管理。为确保飞行器研制的质量符合项目的设计和要求，飞行器研制项目办公室或相关项目组应根据合同条款，对供应商或承包商承研的产品或服务进行质量检验和验收，如对供应商或承包商的生产流程、技术等进行检验，组织专门的检验机构对飞行器的样品进行检查验收。

（3）加强对合同实施情况的偏差分析。飞行器研制项目合同管理人员要进行定期或不定期的合同跟踪、检查监督，收集合同实施的各种信息资料，并进行整理和分析，将实际情况与合同计划资料进行对比分析，在出现偏差时，分析产生偏差的原因，提出纠偏的建议，及时向研制项目办公室报告，采取有效的方法，降低项目合同的履约风险。

2. 飞行器研制项目合同的变更管理

飞行器研制项目的周期相对较长，项目易受市场变化和客观因素的影响，就使得工程变更在飞行器研制项目中较为普遍，对工程变更的管理是合同履行过程中管理的重点。在飞行器研制项目中，出现下列一种或若干种情况时，将引起合同的变更：①增加或减少合同中包括的任何工作的工作量；②改变原合同中任何工作的性质、质量和类型；③更改设计标准、设计基准、规范、技术要求等；④更改项目时间进度计划等。飞行器研制企业应对合同变更采取实时跟踪控制，明确一般范围的变更内容，明确合同变更的主导权和工作程序，建立平等协商机制，确定书面形式修改合同规定或发表调整声明。

合同履行过程中的变更管理的主要方法如下。

1）规范合同变更书面报告制度，明晰合同变更流程

合同变更的申请，既可以由供应商提出，也可以由飞行器研制项目办公室或相关项目组提出。例如，供应商提出的合同变更申请，必须提出书面报告，并由飞行器研制项

目办公室或相关项目组的相关技术人员审核其提交的变更申请，评估其合理性及必要性以及对整个飞行器研制项目的影响，并做出书面变更的答复。例如，飞行器研制项目办公室或相关项目组提出合同变更需要供应商分析可行性并提出变更部分可能增加的费用，该合同变更引起的费用由采购部门或财务部门确认后，合同变更方可执行。

2）科学选择合同变更的费用计算原则，准确处理合同变更的费用

因为合同变更常伴随着合同价格的调整，所以是合同双方利益的焦点，因此，合理确定并及时处理好合同变更，既可以减少不必要的纠纷，保证合同的顺利实施，又有利于项目费用的控制。例如，合同中已有适用于合同变更项目的价格，按合同已有的价格变更合同价款；合同中只有类似合同变更项目的价格，可以参照类似价格变更合同价款；合同中没有适用或类似合同变更项目的价格，由供应商报价，经采购人员谈判后确定；当合同变更量大于或等于原合同的20%，无论是否符合前三条，必须对变更部分重新进行谈判。当合同中有相应的计价项目时，原则上采用合同中产品材料清单的单价和价格，即将其相应项目的合同单价作为变更项目的计价依据；如合同中无相应计价项目的变更项目定价，以合同单价为基础，按照与合同单价水平相一致的原则确定新的单价或价格，或者比照投标报价的编制原则确定新的单价或价格。

3. 飞行器研制项目合同的索赔与争议处理

索赔是指合同一方违约而使对方遭受损失时由无违约方向违约方提出的费用补偿要求。在任何项目中，不可预见的风险是客观存在的，外部环境是动态变化的，因此在飞行器研制项目合同履行过程中，索赔是不可避免的。索赔同时建立了合同双方相互制约的一种机制，促进双方提高各自管理水平。对于飞行器研制主制造商而言，应本着积极、公正、合理的原则，以事实为依据，以合同为准绳，认真分析供应商或承包商的索赔报告，及时反驳其不合理的索赔要求，肯定其合理的索赔要求，明确提出对索赔报告的书面意见，客观分析索赔事项，通过对供应商或承包商的索赔文件进行合同条款分析、索赔计价审核以及对增加研制期限、费用进行分析后对索赔报告做出最终决定，并适时提出索赔的要求。

在合同履行和变更过程中，常常由于价格、付款、索赔、产品质量以及其他种种因素导致合同双方的金额争议和经济纠纷。争议的解决主要包括友好协商（双方在不借助外部力量的前提下自行解决）、调解（借助非法院或仲裁机构的专业人士、专家的调解）、仲裁（借助仲裁机构的判定，属正式法律程序）和诉讼（进入司法程序）。对于飞行器研制主制造商而言，应积极推行标准合同文本制度，加强合同条款的谈判与审查，保持与供应商或承包商的有效协调与沟通，减少争议的发生；健全争议处理机制，根据合同的不同属性选择合适的争议解决方式。

7.5.4 合同结算期的主要合同管理工作

飞行器研制项目合同结算期的主要管理工作包括合同审计和合同审计验收与结算。

这一阶段合同管理的重点在于审计双方主体是否已经按合同规定行使了权力和履行了义务，有无不到位、遗漏、未完成项目；合同标的的数量、质量是否符合合同的要求，与供应商的资金结算是否符合合同规定，是否按规定保留了质量保证金，等等。对于重要的研制项目合同，审计人员应亲自参与；对于专业性很强的研制项目合同，还应聘请参与研制工作的专家来验收，从而保证质价相符和项目活动的成功。

7.5.5 合同收尾期的主要合同管理工作

1. 飞行器研制项目合同归档管理

飞行器研制项目合同归档的主要目的和要求就是充分利用飞行器研制项目合同档案资源，为飞行器制造企业的科研生产、经营管理和领导决策提供深层次的档案信息服务。特别是研制生产一线人员的新老交替、研制生产任务的紧迫以及面对竞争日益激烈的飞行器市场等因素，要求我们研制人员、管理人员以及生产人员及时有效地借鉴经验，少走弯路，少做重复性设计等，这样可以大大节省时间、降低成本，为研制生产、项目管理提供坚实的技术基础服务与保障。飞行器研制项目合同管理在程序的设计上除要考虑按标准编号收发、归档、保存合同外，还要记录合同从谈判、签订、履行变更、终止到争议解决等一系列过程，为合同后评价提供原始素材。飞行器研制项目合同归档管理应从合同成立时开始，实行平时立卷，年终一次归档，合同档案由项目合同管理部门专管。一旦发生合同纠纷，完整的合同档案资料有助于纠纷的顺利解决；归档的主要内容包括：合同文本及附件、合同签订申请表、签约洽谈纪要、合同变更解除往来电函及信件、表格、合同履行情况记载等。

2. 飞行器研制项目合同经济技术评价

按照合同生命周期管理的要求，项目合同结束后必须对合同进行后评价。飞行器研制项目合同经济技术评价是通过从经济和技术层面对合同签订和执行情况进行总结，把握其中的利弊得失、经验教训，以及以后签订同类合同的注意点、各个合同之间的协调问题。飞行器研制项目合同经济技术评价的主要内容应包括合同条款的分析评价、合同签订情况的评价、合同执行情况的评价、合同管理工作的评价等。

（1）合同条款的分析评价主要包括：对飞行器研制项目合同的专用条款，特别是对飞行器研制项目有重大影响的合同条款的表达和执行及其利弊得失；本合同签订和执行过程中所遇到的特殊问题分析结果；对具体合同条款的推敲分析等。

（2）合同签订情况的评价主要包括：预期合同的策划、战略和合同类型选择是否正确、符合实际，是否达到预期的效果；合同招投标分析和合同风险分析的准确程度；合同谈判中的问题与经验教训；各个合同之间的协调问题等。

（3）合同执行情况的评价主要包括：合同依据的法律规范和程序是否科学；各相关项目合同在执行过程中的协调情况；合同风险控制的利弊得失；合同的履行情况和违约责任及其原因分析等。

（4）合同管理工作的评价主要包括：项目合同管理工作对飞行器研制的总体贡献或

影响；合同分析的准确程度；合同管理组织形式与其他职能的协调程度；索赔处理或争议处理的经验教训等。主要表现为合同管理的绩效评价。

思考题

1. 合同生命周期管理的主要任务是什么？
2. 合同生命周期的风险因素有哪些？
3. 合同生命周期管理机构的人员组成有哪些？其主要职能是什么？
4. 飞行器研制项目合同管理制度体系的构成是什么？
5. 合同谈判授予期、执行期、结算期以及收尾期的主要合同管理工作有哪些？

扩展阅读

航空飞行器研制项目合同管理

第 8 章

航空飞行器研制项目供应链管理

供应链思想代表了一种企业联盟间跨功能运作，其本质是以大系统集成优化组合的方式追逐企业间合作的效率，以较短的产品前置时间与较低的营运成本获取企业的竞争优势，借助与供应链的合作和企业流程的整合、协调组成网链，谋求共赢合作的新优势。

■ 8.1 供应链及供应链管理

8.1.1 供应链的基本概念

在市场经济中正常运行的企业，其存在的价值是不断为社会提供能满足人们需求的商品，能不断创造出企业得以生存和发展的经济效益。为了达到企业的运行目标，企业必须对从原材料供应、生产控制到产品销售的整个过程进行精心管理。在这整个过程中，块与块之间组成了有前后供应关系的链子，即供应链。物理学原理告诉我们，一条链子的强度，等于这条链子最薄弱环节的强度。因此，加强供应链连接环节的"强度"，是企业必须充分注意的重要问题。

1. 供应链的定义

供应链是在相互关联的部门或业务伙伴之间所发生的物流、资金流和信息流覆盖从产品（或服务）设计、原材料采购、制造、包装到交付给最终用户的全过程。它是一个范围更广的企业结构模式，它包含所有加盟的节点企业，从原材料供应开始，经过链中不同企业的制造加工、组装、分销等过程直到最终用户。它不仅是一条连接供应商到用户的物料链、资金链、信息链，而且是一条增值链，物料在供应链上因加工、包装、运输等过程增加其价值，给相关企业带来收益。

2. 供应链的发展及目的

军事上的后勤学，自古有之。现代管理学家津津乐道地谈论 1991 年的海湾战争：

将 50 多万兵力和人员、50 多万吨的空运物资与近 300 万吨的海运物资，在一个月左右的时间、用最经济的方案（不是不惜一切代价）从分布世界的各个基地集结到指定的战斗地点。把这项庞大的军事活动看成后勤学的一大成就，并以它作为组织商品生产和流通的范例。供应链是在后勤学的基础上发展起来的，所不同的是军事上的后勤学是为战场服务的，而供应链是为市场服务的。它的内涵已大大超过后勤学的范围。它不是一种机械结构，而是一种说明商品生产供需关系的系统工程的形象表达。整个社会生产就是一条首尾相连、交叉错综的供需长链；它说明企业内部的物流同供需双方的物流是息息相关的。当我们说国民经济形势大好时，必然是"社会总需求与总供给基本平衡"。美国经济连续多年持续发展，信息技术起了不可磨灭的作用，其中沟通需求与供应的信息，则是一个重要方面。

研究供应链管理的主要目的如下。

（1）把握真实需求。在瞬息万变的环境（动态环境）下掌握确切的需求，使企业的供应活动（生产经营）建立在可靠的基础上，保持需求与供应的平衡。

（2）快速组织供应，使企业比竞争对手更快、更准、更经济。在提高劳动生产率的同时争取最大效益。人们常说，当前的市场竞争是基于时间的竞争（time-based competition），要减少各种流在供应链任何环节上的停滞，减少浪费。

（3）优化。当前的市场竞争已不只是企业同企业的竞争，而是一个企业的供应链同其他企业的供应链之间的竞争。因此必须从供应链的角度，对产品发展方向和获利性、业务流程和组织机构、企业内外各种资源利用、生产及流通计划、交货期、销售、服务及仓库布局等各个方面进行优化。

总之，供应链管理就是要用系统的观念，在控制需求与供给基本平衡的基础上，使企业的竞争优势不断增长，使国民经济持续稳步发展。

3. 供应链系统的范围

供应链不仅是一条物料链、资金链、信息链，而且是一条增值链。由围绕核心企业的供应商、供应商的供应商和用户、用户的用户组成。一个企业是一个节点，节点企业和节点企业之间是一种需求与供应关系。整个供应链系统的范围如图 8-1 所示。

（1）信息流。国外曾有文章讨论："先有物流还是先有信息流？"对此，应当分析信息的类型，把信息流分成需求信息和供给信息。需求信息（如客户订单、生产计划、采购合同等）从需方向供方流动，这时还没有物料流动，但是它却引发物流，是供应链存在的缘由。而供给信息（如入库单、完工报告单、库存记录、提货单等）同物料一起沿着供应链从供方向需方流动。从广义上讲，物料、资金、价值都是以信息的形式向人们反映。

（2）物流。任何制造业都是根据客户或市场的需求，开发产品，购进原料，加工制造出成品，以商品的形式销售给客户，并提供售后服务。物料从供方开始，沿着各个环节向需方移动。这是供应链上最显而易见的物质流动。

（3）资金流。物料是有价值的，物料的流动引发资金的流动。企业的各项业务活动都会消耗一定的资源。消耗资源会导致资金流出，只有当消耗资源生产出的产品出售给客户后，资金才会重新流回企业，并产生利润。因此，供应链上还有资金的流动。一个

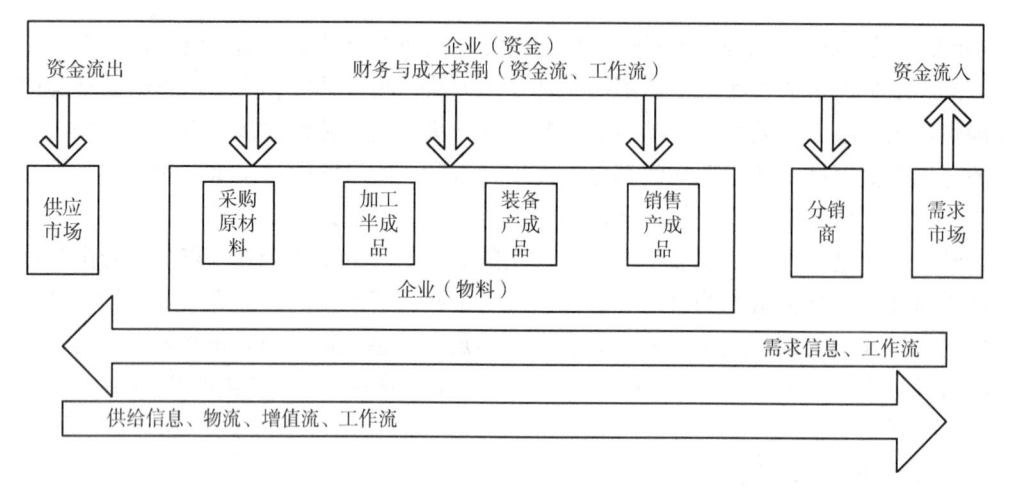

图 8-1 供应链系统的范围

商品的经营生产周期,是从接到客户订单开始到真正收回货款为止。仅用销售额来衡量企业业绩,不看资金回笼,不提利润是不能说明实质问题的。为合理利用资金,加快资金周转,必须通过企业的财务成本系统来控制供应链上的各项经营生产活动;通过资金的流动来控制物料的流动;通过资金周转率的快慢体现企业经营效益。商品的成本必须从整个供应链来考虑,而不能局限于企业内部。

(4)增值流。从形式上看,客户是在购买商品或服务,但实质上,客户是在购买能提供效益价值的商品或服务。各种物料在供应链上移动,是一个不断增加其技术含量或附加值的增值过程,在此过程中,还要注意消除一切无效劳动与浪费。因此,供应链还有增值链(value-added chain)的含义。必须注意:只有当产品能够售出,增值才有意义。积压在仓库里的物料,即使其技术含量很高,如果不是市场需要的,也不能体现其价值。靠成本或生产率的优势打价格战是不够的,要靠价值的优势打创新战,这才是企业竞争的真正出路。

(5)工作流。信息、物料、资金都不会自己流动,物料的价值也不会自动增值。要靠人的劳动来实现,要靠企业的业务活动——工作流(work flow)来带动。工作流决定了各种流的流速和流量,是企业过程重组(business process reengineering,BPR)研究的对象。企业的体制机构必须保证工作流畅通,对瞬息万变的环境迅速做出响应,加快各种流的流速(生产率),在此基础上增大流量(产量),为企业谋求更大的效益。在供应链管理中,人的因素始终是第一位的,市场竞争主要是人才的竞争、知识的竞争。

8.1.2 供应链管理的概念

供应链管理是一种集成的管理思想和方法,它执行供应链中从供应商到最终用户的物流的计划和控制等职能。例如,埃文斯(Evens)认为:供应链管理是通过前馈的信息流和反馈的物料流及信息流,将供应商、制造商、分销商、零售商到最终用户连成一个整体的管理模式。菲利普(Phillip)则认为供应链管理不是供应商管理的别称,而是一种新的管理策略，它把不同企业集成起来以增加整个供应链的效率，注重企业之间的合作。最早人们把供应链管理的重点放在管理库存上，作为平衡有限的生产能力和适应用户需求变化的缓冲手段，它通过各种协调手段，寻求把产品迅速、可靠地送到用户手中所需要的费用与生产、库存管理费用之间的平衡点，从而确定最佳的库存投资额。因此其主要的工作任务是管理库存和运输。现在的供应链管理则把供应链上的各个企业作为一个不可分割的整体，使供应链上分担采购、生产、分销和销售职能的各企业成为一个协调发展的有机体。

8.2 航空飞行器研制项目供应链的构成

8.2.1 航空飞行器研制项目供应链的特点

飞行器研制项目供应链具有三个方面的特点。

1. 协调性和整合性

飞行器研制项目供应链本身就是一个整体合作、协调一致的系统，它有多个合作者，像链条似的环环连接在一起，协调动作，紧密配合。每个供应链成员企业都是"链"中的一个环节，都要与整个链的动作一致，绝对服从于全局，做到方向一致、动作也一致。

2. 选择性和稳定性

飞行器研制项目供应链中的企业都是在众多企业中筛选出的合作伙伴，合作关系，尤其是重要的合作伙伴是相对固定的，尽管有时也做适当调整。当然，随着飞行器的研制成功，该供应链也就完成了它的使命而解散了。

3. 复杂性和虚拟性

飞行器研制项目供应链是跨国、跨地区和跨行业的组合。链中成员涉及数以千计的供应商、研发单位以及其他的合作伙伴，它们所在国家的国情、政体、法律、人文、地理、习惯、风俗都有很大差异，企业文化、管理水平和技术能力等也有很大不同；而其供应链操作又必须保证其目的的准确性、行动的快速反应性和高质量服务性，这便不难看出供应链复杂性的特点。在供应链的虚拟性方面，主要表现在它是一个协作组织，而并不是一个集团企业或托拉斯企业。这种组织以协作的方式组合在一起，依靠信息网络的支撑和相互信任关系，为了共同的利益，强强联合，优势互补，协调运转。

8.2.2 航空飞行器研制项目供应链的成员

飞行器制造的零部件中很大一部分需要对外招标。因此，飞行器研制项目需要若干合作伙伴的协作和参与，如果以最后的飞行器总装为核心成员，可以将这种供应链看作两级供应链，即上游——供应商，以及飞行器总装厂本身。在结构上，该供应链呈现出网状形式。按照与飞行器总装厂的紧密程度，其供应链成员可分为核心成员供应商、经常性成员供应商、非经常性成员供应商三种类型。

1. 核心成员供应商

核心成员供应商通过长时间的合作与采购方之间建立起长期的关系。同时，核心成员供应商在飞行器项目研制过程中不仅仅承担供应职能，他们也是研制项目的重要参与方之一。因而核心成员供应商在为研制项目进行部件供应时，还要与采购方进行诸如技术能力、组织能力等非物质性资源的交互。核心成员供应商与采购方的这种合作关系使得双方的战略目标具有相似性，彼此之间的信任程度也随之提高，促进了超额收益的增加。在实际活动中，由于设备通常是定制化采购，价格昂贵，技术复杂，供应周期也较长，采购方与核心成员供应商之间长期紧密的合作是采购和供应业务运作的保障。

2. 经常性成员供应商

经常性成员供应商是那些经常但不总是（持续）合作完成供应订单履行过程的伙伴。这些伙伴与采购方之间彼此信任度较高，合作默契，不能被轻易取代。从资源交换的角度来说，经常性成员供应商侧重于采购方提供物质资源的交换，非物质性资源交互方面较核心成员供应商伙伴少。在实际活动中，零部件采购数量大，总成本也较高，应用周期也较长。值得注意的是，经常性成员供应商往往同时拥有多个采购方客户，因此这类供应商的承诺常常和它们与采购方企业的合作层次有关。如果发生几个供应网络冲突，这类供应商通常优先考虑给它们带来最短期或长期利益的网络的需要。所以采购方需要和这类供应商保持经常性伙伴关系，以保证在急需时获取稳定的支持。

3. 非经常性成员供应商

非经常性成员供应商只是偶尔与采购方建立采买关系的供应商。它们所提供的资源通常不具有特殊性，因而容易被其他成员取代。在实际活动中，非经常性成员供应商伙伴常是那些提供标准化、低成本、低技术含量物资的供应商。非经常性成员供应商与采购方之间通常不存在双边合作关系，仅履行单一的零部件供应职能即可。

8.3 航空飞行器研制项目采购计划与采购实施

8.3.1 项目采购

项目采购（project procurement）是指从项目组织外部获得物料、工程和服务的整个采办过程。项目采购的分类通常有以下两种。

（1）按采购对象不同分类。项目采购按采购对象的不同可分为有形采购和无形采购，如图8-2所示。

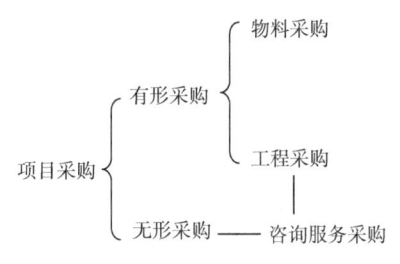

```
                    ┌── 物料采购
          ┌─ 有形采购┤
   项目采购┤         └── 工程采购
          └─ 无形采购 ── 咨询服务采购
```

图 8-2　项目采购按采购对象的分类

物料采购是指购买项目所需的各种机器、设备、仪器、仪表等物料，还包括与之相关的运输、安装、测试、维修等服务。

工程采购是指选择合格的承包单位来完成项目的施工任务，同时还包括与之相关的人员培训和机器维修等服务。

咨询服务采购是指聘请咨询公司或咨询专家来完成项目所需的各种服务，包括项目的可行性研究、项目的设计工作、项目管理、施工监理、技术支持和人员培训等服务。

（2）按采购方式不同分类。项目采购按采购方式的不同分为招标采购和非招标采购，具体分类如图 8-3 所示。

```
                    ┌── 物料采购
          ┌─ 招标采购┤
          │         └── 工程采购
   项目采购┤         ┌── 询价采购
          └─非招标采购┤
                    └── 直接采购
```

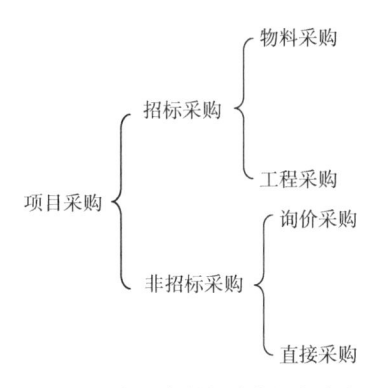

图 8-3　项目采购按采购方式分类

招标采购是由需求方提出招标条件和合同条件，然后许多投标商同时投标报价的采办过程。通过招标，需求方能够获得价格更为合理、条件更为优惠的货物或服务供应。招标采购又分为无限竞争的公开招标和有限竞争的邀请招标两类。

公开招标是由招标单位通过报刊、广播、电视等媒体工具发布招标广告，凡对该招标项目感兴趣又符合投标条件的法人，都可以在规定的时间内向招标单位提交意向书，由招标单位进行资格审查，核准后投标商购买招标文件，进行投标。公开投标的方式可给一切合格的投标者平等的竞争机会，能够吸引众多的投标者，故称为无限竞争性招标。

有限竞争性招标又称为邀请招标或选择招标。有限竞争性招标是由招标单位根据自己积累的资料，或由权威的咨询机构提供信息，选择一些合格单位发出邀请，应邀单位（必须有 3 家以上）在规定时间内向招标单位提交投标意向书，购买招标文件进行投标。

这种方式的优点是应邀投标者在技术水平、经济实力、信誉等方面具有优势，基本上能保证招标项目顺利完成；其缺点是在邀请时如带有感情色彩，就会使一些更具竞争力的投标商失去机会。受客观条件限制和不易形成竞争的项目还可以采用协商议标的方式。

非招标采购又可以分为询价采购、直接采购等。

询价采购，即比价方式，一般习惯称为"货比三家"，它适用于在项目采购时即可直接取得现货的采购，或价值较小、属于标准规格产品的采购。询价采购是将几家投标商（至少 3 家）所提供的报价进行比较的一种采购方式，其目的是确保价格具有竞争性。

直接采购是指在特定的采购环境下，不进行竞争而直接签订合同的采购方法，它主要适用于不能或不便进行竞争性招标或竞争性招标无优势的情况。例如，有些货物或服务具有专卖性质从而只能从一家制造商或承包商获得，或在重新招标时没有其他承包商愿意投标等。

本章所指的采购，与企业一般意义上的商品采购有所不同。它假设卖方在项目组织的外部，并从采购（买方-卖方）关系中买方的角度出发考虑问题，即站在项目组织的角度进行讨论。

8.3.2 项目采购管理的含义

项目采购管理（project procurement management）是指为达到项目的目标，从项目组织的外部获取物料、工程和服务所进行的管理活动。

项目采购管理是保证项目成功实施的关键活动，如果采购的物料、工程和服务没有达到项目规定的标准，必然会降低项目的质量，影响项目的成本、进度和质量等目标的实现，以致整个项目的失败。项目采购管理的总目标是以最低的成本及时地为项目提供其所需的物料、工程和服务。项目采购管理是项目管理的重要组成部分，因为任何项目的实施都要大量投入，包括人力、原材料、设备等资源，一般来说，项目的采购支出约占项目资源总额的 50%以上。如果采购这一工作环节出现失误，不但会影响项目的顺利进行，甚至还可能导致项目的失败。

项目采购管理由图 8-4 中的一系列具体的管理工作过程组成。

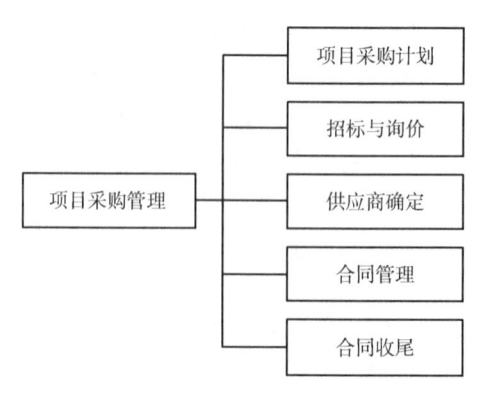

图 8-4 管理工作过程

8.3.3 编制采购管理计划

项目管理知识体系过程中的编制采购管理计划（procurement management plan）是"论证项目采购决策、明确方法、识别潜在供应商的过程"，它识别出可以通过购买外部供应商的产品或服务而满足的项目需求，确定采购内容、时间和方式。在一些项目上，服务或原材料的一部分可能来自另一家公司；在其他项目上，绝大部分或全部的工作可能由外部的公司实施。不管为了项目的部分还是全部，客户公司需要制订采购计划。应该和考虑项目的需要一样，考虑母公司的需要，因为对母公司来说，为现在的项目购买而不是租借产品并接着再租给将来的项目，可能更好。

为了有效地规划原材料和服务的采购，项目团队通常要完成大部分的项目计划以便了解项目真正需要什么。至少，项目团队需要项目范围说明（project scope statement），即"对项目范围、主要可交付成果、假设和约束条件的描述"。一旦识别了需求，项目可以确定是否去买、买什么和买多少。

1. 计划的输出

计划最基本的输出是采购管理计划，即"描述项目团队如何从组织外部获得产品和服务的项目管理计划的组成部分"。采购管理计划包括使用合同类型的指导、风险管理问题以及如何选择潜在供应商。这个计划将通过获得完成项目所必需的原材料和服务的所有活动，来指导客户公司的投入。另一个重要的输出是采购工作说明（procurement statement of work），"详细说明采购内容，让潜在卖方判断他们是否能够提供所需产品、服务或结果"。这个文件将确保承包人和客户公司以同样清晰的方式理解要求的工作，比如，提供规格、期望的数量、质量水平、绩效数据、工作要求和其他要求等信息。

2. 自制或购买决策

项目采购可以从买方卖方视角来思考。这个接口存在于项目供应链的所有层次，以及项目组织的内部和外部交易之间。依据应用的地方，卖方可以被称为供应商、供应商的供应商或承包商。依据买方在项目采购循环中的位置，买方可以被称为客户、服务需要方或购买方。卖方在合同生命周期中首先被看作投标人，其次被看作签订合同的供应商。

对项目需要的任一产品或服务，在采购规划阶段，项目团队确定哪个项目需求最好通过购买来自外部供应商的产品和服务来满足，哪个项目需求可以在项目实施阶段由项目团队完成。从外部供应商处购买来满足项目需求是已经为大家所接受的做法。例如，很多公司趋向于外包它们的信息技术需求、会计工作、法律职能、物流等。

1）自制与购买

这个自制或购买决策绝不是没有价值的。实际上，这涉及错综复杂的问题，如项目组织的竞争力分析和需求分析。项目组织也需要从时间、成本和绩效控制的角度评估外包的优势和劣势。这种分析还应包括直接和间接成本，以便在平等比较的基础上做出最后的决策。表 8-1 列出了做出自制或购买决策时的多种考虑。

表 8-1　自制或购买的原因

自制	购买
1. 较低的生产成本	1. 使项目团队有时间去处理其他重要的活动
2. 对质量和时间的更多控制	2. 利用专业供应商的能力
3. 缺乏合适的供应商	3. 采购的灵活性
4. 获得一个定制项目	4. 管理或技术资源不充分
5. 利用项目团队的专家资源	5. 能力不足
6. 保护专利设计或知识	6. 需求量小

通过识别它们的主要优势并在原有基础上建立优势，大部分公司开始进行战略外包分析。一家公司的竞争优势常被定义为较低的成本、产品差异（更好的质量）和反应能力（更快的交付）。对项目团队来说，因顾客的希望和当时项目取得的进展不同，这些方面的重要程度不同。项目时间成本分析常有助于产生有关制定有效的采购决策的独到见解。例如，关注成本最小化，但不必接受最快的交付，可以将非关键活动外包。然而，在项目的不同阶段，非关键任务会变成关键任务，这就凸显了时间的重要性。在项目实施的不同阶段，类似的因素可能对自制或购买决策产生不同的影响。尽管自制或购买调查常以成本分析开始，各种定性因素还是常常对成本分析产生更深远的影响。由于各种项目活动的动态性和不确定性，一项彻底的调查无疑是复杂的。

2）外包问题

虽然外包很受欢迎，但是存在一些潜在的问题。对于项目目标来说，有一些问题比较重要。例如，失去对项目活动完成时间的控制；缺乏对外包活动的成本控制；逐渐丧失某些特定活动的专业技能；失去项目重点并且产生潜在利益冲突；由于复杂业务相互作用，而使管理无效；当使用第三方时丧失机密并出现双重外包。

采购有助于实现如更高的产品质量、更短的从订货到交货的时间和更低的成本等好处。因为约束条件、重要资源的可获得性和特定的项目需求，项目采购策略会与公司采购策略不同。在做出自制或购买决策后，项目团队转入项目外包的下一阶段：选择合适的供应商和商讨合同。

如果做出购买决策，则采购计划的输出包括选择供应商的文档和标准。当有多个供应商可供选择时，应该确定选择标准，如所有者总成本和风险。

做出购买决策后，客户公司要努力创造环境。潜在承包商公司有能力和动机提出有用、完整的建议书，这些建议书易于评估，而且易于确定哪个最符合客户公司的需求。客户公司通常使用采购文件（procurement documents），即"用于招投标和提议活动，包括买方的招标邀请书、谈判邀请书、信息需求书、询价书、需求建议书和卖方答复的文件"。

项目采购人员需要了解不同类型建议书的区别，以便使用正确的类型。

信息请求（request for information，RFI）建议书："买方要求潜在卖方提供关于产品、服务或卖方能力的不同信息的一类采购文件。"信息请求建议书用于了解潜在卖方的产品或服务。

询价书（request for quotation，RFQ）："请求潜在卖方对通用或标准产品或服务进行报价的一类采购文件。"询价书用于比较标准产品或服务的不同供应商的价格。

需求建议书（request for proposal，RFP）："向产品或服务的潜在供应商征求建议的一类采购文件。"需求建议书用来比较非标准产品或服务的不同方法。

客户公司制定评估标准来定义如何对建议进行评估和排序。有了这些文件，客户公司就可以做好实施采购的准备。

8.3.4 项目实施采购

采购管理流程的第二步是实施采购（conduct procurements），即"获得卖方回复、选择卖方以及签订合同的过程"。客户公司需要决定他们希望召集哪些潜在承包商公司，确保这些公司了解潜在项目。有时，公司会制定有资格的卖方名单，允许名单上的公司就新项目提出建议。还有的时候，它们进行广泛的宣传，希望引起新的承包商的注意。在这两种情况下，都会发送正式的招标邀请，希望有能力的公司来实施项目竞争。

1. 潜在供应商的来源

基于在早期采购阶段所要求事情的性质，项目团队一般通过建立健全的潜在供应商名单开始选择过程。常使用下列信息来源识别这些潜在的供应商。

（1）供应商网址。
（2）供应商信息档案。
（3）供应商目录。
（4）行业杂志。
（5）电话号码簿。
（6）销售人员。
（7）贸易展销会。
（8）专业组织和会议。
（9）相关 APP（application，应用）。
（10）微信公众号。

2. 潜在供应商的信息

发送给可能希望有资格参与新项目工作的潜在供应商的信息的案例如下。

案例

有关供应商资质的信息要求

K 公司正扩建它的全球技术和呼叫中心。A 建筑公司——该扩建项目的建筑单位，正要求所有分包商做资格预审。扩建项目是将一幢一层大楼从 50 万平方英尺[①]扩建到 70 万平方英尺，再加一个 5 万平方英尺的地上停车场。新增部分的建筑结构是在钻孔桩基础上的钢筋框架，外部表层和现有结构类似，带有砖块和玻璃边缘。新增空间将用于新的员工咖啡厅、现场健身中心和托儿所。扩建中会升级现有呼叫中心大楼的安全和 HVAC（heating, ventilation and air conditioning，供热通风与空气调节）系统。整个大楼的内部设施和现有结构类似。资格预审标准包括以下内容。

1. 以前有类似建筑的经验，有借鉴意义的以前类似规模和范围的项目的评价。
2. 对安全和安全的工作环境的承诺——基于过去的经验风险最小化（empirical risk minimization，ERM）原则评估事故率和严重性。
3. 对质量、进度和成本控制的承诺——有借鉴意义的过去的经验。
4. 可获得的资源——职业员工的数量和资质水平。
5. 当地和区域业务伙伴——首选 250 英里[②]内的公司。

一旦潜在的承包商提交了标书或建议书，客户公司应用既定的筛选标准来选择一个或多个有资格实施项目并且可以接受的卖方。在一些项目上，服务或原材料是商品，将部分或全部依靠价格做出决定。在其他项目上，客户基于生命周期成本选择承包商，也就是在项目的整个有限的生命中，购买和使用项目的成本。在另一些项目上，价格是重要考虑因素中的一个。在更复杂的项目上，客户公司可能在技术、管理、财务或经验基础上更好地认定一家公司比另一家公司更有能力。在采购计划阶段形成的评估标准应该指导这项决策。例如，在新加坡的一项研究发现，当客户选择设计-建造承包商（该承包商同时管理项目的设计和建设，同时有其他的公司参与）时，应该考虑在表 8-2 中列出的更多因素。

表 8-2 选择设计-建造承包商时要考虑的因素

任务绩效因素	环境绩效因素	财务	运营
一般心智能力	尽责的	低酬金	以前的关系
工作知识	主动的		正在进行中的关系
任务精通	社会技能		声望
工作经验	承诺		将来的关系

---

① 1 英尺等于 0.3048 米。

② 1 英里等于 1609.344 米。

3. 评估潜在供应商时使用的方法

在形成广泛的潜在供应商名单后，项目团队需要分别评估每个潜在的供应商。方法和分析包括如下内容。

（1）供应商调查提供了供应商的充分信息以帮助我们在更进一步的考虑中做出包含或排除某个公司的决定。

（2）财务状况分析揭示了供应商是否能够令人满意地执行项目。

（3）雇用第三方评估，来获得相关的信息。

（4）现场访问让项目团队得到关于公司技术能力、制造或配送能力以及管理目标的第一手信息。

（5）质量能力分析，检查潜在供应商的质量能力。

（6）交付能力分析，评估供应商按时交付所需产品或服务的能力，也要考虑替代方案。

上面给出的分析不应限制于潜在的一级供应商。在包含二级甚至三级供应商的情况下，项目团队还需要评估所有这些供应商。这些主动的筛选过程常产生少量信誉良好的供应商。如果组织有现有合格卖方的名单，这个名单将是新项目的基础。

4. 供应商选择

在一个或更多潜在供应商通过评估过程后，必须开始选择过程。项目团队邀请潜在的供应商提交标书或建议书。采购文件是不同的供应商准备标书或建议书的依据。最普遍的采购文件是需求建议书。需求建议书是买方和供应商将来工作关系的基础。实际上，供应商准备的建议书常常作为附录或证据成为供应商和买方之间最终合同的一部分。需求建议书常包含下列内容。

（1）采购概述。

（2）供应商基本要求。

（3）技术要求。

（4）管理要求。

（5）价格资料。

（6）附录。

基本的供应商选择是典型的决策树问题，是在不确定条件下可选方案间的选择，其输出同时涉及价格和绩效，包括交付时间。

评估标准用来确定建议书的等级和其他供应商的特征。标准一般在需求建议书中提供，可以是客观或主观的。一般地，最重要的评估标准是价格，其他重要的评估标准包括供应商的技术能力、声望等。表 8-3 列出了除价格之外，在评估潜在供应商时应考虑的因素。

项目团队选择一个或更多的有资格和可接受的卖方。权重系统、自主评估、筛选系统、卖方分级系统、专家判断、建议书评估技术等许多工具和技术可以在卖方选择决策过程中使用。

表 8-3 评估潜在供应商应考虑的因素

序号	因素
1	补给订货到交货的时间：在发出订单到收到订单之间的订货到交货的时间，可以转换
2	准时性：影响订货到交货时间的变化
3	供应灵活性：供应商可以承受的、没有使其他绩效因素变坏的订单数量的变化量
4	交付频率/最小批量：影响公司每个补充订单批量的大小
5	供应质量：供应质量的恶化增加了公司可获得的部件供应的变化性
6	运入成本：使用供应商的全部成本包括将原材料从供应商处运入的成本
7	信息协调能力：影响公司匹配供给和需求的能力
8	设计协调能力
9	关税、税率和税金对一家有全球制造和供应基础的公司是非常重要的
10	供应商生存能力是供应商履行所做出的承诺的可能性。如果这个供应商提供难以发现替代品的关键任务产品，这个考虑是非常重要的。如果供应商有两个关键员工，则每个人都可以执行必需的工作，如果第一个工人被卡车撞翻，第二个工人有时被认为是"卡车保险"

选择供应商的目的是跟每个被挑选的卖方签订一份合同。项目组织在涉及项目所有者或顾客时会是一个卖方，在更普遍的采购环境中是一个买方。在许多项目管理范例中，项目经理必须知道如何形成和实施大范围的合同，并且和每位选择出来的卖方签订合同。

■ 8.4 航空飞行器研制项目中主制造商和供应商的关系

在一体化供应链背景下，产品的竞争不单是企业间的竞争，更是供应链的竞争。因此，吸收供应商参加项目开发有利于充分发挥供应链的竞争优势，有效地提高产品开发过程的竞争力，具体的优点如下。

8.4.1 制造商-供应商关系的形成

制造商-供应商关系最早的讨论在于对"自制或外购"的战略选择的讨论，20 世纪 70 年代之前制造商通常会采用后向整合的战略，收购上游供应商企业，从而获得对关键零部件或原材料生产的控制权。近年来，尤其是核心竞争力的战略理论提出后，越来越多的研究与实践集中在将企业的非核心流程和业务进行外包和剥离，制造商和供应商的关系在"自制与外购"的战略决策中显得越来越重要。在制造商-供应商关系形成、进行垂直整合战略决策的理论解释中，交易成本理论与资产专用性分析占据了核心位置，对技术与需求的不确定性、产品的独特性等其他要素的讨论均是围绕着交易成本这一核心概念展开的。

交易成本理论（transaction cost theory，TCT）或交易成本经济学（transaction cost economics，TCE）的建立与发展主要聚焦于对企业边界决策的研究，交易前后的成本是企业考虑其行为在内部或外部进行的主要决策因素，同时也确定了企业的治理结构。由于机会主义，资产专用性和不确定性是交易成本产生的主要驱动因素，这些都会驱使市场交换成本增高而使企业做出内部生产的决策。垂直整合的交易成本理论认为企业将通过一系列合理的战略规划、日常运营和长期对业务经营的监控来最小化其交易成本。"自制或外购"的决策中，产品的独特性是一个重要因素，产品的技术独特性越高，就越倾向于进行自制，因为从交易成本的观点来看对于供应商品质的监控将付出高昂的成本。当企业能很好地控制市场交易治理成本时，选择从供应商处采购产品部件，单单从成本角度来看就能有效地为制造商节约成本。这种成本节约也就应该是制造商-供应商关系形成的最初原因。随着20世纪90年代开始的技术变革，企业越来越倾向于通过外购、外包获取成本优势，从而能够更加集中精力发展自身的核心业务，从核心中获取利润，成为当今企业战略的主题。垂直整合战略考虑的已经不仅仅是"自制或外购"的决策了，更多的考虑集中在应该选择何种制造商与供应商的关系。

8.4.2　采购成本与供应商关系

肖恩·图利（Shawn Tully）在《财富》杂志中的一篇文章中指出："今天企业的经常性开支都不会超过公司平均制造成本的3%，而劳动力成本通常也不会超过6%。即使是最有效的费用削减，或者是将生产过程中劳动力密集的部分进行全面的自动化，对总成本的改善还是微乎其微。"要从组织内部找寻有效提高生产力的来源越来越难实现了。

然而，企业却有约超过大半的公司收益是花在对外的采购上，超过55%（如果将外协计算在内的话会更多，甚至到80%），而传统上被视为生产力改善焦点所在的内部成本比例则不及一半。因此企业渐渐地开始觊觎那55%~80%的部分，并亟欲从中节约成本。于是，有些大公司依仗其巨额的采购实力开始采取强硬的措施，首先是利用自己的有利地位，挟大额采购的优势，逼迫供应商大幅降低价格，如某汽车公司就以在汽车业界中向供应商施压而出名。它们以大额采购量为诱因，强迫要求价格大幅下降。然而，让我们设想：供应商在为了获得大宗订单的情况下做出价格的让步，实际上意味着买方获得了好处而将损失转移给了供应商。供应商只有两种选择：一是从内部增加效益或挖掘节约来补偿这个损失；二是同样地将等价的损失再以其他的方式还给它的买主，结果是某些至关重要的部件不会按期交货，或得到的是劣质的部件。起初，这种要挟手段似乎奏效，该汽车公司也确实以此为自己减少了近40亿美元的采购成本。但时间一久，该汽车公司和其他采取相同策略的公司却发现，事情绝非如此简单。由于供应商被榨取了太多的利益而心生暗恨，有些企业开始失去供应商的忠诚与信赖。在买方市场时这种流失的伤害可能还不明显，一旦发生原料供给短缺又将如何呢？该汽车公司发现，当市场情势逆转时，许多供应商对旧恨记忆犹新，稀少的原料竟然转而流向该汽车公司的竞争者，这些竞争者一向擅长虏获供应商的忠心。

随后，买方企业开始优选供应商，不再使用过去以数目取胜、将工作分散到数百个供应商的保险做法，而开始无情地削减供应商数目以强化供应基础。例如，美国某市场服务公司每年要购买4亿美元的促销材料,在改革前所遵循的采购惯例是每一次购买都有3个供应商竞争,然后从中选择价格最低的,结果超出50%的采购订单是低于1万美元的,而大多数供应商每年的订单是5万美元左右,由此在众多的订单中投入了大量的精力与供应商洽谈业务。幸运的是,该公司调整了业务方向,并获得了成功。在仔细地选择流程后,它开始同最好的供应商坐下来商谈并与之建立了双赢的关系。它将总计4亿美元的促销采购项目外包给2个供应商来完成,这个改变促使企业的组织结构发生了变化,但效果是显著的。外包方式减少了12%的运行成本,促销材料的准时交货率从原来的60%上升至85%。后来的调查表明双方都非常满意这种新的业务方式。

8.4.3 波音公司供应商关系

可以通过考察波音公司商用飞机的业务情况来分析客户关系在其全盘业务中的重要性。该公司多年来一直把重点放在性能卓越的喷气机系列747、757、767、777机型上,尽管每一架飞机都是由波音公司设计和制造的,但实际上全球的供应商都为之做出了重要的贡献。长期以来,波音公司与日本的4家飞机制造公司——三菱重工业、川崎重工业、石川岛播磨重工业和富士重工公司建立了良好的供应商关系。波音公司在日本第一次试销时,为了成功地向日本航空公司推销自己的产品,附加条件是波音公司必须把某些有关的零件制造业务承包给日本的公司。为了打开和占领日本市场,波音公司的管理者接受了这种条件。

这就使双方开始了一个动态的策略变化过程,最终导致了二者紧密的相互依赖关系。到20世纪90年代末,部件外购的成分占了一架飞机总价值的50%。事实上,日本这4家公司在宽体喷气式飞机的机体中已贡献了将近40%的价值,使用的专业技术和工具在许多方面都是全球最领先的。

这是一种双赢的伙伴关系,双方都是大赢家,日本公司购买了大量的飞机,帮助波音公司成为全球主导的商用机公司;同时,与波音的关系也使日本的制造厂家改进了它们的技术能力,从而增加了它们对波音和世界范围内其他生产商的吸引力。尽管波音公司对其供应商有很大的依赖性,但公司的管理层相信,它们的系统设计能力和整合技术将防止任何供应商或若干供应商联合起来从它们手里夺走对行业的控制权。

长期以来,企业一直认为它们的采购业务和与供应商的关系是一个十分头疼的问题,在企业应用了MRP(material requirement planning,物料需求计划)/MRP-II、ERP和JIT(just-in-time,准时生产)之后,虽然在业务处理方面得到了一定的改善,但也只是对其业务过程在一定程度上进行了管理,并未上升到对其关系进行管理的高度。

8.4.4 航空飞行器研制项目中的供应商早期参与

1. 供应商早期参与的定义

供应商早期参与(early supplier involvement)的概念最早来自20世纪60年代,日本汽车制造商有系统地让供应商参与产品开发的过程，获得了很好的绩效。自1980年以来，随着快速技术变革、贸易和通信技术壁垒的降低及全球化竞争的加强，制造商需要越来越强的创新能力。由于高度创新通常依靠跨多个领域的科学和技术合作，很少制造商拥有足够的知识和资源，因此从外部组织获取新的科学和技术知识来进行创新就非常有必要。

很多学者对供应商早期参与给出了不同的定义。例如，供应商参与为"在产品开发过程中赋予供应商适当的责任，让供应商可以提供其技术与创新能力，从而提升新产品开发绩效"；供应商参与为"垂直合作的一种方式，供应商在客户产品开发或创新研发过程的早期阶段便参与新产品设计及开发"。还有定义供应商参与为"在客户产品开发项目中，供应商直接参与设计与沟通，新产品开发项目可能在产品设计阶段便让供应商参与"；供应商参与为"供应商愿意且承诺在客户产品设计的早期阶段便与客户紧密合作的程度，并且投入资源"。

2. 供应商参与飞行器研制的过程

供应商参与作为采购和产品开发的一部分，其步骤大体上可以概括如下。

（1）确定飞行器研制的方案，明确开发目标和任务，包括采购人员的责任。

（2）根据飞行器研制计划，对企业及供应商的技术、工艺能力等进行初步评估，由采购部门参与确定产品中的自制件和采购件，确定自己开发和供应商开发的方案。

（3）合作开发人员和供应商，就供应商参与的时间、程度、达到的目的和各自的职责等进行磋商，并签订双方认可的协议。

（4）定期检查工作的进度，调整相应的行动，对供应商参与产品开发过程中的表现进行考核。

（5）按产品开发的阶段要求定期评估工作，及时调整工作目标，并制订应急计划。

（6）对供应商参与设计与开发工作进行总结，按照协议要求接受有关的设计文件和样品等。

3. 供应商参与飞行器研制的模式

虽然供应商参与新产品开发给整条供应链带来利益并获得很多学者的认同，但也有一些学者认为供应商参与新产品开发并不一定能带来产品成本降低、质量提高、开发成本和时间减少等效益。尤其是在一些包含多个不同供应商参与的复杂程度很高的新产品开发项目中更是如此。新产品开发需要供应商参与的程度一般取决于项目的特性，如项目的技术复杂程度、重要程度和项目规模等。在不同的新产品开发项目中，不同供应商扮演不同的角色，具有不同的作用。

有很多学者研究供应商参与新产品开发的模式。根据供应商参与新产品开发阶段和供应商之间的竞争程度将供应商参与模式分为传统模式、日本模式和进阶模式。传统模式是供应商在产品设计好后才参与，供应商间竞争激烈；日本模式是供应商在产品概念阶段就参与，供应商和制造商通常是战略合作伙伴，不存在竞争对手；进阶模式是制造商邀请少数供应商参与其产品设计阶段，然后根据供应商表现来选择供应商。通常没有一个制造商会只和供应商保持一种紧密的合作关系，而供应商也是如此。供应商和制造商的关系分为四种：①合作伙伴，供应商和制造商的地位是平等的；②成熟伙伴，制造商占优势地位，但供应商有一定发挥余地；③追随伙伴，供应商的技术投入很少，基本上都是制造商设计好的；④契约伙伴，通常严格按制造商要求生产标准部件。根据供应商所担负的开发责任和产品开发的风险程度形成"供应商参与组合"（supplier involvement portfolio）的矩阵模式，这种模式分为策略开发、关键开发、对立式开发和例行开发四类。根据供应商参与的阶段和供应商所担负的责任将供应商参与分为原厂委托制造（original equipment manufacture，OEM）、原厂委托设计（original design manufacture，ODM）和原始品牌制造（original brand manufacture，OBM）三种模式。

1）原厂委托制造模式

这种模式下的供应商参与程度最低。制造商设计产品，提出详细的技术规格，制定明确的监控措施，确保所有部件能够准确及时到位，不影响产品整体的构成，一般通过竞价的方式选择供应商，非关键零部件通常采用这种模式。因此供应商只是在产品所有信息都明确、完全设计好后才参与。在这种模式下，制造商和供应商只是一种纯粹的买卖关系，制造商没有将供应商最新技术成果和思维理念融入新产品中，供应商没有机会参与产品的研究与开发过程，只是被动地接受来自制造商的信息，双方在正常情况下几乎没有信息沟通，仅仅在成本、规格、日程等信息变化时才进行沟通。在这种合作模式下最理想的结果也就是供应商按期、按质、按量交货，不可能使供应商积极主动关心制造商的产品开发；双方的利益通常不是共享的，制造商会通过引起供应商之间的竞争来最大限度地降低自己的采购价格，榨取供应商的利润空间。

2）原厂委托设计模式

这种模式下的供应商参与程度中等。供应商参与零部件设计和制造商的新产品开发，共同制定新产品的规格，一般制造商占据主导地位，但供应商在满足制造商需求的情况下可以自由设计零部件，瓶颈部件通常采用这种模式。双方需要通过不断的信息沟通来对不同的技术问题解决方案达成共识，以明确哪些选择是可能实现的并能使产品开发进行下去。制造商通常会以员工培训、专门小组的技术指导等方式有体系地向供应商提供生产技术、管理技术的支持，供应商则以及时供货、技术改进反馈、增加对共同事业投入等方式向制造商提供支持。在此模式下，供应商成为整个产品开发的一分子，产品开发成败不仅影响制造商，而且也会影响供应商，因此双方都关心产品的开发，使双方的产品、信息技术和人力资源得到最佳结合和最好利用。

3）原始品牌制造模式

这种模式下的供应商的参与程度最高，一般在产品概念阶段就参与，通常涉及一些关键部件或系统的开发。制造商提供一套零部件的详细要求给供应商，供应商自行设计并制造制造商所需的产品，有时供应商甚至拥有自己的品牌，制造商只需购买供应商所设计好的产品。由于供应商在产品概念阶段就参与开发，大多数信息都是不准确和模糊的，供应商并不清楚制造商到底想要什么东西，因此需要双方紧密而互动的沟通和合作。这种模式通常需要在双方具有长期合作关系、相互信任的基础上才采用。

三种供应商参与新产品开发模式的比较见表8-4。

表8-4 三种供应商参与新产品开发模式的比较

参与模式	参与阶段	供应商责任	竞争供应商	信息沟通度	利益分配
原厂委托制造模式	晚期，设计完成阶段	很低，只按需制造	很多，主要打价格战，竞争激烈	仅仅有变化时才进行沟通	对立，零和博弈，利益不共享
原厂委托设计模式	中期，设计阶段	产品规格和要求一般	少数几个，但参与过程中表现不好可能遭淘汰，竞争较激烈	较高	合作，利益共享
原始品牌制造模式	早期，概念阶段	很高	几乎没有或少数几个，通常和制造商有长期合作伙伴关系，不存在竞争对手	很高	合作，利益共享，长期利益来源

4. 供应商参与飞行器研制的管理注意事项

（1）主制造商要有充分准备，包括有制造战略，要有清晰的技术开发（或核心技术）目标，要有强有力的专业人员（包括采购人员与工程技术人员）及有效的组织结构，要有必备的技术开发手段和设施。

（2）要有可靠的供应商体系，包括具有专业技术的伙伴供应商。

（3）企业不能完全依赖供应商，但要与供应商相互信任、共担风险。

（4）必须订立供应商参与的专门协议，明确双方各自的职责，如表8-5。

表8-5 供应商参与的职责划分

主制造商职责	供应商职责
1. 配合供应商，明确与供应商的关系	1. 对选定的产品及设计就质量、成本、交货进行风险评估
2. 根据企业自身需求及有关计划，以及供应商的特点签订契约	2. 提供生产制造建议书
3. 向供应商发出保密要求，并签订保密协议	3. 在质量、成本、交货方面协同主制造商进行分析、设计和开发
4. 针对产品模型、批量生产及生产材料开发计划和时间进度进行沟通	4. 按主制造商提供的信息，提出详细的材料清单、工模具开发成本

8.5 航空飞行器研制项目中的供应商选择

供应链合作伙伴关系（supply chain partnership，SCP）一般是指：在供应链内部两个或两个以上独立的成员之间形成的一种协调关系，以保证实现某个特定的目标或效益。飞行器研制项目供应链中的供应商不仅指供应链零部件的供应商，也指能提供技术、知识或参与合作研发的科研单位或团队。

企业必须选择一个可以在较长时间内与之共事的供应商，对选择做出的努力程度与所要求的产品或服务的重要程度相关。依靠所使用的供应商评估方法，这可能是一个需要大量资源投入的过程。

8.5.1 选择供应商的方法

大多数采购专家认为，没有一种公认的评估和选择供应商的办法，而企业一般会采用多种不同的方法。不管采用什么方法，评估过程的总体目标，就是降低采购风险并使采购方的整体价值最大化。

1. 供应商信息的来源

要开发供应商，首先，必须扩大供应商来源，换句话说，供应商越多，选择供应商的机会就越大。

2. 供应商开发过程

供应商开发的主要步骤是：明确需求→编制供应商开发进度表→寻找新供应商资料→初步联系→初步访厂→报价→正式工厂审核→样品认证→批量试产→正式接纳为合格供应商→订单转移→开发成功。

3. 供应商的选择

选择供应商，要根据具体情况采用合适的方法。常用的方法有两类：一是考核选择；二是招标选择。

考核选择，就是在对供应商充分调查了解的基础上，进行认真考核、分析比较而选择供应商的方法。考核的内容主要是产品的质量、供应商信誉、生产能力、技术水平、供货质量、售后服务质量、质量保障体系和管理水平等，既要单项考核，又要综合考虑。

招标选择，既要有完备的招标文件，比如招标通告、投标须知、合同条款、技术规格和投标书的编制要求等，也要有科学合理的投标、开标、评标程序和方法。

8.5.2 关键供应商评估的标准

买方通常按照众多不同种类来评估潜在供应商，依据自己特定的标准对各类别赋予不同的权重。为使交付绩效和较短的提前期相一致，以支持零库存准时生产体系，可能需要强调供应商的时间计划和生产体系。一个高科技买方企业则会强调供应商的加工及技术能力或是对研发的投入。而选择分销或服务提供者的流程，则会侧重另一套不同的标准。

一个好供应商评估的标准，最根本的就是其产品好，而产品好又表现在：一是产品质量好；二是产品价格合适；三是产品货源稳定、供应有保障。这三个绩效要素是影响采购方的最明显也是最关键的方面。对于需要对供应商的能力有深入分析的关键项目而言，就需要有更详尽的供应商评估。下面给出了供应商评估和选择中，采购方可能考虑的全面标准。

1. 管理能力

对于买方来说，评估供应商的管理能力是非常重要的。毕竟，管理经营业务并做出决策，将影响供应商的竞争力。买方在评估一个供应商的管理能力时需要考察许多问题。

（1）管理是否实行长期计划？
（2）管理层是否承诺全面质量管理并持续改进？
（3）管理人员的变动率高吗？
（4）管理人员的专业经验如何？
（5）对公司的未来发展方向是否有远景规划？
（6）客户是否关注管理？
（7）过去员工和管理层的关系怎样？
（8）管理层是否正在做出对于维持并发展业务所必需的投资决策？
（9）管理层是否为迎接未来的竞争性挑战做好准备，包括提供雇员培训和发展？
（10）管理层是否了解战略采购的重要性？

这些问题有助于采购经理评估供应商的管理能力。当与供应商经理面谈的时候，应该尽可能多地与人接触，以得到"真实情况"，这一点非常重要。

2. 员工素质

对非管理人员素质的评估也非常重要。不要低估了这些经过专业培训的、固定的、有积极性的劳动力所带来的利益，特别是在劳动力短缺的时期。采购方需要考虑以下几点。

（1）员工承诺保证质量并持续改进的程度。
（2）劳动力的全面技术和能力。
（3）员工和管理层之间的关系。
（4）劳动力弹性。
（5）员工道德。
（6）人事变动率。
（7）员工为提高业绩做贡献的意愿。

买方还应该收集有关罢工和劳动纠纷的历史信息，这有助于对供应商的员工如何致力于生产符合甚至超过买方预期的产品或服务有一个总体的把握。

3. 成本结构

评估供应商的成本结构要求对供应商的总成本，包括直接劳动成本、间接劳动成本、物料成本、制造及加工成本以及总体管理费用等有深入的了解。了解供应商的成本结构有助于买方确定供应商生产一项产品或者提供一项服务的效率有多高。成本分析还有助于识别成本改善的潜在机会。

收集这些信息可能是一个挑战。供应商可能对自己的成本没有一个详尽的了解。许多供应商并没有一个完善的成本核算体系，也无法有效地在各产品或流程之间分配管理费用。并且，一些供应商将成本数据看作高度机密。他们担心将成本信息泄露会破坏他们的定价策略，或使得竞争对手掌握自己的竞争优势。基于这些考虑，采购者在最初的供应商评估过程中，只能制定反向定价模型，来对供应商的成本结构做一个大体的估计。

4. 全面质量绩效、体系及原理

供应商的质量管理流程、体系及原理是评估流程中的一个主要部分。采购方不仅仅要评估有关供应商质量的一些明显问题（管理责任、统计流程控制、缺陷），还要评估安全、培训、设备维护等。

5. 加工及技术能力和水平

供应商评估团队通常包括来自设计或技术部门的员工，以便评估供应商的加工及技术能力。加工工序由技术、设计、方法及设备等构成，用于制造产品或者提供服务。供应商对生产流程的选择有助于界定它所需的技术、人力资源能力和资本设备需求。

对供应商加工及技术能力的评估还需要关注未来加工及技术能力，这就要求对供应商资本设备计划和战略进行评价。此外，采购方需要评估供应商用于研发的资源。这个信息表明供应商对未来的加工及技术能力发展的侧重点。

采购者还要对供应商的设计能力进行评估。缩短开发新产品所需时间的一种方法，就是利用有能力支持产品设计活动的合格供应商。日益频繁地利用供应商设计能力的趋势，使得这一领域成为供应商评估和选择流程中必需的组成部分。

技术水平是指供应商提供商品的技术参数是否达到要求。供应商拥有的技术队伍有能力去制造或供应所需的产品吗？供应商有产品开发和改进项目的能力吗？供应商能够帮助改进产品吗？这些问题都很重要。选择具有高技术水准的供应商，对企业的长远发展是有好处的。

6. 财务状况

对供应商财务状况的评估是在最初的评估过程中发生的。一些采购者将财务评估看作详细供应商评估开始之前的筛选过程或基本条件。企业可能会采用财务评级服务来帮助分析供应商的财务状况。

选择财务状况较差的供应商意味着有许多风险。首先，供应商存在倒闭风险；其次，财务状况较差的供应商可能缺乏资源对工厂、设备或者研究进行投资，而这些对于长期技术或其他绩效的改善来说是必需的；再次，供应商可能在资金方面过分依赖采购方；最后一项风险是财务状况不良，通常是有潜在的问题存在。

当然，可能会有一些环境因素来支持采购者选择财务状况不良的供应商。比如，该供应商正在开发一项处在科技前沿的技术，但是还没有出售，而这项技术可以为买方提供一项优势。还可能因不可控制的或无法重复的环境因素造成不良财务状况。

如果供应商是公开上市的企业，那么其具体的财务比率等可以从网上获得。一些经常用于供应商财务状况评估的比率有：资产流动比率、运营比率、盈利比率、负债比率等。

采购专家应该对这些财务比率非常熟悉，因为这些数据可以很快地对供应商财务状况提供有价值的信息。此外，采购经理应该关注那些可能的"赤字"项目，这意味着供应商存在潜在的财务困难。

7. 生产计划及控制系统

生产计划及控制系统包括发布、安排及控制供应商生产过程等。例如，供应商是否采用 MRP 来确保获得所需的零部件？供应商是否追踪物料和生产周期时间，并将它与标准目标相比较？供应商生产计划及控制系统是否支持采购者的零库存需求？供应商生产计划及控制系统需要怎样的前置期？供应商及时交货的历史记录如何？评估生产计划及控制系统的潜在目的，是识别供应商在计划和生产流程中的控制程度。

一旦供应商接受了专业的外部审计负责的正规的系统审查，并被证明其系统符合必要的标准，那么供应商就可以正式宣称其拥有一流的生产计划及控制系统。考虑从供应商那里购买大量产品的公司，也同样要考虑供应商是否有适当的能力。

8. 供应商采购战略、方针及技术

了解供应商的供应商也是整合供应链管理的一部分。遗憾的是，企业通常没有足够的资源或人力来调查其供应链上所有的供应商。不过，有几种方法可以获得关于第二级至第三级供应商的绩效能力的信息。

对采购者来说，要想了解从最初购买者开始计算的三级供应商的采购途径以及技术是有可能的。假定在供应商选择过程中，采购方评估其第一级供应商的采购战略、方针及技术。通过与第一级供应商的采购部门进行探讨，采购方可以了解第二级供应商。如果第一级供应商同样也来评估它的第一级供应商（相对于采购者来说就是第二级供应商）的采购战略、方针及技术，那么，这就可以提供一些关于第三级供应商的信息了。评估潜在供应商的采购战略、方针及技术是对整个供应链深入了解的一种方法。因为只有极少数的采购者对它们的第二级以及第三级供应商有所了解，所以，这样可以使得它们与对手竞争时具有重要的优势。

9. 潜在的长期合作关系

供应商希望超越传统采购关系的意愿应该成为关于产品和服务的评估流程中的一部分，而通常长期合作关系会对这些产品和服务有好处。罗伯特·斯皮曼提出了许多买方在评估潜在的长期合作关系时必须提出的问题。他认为，强调供应商效率、质量、价格及交货等的方法有时是不够完善的。尽管这些方面的绩效非常重要，但是在以长期合作关系为基础的论题上，它们并不是必需的。在评估未来供应商的潜在长期合作关系时，应该考虑以下几个问题。

（1）供应商是否表达了长期合作的意愿或者承诺？

（2）供应商是否愿意承担这种合作关系的特殊资源？
（3）供应商愿意或何时能够参与产品设计？
（4）供应商能带来什么？
（5）供应商是否有兴趣共同解决问题，并共同努力改进？
（6）两个企业之间的信息交换是不是免费且公开的？
（7）供应商愿意多大程度地分享未来计划？
（8）是否迫切需要信息的保密处理？
（9）双方互利的总体水平如何？
（10）供应商对采购方业务或所在行业有多少了解？
（11）供应商能否分享成本数据？
（12）供应商是否愿意首先与采购方合作进行改革？
（13）供应商是否愿意保证采购方的独家采购需求？
（14）供应商对理解采购方的难处和关注的问题的承诺是什么？

尽管这个清单并不完全，但它为重要问题的类型提供了一个整体框架。作为供应商评估和选择的一部分，提出评估这些问题的数量范围是相对简单的。

8.5.3 对供应商的主要管理方法

可根据物料采购金额的大小，对供应商进行分类控制，即分为重点、一般、非重点供应商，然后根据不同供应商按下列方法进行不同的控制。
（1）派常驻代表。
（2）定期或不定期到工厂进行监督检查。
（3）设监督点对关键工序或特殊工序进行监督检查。
（4）成品联合检验，可以由客户会同采购人员一同到供应商处实施联合检验。
（5）要求供应商及时报告生产条件或生产方式的重大变更情况（如外包、外协等）。
（6）组织管理技术人员对供应商进行辅导，使其提高品质，满足公司品质要求。
（7）由供应商提供制程管制上的相关检验记录。
（8）进货检验。

8.5.4 供应商评价指标体系和方法

供应商评估通常采用正式调查，并遵循严格的、结构化的方法。一项有效的供应商调查应该具备以下特点。第一，调查应该具备综合性，并且包括对评估和选择过程而言非常重要的绩效类别。第二，调查过程必须尽可能客观。这就要求采用评分系统，来确定各个考核标准中每项数值的意义。第三，项目和考核标准必须是可靠的。可靠性指，即使不同的个人或者团体来审查同一项目和考核标准，都会得到同样的结论。可靠性评估要求有精确的考核标准和对项目的彻底了解。

1. 供应商评价指标体系

供应商评价指标筛选应从双赢的角度出发，按照上述三点要求，分别从供应商的质量体系、管理能力、财务状况等方面选择评价指标因素。具体的供应商评价指标体系结构如图 8-5 所示，各项具体的含义省略。

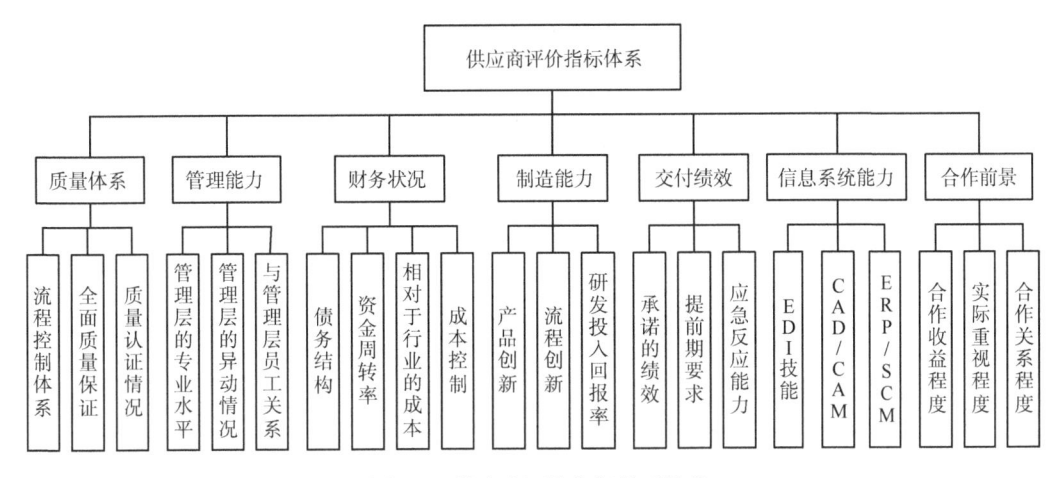

图 8-5 供应商评价指标体系结构

EDI：electronic data interchange，电子数据交换；CAD：computer aided design，计算机辅助设计

上述评价指标体系，不仅适用于对已有供应商的考核，通过适当修改还可以适用于选择新的供应商。

2. 供应商评价的方法

用于供应商评价的方法有多种，比如层次分析法、TOPSIS（technique for order preference by similarity to ideal solution，双基点法）和模糊综合评价法。

层次分析法是一种将定性分析与定量分析相结合，突出定量分析的实用决策方法。基本思路是将复杂的问题分解成若干个组合因素，并按其系统的支配关系，分组形成递阶层次结构，通过两两比较的方式确定层次中诸因素的相对重要性，然后综合人们的判断，以决定诸因素相对重要性的顺序和权重。

TOPSIS 是一种简单而又合乎逻辑的多因素选优方法。TOPSIS 的基本思想是同时考虑备选方案与理想方案和最不理想方案之间的距离，优化方案应该离理想方案尽可能的近，离最不理想方案尽可能的远。

模糊综合评价法是一种基于模糊数学的综合评价方法。该综合评价法根据模糊数学的隶属度理论把定性评价转化为定量评价，即用模糊数学对受到多种因素制约的事物或对象做出一个总体的评价。它具有结果清晰、系统性强的特点，能较好地解决模糊的、难以量化的问题，适合各种非确定性问题的解决。

然而，评估并没有随着选择决策的制定而结束。在建立起采购商和供应商关系之后采购企业还需要对供应商的运营进行持续跟踪，根据多重标准对供应商进行分类分析有助于确定哪一家供应商可以提供较好的产品,哪一家还需要改进。

8.6 航空飞行器研制项目中供应商的激励

8.6.1 航空飞行器研制项目供应链合作的层次

飞行器研制项目供应链实际是一种分布式的系统。分布式系统中一个主要的问题就是协调问题,目前在许多领域都涉及协调问题。在此,针对一般的合作型供应链,一种协调的层次模型,即将其协调问题按照协调的深度分为利益协调层、协商层、业务协调层、通信层,如图 8-6 所示。

```
利益协调层
   ↓
  协商层
   ↓
 业务协调层
   ↓
  通信层
```

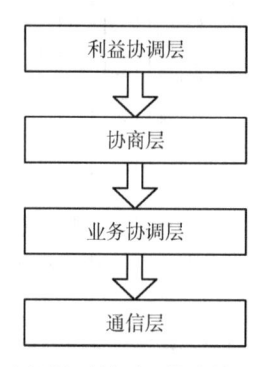

图 8-6 飞行器研制项目供应协调层次模型

通信层是协调的较低层次,主要解决供应链成员之间在通信交互和业务交互上的协调,具体来讲包括两个部分:底层通信支持和成员业务操作的交互支持。底层通信支持部分解决通信相关硬件以及通信协议等软件的支持,保证成员的寻址正确、通信语言的无歧义和通信的高效率。目前已经有了比较通用成熟的理论和方法实现供应链这一层的协调支持,比如计算机网络通信技术、Agent 通信支持技术等。对于业务协调层,则可以利用网络流图、状态变迁图、Petri 网等分析工具对供应链成员交互机制进行分析,验证交互中是否存在冲突和死锁。通信层属于供应链成员企业之间业务集成的范畴。

由于飞行器研制项目供应链是一种企业联盟的形式,各个成员是自私的利益最大化者,所以这种供应链系统中起决定作用的协调层次是处于上层的协商层和利益协调层,主要解决成员之间决策的利益协调问题,其中协商层提供成员之间一致的协商机制,使得成员之间能够对某一个共同的特定问题展开有益的协商或讨论。协商层实际上是提供了成员之间有效协商的环境。

利益协调层提供成员之间的利益平衡和激励机制。在一个由具有不同利益目标的成员组成的合作型供应链系统中,必须考虑成员的利益平衡和建立有效激励的制度或机制。只有在达成一致有效的利益激励机制后,通过成员之间的行动才能切实地达到合作目标。从微观经济学和博弈论的角度来看,激励机制实际上是一种供应链成员适用的契约,是用来规范成员行动的约束或制度。

8.6.2 激励的含义和意义

激励（incentive），就是激发鼓励的意思，即利用某种外部诱因调动人的积极性和创造性，使人有一股内在的动力，朝向所期望的目标前进的心理过程。实质就是通过目标导向，使人们出现有利于组织目标的优势动机并按组织所需要的方向行动。

供应链节点企业之间的关系是一种非正式的委托-代理关系，为了保证供应链整体利益的最大化就需要设计一套有效的激励机制来协调供应链节点企业的行为，其意义如下。

1. 有利于化解供应链成员企业间的冲突和矛盾

由于供应链成员企业都是独立的利益主体，追求自身利益最大化，这样相互之间不可避免地存在矛盾和利益冲突，甚至会威胁供应链整体的利益。因此需要建立一套有效的激励机制，来化解和防止链中企业间的矛盾和冲突，使整个供应链产生的效益在各企业间及企业内部进行合理分配。

2. 有利于防范和降低代理人的道德风险

在委托-代理理论中，交易双方会因为信息不对称而面临"逆向选择"和"道德风险"问题。由于委托人只能观察到代理人行为的结果，对其行动并不清楚，为防止道德风险的发生，就需要在供应链的伙伴之间建立有效的协调与激励机制，实现供应链系统的效益优化。

3. 有利于加强供应链成员的合作与协调

供应链中所有成员企业只有达到同步、协调运作，才有可能使所有企业受益。但是，由于信息扭曲、市场不确定等因素的影响，企业间的合作关系变得十分脆弱。因此，在合作的各阶段建立激励机制，采取激励手段使得链上企业都能从合作中获得满意利益就显得十分必要。

8.6.3 航空飞行器研制项目供应链成员激励的步骤和形式

激励设计的最终目的是利益，它一般要经过两个步骤。

一是要进行一个全局的合作规划。各个成员的行动必须进行优化组合，从而找到供应链合作能够达到的最佳利益点。优化理论已经提供了比较好的研究工具。供应链的优化从确定型系统一直到随机型系统都有了深入的研究并得到了比较好的优化结果。对于确定型供应链，一般使用大型线性规划或混合整数规划方法，如考虑随机的情况，则多数采用随机动态规划模型。

二是要在全局规划的基础上，具体分析各个成员的利益要求，设计激励机制，实现合作总收益的分配和行动激励。一个理想的激励机制能够使供应链成员密切合作，实现系统最优的状态。目前主要是用博弈论作为工具深入分析供应链成员的决策问题以及成员之间的竞争行为，预测实际会达到的均衡结果，设计具体的协调方案和参数。

一个良好的供应链激励机制应该满足以下条件：一是实现系统最优或次优的局势，能够在信息不对称情况下仍然保证对成员的有效激励，激励成员提供真实的信息和参数（若存在信息不对称情况时），激励成员采取供应链合作规划所规定的行动；二是实现供应链合作总收益的合理分配，如能够实现成员利益的任意比例分配，或对分配比例的限制越少越好；三是实施容易，激励机制中的变量是否为共同的可观测变量并且容易验证；四是激励机制的适用范围要广，鲁棒性强，即能够在若干参数扰动时仍然保证相当的性能。

根据供应链管理模式的特点可以从以下方面入手来设计其激励机制。

1. 价格激励

在供应链环境下，各个企业在战略上是相互合作关系，但是各个企业的利益不能被忽视。供应链的各个企业间的利益分配主要体现在价格上。价格包含供应链利润在所有企业间的分配、供应链优化所产生的额外收益或损失在所有企业间的均衡。供应链优化所产生的额外收益或损失大多数时候由相应企业承担，但是在许多时候并不能辨别相应对象或者相应对象错位，因而必须对额外收益或损失进行均衡，这个均衡可以通过价格来反映。价格对企业的激励是明显的。高价能增强企业的积极性，不合理的低价会挫伤企业的积极性。供应链利润的合理分配有利于供应链企业间合作的稳定和运行的顺畅。

2. 订单激励

供应链获得更多的订单是一种极大的激励，在供应链内的企业也需要更多的订单激励。一般地，一个制造商拥有多个供应商，多个供应商竞争来自制造商的订单。

3. 商誉激励

商誉是一个企业的无形资产，对于企业极其重要。商誉来自供应链内其他企业的评价和在公众中的声誉，反映企业的社会地位。

委托-代理理论认为：在激烈的竞争市场上，代理人的代理量决定于其过去的代理质量与合作水平。从长期来看，代理人必须对自己的行为负完全的责任。因此，即使没有显性激励合同，代理人也有积极性努力工作，因为这样做可以改进自己在代理人市场上的声誉，从而提高未来收入。通过商誉激励既可打击不遵守市场经济游戏规则的企业，又可帮助那些做得好的企业赢得更多的用户，起到一种激励作用。

4. 信息激励

在信息时代，信息对企业意味着生存。企业获得更多的信息，有许多好处，比如：①降低库存成本和库存水平；②缩短提前期与增加库存周转次数；③供应链总成本降低，有效地改进工作流的管理；④提高整体信息系统能力以及供应链的整体利润和服务水平；⑤通过长期的合作信任关系加强用户的忠诚度。

5. 淘汰激励

淘汰激励是负激励的一种。优胜劣汰是世间事物生存的自然法则，供应链管理也不例外。为了使供应链的整体竞争力保持在一个较高的水平，供应链必须建立对成员企业的淘汰机制，同时供应链自身也面临淘汰。淘汰弱者是市场规律之一，保持淘汰对企业或供应链都是一种激励。对于优秀企业或供应链来讲，淘汰弱者使其获得更优秀的业绩；对于业绩较差者，为避免淘汰的危险它更需要求上进。

淘汰激励是在供应链系统内形成一种危机激励机制，让所有合作企业都有一种危机感。这样一来，企业为了能在供应链管理体系获得群体优势的同时自己也获得发展，就必须承担一定的责任和义务，对自己承担的供货任务，从成本、质量、交货期等负有全方位的责任。这一点对防止短期行为和"一锤子买卖"给供应链群体带来的风险也起到一定的作用。危机感可以从另一个角度激发企业发展。

6. 参与共同项目激励

新产品、新技术的共同开发和共同投资也是一种激励机制，它可以让供应商全面掌握新产品的开发信息，有利于新技术在供应链企业中的推广和开拓供应商的市场。传统的管理模式下，制造商独立进行产品的研究与开发，只将零部件的最终设计结果交由供应商制造。供应商没有机会参与产品的研究与开发过程，只是被动地接受来自制造商的信息。这种合作方式最理想的结果也就是供应商按期、按量、按质交货，不可能使供应商积极主动关心供应链管理。

因此，供应链管理实施好的企业，都将供应商、经销商甚至用户结合到产品的研究开发工作中来，按照团队的工作方式展开全面合作。在这种环境下，合作企业也成为整个产品开发中的一分子，其成败不仅影响制造商，而且影响供应商及经销商。因此，每个人都会关心产品的开发工作，这就形成了一种激励机制，构成对供应链上企业的激励作用。

思考题

1. 什么是供应链？供应链产生的目的是什么？
2. 飞行器研制项目供应链的特点是什么？
3. 飞行器研制项目供应链的成员有哪些？
4. 项目采购管理的含义是什么？
5. 关键供应商的评估标准是什么？
6. 简述供应商评价指标体系。
7. 激励的意义是什么？

第 9 章

航空飞行器研制项目组织管理

项目的组织管理是确保项目目标实现的重要保证，也是实施项目管理首先要解决的基本问题。由于飞行器研制项目本身的特点，项目的组织形式具有更大的灵活性。本章在介绍了组织管理基础理论和国内外航天机构项目组织管理的基础上，阐述神舟飞船基于权变理论的柔性项目组织管理。

9.1 项目组织管理理论

9.1.1 组织与组织管理的含义

1. 项目组织

项目组织是实施项目的主体。组织管理的基础科学就是组织论，项目目标的实现离不开合理的组织。项目组织是项目的参加者、合作者按一定的规则或规律构成的整体，是项目的行为主体构成的系统。项目组织同一般的组织一样，包括领导（即项目经理）、组织规章制度（即项目章程）、配备人员（即项目团队）及组织文化等。一般来说，项目组织具有以下特性。

（1）项目组织是为了完成项目总目标和总任务而形成的系统，所以具有目的性。项目目标和任务是决定组织结构和组织运行的最重要因素。

（2）项目组织的设置应能完成项目的所有工作（工作包）和任务。

（3）项目组织具有一次性和暂时性，是区别于企业组织的一大特点。

（4）项目组织与企业组织之间有复杂的关系。企业组织不仅包括项目所在的企业组织（项目上层系统组织），而且包括协作方的企业组织。

（5）项目组织还受环境的制约，如政府行政部门、质检部门等按照法律对项目的干预。

（6）项目组织关系有多种形式。主要有：①专业关系和行政关系，在企业内部（如承包商、供应商、分包商、项目管理公司内部）的项目组织中，主要存在这种组织关系；

②合同关系或由合同定义的管理关系，如项目用户与承包商之间的关系。

项目组织结构在很大程度上与项目的合同体系有关。

2. 项目组织管理

项目可以是一个公司、一个政府机构、一个国际组织或专业团队以及其他一些组织的一次性或者独特性的工作，也可以是许多组织的一项一次性或者独特性的活动。对于项目的成功而言，项目本身的特性使得项目的组织管理十分重要。

项目组织管理分为狭义和广义两个层次。狭义的项目组织管理主要指项目团队的组织与管理；项目组织主要是指由完成项目管理工作的人、单位、部门组织起来的群体，是由用户委托或指定的负责整个项目管理的项目管理办公室或项目管理小组。它一般按项目管理职能设置职位，按项目管理流程，各自完成属于自己管理职能内的工作。

广义的项目组织管理主要指对于项目涉及的各个利益主体所构成的项目全团队的组织与管理（又称项目全团队管理）。项目组织主要是由负责完成项目的各项工作（直到工作包）的人、单位、部门组合起来的群体，有时还包括为项目提供服务或与项目有某些关系的部门，如政府机关、鉴定部门等。项目成员按项目工作流程，各自完成规定的（合同、任务书、工作包说明等）任务和工作，是由用户、承包商、材料供应商、设备采购商、分包商、运营商等所有项目参与者共同构成的一种复杂的组织系统。

狭义和广义的项目组织管理关系如图 9-1 所示。

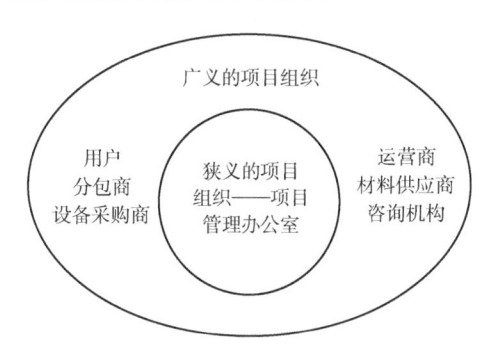

图 9-1 狭义和广义的项目组织管理关系

9.1.2 项目组织结构

1. 项目组织结构定义

项目组织结构是保证项目正常实施的组织体系，对于项目这种一次性任务而言，项目组织建设包括了从组织设计、组织运行、组织更新到组织终结这样一个完整的生命周期。项目管理就是要在有限的时间、空间和预算范围内将大量物资、设备和人力组织在一起，按计划实施。实现既定项目目标，必须建立合理的项目组织结构。

项目组织结构是实施项目管理的一个基本手段，也是开展项目管理工作的基础，针对具体的项目情况和实施要求选择合适的组织结构至关重要。

2. 影响组织结构的主要因素

根据现代组织学的理论,组织结构受到很多因素的影响,其中主要有组织的战略、规模和环境等因素。

1) 组织的战略

战略是组织的核心,组织结构是组织实现其战略的手段,组织结构应服从、服务于战略,如果一个组织的战略发生了变化,那么其组织就必须相应地变革组织结构。

2) 组织的规模

实践证明,组织的规模对其结构具有明显的影响,随着组织规模的扩大,组织结构就会变得更加正式和复杂。

3) 组织的环境

环境包括一般环境和组织内部环境。一般环境是指可以对这个组织的活动产生影响的环境因素,主要有技术、社会、文化、政治、法律、经济等因素;组织内部环境主要包括组织各成员在组织内部体现的团结精神、作风和特点等。环境是组织结构的主要影响力量,图 9-2 表示了组织结构与环境的关系。

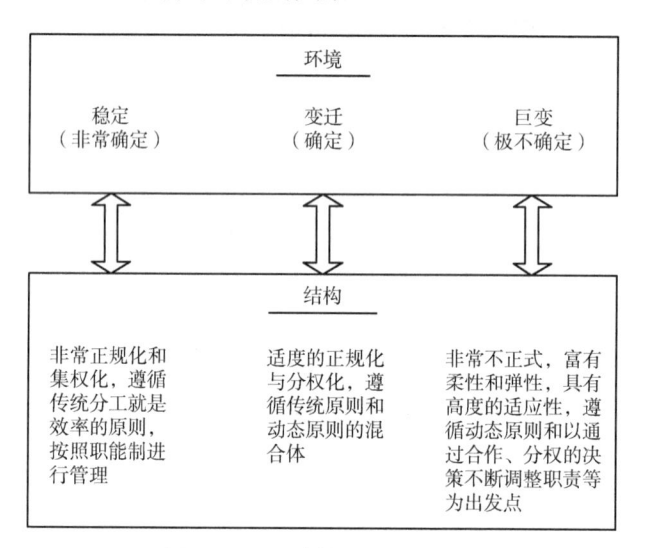

环境		
稳定 (非常确定)	变迁 (确定)	巨变 (极不确定)

结构		
非常正规化和集权化,遵循传统分工就是效率的原则,按照职能制进行管理	适度的正规化与分权化,遵循传统原则和动态原则的混合体	非常不正式,富有柔性和弹性,具有高度的适应性,遵循动态原则和以通过合作、分权的决策不断调整职责等为出发点

图 9-2 组织结构与环境的关系

3. 组织结构设计的原则

通常的项目组织结构包括职能式、矩阵式、项目式和复合式等几种主要形式,复合式是前三种形式的组合,三种单一形式的主要特征如表 9-1 所示。

表 9-1　三种单一形式的主要特征

特征	职能式	矩阵式			项目式
		弱矩阵式	平衡矩阵式	强矩阵式	
项目经理权限	很少或没有	有限	小到中等	中等到大	很高甚至全权
全职工作人员比例	几乎没有	0～25%	15%～60%	50%～95%	85%～100%
项目经理任务	兼职	兼职	全职	全职	全职
项目经理常用头衔	项目协调员	项目协调员	项目经理	项目经理	项目经理
项目管理行政人员	兼职	兼职	兼职	全职	全职

在具体的项目实践过程中，究竟选择哪种项目组织形式没有一个固定的公式可循，一般情况下应在充分考虑各种组织结构的特点、组织特点、项目特点和项目所处的特定的环境等各方面因素之后才能做出适当的选择和设计。项目的组织设计一般应遵循以下原则。

1）目标至上的原则

组织设计的根本目的是实现项目的组织目标，项目组织的目标如下。
（1）设计出一个健全有效的组织机构。
（2）形成科学的项目激励机制。
（3）具备一批具有团队精神的项目管理人员。
（4）实施一套程序化的管理方法、控制措施和管理文件体系。
（5）实施一种恰当的管理绩效评价准则。

2）弹性和柔性原则

项目组织的弹性表现为组织的相对稳定性和对内外部条件变化的适应性；柔性表现为组织的可塑性。健全的组织机构应是一个开放、动态和柔性的机构。

3）责任、权力相匹配的原则

责任是在接受职位、职务后必须履行的义务。权力是在规定的职位实施的影响力。在项目组织设计时，必须使责任和权力相匹配；履行某些责任，就必须给予相应的权力。

4）命令统一和垂直原则

下级机构只能接受一个上级机构的命令和指挥，一个机构不能受到多级指挥，上下级之间的上报下达要按层次进行，一般不得越级。

5）例外原则

对自己职责范围内的正常工作，自行决定，不必请示；对出现重大、特殊或例外的问题，则必须请示上报，同时要提出处理建议。

9.2 权变理论与柔性组织管理

项目组织是项目有效运行的平台，管理职能的实现都将依托项目组织来执行，合理的项目组织结构是确保项目顺利高效运行的基本保证。目前，国内外的项目组织结构朝着虚拟化、网络化、分权化、柔性化和多样化发展，这有利于对人力、物力和信息等资源进行合理配置和提高整合的效率，从而获得最大的利益和更广阔的发展空间。

神舟飞船项目的组织模式是随着企业项目化的发展进程，继承和发展了前代神舟飞船的组织模式。同时，由于神舟飞船系统复杂，涉及面广，其研制工作所处的各种环境变量要素多，任何一种外部或内部、客观或人为的因素的变化，都会给研制工作带来影响。针对此复杂多变的环境，管理人员引入权变理论的思想，分析总结项目实施过程中遇到的各种环境变量并及时地调整管理变量，来适应各种环境条件的变化。同时，通过优秀组织文化的推广和一定激励机制的实施，促进组织学习和柔性组织管理的实施，加快建立学习型组织的步伐，增强组织的适应性，保证项目的顺利进行。

9.2.1 权变理论

1. 概念

权变理论是 20 世纪 60 年代末和 70 年代初在美国经验主义基础上进一步发展起来的管理理论，是现代组织管理理论的一个重要学派。权变理论认为，一个组织是由各个子系统组成的系统，是一个开放系统，是在与其环境的不断相互作用中获得发展的。因而只有在开放系统的总模式下，才能很好地确定组织内外各变量之间的确切关系，也就是说，在组织管理中要根据组织所处的环境和内部条件的发展变化随机应变，没有一成不变、普遍适用、"最好"的管理理论和方法，只有特定管理环境之下的最适用的管理方式。

权变理论具有以下特征：管理方式随管理者的特性而变化、随管理对象的特征而变化、随管理的环境而变化；管理者的任务在于根据具体的环境变量和管理变量，选择具体的管理模式，或对已有的管理模式进行改造、调整，其衡量标准是组织运行的效率，即绩效。

权变理论的主要价值体现在对管理实践所具有的指导意义上。权变理论认为，不存在适用于任何环境条件的、通用的、一般的管理模式，管理思想和方法的有效性须视具体情境而定。这就要求管理者将注意力集中于对组织环境条件的分析判断上，根据具体情况灵活运用各种管理手段。

2. 理论内容

权变理论的研究包含了两个权变变量：环境变量和管理变量。可以把权变关系看作一种"如果—那么"的函数关系，"如果"是自变量，"那么"是因变量。权变管理就是考虑有关环境变量同相应的管理理念和技术之间的关系，使所采用的管理理念和技术有效地达到目标。

1）环境变量

环境变量是指外部、内部影响组织生存和发展的各种因素。宏观环境变量由社会、技术、经济、政治和法律因素所组成，微观环境变量包括供应商、竞争者等，二者之间相互影响、相互作用。内部环境变量是指组织系统内影响组织生存和发展的各种因素，如组织结构等。环境变量要素如图9-3所示。

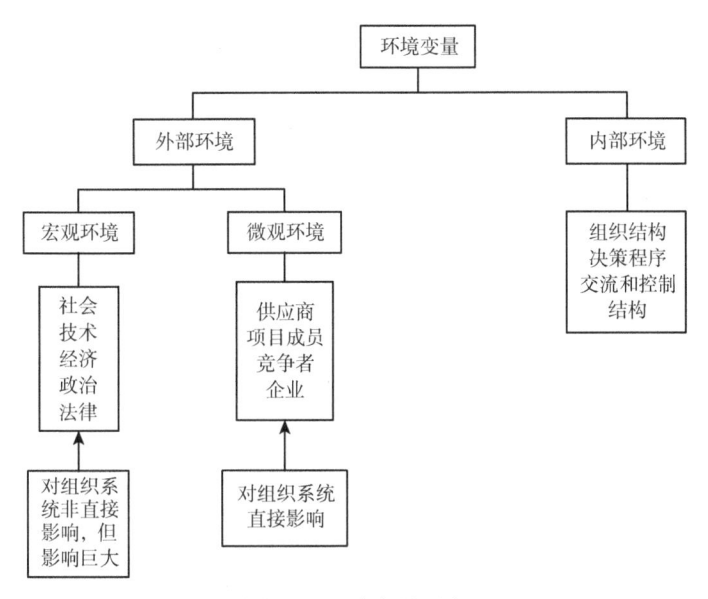

图 9-3　环境变量要素

2）管理变量

管理变量是指过程、计量、行为和系统等学说所主张的管理理念和技术。

管理过程变量的主要内容为计划、组织、指挥、协调、控制、交流等；计量变量有决策模式、运筹学；行为变量是指组织发展的动力，包括学习、行为的改变，动机的形式，集体动态和组织行为；系统变量有一般系统理论、系统设计和分析、信息管理系统。权变关系是独立的环境变量同从属的管理变量间的函数关系，这是权变管理的核心。管理变量要素如图9-4所示。

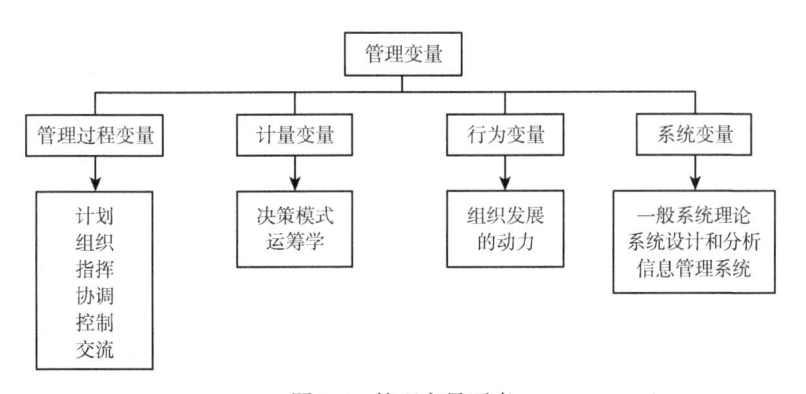

图 9-4　管理变量要素

在权变管理中，环境是自变量，而管理的理念和技术是因变量。权变理论就是要确定有关的环境条件，然后寻求一种有效的两者的权变关系来确定适合本组织的管理模式。

9.2.2 柔性组织管理

1. 柔性组织的内涵及特征

1）柔性组织的内涵

柔性的概念最早源于柔性制造系统（flexible manufacturing system，FMS），表示生产系统适应变化的环境或环境带来的不稳定的能力。柔性组织就是指具有不断学习、开拓创新、系统地持续整合内外资源以应对环境变化和解决因果关系矛盾冲突能力的组织。

2）柔性组织的特征

（1）适应性。当今市场环境变化莫测，组织必须根据外部环境的变化，适时调整自己的战略。组织服务于企业战略，必须与企业战略相匹配、相适应，因此，柔性组织的出现，对于组织适应环境的变化有着重要的意义。

（2）敏锐性。柔性组织具有敏锐的市场感受力，即具有对市场灵敏监测、控制、反应的能力。一旦市场条件发生变化，柔性组织会及时发现，并迅速做出组织战略调整，以适应市场变化的需要。

（3）创新性。创新已成为 21 世纪的发展主题，是保持组织竞争优势，使组织立于不败之地的关键因素。柔性组织的结构形态，有利于组织成员迅速进行信息传递和知识共享，也有利于成员相互间的模仿与学习；另外，柔性组织采用的民主化决策方式更有利于调动职工创新的积极性。

（4）学习性。21 世纪是信息社会与知识经济的时代。组织要想发展就必须拥有不断学习的能力，并以更快的速度吸收新知识。柔性组织要求成员善于不断学习、自主管理，使组织能对瞬息万变的市场随时做出反应，并自行调整。

2. 柔性组织管理的作用

1）提高员工及组织整体素质

柔性组织管理强调组织及其成员共同学习与知识共享，完成个人心智的转变与能力的塑造，培养人、塑造人、发展人，这些都有利于员工素质及组织整体素质得到整合与提高。

2）提高生产效率和效益

柔性组织管理能够使组织加快信息传递速度，迅速调整人力物力资源，把在不同领域工作的具有不同知识和技能的人，集中于一个特定的动态团体之中，共同完成某个特定目标。同时，柔性组织管理有利于成员之间相互了解和取长补短，及时解决问题，从而有利于组织内部的业务流程和管理流程进一步合理化，促进技术改进，缩短生产周期，带来生产效率和效益的全面提高。

3）增强组织的市场竞争力

柔性组织管理强调管理者与被管理者之间的直接沟通，信息传递迅速而准确，保证了决策与管理的有效执行。同时，由于管理层次的减少，组织能够随时调整其生产和经营计划，提高其适应市场环境的能力，从而降低投资过程中的风险成本，增强市场竞争能力。

3. 如何实现柔性组织管理

1）建立柔性组织结构

柔性组织结构是以管理信息化、网络化为技术支撑而建立起来的快速灵敏反应市场的组织结构。柔性组织结构加强了各部门之间的横向沟通，缩小和消除了各部门之间的壁垒，减少了中间管理环节。在组建柔性组织时，应着重强调两个基本方面：其一，从组织内部看，必须做到有效授权，使组织人员尤其是基层工作人员能够真正拥有一定的临时决策权，从而加快对市场变化的反应速度，强化其对市场的应变能力；其二，从组织内外部的联系看，必须强调组织战略联盟的建立和发展，使组织不仅能够通过内部灵活组建的项目小组、微型组织结构、核心开发计划来应对动态与发展的局势，而且还可以通过与其他组织合作而构建的虚拟组织来随时满足各项市场需求，从而迅速扩大市场份额，降低生产成本，提高组织的市场适应能力。

2）采用灵活多样的柔性激励机制

激励机制是为激励员工而采取的一系列方针政策、规章制度、行为准则、道德规范、文化理念，以及相应的组织机构、激励措施的总和。为了实现既定的目标，组织建立柔性激励机制尤为重要，概括为：第一，构建心理契约，提高员工的忠诚度；第二，创建柔性激励机制，在薪酬管理方面应注重对员工内在价值和创造潜力的挖掘；第三，推行弹性工作制，实现员工的工作自主。

3）创建柔性化组织文化

柔性化组织文化是一种能够增强组织的灵活性、适应性、创新性和快速反应能力的文化。柔性化组织文化通过人性化的组织系统、优良的信息管理、快速的反应机制、灵活的生产体系、市场导向的开发和服务来实现它的价值准则和行为模式。柔性化组织文化是柔性组织的精神体现，为柔性组织注入活力。

4）创建学习型组织

简而言之，学习型组织就是指具有良好学习功能的组织。学习型组织的构建，能够实现员工和组织的共同学习，提高员工和组织适应环境、自我调整、开拓创新的能力，从而使组织真正具有进行柔性组织管理的坚实基础。同时，通过学习型组织的创建，能够增强组织的战略竞争能力，保证组织持续、健康、稳定发展。

9.3 神舟飞船项目组织管理

9.3.1 环境与管理变量分析

神舟飞船项目过程中，应结合项目自身的技术与管理特点，引进权变组织管理理论，实施柔性的组织管理。根据权变管理的变量理论，神舟飞船项目研制管理过程中的环境变量和管理变量要素如图9-5所示。

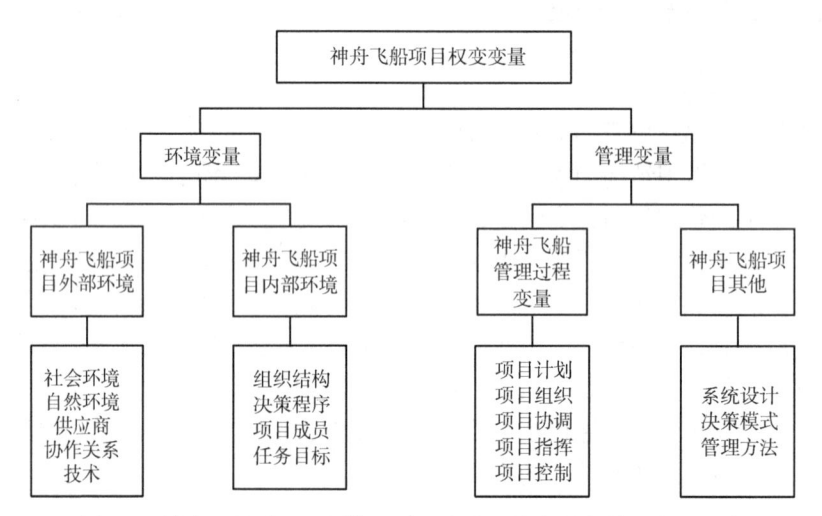

图 9-5 神舟飞船项目研制管理过程中的环境变量与管理变量要素

9.3.2 外部环境

1. 外部环境概述

项目协作单位、用户、上级领导、分包商及供应商等项目相关者共同组成了神舟飞船项目管理的外部环境。在项目组织管理过程中，将这些外部环境影响因素纳入项目组织管理体系，并将与飞船系统平行的载人航天工程中的航天员系统、有效载荷系统、运载系统、发射场系统、测控系统及着陆场系统等统一考虑，构建了神舟飞船项目群大组织管理机构，形成了柔性的外部环境组织管理模式，如图9-6所示。

（1）上级组织：用户和载人航天工程的领导机关。

（2）平行协作关系：载人航天工程其他系统，与神舟飞船系统是平行关系，各自承担不同的分工责任。

（3）协作组织：主要是飞船分系统的分承包商和单机设备供应商。

（4）其他职能部门：中国空间技术研究院内科研质量部门、经营发展部门等，职能部门负责团队成员专业技能的培训，配合项目实施。

（5）其他关系：大学、科研院所等与神舟飞船项目是合作关系，通过合作共同开展研制新产品、开发新技术等工作。

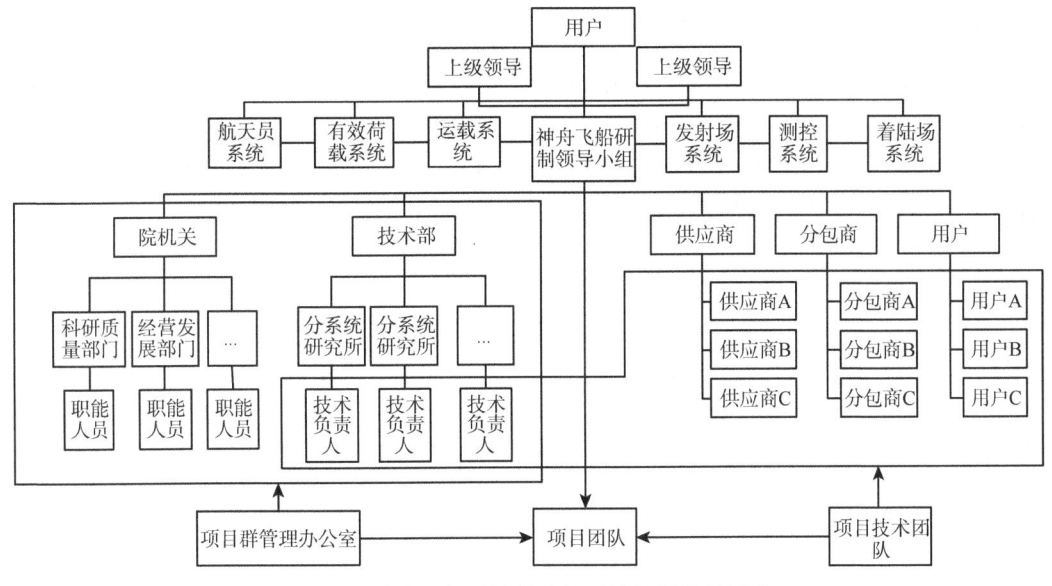

图 9-6 神舟飞船柔性的外部环境组织管理模式

2. 中国空间技术研究院组织模式

项目的组织形式依赖于企业的组织环境，型号研制组织结构在很大程度上受企业管理环境的影响，因此，中国空间技术研究院的组织模式是神舟飞船项目组织的企业环境。中国空间技术研究院从 1996 年在"实践五号"卫星上开始项目管理试点，在组织结构上为项目管理的有效实施奠定了坚实的基础，从体制上保证了项目管理的顺利实施，使型号研制走上了健康发展的道路，主要发展历程如下。

1）职能式管理

中国空间技术研究院组建以来长期的组织结构主要采取的是职能式管理模式，这种组织形式有利于资源的调配，资源利用率较高。但是，由于一般航天型号研制项目规模较大、变化较多，职能式组织结构响应速度慢，而且项目职能部门全局观念较弱，组织内部门间易发生利益冲突。随着中国空间技术研究院推行项目管理制度，这种组织结构形式难以适应中国空间技术研究院的发展和项目管理的需要。

2）职能式管理向项目式管理的转变

随着项目管理在中国空间技术研究院的应用和发展，在型号任务不是很大的情况下，中国空间技术研究院的组织结构由原来的职能式逐渐发展为项目式，在院级下面设立了项目管理部。项目式的组织结构适用于大型复杂的项目，有很好的凝聚力，项目内部人员、信息及其他资源的利用率较高，有利于项目管理制度的落实和推广。但是，随着中国空间技术研究院研制任务的增多，不同子项目之间出现资源浪费和横向沟通障碍的情况越来越多，项目式的组织结构也逐渐显露出来弊端，这种组织结构形式也逐渐不适应中国空间技术研究院的发展要求，不能对多个项目提供有效的组织支持。

3) 项目式管理向矩阵式管理的转变

从 2000 年开始，中国空间技术研究院在型号管理上推行矩阵式管理，组织机构调整为矩阵管理下的项目经理负责制，成立了项目办公室，形成了矩阵式管理模式，并且随着组织级项目管理理念的发展和型号任务的迅速增多，中国空间技术研究院还成立了项目群办公室，更有效地促进了项目管理水平的提高。

4) 矩阵式管理向复合式管理（事业部制）的转变

随着航天事业的迅速发展，特别是在建立航天工业新体系的进程中，型号矩阵式管理模式也越来越受到资源冲突和任务进一步增长的挑战。基于通过专业技术集成、资源有效共享等提高技术和研制能力的目标，中国空间技术研究院在总结和分析组织结构调整经验成果的基础上，开始了建立复合式管理（事业部制）的探索。中国空间技术研究院型号项目管理的组织模式也逐步向复合式管理（事业部制）方向发展，以适应在多项目环境下航天器项目管理的新要求。

9.3.3 内部组织管理

1. 成立神舟飞船项目办公室

成立神舟飞船项目办公室，作为项目管理的核心团队，明确项目经理（总指挥）、项目副经理（副总指挥）以及各计划经理、质量经理、合同经理、物资经理等的岗位职责，设立固定办公地点，进行集中办公。建立了以项目办公室为平台、以两条线为主干、以团队为形式的多层次、强矩阵式项目管理组织模式，包括由项目办公室、总体、各分系统及单机研制队伍组成的"两总系统"，以及在此基础上成立的试验队、专题攻关小组、项目小组等。通过明确计划、组织、协调等要素的管理责任，创造了良好的内部管理环境，形成了神舟飞船项目办公室组织结构，见图 9-7。

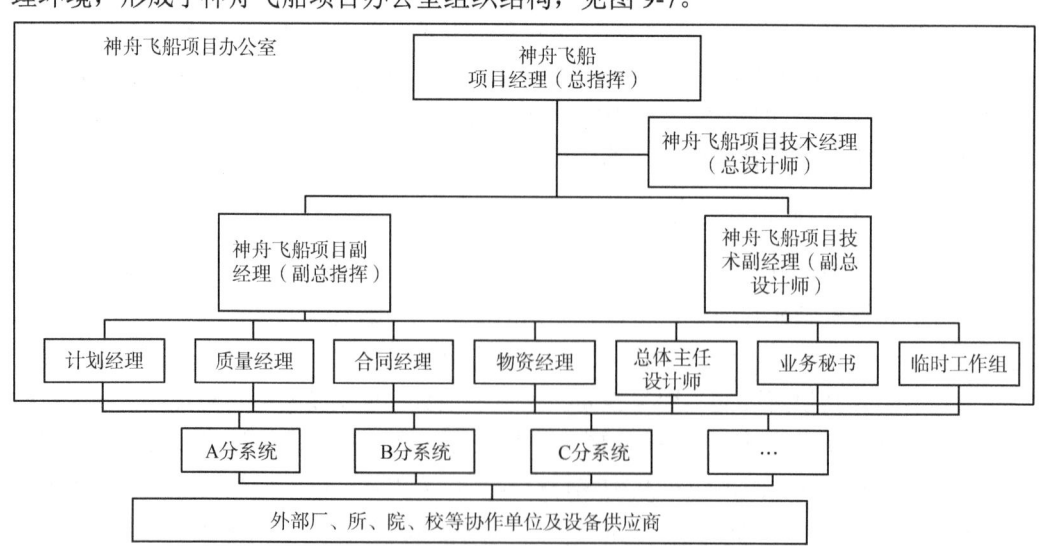

图 9-7 神舟飞船项目办公室组织结构

神舟飞船项目办公室采用项目经理（总指挥）负责制，项目经理负责对神舟飞船研制的人、财、物实行有效的协调管理。同时，明确项目技术经理（总设计师）协助项目经理对神舟飞船研制技术有关的人、财、物实行有效协调管理的责任。项目办公室成员在项目经理的领导下，全权负责神舟飞船研制的管理工作，是管理、技术决策的组织实施机构。

为了在项目群内实现资源的有效共享，神舟飞船的研制实行矩阵管理支持下的项目经理负责制，采用了柔性的组织管理模式。

项目办公室内部实行垂直管理，由各职能部门派出人员，在神舟飞船项目管理工作中受项目经理领导，完成其交办的任务并对其负责；同时，按照矩阵管理原则，各部门派出人员代表本部门参与该型号研制工作，也受本部门领导，其专业方面的工作要对派出部门负责。项目办公室和职能部门协同，可以根据项目进展阶段特点，对项目办公室成员及其职责进行调整。

当神舟飞船项目群中多个型号并行工作时，在项目经理的统一管理下，项目办公室人员可以进行临时的职责调整，对项目群中的其他项目进行必要的人员支持。根据神舟飞船经费和物资管理的特点，项目合同经理和物资经理根据项目具体进展情况可以分阶段参加项目办公室的日常办公。

项目办公室的人员原则上以集中办公为主。项目办公室可以根据型号研制需要，阶段性组织有关研制单位的非项目办公室人员成立临时工作组，进行集中工作，以快速高效地推进神舟飞船研制进展。

项目办公室各岗位人员，按照院有关人事管理规定，进行聘任和解聘。项目经理对项目办公室人员的工作情况提出考核意见，提交派出部门进行考核。项目经理有权提出人员调配意见。

2. 明确与各单位的协作关系

项目办公室在项目经理的领导下，全权负责神舟飞船研制工作，是神舟飞船项目研制管理、技术决策的组织实施机构。中国空间技术研究院有关部门本着"保证、支持、监督、把关"的原则处理好项目办公室的指令。

神舟飞船中各分系统及其承制单位的主要职责如下。

（1）按照项目分承包合同的要求，完成分系统的研制任务。

（2）组织进行分系统方案设计、研制、生产及验收。

（3）协调与飞船总体及其他分系统的接口关系和本分系统的技术状态管理。

（4）编制本分系统的WBS、研制流程、计划流程和分系统级的项目管理计划。

（5）负责分系统经费、年度计划、拨款计划的编制、报批和执行。

（6）按项目进度、质量要求完成分系统研制任务。

（7）组织进行分系统质量管理和监督工作。

（8）负责分系统级文件的归口管理工作。

（9）负责分系统进展情况及有关信息的汇总，并上报项目办公室。

9.3.4 基于权变理论的项目组织管理实践

在神舟飞船项目研制过程中,随着项目研制阶段的转移和各种环境和条件的变化,基于权变理论的思想,项目管理者对项目的各种要素尤其是项目组织结构及时做出调整来保证项目的快速有效实施。对神舟飞船研制过程中的权变管理实践总结出具有代表性的 8 个方面,将 8 个实践中的各环境变量与管理变量的关系进行分析总结,如表 9-2 所示。

表 9-2 神舟飞船研制过程中各环境变量与管理变量关系分析

序号	环境变量(自变量)	管理变量(因变量)
1	任务目标	组织结构
2	技术、任务目标	组织结构、控制、系统设计
3	社会环境、自然环境	组织结构、协调、决策模式
4	协作关系	计划、系统设计、协调
5	任务目标、技术	计划
6	阶段任务目标	组织结构、决策模式
7	组织成员	管理方法
8	供应商	决策模式、管理方法

1. 基于目标任务的增加实行柔性的多项目管理组织模式

由于近几年载人航天工程后续型号任务的启动,神舟飞船多个项目并行开展。为了完成各项任务目标,一支神舟飞船项目团队同时承担多个型号的研制任务,项目团队开始实施多项目管理。为了适应这种管理模式的要求,建立了多项目管理组织结构。多项目管理是指一个项目经理同时管理多个项目,在组织中协调所有项目的选择、评估、计划、控制等各项工作。实施多项目管理,在一个人能跨多个项目对人员进行任务分配的情况下,可以更有效地利用资源,通过一次汇报几个项目的进展情况以及使用相似的汇报方式,可以提高汇报效率。同时,通过多项目管理实践可以改善项目管理的过程和技术,灵活调节各个项目节奏来满足交付要求。

2. 基于项目技术等方面特点成立临时管理小组

神舟飞船的研制工作中关键技术繁多,系统复杂,增加了技术和管理风险,对各领域管理均提出更高的要求。因此,为了保证项目目标的顺利完成,需在项目办公室的基本组织结构下,根据项目特点和需求,成立临时管理小组,负责项目关键或重要因素的管理。管理小组成员一般是兼职的,会随着项目的进展进行成员和职责调整。

1)技术状态管理小组

为了达到所要求的技术状态管理的目标,由技术和管理专家组成分层次的技术状态控制小组,明确小组成员的权限和职责。

2）质量管理小组

明确规定项目管理组织的质量职责、权限和相互关系，规定各项质量职能在项目管理中的工作任务、程序及与项目管理的相互关系，并明确质量经理，在项目经理领导下负责策划、组织、协调和实施产品保证工作。

在项目经理和项目技术经理的领导下，由项目质量经理和分系统质量管理人员及项目技术副经理和主任、总体主任设计师、物资经理组成项目质量管理小组。

3）经费管理小组

以项目经理、项目副经理、合同经理为主组建经费管理小组，在相关部门的监督、指导、支持下对项目经费及成本进行管理。项目办公室其他成员负责提供相关项目要素的经费及成本方面的数据和材料。

4）软件工程化管理小组

项目软件工程化管理小组可分为系统级和配置项两级。

系统级管理由"系统级软件工程化工作组"负责整个系统，形成矩阵式的结构。

系统级管理组由飞船主管技术副经理、项目办公室质量经理、总体软件负责人、软件专家及各分系统软件负责人组成，并对软件复杂的分系统设置分系统软件管理组。

配置项管理组由组长、副组长（根据需要）、配置软件小组、第三方评测单位、软件需求分析小组、软件设计及实现小组、软件测试小组等组成。

5）风险管理小组

成立项目风险管理小组。风险管理小组设组长 1 名、副组长 2 名，吸收计划经理、质量经理、合同经理、物资经理、总体主任设计师、风险分析员、可靠性与安全性工程师等作为成员，分别负责各自领域的风险管理。风险管理小组接受"两总"的领导。风险管理小组下设专题风险管理小组。借助风险预警系统对项目进行及时的风险评估和分析，调整并实施新的风险应对计划，这样循环往复，保持风险控制过程的动态性就能达到风险管理的预期目的。

6）可靠性与安全性管理小组

为确保可靠性与安全性工作的落实和可靠性与安全性信息的畅通，建立可靠性与安全性管理小组，直接责任人是"两总"，指定一名主管副总设计师负责具体工作，各分系统由主任设计师为本分系统可靠性与安全性工作的第一责任人，并可指定专人开展可靠性与安全性分析和信息采集工作。

3. 基于社会及自然环境的变化成立专题协同工作小组

当某些突发事件导致社会环境变化，或者某些元器件或单机的生产地突发自然灾害时，会影响产品的运输。此时，项目团队会以生产基地为核心，成立专题协同工作小组赴元器件或单机研制单位开展工作。专题协同工作小组一般由计划经理或其他经理带队，领导一部分技术人员，全权负责对下属单位的计划、质量、物资、进度等方面开展各项管理工作。

4. 基于协作进度不匹配改变研制计划

由于舱外航天服研制单位的研制进度与飞船不匹配，为了不影响整体进度，神舟七号飞船项目组为此改变了项目研制计划，将舱外航天服的研制和其他主要工作并行安排，保证了飞船的研制进度。

5. 基于任务目标改变研制流程

为了满足进度目标，项目管理人员经过充分论证，神舟七号飞船调整了气闸舱的研制流程，对气闸舱的研制不经过初样阶段直接进入正样阶段。

6. 基于特定任务进行组织动态调整

神舟七号飞船发射期间，为了更好地完成发射场工作，有效准确地完成发射期间的任务，将发射期间的项目组织结构整理成如图 9-8 所示。发射、飞控与回收试验队有着各自不同的管理任务和内容，但是在技术上，飞控与回收试验队要依赖、服从于发射试验队。

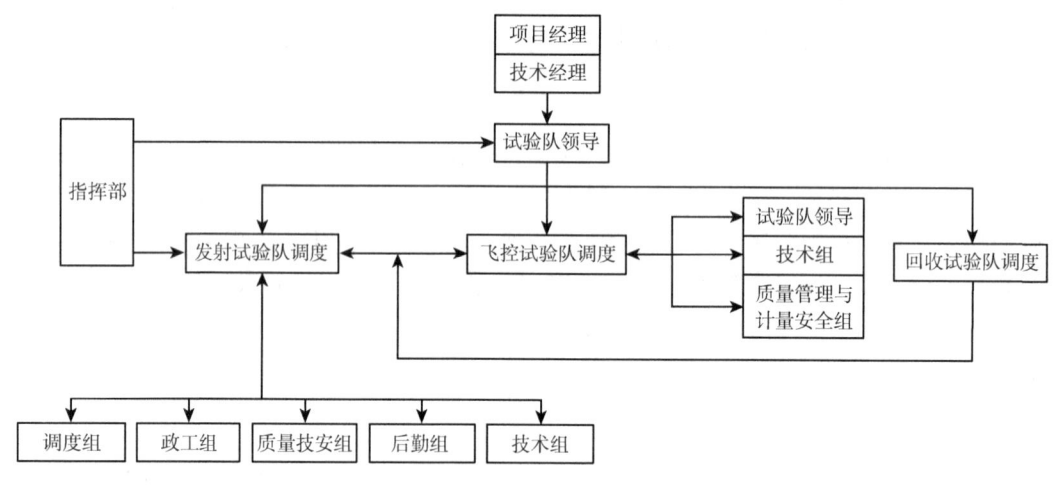

图 9-8　发射期间的项目组织结构

7. 基于项目人员特点建立柔性的团队管理模式

目前的研制队伍逐步年轻化，针对此情况，管理人员及时调整了管理策略和模式，强化了团队的绩效评估和人员激励，并实行"以老带新"的团队组建模式。采用"走出去"和"请进来"的方法，让一些有事业心、有发展潜力的人才到国内外相关科研机构参观学习、开阔视野，邀请国内外相关科研机构专家讲课，传授知识。

8. 基于供应商特点采用产业链的管理模式

神舟飞船供应商是一个庞大的网络组织，包括主承包商、分包商和零件供应商等。基于如此庞大多样的供应商队伍，神舟飞船引进了产业链的管理模式，使其项目办公室与供应商形成了一体化的项目团队，通过规范和引导性的管理发挥了供应商专业化优势，确保了神舟七号飞船项目目标的圆满实现。

综上所述，在神舟飞船项目组织管理过程中，引入权变理论，建立柔性的组织管理模式，对项目内外部环境有效分析，采用灵活的项目团队组建和管理方法，实现较好的组织管理效果，能为神舟飞船项目目标实现提供有效的组织保证。

思考题

1. 什么是权变理论？权变理论具有哪些特征？
2. 柔性组织管理有什么作用？
3. 如何实现柔性组织管理？
4. 组织结构设计的原则是什么？
5. 简述中国空间技术研究院的组织模式。

扩展阅读

航空飞行器研制项目组织管理

第 10 章

航空飞行器研制项目试飞、适航和收尾管理

航空飞行器研制项目的成果，飞行试验是必经的关键步骤之一，可以说在航空飞行器研制项目管理工作中，没有比飞行试验更必不可少和更复杂的工作了。航空器在交付使用之前必须经过适航管理，来保障航空器的安全性，适航管理是全方位、全过程的控制管理，最终目的是提供安全、经济、舒适的航空器。航空飞行器研制项目收尾管理是项目管理过程的最后阶段，只有通过项目收尾这个过程，项目利益相关者也才有可能终止他们为完成项目所承担的责任和义务，并从项目中获益。

■ 10.1 飞行试验的基本概念

10.1.1 飞行试验的定义和类型

1. 飞行试验的定义

飞行试验是飞行器在真实飞行条件下进行科学研究和产品试验的过程，它是航空型号工程实施过程中最重要的环节之一，是检测一架新型飞行器或者对现有飞行器的修改是否能胜任其飞行任务的关键步骤。飞行试验不同于其他模拟试验项目，为了检验所设计的新型飞行器的各项性能是否满足要求，需要生产若干架原型机进行飞行试验，通过测量数据以及其他的手段，更好地验证和完善飞行器的设计，并不断改进，最终，使得飞行器整体性能优化和可靠性逐步提高，也为飞行器的适航性打下坚实的基础。

飞行试验始终伴随着新飞行器的研制，它不仅检验飞行器的飞行性能，也是对新设计概念、新技术、新设备的验证，以促进航空技术的发展。进行任何航空型号研制，都必须抓好飞行试验这一重要环节。从民用飞行器的"三证"（即型号合格证、生产许可证、适航证）管理流程可知，飞行试验阶段是民用飞行器进行合格审定的核心，也是颁发型号合格证及适航证的必要条件。因此，飞行试验的成功与否，决定着新型飞行器的命运。

2. 飞行试验的类型

1）按照研制阶段划分

不同的研制阶段飞行试验的性质不同，按照研制阶段飞行试验可分为以下几项。

（1）调整试飞。通常在调整试飞之前新型发动机和各种机载设备已在定型的飞行器上做过试飞，定型后才装上新型飞行器。试飞飞行器从滑跑、预起飞开始，然后进行机动飞行以查明设计缺陷，排除影响飞行的重大故障。

（2）定型试飞。在调整试飞后全面鉴定新型飞行器是否达到设计技术指标要求，考核其飞行性能、可靠性并调整试飞时所采取的各种措施的可行性，决定是否可投入成批生产。

（3）使用试飞。使用试飞是在实际使用条件下为投入航线或服役做准备而进行的试飞，其目的在于进一步评定飞行器及其装备的使用性能和可靠性，确定飞行员训练要求、地面维护要求和外场保障设备。为使试验具有代表性，通常用 10~20 架飞行器试飞。有时把调整、定型和使用试飞结合进行，以缩短试飞周期。

（4）出厂试飞。出厂试飞分为抽查试飞和交货试飞。前者是从批生产中按比例抽出一些飞行器作特定科目试飞，以检查这批飞行器是否稳定地达到设计指标要求；后者考核每架飞行器的生产质量。

（5）验收试飞。验收试飞是使用部门根据合同规定检验飞行器和机载装备的性能与质量的试飞，由使用部门派代表到制造厂实施。成批生产的飞行器一般只做出厂试飞和验收试飞。

2）按照试验内容划分

按照试验内容，飞行试验可分为以下几项。

（1）飞行性能试验。飞行性能试验主要测试飞行器的飞行高度、飞行速度、续航时间、飞行器的控制特性等。

（2）结构强度和振动试验。结构强度和振动试验主要考核飞行器结构在飞行工况下的结构强度和刚度，飞行器机体结构振动、抖振、颤振、地面共振，以及疲劳强度等。

（3）设备性能试验。设备性能试验主要对机载航空电子设备、数据链测控设备、地面控制站以及机载任务设备的各项功能和技术指标进行试验。

（4）极端环境条件试验。极端环境条件试验包括极端天气测试、失速测试、疲劳测试、溅水测试、鸟击测试、雷击测试等。

10.1.2 飞行试验的程序和准备工作

1. 飞行试验的程序

1）试飞前的地面试验

研制单位应该根据首飞调整飞行试验的要求，在飞行试验前分阶段完成各种地面试验,包括飞行控制系统地面试验、振动试验、电磁兼容性试验、发动机地面试验、机载系统联试、飞行器与地面通信试验、任务设备地面试验等。

2) 编制飞行试验大纲

在飞行试验前,不同阶段试飞由试飞单位或研制单位编制飞行试验大纲。飞行试验大纲通常包括首飞试飞大纲、调整试飞大纲、设计定型试飞大纲和适应性试飞大纲。飞行试验大纲编制时应该征求使用部门的意见,经主管部门审批后方可实施。

3) 首次飞行试验

为确保新机首飞的安全,要求飞行试验员进行地面模拟训练和地面滑行;工程机务人员应该经过技术培训,并熟练掌握机务检查、参数调整、全机通电、发动机试车、故障排查等技术,确保首飞安全。首飞大纲由型号研制单位编制。

4) 调整飞行试验

飞行器经过首飞后,确保能够进行安全飞行,则可进行飞行器调整飞行试验。调整飞行试验的目的是检查飞行器的设计、制造质量,排除故障,调整飞行器,使飞行器系统及设备工作正常、可靠,并使飞行器达到验证飞行试验的状态。调整飞行试验检查飞行器的飞行性能、飞行器动力装置、飞行器系统以及机载设备的工作稳定性;初步评定飞行器的可靠性和使用维修品质;初步检查飞行器地面设备、随机工具的适用性。

5) 设计定型飞行试验

飞行器在按照调整飞行试验大纲的要求,完成调整飞行试验,达到可以进行验证飞行试验的技术状态后,研制单位可以向主管机构提出进入下一阶段验证飞行试验的申请,主管机构应组织验证飞行试验单位、研制单位和使用部门,对验证机的技术状态进行审定。审定后,进行验证飞行器的移交,过程中应包括完备的随机工具、地面设备、检测设备以及有关的技术文件等,试飞单位编制试飞大纲 。

2. 飞行试验的准备工作

1) 制订飞行试验计划

飞行试验前,必须完成飞行试验前的准备工作,包括制订试验计划、勘察试验场地、熟悉飞行试验的空域情况。飞行试验计划根据委托方和承试方协商编制,通过评审后,按规定程序报批其主要内容:试验依据、试验性质、试验目的、参试装备和设备、飞行架次、主要测试设备、每架次试验的内容与方法、试验数据获取和处理方法、合格判定准则、试验地点和保障要求、试验的组织分工。

根据飞行器系统的组成特点,确定飞行试验内容。要求飞行器的飞行试验综合化,即在一次飞行试验中,同时对飞行器的飞行性能和系统设备性能进行试验。在不同阶段,试验的内容和侧重点不同,实施的飞行试验科目按照实际要求制定。根据飞行器研制技术要求和研制方案,从气动结构、飞行品质、大迎角、推进系统、功能系统、综合航电系统、武器系统、综合后勤保障等方面论证飞行试验项目，以满足研制技术要求为原则，结合设计需求，找出需要通过飞行试验进行验证的重点和难点，进而确定定型飞行试验的内容范围，为飞行试验鉴定单位编制飞行试验方案提供指导方向。

2）飞行试验样机的准备

根据上述飞行试验计划的内容，按照飞行器研制的总体进度安排，在飞行试验周期内，对完成飞行试验内容所需起落数进行估算，通过对飞行试验鉴定单位以往飞行器飞行试验起落频率的统计或对月均起落数的要求，提出对飞行试验样机数量的需求，并结合样机的生产进度预计，对每架样机所承担的飞行试验任务进行分工，使每架飞行试验样机在飞行试验结束的节点前，充分飞行试验，做到样机资源的合理搭配使用。由飞行试验内容，依据生产厂和飞行试验单位的经验数据，即每月可完成起落数（平均值），可估算单架飞行器的每一段飞行试验周期。

根据初步的飞行试验验证任务分析，确定基本的鉴定飞行试验内容，再由飞行试验内容中各科目的飞行试验状态、所需的飞行器外挂状态，根据以往的经验数据，推算出各分项目的飞行试验起落数，从而确定设计定型/鉴定飞行试验所需的总起落数。以飞行试验样机同时出厂、同时转场为前提，依据单架飞行器的定型飞行试验周期、定型飞行试验起落数，确定所需样机的数量。

3）对飞行试验测试进行预设计

飞行试验测试涉及飞行试验样机的技术状态，所以应该提前予以考虑，在具体的测试参数尚未确定前，主机单位要对飞行试验测试规模做初步分析，设计人员要与飞行试验工程师配合，在飞行器研制的方案阶段就考虑测试的布线和设备的安装，应在主要通路区预留测试线路所需的通路，并对安装设备的部位进行专门处理，使同一架飞行器可以使用不同的测试设备，使每架飞行器的测试具有一定的互换性，以做到测试备份。通过飞行试验测试规划，提醒鉴定单位及早启动飞行试验测试工作，飞行试验鉴定单位也要主动与项目经理部协调，在飞行器研制初期便进行测试系统设计，以尽快提出设计测试需求。对测试设备的研制应该提前进行，按照与飞行器上配套成品的研制相同的进度，为主机单位的设计和发图提供参考。预设计时要初步确定测试设备的质量、体积、安装固定方式和安装位置，线缆、管路的直径等，并估算其对飞行器质量、重心的影响。

飞行试验样机的状态与交付使用方的飞行器状态是不尽相同的，而按照飞行试验任务分工，飞行试验样机的状态也是有区别的，飞行器的状态要与飞行试验任务相协调，项目经理和设计师应根据飞行试验样机承担的飞行试验任务、飞行试验测试改装的需求，考虑有关系统、设备在飞行试验中出现故障后的排除方法，以减少其在机上的拆装时间和设备在机上进行软、硬件更换的时间，确定各飞行试验样机的设计状态，在详细设计阶段予以贯彻，使飞行试验需求反映到对设计的影响上，目的是使得飞行试验样机在首飞后基本具备进行设计定型飞行试验的能力。确认飞行试验样机的配套的技术状态，包括确认飞行试验测试设备、测试线缆、管路、传感器、天线、座舱内的控制盒以及为飞行试验而加开的口盖等。

4）提出试飞关键技术、验证标准和计划网络

根据新机的研制方案，针对飞行器设计中所采用的新技术、新工艺，提出飞行试验关键技术，如失速/过失速、推力矢量飞行试验、协同作战能力飞行试验、多目标攻击飞行试验、超敏捷性飞行试验、超低空作战飞行试验、隐身性能测试飞行试验、系统一体化飞行试验等，使飞行试验单位及早进行技术准备。对于飞行器设计中采用的新技术，可能没有现成的飞行试验验证规范或标准，这就需要项目经理和设计师、飞行试验鉴定单位和军方进行协调，参照国外标准，请专家献计献策，共同确定验证标准，为后续的飞行试验准备工作奠定基础。

飞行器的飞行试验是一个长期的工作，应该对此制定详细的工作计划网络，划分飞行试验各阶段，制定空、地勤人员培训，为首飞、调整飞行试验、定型飞行试验、飞行器转场、保障设备、工具提供需要的时间和条件等，为项目经理和设计师出面安排相关的研制工作提供依据。飞行试验工作计划网络应包括项目名称、内容、工作周期、责任单位、需要的条件等。

5）飞行试验保障的设计

虽然飞行试验样机与交付部队的飞行器在综合保障上有所不同，但要使飞行试验持续、顺利地进行，各种保障也是非常关键的。飞行试验单位可以借鉴全状态飞行器的综合保障方案，结合飞行试验特点，为新机飞行试验阶段的综合保障进行方案设计，提出对保障设备与工具、保障设施、保障物资等的建议。在此基础上，根据自身情况，进行有关人员、设备配置。

保障设备与工具指那些用手完成飞行器的外场维护和内场检修所使用的设备与工具，保障设施包括各种地面台站和车辆，保障物资主要是备件和消耗品。飞行器平台的使用维护所需的飞行试验保障要到飞行器试制厂调研、协调，飞行器系统、设备所需飞行试验保障应与承制单位进行协调，给出建议目录及对应的生产单位。

项目经理部应根据新机飞行试验阶段对飞行试验样机的使用与维护特点，设计有关空、地勤人员使用手册，按照飞行试验任务，给出飞行器的准备要求、飞行器的飞行试验要求及飞行器的检查要求，结合现场技术支持人员的指导，使空、地勤人员使用和维护飞行器有足够的技术依据。还应建议飞行试验工程师学习和基本掌握设计细节，为飞行试验任务单的制定和保证测试内容的准确执行打下坚实的技术基础。

另外，应提出在飞行试验基地建立有关的地面系统试验室，为排故、软件升级、硬件更换后上机进行必要的调试，确保机上系统在地面工作的准确性。

■ 10.2　航空飞行器性能试验

飞行性能是指描述飞行器质心运动规律的诸参数，包括飞行器的速度、高度、飞

行距离、起飞着陆距离和飞行机动性等性能。飞行器作定常（加速度为零）直线运动时的性能称为基本飞行性能，包括最大平飞速度、最小平飞速度、爬升率、升限和上升时间等。

10.2.1 飞行性能试验的定义和方法

1. 飞行性能的主要参数

1）速度性能

（1）最大平飞速度，是指飞行器在一定的高度上作水平飞行时，发动机以最大推力工作所能达到的最大飞行速度，通常简称为最大速度。

（2）最小平飞速度，是指飞行器在一定的飞行高度上维持飞行器正常水平飞行的最小速度。飞行器的最小平飞速度越小，它的起飞、着陆和盘旋性能就越好。

（3）巡航速度，是指发动机在每千米消耗燃油最少的情况下飞行器的飞行速度。这个速度一般为飞行器最大平飞速度的70%~80%，巡航速度状态的飞行最经济而且飞行器的航程最大。

2）高度性能

（1）最大爬升率，是指飞行器在单位时间内所能上升的最大高度。爬升率的大小主要取决于发动机推力的大小。

（2）理论升限，是指飞行器能进行平飞的最大飞行高度，此时爬升率为零。由于达到这一高度所需的时间为无穷大，故称为理论升限。

（3）实用升限，是指飞行器在爬升率为5米/秒时所对应的飞行高度。

3）飞行距离

（1）航程，是指飞行器在不加油的情况下所能达到的最远水平飞行距离，发动机的耗油率是决定飞行器航程的主要因素。

（2）活动半径，是指飞行器由机场起飞，到达某一空域，并完成一定任务后返回原机场所能达到的最远单程距离。飞行器的活动半径略小于其航程的一半。

（3）续航时间，是指飞行器耗尽其可用燃料所能持续飞行的时间。

4）起飞着陆距离

起飞着陆距离是指飞行器在起飞和着陆时滑跑距离的长短，距离越短则性能越优。

5）飞行机动性

飞行机动性是指飞行器在一定时间内改变飞行速度、飞行高度和飞行方向的能力，相应地称之为速度机动性、高度机动性和方向机动性。改变所需的时间越短，飞行器的机动性就越好。

2. 飞行性能试验的定义

飞行性能试验是指在飞行器真实飞行条件下进行其飞行性能测试及科学研究的过程。飞行器飞行性能是研究飞行器重心运动规律的科学，它包括速度、高度、飞行距离、起飞着陆距离和飞行机动性等性能。无论是在飞行器设计前的战术技术论证（军用飞机）或使用技术要求（民用飞机），飞行器设计时为满足飞行性能所做的气动力协调、新机和改型机的飞行试验验证中，还是在比较同类飞行器的技术水平、飞行器年鉴、飞行器的技术文件及涉及飞行器的论著中，人们首先关心飞行性能指标，可见其重要性。

3. 飞行性能试验的方法

1）飞行器飞行速度、高度的测定

测量飞行器飞行速度和高度的方法有多种。可以依靠机载传感器（空速系统、定位系统）测得，也可以通过地面设备（雷达）测得。

（1）空速系统测定飞行器的飞行速度和高度。飞行器的空速系统常用组合式的皮托动静压系统，包括空速管、大气数据计算机、总温传感器及连接导管。由于空速系统的工作原理和飞行器飞行时各种条件的变化，利用空速系统测得的飞行速度和高度都会有一定的误差。为了得到准确的结果，要对空速系统校准。在飞行试验中，根据空速表读出的是指示空速，要换算成真空速。

（2）机载定位系统和地面保障设备测定飞行器的飞行速度和高度。该方法测得的飞行速度为地速。为了消除高空风的影响，可以采用往返飞行测定的方法。如果技术可以满足，则可预先测得飞行器飞行空域内各高度层的风速、风向，进行换算。

2）航程、续航时间试验

航程、续航时间是评定飞行器性能好坏的重要指标之一，有以下几种定义。

（1）技术航程或续航时间，是指单机耗尽所有可用燃料所飞过的水平距离或时间。

（2）实际航程或续航时间，是指单机飞行，在绕场飞行前仅剩安全备份油量时飞过的水平距离或时间。

（3）战术航程或续航时间，是指执行战斗任务，飞行器所飞过的水平距离或时间。

（4）续航航程或续航时间，是指飞行器以 0.9 倍最大飞行速度平飞所飞过的水平距离或时间。

（5）最大航程，是指以单位重量的飞行器移动单位距离油耗量最小所对应的速度水平飞行的距离。

（6）最大航时，是指以飞行器单位时间耗油量最小对应的速度水平飞行所得的时间。

3）起飞或发射性能试验

（1）起飞性能试验。起飞是飞行器从松刹、滑跑、离地、爬升到安全高度的运动过程。确定起飞特性的参数有滑跑距离、滑跑偏差、滑跑时间、离地速度、离地姿态等。确定起飞性能通常使用的飞行重量有正常起飞重量、最大起飞重量，每个状态至少完成

3 次正常起飞试验。

测定起飞轨迹的方法有机轮计数法、地面照相法、雷达-照相经纬仪法、录像法等。

（2）发射性能试验。飞行器发射是指飞行器从助推火箭点火到飞行器离开发射装置、加速、火箭分离、飞行器爬升到安全高度的过程。主要参数有飞行器离架时的姿态、速度、火箭作用时间、火箭脱落时飞行器的速度、飞行器爬升到的安全高度等。

试验过程中利用地面摄像并结合飞行器遥测数据等，对试验内容的有关参数进行分析、对比，确定性能是否满足要求。

4）着陆或回收性能试验

（1）着陆性能试验。着陆是飞行器从安全高度下滑过渡到接地滑跑，直到完全停止的减速过程。主要参数有从安全高度下滑到接地的各飞行参数、接地速度、着陆滑跑距离、滑跑偏差、滑跑时间等。确定着陆性能通常使用的飞行重量有正常着陆重量、最大着陆重量，每个状态至少完成 3 次正常飞行。

测定着陆轨迹的方法有机轮计数法、地面照相法、雷达-照相经纬仪法、录像法等。

（2）回收性能试验。伞降回收是飞行器在预定回收高度停车、减速、开伞、以预定速度落地的过程。主要参数有飞行器开伞时受到的过载及姿态、降落伞充气完全张满时间、飞行器稳定降落的速度、飞行器落地过载及着陆精度等。

10.2.2　飞行性能试验仪器系统和试验特点

1. 飞行性能试验仪器系统

试飞最重要的目的是要取得飞行数据，以便分析，即在预定的条件下使飞行器处于试验状态，同时测量和记录表示其特征的各种物理现象、环境参数和工作参数。为了测量、记录和处理试验的各种数据，需要采用各种数据采集和处理设备，因此试飞的飞行器跟普通飞行器不一样，在它上面要安装各种测试用的仪器设备，用于记录飞行试验数据。

飞行器试验一般都用高速摄影机和录像机记录飞行时的状态。飞行器上的各种参数多用传感器进行测量，飞行器还用一些直接测量显示的仪表。对于这些参数还须用摄影记录器、示波器、磁记录系统和遥测系统等在机上或地面进行记录，用光学和无线电跟踪测量系统进行飞行器的轨道跟踪和参数遥测。用时间统一系统把试验的指挥、控制、跟踪、测量等各个台站的时间统一起来，使所有测量的数据都成为统一时间的函数。飞行测试数据一般分为三大块。

（1）机载遥测数据，这些数据通过无线电传输到地面管理站进行分析处理。

（2）实时处理数据，是在飞行器上做的实时处理。

（3）计算机处理数据，是飞行试验时由测试记录仪记录下来的数据，在飞行试验结束后，将这些数据卸载到计算机服务器上进行处理分析，并交给试飞工程师和设计人员做判读，确保有效性。

2. 飞行性能试验的特点

同其他类型专业飞行试验比较，飞行性能试验具有如下特点。

（1）飞行性能试验的内容是飞行器战术技术要求指标的主要部分，是全机气动力设计是否达到预期设计目标的最后验证。因此，无论是新机、改型机或批生产飞行器，都把飞行性能试验作为首先必飞的科目。因为这涉及飞行器构形是否要做重大更改，涉及结构、强度的重新设计，以及由此带来的一系列地面试验。

（2）飞行性能试验涉及的专业面广，除气动力外，还与发动机、飞行限制及机载设备等有关。

（3）飞行性能试验方法基本上随发动机的类型不同而不同。例如，电动机、涡轮喷气、涡轮螺桨、涡轮风扇、活塞式发动机飞行器，其飞行试验方法各不相同。

（4）飞行试验时，要求飞行器应是正常的飞行器状态。测试仪器改装时，不许对飞行器外形做重大的更改，在机翼表面上更是如此。因为，在现有的飞行试验方法中，外形改变引起的飞行器阻力变化对飞行性能试验结果的影响尚无法评估。

（5）由于飞行性能是研究质心运动规律的，故要求飞行器的飞行重心应为"正常重心"。因为，在现有飞行试验方法中，由飞行器处于重心前后限所引起舵面配平阻力对飞行性能的影响无法评估。至于改装后引起的飞行器重量的变化，可以通过性能换算消除其影响。

（6）除首先飞行试验空速系统的位置误差，供飞行性能及其他专业飞行试验使用外，其余科目均按先易后难的原则穿插进行飞行试飞试验。

（7）测试多为常规参数，主要参数是速度、高度、过载、大气温度。但对其精度的要求比其他专业严格，需做仔细、烦琐的修正，甚至要进行空中飞行校准。例如，空速系统的地面延迟性试验，迎角、大气温度传感器的校准，过载不在重心处修正，确定油箱容积死油量，过载、舵偏度、相机位置等地面标定。

（8）对气象要求严格。要求精确地测量出空中的风速、风向、风的水平及垂直梯度，机场的场温、场压等。测量的时间要求尽可能与飞行试验的时间一致。为减小修正的误差，要求飞行性能试飞最好在无颠簸气流的平静大气中进行。

10.3 其他类型飞行试验

一架新设计研制的飞行器在试制过程中，除了要进行基本的飞行性能试验以外，还要进行结构强度及振动试验、机载设备系统试验和极端环境条件飞行性能试验，以检验其是否达到结构设计标准，机载航空电子设备是否适用及性能参数是否达标等。

10.3.1 飞行器结构强度及振动试验

1. 飞行器结构验证试验

飞行器结构验证试验是指通过载荷测量等方法核实结构设计计算载荷是否正确，

检验飞行器结构是否满足设计要求,以确认该飞行器是否可以安全使用而进行的飞行试验。

2. 起落架结构强度试验

起落架承受着来自机体和地面的较大载荷,其结构强度试验的内容有强度、刚度、疲劳寿命和损伤容限试验等。试验过程要求试验件的支持状态、载荷都尽可能地符合真实情况,包括着陆撞击载荷、滑跑冲击载荷、刹车载荷、静态操纵载荷以及各轮受载不均引起的偏心载荷等。

3. 飞行器飞行颤振试验

飞行器飞行颤振试验是新机鉴定必须进行的关键飞行试验科目,确定飞行器在各种使用状态下是否存在颤振现象或是否具有充分的衰减特性。飞行器飞行颤振试验时,并不是真正飞行到颤振临界状态,而是采用亚临界测量响应的方法来判断和分析,即在选定的不同高度、不同速度下,对飞行器施加激振,记录飞行器对激振的响应,求出有关模态的频率和阻尼,通过分析这些响应参数随速度的变化,来判断飞行器的颤振余量。

4. 飞行器振动环境试验

进行飞行器振动环境试验可以保证飞行器不因过度振动而造成结构的损坏和乘员的过度疲劳。飞行器的振源包括推进系统、喷射系统、阵风载荷,以及由尾流、下洗流等引起的气动扰等传给飞行器的力和力矩。飞行器发生抖振后,不仅纵向稳定性和操纵性变坏,容易失速,而且会使飞行器的结构强度、寿命及机载设备受影响。抖振飞行试验就是为了确定飞行器出现抖振的边界,飞行试验风险很大。由于飞行器严重抖振与失速两个状态靠得很近,迎角相差不多,稍许不慎,就会进入失速,有进入尾旋的危险。抖振飞行试验的方法是通过测量飞行器有关的一些参数和结果动态响应的突变与发散,来判断迎角开始抖动的位置。

5. 飞行失速测试

飞行失速测试也是一项重要的测试。飞行速度越慢,飞行器就越需要更大的迎角以获得与飞行器自身重量相等的升力。随着飞行速度进一步下降,这个迎角将达到失速临界迎角,这就叫失速。此时,机翼无法拥有足够的气流产生升力,飞行器将呈现出过失速旋转、尾旋、深失速等运动模态,并伴有姿态急剧变化。尾旋是飞行器超过失速迎角之后产生的一种持续偏航运动,其风险性极大。各国对飞行器失速-尾旋的飞行品质和飞行试验都有各自的规范要求。

10.3.2 机载设备系统试验

飞行器机载设备系统试验主要包括动力装置性能试验、飞行控制系统试验、导航系统试验和机载任务设备试验等。军用飞行器还需要进行武器和火控系统试验。

1. 动力装置性能试验

动力装置性能试验鉴定在飞行状态下发动机及其工作系统的工作性能，动力装置对飞行器的适应性；测量发动机的高度、速度特性，发动机转速、温度特性，耗油率、抗过载能力、可靠性等；试验发动机的加速、减速进气道与发动机的匹配和空中起动性能以及发动机的操纵性等。

2. 飞行控制系统试验

飞行控制系统试验是在正常重量、重心条件下，在典型的飞行剖面上对飞行控制系统的各项功能进行检查，对参数记录设备的工作情况进行检查。飞行器飞行控制系统的试验内容一般包括：俯仰和滚转姿态的稳定与控制；航向稳定与控制；高度稳定与控制；空速稳定与控制；侧向偏离控制；爬升控制；下降控制；起飞着陆控制；控制方式切换；多模态控制律切换；人工遥控控制；程序自动控制等。

3. 导航系统试验

飞行试验中，飞行器沿预定航线飞行，导航系统正常启动工作。飞行数据记录仪记录导航系统输出的位置信息、高度信息、地速信息和姿态信息，具有侧偏距、侧偏移速度、待飞距离等参数的导航系统的其他信息也需要记录。飞行结束后，进行数据处理，测试记录下的导航系统实际飞行轨迹和规划是否一致，位置精度是否达到要求，分析组合导航系统的功能是否实现等。

4. 机载任务设备试验

机载任务设备试验包括两方面内容：一是任务设备在实际飞行状态下，与飞行器全系统的协调性、兼容性以及环境适应性等试验；二是任务设备的性能和功能试验，考查任务设备在规定飞行状态下是否满足技术指标要求。

（1）协调性、兼容性试验主要包括任务设备与飞行器以及其他机载设备、电子设备的机械接口、电气接口、信息与通信协议的协调性；任务设备的工作模式和飞行控制与导航系统、无线电测控系统的协调、兼容性。

（2）环境适应性试验主要包括试验任务设备在起飞、飞行、降落过程中的振动、冲击、高温、低温以及温度变化的影响；电磁环境、气象环境和地面环境的影响等。

10.3.3 极端环境条件飞行性能试验

飞行器每一款新机型在交付给航空公司之前都会接受一些残酷的飞行测试。

1. 中断起飞测试

中断起飞测试（rejected take off，RTO）是飞行器获得适航认证中最严苛的测试之一。飞行器将面临可能出现的最严苛的条件。例如，刹车完全磨损、飞行器达到最大起飞重量、反推装置禁止使用等情况，在 RTO 中，飞行器的大部分动能都将由刹车转化为热能，这就可能导致易熔的轮胎插销熔化，整个轮胎也将漏气。在这个测试中刹车起小火也是可以接受的，只要 5 分钟内不会蔓延到整个机身，这 5 分钟是机场救火部门赶到的最短时间。

2. 最小起飞速度测试

最小起飞速度测试要求飞行员在飞行器不同配置条件下确定飞行器的最小起飞速度。飞行器从跑道上起飞的速度基本上都会低于预期，所以机尾很有可能会与地面擦碰。

3. 极端天气测试

极端天气测试是指飞行器在高温、低温以及有风、雨天和雪天等恶劣天气条件下的测试。该测试的目的是确保飞行器的发动机、材料和控制系统能在极端天气条件下正常运行。另外，飞行器还将在高海拔和低海拔地区进行飞行测试，测试的内容包括发动机在冷浸后发动、低速拖行和起飞中断等。

4. 疲劳测试

疲劳测试是检测在一段较长时间内和飞行器飞行不同阶段（如跑道滑行、起飞、巡航和着落阶段）飞行器结构如何对压力做出反应。为了模拟实际的状况，由电脑控制的液压千斤顶将对机身进行挤压，使飞行器机身各部分将都接受"撕扯"和挤压，以确定其可以承受的不同荷载。在疲劳测试中，机翼通常会反复弯曲 90 度。疲劳测试将帮助飞行器制造商估计材料的耐用性和使用寿命。

5. 溅水测试

溅水测试测试的是雨天飞行器在湿滑跑道上的性能，以及确定机身的雨水和主起落架溅出的雨滴不会进入发动机。溅水测试的飞行器冲入跑道中一块通常长 350 米、宽 100 米的水槽以进行测试，该测试需要进行几轮。

6. 鸟撞测试

鸟撞对飞行器而言是一种常见的安全威胁，所以飞行器必须足够强壮才能抵抗。鸟撞测试通常使用大口径的压缩空气炮，以鸡作为炮弹，用于测试飞行器的挡风玻璃强度以及发动机的安全性能。

7. 雷击测试

飞行器结构是由导电材料（铝合金）制成的，由于雷击的发展是由云层到地面，飞行器结构就提供了一个"短路"的路径，成为闪电路径的一部分。统计资料表明：每架飞行器基本上每年都会至少一次在飞行中被雷击。在雷击测试实验室中，科学家向与飞行器机身相同的材料上发射电流。值得注意的是，目前颇为流行的碳纤维材料中有一层可以减少雷击损坏的、具有防雷特性的金属。

10.4 民用飞行器适航管理的基本概念

我国航空飞行器管理体制分军用飞机和民用飞机两大类,其中军用飞机的研制和生产主要采用国家制定的军用规范及标准,由国家国防科技工业局进行审查、鉴定以及对最后的设计或生产定型机进行批准;而民用飞机的研制和生产则采用国际上通行的适航管理。考虑到篇幅及其他原因,本书不讨论军用飞机的军用规范及标准问题,只讨论民用飞机的适航管理。

10.4.1 民用飞行器适航管理的定义和阶段划分

1. 民用飞行器适航性和适航管理的定义

1)适航性的定义

适航是适航性(airworthiness)的简称,通俗来说就是只有适航性达标,才允许飞行,否则禁止飞行。民用飞行器的适航管理是以保障民用飞行器的安全性为目标的技术管理,是政府适航部门在制定了各种最低安全标准的基础上,对民用飞行器的设计、制造、使用和维修等环节进行科学统一的审查、鉴定、监督和管理。为了使飞行器适航,需进行适航符合性验证,即设计制造方或使用维修方,向审查方提供各种证据和资料,表明飞行器符合适航条款,以此达到保障民用飞行器安全运行的目的。适航性这个专有名词的出现是维护公众利益的民用航空立法的需要,因此适航性总是与政府机构对民用飞行器飞行安全性的控制联系在一起。

2)适航管理的定义

民用飞行器的适航管理是从安全性观点对民用飞行器的设计、生产制造、使用维修、进出口等全方位、全过程的控制管理。它是以保障民用飞行器的安全性为目标的技术管理,是全方位、全过程的控制管理,最终目的是为公众和社会提供安全、经济、舒适的航空运输工具,其本质是适航性控制。

世界各国的民航局对飞行器的设计、生产、使用维修和进出口等环节制定有关适航规章、标准、程序,颁布适航指令或通报,颁发相应证件并进行统一的审定、检查鉴定和监督执行,这些工作统称为民用飞行器适航管理。

我国适航管理部门是 CAAC 及各地区管理局的适航处等(俗称"局方"),他们代表政府、公众对飞行器的研制、运行和维护进行适航管理。适航管理部门制定和颁布了一系列的适航规章和规范性文件,适航规章是具有法律效力的管理规章。飞行器的研制单位(型号合格证的申请人)及飞行器的使用维修单位需遵照规章程序开展工作,适航管理部门对他们的活动进行适航审查。要使飞行器获得"适航性"需要适航管理部门、飞行器的设计制造单位、使用维修单位的共同努力、协同工作。

2. 民用飞行器适航管理的阶段划分

民用飞行器一般的设计使用寿命是 20 年（9 万个飞行起落），要保证飞行器在 20 年的时间里安全运营，其设计难度之大不言而喻。飞行器的安全是通过适航管理来保障的。

民用飞行器的适航管理分为初始适航管理和持续适航管理两个阶段。

1）初始适航管理

初始适航管理是在飞行器交付使用之前，适航部门依据各类适航标准和规范，对民用航空产品设计、制造的适航审定、批准和监督，以颁发型号合格证、生产许可证和适航证为主要管理内容，通过一系列规章和程序来验证航空产品的设计特性、使用性能以及制造质量和安全状态，以确保飞行器和飞行器部件的设计、制造按照适航部门的规定进行。飞行器的设计和制造单位从设计图纸、原材料的选用、试制、组装直至获得型号合格批准和生产许可，要对飞行器的初始适航性负主要责任。初始适航管理是对设计、制造的控制。

2）持续适航管理

持续适航管理是在民用飞行器投入运营之后，依据各种维修规则和标准，使其适航性得以保持和改进。持续适航管理的三要素是维修机构、维修人员和飞行器。因此，持续适航管理不能和初始适航管理截然分开。飞行器的使用单位、航空公司及其所属的飞行人员、维修单位（包括维修人员和检验人员等）要对其使用和维修的飞行器的持续适航性负主要责任。持续适航管理是对使用、维修的控制。

根据适航的理念，民用飞行器的适航管理贯穿飞行器研制和交付使用的全过程，初始适航管理和持续适航管理无论从概念上还是从实质上来看都是相辅相成、密不可分的，两者之间没有明显的界线，也无法截然分开。而两者的交联和融合，则构成了民用飞行器适航管理的整体和全部内容。

10.4.2 民用飞行器适航管理内容、特点和作用

1. 民用飞行器适航管理的内容

适航工作即与适航有关的工作，它贯穿了飞行器设计的全过程。适航工作的基础是适航要求，适航工作的核心任务是保证设计满足适航要求并按照适航程序接受审查，最终得到局方的认可和批准。

以初始适航为例具体来讲，在飞行器的工程设计阶段，适航工作就要从飞行器设计的每一个专业出发，确定各专业在设计中所必须满足的适航标准，研究适航要求、协调设计方案，在飞行器的设计中贯彻适航要求，并最终确定设计方案，根据设计方案开始详细的设计工作，然后进行飞行器试制，在制造过程中要保证试制飞行器符合相关图纸及相关工程设计要求，接下来通过分析、计算、试验（实验室试验、机上地面试验和试飞）等方法向局方证明，飞行器设计是满足适航标准要求的。由局方对飞行器设计过程进行全面审查。飞行器上使用的任何硬件和软件，大到一架整机、一个系统，小到一个螺栓、一块材料，包括投入使用后的维修都必须经适航部门的审查和批准，以确保航空产品始终处于安全状态。

民用飞行器适航管理的内容如下。

（1）制定有关飞行器的适航规章、标准、程序、指令或通告并监督执行。

（2）对民用飞行器进行型号合格审定，颁发型号合格证。

（3）对民用飞行器进行生产许可审定，颁发生产许可证。

（4）对已取得国籍登记证的飞行器进行检查鉴定并颁发适航证。

（5）为本国航空产品的出口厂商颁发出口适航证或适航标签，以证明该产品符合本国的适航标准；根据外国航空产品制造人的申请，对其型号进行审查，颁发型号认可证，证明其符合本国的适航标准。

（6）对维修企业进行审定，颁发维修许可证，维修企业要根据获批准的维修大纲制订维修方案，对维修人员进行考核并颁发执照。

（7）掌握民用飞行器的持续适航状况，颁发适航指令。

（8）对安全问题或事故进行调查。对不符合适航标准、违反规章的采取吊销证书、执照或勒令停飞、罚款等措施。

2. 民用飞行器适航管理的特点

（1）法制性。法制性是指民用飞行器适航管理是按照国家发布的适航管理条例和规定，制定相应的管理程序，具有强制必须执行的法律效力。

（2）唯一性。唯一性是指研制民用飞行器的适航管理是唯一有效的，不再有其他的适航管理。

（3）可操作性。可操作性是指适航管理是可以操作使用的，由于民航指定了一整套相应的管理程序，可操作性更强。

（4）收敛性。收敛性是指只要按民航管理操作程序进行并按要求做好，适航管理工作是收敛的。

（5）统一性。统一性是指民用飞行器适航管理对所有新研制的民用飞行器均是合适的，并与国际接轨，有了民航部门签发的证件，再取得国外的证件就比较容易。

3. 民用飞行器适航管理的作用

适航管理在民用航空安全保障中的作用主要有以下几点。

（1）建立一套完善的适航管理体系以保障民用航空安全是一项综合性的系统工程，具有很强的技术性和科学性，这也是国际上能自行研制先进军用飞机的国家很多，而自行研制民用飞机并具有国际市场竞争能力的国家却寥寥无几的原因。民用飞行器适航管理在民用航空的安全保障中起着举足轻重的作用。

（2）影响民用航空安全的因素很多，诸如民用航空从业人员的素质；飞行器及其部件的设计、制造水平；飞行器材的供应；飞行器及其部件的维修质量；机场安全保障设施和设备的性能状态；空中交通管制能力；空中保安措施；气象保证条件等。因此，民用航空的安全性不仅取决于飞行器的设计、制造和维修质量；还涉及各类勤务人员的素质，各相关机构部门的工作水平以及各项保障设施、设备的质量状态。

（3）适航管理是从最低安全要求做起的，使飞行器不断地向最高安全等级迈进，是对民用飞行器的设计、生产、使用和维修以及退役,从初始适航性到持续适航性全过程实施以确保飞行安全为目标的技术鉴定和检查;是以审定和颁发各种适航证件的方式实施质量监督和管理,也就是从适航部门受理申请起,审查机构与飞行器研制部门一起按适航管理程序操作,完成由新型号设计到交付全过程的适航控制,最终建立和完善企业的自我审核机制,使民用航空企业的质量意识和安全意识不断提高,并形成自觉行为,这无疑将为航空安全奠定一个坚实的基础,即符合适航标准的飞行器是保障民用航空安全的重要前提,加强适航管理是民用航空安全保障系统工程的重中之重。

10.5 民航适航管理机构体系和审定

我国研制的民用飞行器已日益大型化并实现了多国合作,涉及的双边适航协议、跨国供应商监督、异地设计制造监督等问题也日益增多且更为复杂,只有民航适航部门和飞行器研制部门沟通协作、共同努力,才能实现国家整体适航管理水平的提升。另外,一时满足适航要求不等于一直满足,适航工作要持续进行,要加强飞行器的持续适航管理,真正提高自身的管理水平,缩短与西方国家的差距,解决这个困扰我国民用航空发展的瓶颈问题,消除管理水平对适航取证和产品信誉的影响。

10.5.1 民用飞行器适航管理机构和体系

1. 民用飞行器适航管理机构

1) CAAC

1986 年受国务院委托,CAAC 负责起草了《中华人民共和国民用航空器适航管理条例》,简称《适航条例》。1987 年 3 月 17 日国务院常务会议审议通过了《适航条例》,并于当年 5 月 4 日发布,6 月 1 日起施行。这是中国民用飞行器适航管理的一个重大转折,是我国法定适航管理工作的新起点。依照《适航条例》规定:民用航空器的适航管理由中国民用航空局负责。中国民用航空局航空器适航审定司负责适航管理工作。

2) FAA

FAA,是当今世界经验最丰富、最强大的适航管理当局,隶属于美国运输部,其对民用航空安全、联邦航空机构的行为负责。FAA 的主要任务包括促进民航安全管理;鼓励和发展民用航空,包括航空新技术;开发经营空中交通管制、导航系统的民用和军用飞行器;制定和实施控制飞行器噪声和其他影响民航的飞行环境的措施;美国商业空中运输管理等。随着设计技术的进步、对运营故障和事故的研究,FAA 的适航要求在不断修订。

3) EASA

随着欧盟国家一体化步伐的迈进,以及欧洲民用航空竞争的需要,2002 年欧盟决定成立具有法律权限的欧洲航空安全局（European Union Aviation Safety Agency，EASA）。空中客车公司的产品及生产制造全部由 EASA 审查颁证和管理。对其他产品，设计由 EASA 审查批准，制造由所在国适航当局审查批准。

2. 民用飞行器适航管理体系

民用航空适航管理体系包括民用飞行器适航管理法规和文件体系、民用飞行器型号合格审定组织管理体系和民用飞行器适航管理证件体系，三足鼎立而又互补，缺一不可。

1）民用飞行器适航管理法规和文件体系

民用飞行器适航管理按国家、政府、CAAC 制定的法规和民用航空局航空器适航审定司颁发的适航管理程序进行管理，前者具有强制性的法律效力，后者是实现前者的操作细则，如图10-1所示。

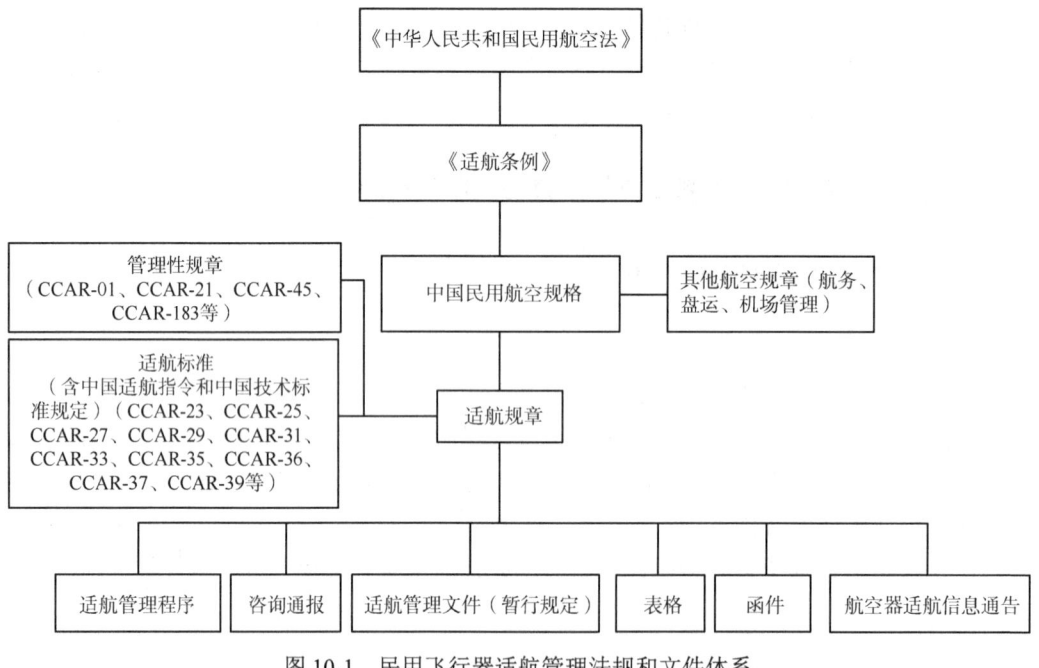

图 10-1　民用飞行器适航管理法规和文件体系

2）民用飞行器型号合格审定组织管理体系

新研制的民用飞行器提出型号合格证申请被受理后，民用航空局航空器适航审定司要组建该型号合格审定组织管理体系，即型号合格审定委员会和型号合格审查组，必要时组建授权审查部门、委任代表和委任单位代表。新研制民用飞行器型号合格审定组织管理体系如图10-2所示。

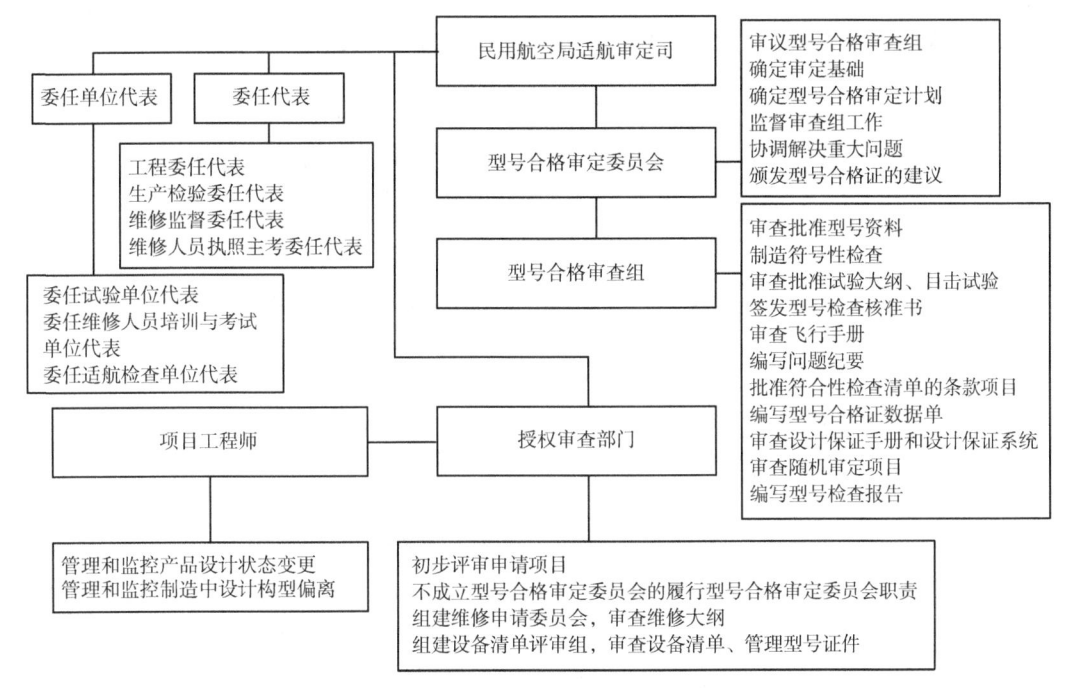

图 10-2 新研制民用飞行器型号合格审定组织管理体系

3）民用飞行器适航管理证件体系

立法和颁证是民用飞行器适航管理的两大支柱，前者是法规、适航标准和管理程序；后者是经审查合格颁发的各种相应证件，是符合标准或规定资格的凭证。办理证件一般要经历申请、受理、审查、颁证和证后管理等环节。

中国民用飞行器的适航管理证件有型号合格证、型号认可证、补充型号合格证、型号设计批准书、生产许可证、适航证、特许飞行证、出口适航证、技术标准规定项目批准书、零部件制造人批准书、国籍登记证，进口材料、零部件、机载设备的认可证，维修许可证、维修人员执照、委任代表和委任单位代表证等，主要的"六大证件"是指：型号合格证、生产许可证、国籍登记证、适航证、维修许可证和维修人员执照。

10.5.2 民用飞行器适航管理层面、标准和审定过程

1. 民用飞行器适航管理层面

对民用航空型号工程项目而言，适航管理有两个管理层面，即确保民用飞行器的适航不仅是民航适航部门的责任也是民用飞行器设计制造部门的责任，双方有责任共同把飞行器的安全性推向更高的水平。从研制民用飞行器的实践来看，要全面完成适航管理需要有两个层面。

（1）民航适航管理层面。它从民航角度出发，具体体现为适航审定、指导和监督实施，最终达到持续稳定的"安全性"。民航适航管理层面是对每一个型号适航当局组建

局方审查组，负责总体的、高层的和国际的适航协调，全面组织适航审查，严格审定合格与否，决定是否发证放行。

（2）研制部门适航管理层面。它是从研制部门角度出发考虑如何落实民航所要求的适航管理，结合飞行器研制实施更具体的操作细则。研制部门适航管理层面是研制部门的适航组织，将适航理念更好贯彻落实，并且根据研制飞行器的实际情况，制定更现实、具体的适航操作程序，使符合性的验证和审查等工作做得更周全、更顺利。为此，研制部门要成立适航委员会和适航部等适航管理机构，配置适航专业主管和审定专家等适航管理队伍。

研制部门适航管理层面不单有一个相对应的管理机构，满足承上启下的管理，也不仅仅按民航适航管理层面所要求做的工作去做，而是有更多的内涵，涉及研制部门深层次的领域，甚至可能是一个知识产权的保护范围；是从研制单位出发适应飞行器设计、制造情况的适航管理。首先要透彻研究民航适航管理层面提出的法规和管理程序，进一步加强对规章法规符合性的理解，研究条款的演变、咨询通告、适航指令和相关标准等内容，结合设计、制造特点和具体情况，制定一整套研制部门适航管理层面的管理操作细则，才能准确、有效和快速进行研制部门的适航管理。只有掌握了研制部门适航管理层面的管理操作细则，如同研制民用飞行器的先进国家一样，其研制民用飞行器的水平才能高于民航适航管理水平，那么进行民用飞行器的研制及其适航取证就会变得得心应手。

2. 民用飞行器适航管理的标准

要使得飞行器具有安全飞行的固有品质，飞行器的设计要求应能够保证飞行器的飞行安全。这样的设计要求来自适航标准，适航标准涉及飞行器设计的各个专业、各个领域，如飞行器的气动设计、结构设计、强度设计、系统设计等。适航标准是为保证实现民用飞行器的适航性而制定的最低安全标准。适航标准与其他标准的最大不同点在于：适航标准是国家法规的一部分，具有强制性，必须严格执行，具体如下。

CCAR-111：民用航空器运行适航管理规定。

CCAR-25：运输类飞机适航标准。

CCAR-33：航空发动机适航规定。

CCAR-37：民用航空材料、零部件和机载设备技术标准规定。

CCAR-66：民用航空器维修人员执照管理规则。

CCAR-145：民用航空器维修单位合格审定规定。

CCAR-39：民用航空器适航指令规定。

3. 民用飞行器适航管理的审定过程

适航管理水平包含民机研制、销售的管理和政府适航当局的适航管理两个方面。适航技术依托于航空技术，两者相互依存。飞行器的适航性寓于飞行器设计之中，是飞行器的固有本质，也是各种设计技术在安全上的集中反映，并且需要通过生产制造的符合性才能得到充分体现。任何一种新型民用飞机，要想投入市场，必须先取得型号合格证、生产许可证以及适航证。可以说，获取上述"三证"的过程，就是民用飞机合格审定的主要过程。

1）型号合格证

型号合格证（type certificate）是适航管理部门 CAAC 对民用飞行器、航空发动机、螺旋桨设计批准的合格凭证，航空产品取得了型号合格证，就意味着其设计符合适航标准。

型号合格证是对民用航空型号工程设计进行安全审查后给予认可批准的一个证件。它是新研制航空型号的各种证件中最重要的一个证件，也是给新机型号颁发适航证的一个先决条件。由于从申请到取得型号合格证有一个过程，通常公司在开展航空型号工程正式设计前就要向适航管理当局（CAAC）提出型号合格证的申请，然后在取得适航管理当局同意后才开始正式设计。型号合格证是属于申请公司的，但它可以随同型号设计一起转让给本国或外国的其他公司。

2）生产许可证

生产许可证（product certificate）是指适航管理部门对已获得民用航空产品型号设计批准，并欲重复生产该产品的制造人所进行的资格性审定，以保证该产品符合经 CAAC 批准的型号设计。生产许可审定的最终批准形式是颁发生产许可证。

航空工业制造工厂必须取得生产许可证才能进行航空产品的生产。取得了生产许可证就表明这个工厂能够满足航空条例的要求，已建立一套完善的质量控制系统，并有严格的管理程序来保证制造出来的航空产品符合型号合格证的要求。不过，生产许可证只允许生产厂家制造规定类型的产品，否则必须申请补充生产许可证。生产合格证属于申请公司，它是不能转让的。

3）适航证

适航证（airworthiness certificate）是指民用飞行器符合 CAAC 批准的型号设计，并能安全使用的凭证。民用飞行器只有取得适航证后，方可投入正式飞行或营运。

适航证是发给具体产品的（如飞行器、发动机、螺旋桨），只要能证明它符合经批准的型号设计并保证安全使用，就能获取适航证。每架投入航线的飞行器都有一个适航证，获得本国适航证后，还可向其他国家的适航管理当局申请适航证，以便投入该国航线使用。适航证是跟着飞行器走的，而且必须放在飞行器的适当位置上，以方便提供给有关部门检查。如果检查时发现该飞行器没有适航证，就不准该飞行器飞行。

■ 10.6 航空飞行器研制项目收尾管理的基本概念

飞行器研制项目收尾管理是项目管理过程的最后阶段，当项目的目标已经实现，或者虽然有些任务尚未完成，项目目标还没有达到，但由于某些原因必须停止时，项目就进入了收尾工作过程。只有通过项目收尾这个工作过程，项目利益相关者才有可能终止他们为完成项目所承担的责任和义务，并从项目中获益。

10.6.1 项目收尾的定义和终止原因

1. 项目收尾管理的定义

项目的最大特点是一次性，有始有终。其中项目收尾阶段是项目实施过程的最后一个阶段，与此相对应，项目收尾管理即是项目管理全过程的最后阶段。没有通过这个阶段，项目就不算结束。通常工程项目收尾管理是一项既烦琐零碎，又费力费时的工作，它包括合同结束、行政收尾、项目审计和项目后评价等方面的管理工作。

飞行器研制项目收尾既是项目实施过程中的最后一个阶段，同时也是项目投入使用、进入服役或运营期的开始。如果项目没有一个圆满的收尾交接过程，必将严重影响项目今后的运作，项目的维修保养也无法进行，项目的商业目的不可能实现，因此，必须做好项目的收尾管理工作。

飞行器研制项目收尾管理的前提是，新型飞行器通过各项飞行试验后，军用飞行器生产定型机得到了国家国防科技工业局批准，可以正式交付部队服役；而民用飞行器适航审定合格，取得了适航证。这就意味着飞行器研制项目实施任务正式结束了，需要进行项目文档整理归档，终止项目合同，总结经验教训，以及开展市场推广、营销等活动。

2. 项目终止的原因

当项目出现下列情况时，就应考虑适时终止该项目。

1) 自然终止

已经成功实现子项目目标，项目自然终止。

2) 非自然终止

（1）已经不可能实现项目目标。
（2）项目组织发生重大变化，项目无法继续进行下去。
（3）项目被迫无限期延长。
（4）项目目标已经与组织目标相抵触。
（5）项目不再具有实际应用价值。

10.6.2 航空飞行器研制项目收尾工作

1. 项目考核评价

飞行器研制项目通过竣工验收，即军用飞行器可以正式交付部队服役，民用飞行器取得了适航证以后，就要进行项目考核评价，即组织分析评价项目的决策、管理和实施，通过经验和教训的总结,为项目的投资人和委托人服务,可为项目最终成果的运行和改善提出建议,也可为新项目的决策提供较为可靠的依据。

1)考核评价的内容

(1)组织应在项目结束后对项目的总体和各专业进行考核评价。

(2)项目考核评价的定量指标可包括性能指标、工期、质量、成本、可靠性、安全性和维修性等。

(3)项目考核评价的定性指标可包括经营管理理念、项目管理策划、管理基础及管理方法、新技术推广、社会效益及社会评价等。

2)考核评价的程序

项目考核评价应按下列程序进行。

(1)制定项目考核评价办法。

(2)建立项目考核评价组织。

(3)确定项目考核评价方案。

(4)实施项目考核评价工作。

(5)提出项目考核评价报告。

2. 项目管理总结

项目总结报告是项目管理过程中的最后一个重要文件。每一个项目的实施过程,无论是成功了还是失败了,都应被看作一次学习机会。因此,项目结束时要做好项目管理的总结工作。项目管理总结工作主要是要找出项目和项目管理成功、失败的地方及其产生的原因,研究项目中使用过的值得推广的方法和技术。同时,写出项目总结报告,并召开总结会,总结经验教训。

在项目收尾阶段,项目团队(经理部)的注意力往往集中在完成任务、移交结果和期待下一个新项目上,项目的记录、数据和信息,以及总结经验教训方面的工作容易被人们遗忘。有的人甚至认为这样做没有必要,会分散一个项目的精力,还要花费成本,而且这些成本是花在项目已经投入试运行以后的,不会产生效益,因而往往不重视项目管理总结工作,这种想法和做法对于提高项目管理水平极为有害,应当彻底根除。

1)项目总结依据的信息

一般而言,在准备项目总结报告时,应重点收集如下信息。

(1)对项目执行情况的总体评价。

(2)项目范围完成情况。

(3)项目进度计划执行情况。

(4)项目成本计划执行情况。

(5)项目交付结果的质量状况。

(6)项目人员使用及表现绩效。

(7)供应链系统运作情况。

（8）客户关系，供应商及协作单位的表现。
（9）出现的问题及其解决情况。
（10）积累的经验和吸取的教训。
（11）建议与意见等。

2）项目管理总结报告的内容

项目管理结束后应编制项目管理总结报告。项目管理总结报告应包括下列内容。
（1）项目概况。
（2）组织机构、管理体系、管理控制程序。
（3）各项经济技术指标完成情况及考核评价。
（4）主要经验及问题处理。
（5）附件。

3. 合同收尾

合同收尾建立在项目实施已经完成，即军用飞机开始交付部队服役、民用飞机取得适航证的基础上，内容是了结合同并结清账目，包括解决所有尚未了结的事项。合同没有全部履行而提前终止是一种特殊的合同收尾。合同收尾最重要的工作是对合同文件进行整理、编号、装订，连同项目其他文件一起作为一整套项目文件资料归档。在整理合同资料时，应分门别类，做到数据齐全，忠于原始记录，标识清楚，还要便于查阅，整理完毕交给专门的部门并存放于专门的地点，以便需要时能方便地找到。

最后，需方应当向承包方发出本合同已经履行完毕的正式书面通知。

4. 行政收尾

项目在交付最终成果或因故中止时，必须做好行政收尾工作。行政收尾工作包括一系列零碎、烦琐的行政事务性工作，比如收集、整理项目文件，发布项目信息，安排会务，后勤管理，归还租赁的设备，解散并重新安排项目人员，庆祝项目结束，总结经验教训等。

最后，承包方领导应向项目团队（经理部）签发书面文件，宣布项目正式结束，项目经理部解散。

5. 中止收尾

在个别情况下，项目可能因违约或其他原因而中止。此时，同样需要做好各种收尾工作，甚至可能涉及某些合同收尾的法律问题。中止收尾是项目收尾的一个特例。

10.7　航空飞行器研制项目审计和项目后评价

项目审计和项目后评价是飞行器研制项目收尾阶段最重要的两项工作，目的是评判飞行器研制项目的效益是否达到了预期目标。项目效益通常分为两部分：一是项目建成以后的效益；二是项目建设期间的效益。前者的物质表现是多产出，后者的物质表现是少投入。在项目收尾阶段，项目审计和项目后评价成为重要的控制方法。

10.7.1 航空飞行器研制项目审计

1. 项目审计的定义

项目审计是对项目管理工作的全面检查，包括项目的文件记录、管理的方法和程序、财产情况、预算和费用支出情况以及项目工作的完成情况。一般项目审计是从第三者的角度对项目财务活动进行的再监督。其实，任何单位内部都有监督体制，审计之所以被广泛接受，主要是在防止财务经营作弊、遏制腐败现象滋生、保护投资人的资产和权益等方面，发挥着不可或缺的作用。

飞行器研制项目审计既可以对拟建、在建或竣工的项目进行，也可以对项目的整体进行，还可以对项目的部分进行。例如，项目前期的审计包括项目可行性研究审计、项目计划审计、项目组织审计、投标审计、项目合同审计；实施过程中的审计包括项目组织审计、报表和报告审计、设备材料审计、项目收入审计、实施管理审计、合同管理审计；项目结束审计包括竣工验收审计、竣工决算审计、项目经济效益审计、项目人员业绩评价等。

按照审计主体划分，项目组织自设的审计部门主要是针对飞行器研制项目的财务活动进行监督审核，向本单位的行政首长负责，属于内部审计。一般中小型项目只进行内部审计，但大型项目除了内部审计，还要进行外部审计。外部审计则分两类：一是由依据一定法律取得审计资格的会计师事务所等社会中介机构，受企业的委托对企业经营活动所进行的带有中介性质的审计活动，这属于社会审计；二是国家审计，国家审计机关依照《中华人民共和国宪法》的规定设立，对国务院各部门和地方各级政府的财政收支，对国家的财政金融机构和企业事业组织的财务收支，进行审计监督。而在这三者中，国家审计强制性最强，独立性最强，被审计单位的层次最高。

2. 项目审计的职能

（1）经济监督。经济监督就是把项目的实施情况与其目标、计划和规章制度、各种标准以及法律法令等进行对比，找出那些不合法规的经济活动，并决定是否予以禁止。

（2）经济评价。经济评价是指通过审计和检查，评定项目计划是否科学、可行，项目实施进度是否落后于计划，性能和质量是否达到客户的要求，资源利用、控制系统是否有效，机构运行是否合理等。

（3）经济鉴定。经济鉴定是指通过审查项目实施和管理的实际情况，确定相关资料是否符合实际，并做出书面证明。

（4）提出建议。提出建议是指通过对审计结果进行分析，找出改进项目组织、提高工作效率、改善管理方法的途径，帮助项目经理在合法的前提下更合理地利用现有资源，以便顺利实现项目的目标。

3. 项目审计过程

项目审计过程分以下几个阶段进行。

（1）审计准备阶段。审计机关根据项目审计计划，对被审计单位的审计事项开展审前调查活动，制定审计工作方案，组成审计组，在实施审计 3 日前，向被审计单位送达审计通知书。

（2）审计实施阶段。审计人员通过审查会计凭证、会计账簿、会计报表等方式进行审计，并取得审计证明材料。

（3）审计报告阶段。审计组对审计事项实施审计后，应当向审计机关提交审计报告。审计报告报送审计机关前，应当征求被审计单位的意见。被审计单位应当自接到审计报告之日起 10 日内，将其书面意见送交审计组或者审计机关，自接到审计报告 10 日内未提出书面意见的，视同无异议。

（4）审计处理阶段。审计机关审定审计报告，对审计事项做出评价，出具审计意见书；对违反国家规定的财政收支、财务收支行为，需要依法给予处理、处罚的，在法定职权范围内做出审计决定或者向有关主管机关提出处理、处罚意见。审计机关应当自收到审计报告之日起 30 日内，将审计意见书和审计决定送达被审计单位和有关单位。审计决定自送达之日起生效。被审计单位对地方审计机关做出的审计决定不服的，可申请复议。

（5）项目审计终结。审计终结过程中要将审计的全部文档，包括审计记录以及各种原始材料整理归档，建立审计档案，以备日后考查和研究，提出改进方法。

10.7.2 航空飞行器研制项目后评价

1. 项目后评价的定义

项目后评价是在项目完成并投入使用运营一段时间后对项目的准备、立项决策、设计实施、生产运营、经济效益和社会效益等方面进行全面而系统的分析和评价，从而判别项目预期目标实现程度的一种评价方法。项目后评价的目的主要是从已完成的项目中总结正反两方面的经验教训、提出建议、改进工作、不断提高投资项目决策水平和投资效果。

2. 项目后评价的作用

飞行器研制项目后评价的作用主要包括如下 5 个方面。

（1）总结项目管理的经验教训，提高项目管理水平。项目管理涉及许多部门，只有这些部门密切合作，项目才能顺利完成。如何协调各部门之间的关系，采取什么样的具体协作形式都尚在不断摸索中。项目后评价通过对已建成项目实际情况的分析研究，总结经验，从而提高项目管理水平。

（2）提高项目决策科学化水平。通过建立完善的项目后评价制度和科学的方法体系，一方面，可以促使评价人员努力做好可行性研究工作，提高项目预测的准确性；另一方面，可以通过项目后评价的反馈信息，及时纠正项目决策中存在的问题。

（3）为国家投资计划、投资政策的制定提供依据。通过项目后评价能够发现宏观投资管理中的不足，从而使国家可以及时修正某些不适合经济发展的技术经济政策，修订某些已过时的指标参数，合理确定投资规模和投资流向，协调各产业、部门之间及其内部的各种比例关系。

（4）为银行部门及时调整信贷政策提供依据。通过项目后评价，及时发现项目实施资金使用过程中存在的问题，分析贷款项目成功或失败的原因，从而为银行部门调整信贷政策提供依据。

（5）可以对企业经营管理进行诊断，促使项目运营状态正常化。项目后评价通过比较实际情况和预测情况的偏差，探索偏差产生的原因，提出切实可行的措施，从而促使项目运营状态正常化，提高项目的经济效益和社会效益。

3. 项目后评价的主要内容

从实现项目后评价的目的和作用出发，按项目运行过程的先后顺序划分，项目后评价的主要内容应包括以下几个方面。

（1）项目前期工作评价。对项目前期工作的后评价，主要包含项目立项条件再评价；项目决策程序和方法的再评价；项目并行设计的再评价；项目前期工作管理的再评价等。

（2）项目目标评价。对项目目标的实现程度的后评价，是对照原计划的主要指标，检查实际情况，找出变化，分析发生改变的原因，并对项目决策的正确性、合理性和实践性进行再评价。

（3）项目实施过程评价。将可行性研究报告中所预计的情况和实际执行情况进行比较，找出差别、分析原因。主要包含项目设计及研制实施管理的再评价；项目实施准备工作的再评价；项目实施方式和组织管理的再评价；项目质量的再评价；项目决算的再评价等。

（4）项目经济效益评价。根据项目投入批量生产后所产生的收益和运营费用进行财务评价，计算项目的实际经济效益指标，并与前期工作阶段按预测数据进行的经济效益评价相比较，分析其差别和成因。

（5）项目影响评价。分析评价项目对经济、环境、社会等方面产生的影响。

经济影响评价：分析评价项目对所在地区、所属行业所产生的经济方面的影响。

环境影响评价：对项目的节能、污染控制、地区环境质量、自然资源利用和保护、区域生态平衡和环境管理等方面进行评价。

社会影响评价：对项目在国防建设、社会发展及社会和谐方面的有形和无形的效益与影响进行评价。

（6）项目持续性评价。根据对项目的使用状况、配套设施建设、管理体制、方针政策等外部条件和运行机制、内部管理、运营状况、收费、服务情况等内部条件的分析，评价项目目标（绿色、节能、经济效益、社会效益、环境保护等）的可持续性，即项目是否可以持续地发展下去，是否能继续实现既定目标，是否可在未来用同样的方式建设同类项目。

4. 项目后评价的特点

（1）现实性。项目后评价以实际情况为基础，依据的数据资料是现实发生的真实数据或根据实际情况重新预测的数据。它与项目前期的可行性研究不同，可行性研究是预测性的评价。

（2）全面性。项目后评价的范围很广，要对项目的准备、立项决策、设计实施、制造、生产运营、适航取证等方面进行全面、系统的分析。

（3）反馈性。项目可行性研究用于投资项目的决策，而项目后评价的目的在于为有关部门反馈信息，为今后的项目管理工作提供借鉴，不断提高未来投资的决策水平。

（4）合作性。项目后评价需要多方面的合作，主管部门要组织计划、财政、审计、银行、设计、制造、生产、质量、适航管理等有关部门协同进行。项目后评价工作的顺利进行需要各参与方融洽合作。

5. 项目后评价的步骤

项目后评价是一项涉及面较广的技术经济分析工作，不仅需要科学的方法做工具，而且需要严密的程序作保证。尽管由于项目规模大小、复杂程度的不同，每个项目后评价的具体工作程序会有一定的差异，但从总体来看，项目后评价都遵守一个循序渐进的基本程序，其步骤如下。

（1）提出问题。明确项目后评价的具体对象、评估目的及具体要求。项目后评价的组织单位可以是国家计划部门、主管部门，也可以是项目法人单位。无论哪种形式，在组织机构上都应满足客观性、公正性的要求，同时应具有反馈检查功能，这样才能保证项目后评价的客观、公正，并把后评价的有关信息迅速地反馈到计划决策部门。从这个意义上讲，项目原可行性研究单位或实施过程中的项目管理机构都不宜作为项目后评价的组织单位。

（2）筹划准备。问题提出后，承担单位进入筹划准备阶段，主要任务是组建一个领导工作小组，并按委托单位的要求制订一个周详的项目后评价计划。项目后评价计划的内容包括项目评价人员的配备、建立组织机构的设想、时间进度的安排、内容范围与深度的确定、预算安排、评价方法的选定等。

（3）收集资料。这一阶段的主要任务是制定详细的调查提纲，确定调查对象和调查方法，并开展实际调查工作，收集整理项目后评价所需要的各种资料和数据。这些资料和数据主要包括以下几类。①项目资料，如项目建议书，可行性研究报告，招标投标文件，并行设计方案图纸资料及其审查意见和批复文件，工程概算、预算、决算报告，试验检测报告，飞行试验报告，军用飞行器的国家国防科技工业局批准文件或民用飞行器的型号合格证、生产许可证和适航证，以及有关合同文件等。②国家经济政策资料，如与项目有关的国家宏观经济政策、产业政策，国家金融、价格、投资、税收政策及其他有关政策法规等。③项目使用运营状况的有关资料，反映项目投入使用后的情况，包括销售情况、设备利用情况、工程质量情况、维护维修情况、软硬件升级换代情况、偿还投资贷款本息情况等。这些都在系列有关报表上反映出来，必要时，还需做一些相应的实际补充调查。④反映由项目实施和运营造成实际影响的有关资料，如绿色、节能、环境监测报告，对周围地区和行业的影响等有关资料。⑤本行业有关资料，如国内外同类行业、同类项目的有关资料。⑥与项目后评价有关的技术资料及其他资料。

（4）分析研究。围绕项目的评价内容，采用定量和定性分析方法，发现问题，提出改进措施。

（5）编制项目后评价报告。将分析研究的成果汇总，编制出项目后评价报告，并提交委托单位和被评单位。编制后评价报告必须客观、公正、科学，不应受项目各阶段文件结论的束缚。其内容既要全面系统，又要突出重点，简明扼要，主要内容包括摘要、项目概况、评价内容、主要问题、原因分析、经验教训、结论和建议、基础数据和评价方法说明等。

6. 项目后评价的方法

由于后评价是对项目前期工作、项目管理及运营状况的再评价，所以在综合比较时，尤其要注重定性分析与定量分析相结合，定性分析应该有定量分析作补充，定量分析必须由定性分析来说明。常用的项目后评价方法有以下几种。

（1）资料收集法。资料收集是项目后评价的重要内容和手段，资料收集的效率和方法直接影响项目后评价的进展和结论正确与否。常用的资料收集方法有专题调查法、固定程式的意见咨询、非固定程式的采访、实地观察法和抽样法。

（2）市场预测法。项目后评价发生在项目正式投入使用后，其数据大部分都是项目准备、实施、使用运营等过程中的实际数据，为了与前期的评价进行对比分析，还需要根据实际情况对项目运营期间的全过程进行重新预测。具体预测方法分为经验判断法和历史引申法等。

（3）分析研究方法。分析研究是项目后评价的重要阶段，实际调查和市场预测所得到的各种数据只有经过加工处理并对其进行分析研究，才能发现其中存在的问题。主要的分析研究方法如下。①指标计算法。通过反映项目各阶段实际效果的指标计算，来衡量和分析项目实施所取得的实际效果。反映项目实际绩效的指标较多，如项目实际投资效益成本比、实际内部收益率等。②指标对比法。通过将项目实际指标与预测指标或国内外同类项目的相关指标进行对比，发现项目实际存在的问题，提出改进的方法。例如，通过计算项目实际投资效益成本比的变化率就可以反映出项目实际投资效益与预测值之间的偏差程度，为下一步改进打下基础。③因素分析法。项目投资效果的各个指标，往往都是由多种因素决定的。因素分析法就是把综合指标分解成原始因素，以便分析造成指标变动的原因，其主要步骤是首先确定某项指标是由哪些因素组成的，并确定各个因素与指标的关系，其次确定各个因素所占份额。例如，项目成本超支，就要核算清楚由实际工程量突破预计工程量造成的超支占多少份额，由结算价格上升造成的超支占多少份额等。④统计分析法。这是一种纯数学分析方法，具体做法是在项目实施前，就某个指标分别选择两组考察对象：一个是实验组；另一个是对照组。实验组在项目所在区，对照组不在项目所在区，也就是不受项目实施的影响。进行项目后评价时，对比两组的有关数据，以考察项目实施对指标的影响。

思考题

1. 按研制阶段划分飞行试验的类型有哪些？
2. 飞行性能的主要参数有哪些？
3. 飞行性能试验的方法有哪些？
4. 极端环境条件飞行性能试验有哪些内容？
5. 民用飞行器适航管理的内容有哪些？
6. 民用飞行器适航管理的审定过程主要有哪些？
7. 飞行器研制项目的收尾工作是什么？
8. 什么是飞行器研制项目后评价？

扩展阅读

航空飞行器研制项目试飞、适航和收尾管理

参 考 文 献

昂海松，童明波，余雄庆. 2015. 航空航天概论[M]. 2 版. 北京：科学出版社.
陈英武，廖良才. 1998. 武器装备的费用估算方法[J]. 国防科技参考，（3）：33-39.
陈迎春. 2020. 商用飞机研制项目范围管理和工作分解结构[M]. 成都：西南交通大学出版社.
符长青，符晓勤，马宇平. 2017. 航空型号工程项目管理[M]. 西安：西北工业大学出版社.
郭博智，李玲，叶群峰，等. 2017. 支线飞机项目管理[M]. 上海：上海交通大学出版社.
李金林. 2010. 武器装备研制项目风险管理[M]. 哈尔滨：哈尔滨工程大学出版社.
刘保华. 2006. 论军工型号研制项目的风险及其控制[J]. 科技情报开发与经济，（11）：172-173.
刘建. 2004. 航天型号寿命周期费用估算及报价系统研究与实现[D]. 长沙：国防科学技术大学.
毛远英. 2005. 航天型号研制项目风险识别与评估方法研究[D]. 西安：西北工业大学.
任少龙，曲东才，何友，等. 2002. 武器装备全寿命费用分析及管理措施研究[J]. 火力与指挥控制，（3）：35-38.
阮镰，章文晋. 2008. 飞行器研制系统工程[M]. 北京：北京航空航天大学出版社.
上官景浩. 2003. 航空武器装备全寿命周期风险识别与评估研究[D]. 西安：西北工业大学.
沈国柱. 2000. 武器装备全寿命周期的风险估计方法[J]. 科研管理，（1）：26-46.
沈建明. 2004. 国防高科技项目管理概论[M]. 北京：机械工业出版社.
舒湘沅. 2004. 飞机型号研制项目管理知识体系研究[D]. 西安：西北工业大学.
孙树栋. 2001. 机械工程项目管理[M]. 武汉：武汉理工大学出版社.
田广明，韩毅，李原. 2004. 面向航空项目的风险识别技术研究[J]. 工业工程与管理，（3）：21-24.
杨保华. 2010. 神舟七号飞船项目管理[M]. 北京：航空工业出版社.
杨克磊，高喜珍. 2012. 项目可行性研究[M]. 上海：复旦大学出版社.
遇今. 2012. 航天器研制风险管理[M]. 北京：航空工业出版社.
袁家军. 2006. 神舟飞船系统工程管理[M]. 北京：机械工业出版社.
张洪太，余后满. 2018. 航天器项目管理[M]. 北京：北京理工大学出版社.